构造地质学

（第2版）

主编　赵得思　谢延友

哈爾濱工程大學出版社
Harbin Engineering University Press

内容简介

构造地质学是地质科学中的一门基础学科。本书着重讲述地壳基本地质构造，尺度上侧重于中小型地质构造的形态特征、分类、组合形式、形成机制，以及各类构造的观察研究和描述方法；并设专章讲述了岩浆岩体和变质岩区构造及新构造运动；较系统地介绍了各种野外地质构造观测的工作方法，是在有关规范原则指导下，根据作者数十年野外地质工作经验，并搜集了大量文献编写而成，着重突出了可行性和实用性。

本书可供高职高专院校资源勘查类专业师生教学使用，也可供地质勘探人员参考。

图书在版编目(CIP)数据

构造地质学 / 赵得思，谢延友主编. —2 版. — 哈尔滨 ：哈尔滨工程大学出版社，2022.5
ISBN 978-7-5661-2631-3

Ⅰ. ①构… Ⅱ. ①赵… ②谢… Ⅲ. ①构造地质学－高等职业教育－教材 Ⅳ. ①P54

中国版本图书馆 CIP 数据核字(2021)第 122564 号

选题策划 石 岭
责任编辑 张志雯
封面设计 李海波

出版发行 哈尔滨工程大学出版社
社　　址 哈尔滨市南岗区南通大街 145 号
邮政编码 150001
发行电话 0451-82519328
传　　真 0451-82519699
经　　销 新华书店
印　　刷 哈尔滨市石桥印务有限公司
开　　本 787 mm×1 092 mm 1/16
印　　张 21
插　　页 2
字　　数 544 千字
版　　次 2022 年 5 月第 2 版
印　　次 2022 年 5 月第 1 次印刷
定　　价 49.00 元
http://www.hrbeupress.com
E-mail:heupress@hrbeu.edu.cn

第2版前言

“构造地质学”是地质资源与地质学相关专业的专业基础课。自本书2009年出版发行以来的10年间，构造地质学取得了许多新进展，高职地质教育也有了很大发展。在第一版发行后我们收到了教师和学生们反馈的意见、建议，这些珍贵的信息，是对我们工作的鼓励和鞭策，鉴于此，为了适应教学发展的形势和要求，我们对本书进行了修订。

本书在2009年出版的《构造地质学》的基础上，重新修编而成。本着利于教学并与第一版保持连续性的原则，修订版的体例除了个别章节稍做调整外，基本未变，但在内容上进行了适当更新、删减和调整，增加了科学研究中的新进展与国内外的一些新观点、新概念、新发现，如：不整合的动力学意义、断层相关褶皱、新构造及活动构造等，并在地质构造的分析、认识中，尽量渗入辩证思维方法，如尺度、构造层次、组合等概念的引入。

为了加强学生观察、认识、描述各种地质构造及收集、整理、分析有关地质构造方面资料的能力，增加了编者多年收集的实例与图片。同时，对图片(包括实习用图)和文字做了适当修改和更换，以适应职业技术院校的要求。

在地矿的各个行业领域中，有严格的标准/规范，按照发布级别——《中华人民共和国标准化法》将其分为国家标准(GB)、行业标准、地方标准(DB)、企业标准(QB)四级。为了使学生自觉适应地矿工作标准化的要求，本书修订时，实习内容中关于地质构造观测、描述严格按照标准/规范的提纲进行，并将附录Ⅱ中的图示图例(摘选)改为GB 958—1999(摘选)，以期在作业过程中不断增强学生的标准化意识，使学生适应地矿工作要求。因此，此次修订特别注意将这些新进展和新知识增补进本版中，以反映最新的构造地质学研究进展。

修订时，编者参考了李忠权和刘顺主编的《构造地质学》(第三版)和长安大学苏生瑞主编的《构造地质学》。哈尔滨工程大学出版社的编辑也为本书的修订付出了辛苦和汗水。在此，对于关心和支持本书出版的同人们表示衷心感谢。

限于编者水平，希望读者对本版的缺陷和疏误提出批评和建议。

编　者

2021年5月

第1版前言

“构造地质学”是地质科学中的一门基础学科，是地质类专业的专业基础课。本书是针对高职高专院校资源勘查类专业编写的通用教材。

近年来，我国地学职业技术教育取得了长足发展，但高职高专地学类教育因为起步较晚，所以缺少完整、系统的专业教材。

本书依据国家统一专业规范——地质矿产部教育司 1987 年颁布的“构造地质学教学大纲”（以下简称“大纲”）和 1982 年 12 月修订的“中等专业学校（四年制）教学计划”，并依照中国地质调查局《区域地质调查技术要求（暂行）》（DD2001—02）（比例尺 1∶250 000）、《区域地质矿产调查技术要求》（比例尺 1∶50 000）、《区域地质图图例》（GB 958—1989 – T）等专业技术规范编写。

本书根据高职高专院校的层次，注重行业技术应用的特点，着重讲述地壳基本地质构造，尺度上侧重于中小型地质构造的形态特征、分类、组合形式、形成机制及各类构造的观察研究和描述方法。对伸展构造、逆冲推覆构造、韧性剪切带等地学热点问题单独列节，并设专章讲述了岩浆岩体和变质岩区构造，供其他专业依照“教学大纲”选用。

为了加强实践教学，配合相关理论章节，书后附有“赤平极射投影在构造地质学中的应用”和“构造地质学实习教材”、附录、附图等。

本书由甘肃工业职业技术学院赵得思教授主编，定稿。

本书编写过程中，主要参考了“地质矿产部构造地质学课程教学指导委员会”审定的《构造地质学》（高等学校教材），由徐开礼、朱志澄主编；中等专业学校地质矿产类规划教材，由孙超主编；西北大学构造地质学精品课程的资料教材体系和内容，同时还参考了国内较多的同类教材和专著。我校已退休的高级讲师蔺心泉、陈敬明根据多年来从事本门课程教学积累的实践经验，对编写提纲和实习内容提出了建设性的意见，哈尔滨工程大学出版社也给予了大力支持和帮助。在此一并致谢。

限于水平及时间仓促，书中错漏之处在所难免，恳请读者批评指正。

编　者

2009 年 7 月

CONTENTS 目录

CONTENTS

CONTENTS 目录

第1章 绪　　论

1.1 构造地质学的研究对象和内容

在山区公路两侧的峭壁上、其他基岩出露的悬崖上,我们可以看到很多自然岩层发生的变形、弯曲或破裂,构成奇异的自然景观,这就是地质构造。地质构造是指在地壳发展过程中,其中的各类岩石在动力地质作用下产生的各种变形,包括褶皱、断层、劈理及其他面状、线状构造等。

构造地质学就是研究这些地质构造,包括地壳(岩石圈)地质构造的学科。其研究的具体内容有:

(1)各种地质构造的形态、产状、分布和组合类型。

(2)地质构造的形成条件、形成机制、形成时间、先后顺序与演变规律。

(3)探讨产生地质构造的地壳运动方式、规律和动力来源。

(4)研究对各种构造形态的描述、制图及其表示方法,以及构造地质学与矿产地质、水文地质、工程地质、地热及地震地质学等学科的相互关系。

1.2 构造尺度与构造层次的概念

1. 构造尺度

地质构造现象,无论在时间上或是在空间上都可以划分为许多级,即地质构造的平面规模大小——构造尺度。具体可划分为以下级别。

(1)巨型构造:主要指延绵数百至数千千米的区域性或全球性地貌构造单元,这类构造往往与大型板块或古板块的岩石圈动力学过程相关,如喜马拉雅造山带、大洋中脊等。

(2)大型构造:主要指延绵数十至数百千米的区域性地貌构造单元,这类构造往往与板内体制下的大陆动力学过程或小型板块的岩石圈动力学过程相关,如复背斜、复向斜或区域性大断裂,一般展布于1:20万图幅或联幅范围内。

(3)中型构造:主要见于一个地段上的褶皱、断层和不整合等,在1:5万或更大比例尺地质图中可见其全貌。

(4)小型构造:指野外露头或手标本上可见的构造,如褶皱、断裂、面理及线理等。

(5)微型构造:在手标本或显微镜下可见的构造,如微型褶皱、断裂、面理及线理等。

(6)超微构造:在电子显微镜下可见的构造,如微晶位错构造。

每一地质现象都有一定的尺度或一定的尺度范围，不同尺度的地质构造各有其不同的研究任务和观察方式。野外的构造研究是从露头上可见的中、小型构造入手，观察描述其形态、结构要素和产状、类型等，查明不同构造之间的空间组合关系和时间上的发育顺序。然后将不同露头的地质现象联系起来分析确定其与大型构造的关系，阐明构造变形机制，并重塑变形演化历史。

2. 构造层次

随着对从地表到地下深处构造的研究了解，我们认识到地壳或岩石圈不同深度区的变形过程中，因温度、压力的不同而引起岩石物性的变化，从而形成各具特色的构造垂直分层，即地质构造的纵深“尺度”——构造层次。一般把地壳或岩石圈划分为表、浅、中、深四个构造层次。

在同一次构造变形中，由于在地壳不同深度的构造环境存在差异，故岩石变形也具有一定的相对层次性。

构造地质学（狭义），主要介绍和研究区域制图尺度、露头尺度和手标本尺度地质构造的基本特点、组合关系与规律、地质构造的成因机制，即构造地质学主要侧重于研究中、小型地质构造。野外地质调查，通常是从小尺度或中尺度的地质构造观察研究入手；而巨型、大型构造的研究已属区域地质和大地构造学的研究范畴。地壳构造层次理想图如图1－1所示。

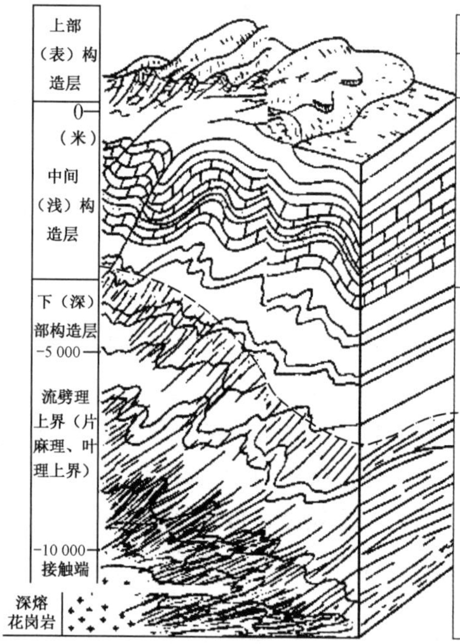

主导变形机制	构造特点	影响构造层次因素
碎性断层	剪切作用，破裂断层构造，无皱褶构造	构造层次的位置、厚度受热梯度构造梯度的明显影响。 构造层次分界面是不规则的也不是水平的，一般背斜形态， 热梯度下岩石变得具有韧性比低梯度下的岩石更快达到熔点，使各构造层次厚度减小。 构造应力发生变化时，构造层的形态势必会出现变化，一般压力增高会引起构造层次上升。也从而出现直立劈岩前锋面，岩性也对劈力前锋面有影响，泥灰岩前峰面就会升高，而花岗岩难于压扁，劈力前锋面就会降低
挠曲	塑性变形为主，产生等厚褶曲（同心皱褶）	
塑性压扁作用，韧性剪切变形	上部广泛发生及劈理不等厚褶曲。结晶作用愈加明显，水平挤压逐渐转变为岩层，地质体上升重力扩张，岩层在边缘重力滑动和造成多层褶叠多盘叠复的褶叠层（变质高可称褶变层）。变质顺层固态流变，流动构造群落，愈向深部愈进入热环境，重结晶作用明显	
塑性流动构造，深熔作用流状褶曲	劈理消失，物质熔化呈液体状态。温度、压力已达到相当高的境界（围压），变形多体现为中、深变质作用。混合炭化及深溶作用相交织的图像，岩性均一	

图1－1　地壳构造层次理想图

1.3　构造地质学的研究意义

资源与环境是地球科学研究的永恒主题，地质构造与地壳运动的分析与研究，对于指导地球资源开发、工程建设与环境保护都具有重要的指导意义。因此，研究地质构造在理论上和实践上都有着重要作用。

第一，它在普查勘探地下资源的工作中起一定的指导作用。各种矿产资源的形成、富集和分布是受一定地质构造条件限制的。例如，内生矿产的形成和分布常与褶皱、断裂有关，外生层状矿产的赋存状态与褶皱形态、断层分布关系密切；石油和天然气常在封闭的穹窿、背斜顶部富集；地下水和地热资源又多在向斜盆地和某些近代断裂活动区贮存。地下资源形成后，又可能受到新生的地质构造的改造，或使之富集，或使之贫化，甚至使之遭到破坏。因此，只有研究掌握区域和矿区的地质构造特征及其分布规律，才能科学指导普查勘探工作和正确评价地下资源。

第二，它可为各种工程建筑提供必要的地质资料。矿产的开采，地表、地下工程建筑的设计和施工，都必须事先查清影响施工安全和工程建筑稳固性的水文、工程地质条件，并进行论证，否则后果将不堪设想。而这些条件又直接或间接地与地质构造相关。例如，断层破碎带常是一个裂隙发育强度低、压缩性大的软弱带，地下采矿、施工时遇到它，可能会出现涌水和坍塌，给采矿、施工造成困难和损失；建筑在它上面的工程，则会因地面发生不均匀沉陷而产生裂缝、倾斜乃至毁坏；在其上面建造水库，则可能发生渗漏、坝下潜蚀，影响水库正常使用且危及拦河坝的稳固性。因此，必须查清地质构造的特征和分布规律，才能获得正确评述水文地质、工程地质条件所需要的地质资料。

第三，地震是地壳运动的表现形式之一，破坏性地震常给人民的生命财产造成巨大的损失。绝大多数地震活动是现代地壳运动的反映，因而震源与地质构造，特别是与断裂构造的关系极为密切。因此，研究区域地质构造发育的特征及其在近代活动的规律，是地震地质工作一项十分重要的基础工作，可为预报地震提供必要的依据，对地震地质的研究和地震预报极为重要。

第四，影响人类赖以生存和发展的地质环境质量的诸多地质因素中，地质构造是重要的因素。不同地区地质环境的差异及地表元素分布的不均一性，在很大程度上与各地区地质构造的不同有关。因此，在环境地质学研究地质环境的形成和变化，预测和评价人类生产活动对环境的近期与长期的影响中，地质构造的研究都起到了至关重要的作用。

由此可见，构造地质学不仅仅是地球科学的理论基础，而且在国民经济建设中起着重要的作用。

构造地质学与岩石学、地层学是地球科学的三大基础学科。学好构造地质学会为后续的其他专业课程，如矿床学、找矿勘探地质学、水文地质及工程地质等的学习奠定基础。

1.4 构造地质学的研究方法

地质构造的研究包括构造几何学、运动学和动力学的研究，以及构造发育、演化的历史分析几个方面：①构造几何学的研究是对各种地质构造的形态、产状和规模及其组合形式和相互关系进行观察、描述和测量；②构造运动学分析是根据构造几何学的有关资料和数据，去追索现有构造状态和位置的岩体在变形时，物质相继发生的位移、转动和应变等内部和外部运动；③构造动力学研究则是探索构造变形时作用力的性质、大小、方向、应力场的演化，以及外力与应力之间的关系；④构造的历史分析是通过野外观察和室内对有关资料的综合研究，阐明各种地质构造的形成时期及其发育顺序。这几个方面的研究是相互联系、相辅相成的统一体系。对构造形态进行几何分析则是构造地质学研究的基础，有了构造几何分析的基础，才可能正确分析地质构造的演化历史和成因，进而对各个地区的构造分析资料及其他方面的资料进行综合分析，从而揭示出地壳构造的形成和发展规律。

尽管对不同岩石类型地区地质构造和不同尺度构造的研究任务及方法各有不同，但是野外观察和地质填图始终是研究地质构造的基本方法。

传统构造地质学中，最基本的研究方法以野外观察、描述和地质填图为主。通过野外实测地质剖面、地质填图，并结合特殊构造点的重点解剖与构造测量（测量各种产状数据），阐述岩层、岩体的产状、分布与相互关系及形成时代，查明地质构造形态、几何特点、组合关系与发生、发展历史。通过野外观察填绘的地质图，不仅反映出一个地区各种岩层和岩体的分布，而且根据岩层和岩体的产状、相互关系和各自的时代，可以认识该区各种地质构造的形态、组合特征和发育史。通过绘制剖面图，根据地面的构造形态观测及钻井和物探等提供的资料，编绘构造等高线图和等厚图，能较好地反映地下构造形态的特征。

航空相片、卫星相片等的遥感解译，提供了较大区域范围内地质构造的发育特点与展布，使得有可能从更大的范围内直接观察、分析和研究区域地质构造的基本框架与空间变化规律。地球物理探测、地球化学资料和钻探技术（尤其深海钻探技术）使得研究地质构造的深部延伸与隐伏构造，揭示深部地质构造的形态成为现实，地质构造的研究不仅从地壳表层发展到地壳深层，而且从陆地发展到海洋。

构造地质学研究也是一个反演—正演—综合的过程。反演主要包括研究地质构造的几何学、运动学、动力学及其形成、演化的机理与过程；正演主要是应用模拟研究的相似性原理，在实验室内再现天然变形作用过程。运用“将今论古”的反序方法，根据组合形式，结合沉积岩相、厚度以及岩浆活动等，分析地层之间的不整合接触关系及各种构造间成因联系，便可得出区域地质构造的分布和发展规律，从而对该区地质构造的规律有一个较为正确的认识。

对地质构造进行历史分析，一般是根据地层之间的不整合接触关系及各种构造间成因联系和交截、叠加关系，并结合沉积岩相、厚度以及岩浆活动等方面，或配合同位素地质年代的测定资料，分析该区构造形成时代和发育顺序，划分构造发育的阶段，恢复区域构造发展史，从而对该区地质构造的规律有一个较为正确的认识。

研究地质构造的形态、产状及其相互关系，一方面是采用填绘地质图、编制有关图件，以及相应文字描述的常规方法；另一方面是通过对各种面状构造和线状构造要素的力学性质、产状和相互几何关系的系统观察及测量。

传统的区域地质调查，是通过连续的野外地质路线观测和观察，把获得的第一手基础资料记录在纸质记录簿上，并把相应的地质观测点及界线标绘在地形图上。获取的野外地质观测数据和信息基本上还处于分散的、非动态的管理状态，这极大地制约了资源信息充分发挥作用。

现代航空、航天遥感技术和航空相片、卫星相片的采用，扩大了观察地质构造的视域和深度，弥补了野外地质观察的局限性。而钻探、坑探和物探等工程和探测技术的应用，为了解地下构造情况提供了重要资料。因此，在研究一个地区地质构造时，应充分利用这些方面的资料。

现代信息技术和空间技术的迅速发展和广泛应用，为国家繁荣和持续发展提供了可靠的地学数据、信息和认识。区域地质调查工作内容涉及地学的各个领域，数字地质填图是指区域地质调查数据的野外获取及其成果的数字化统一性再现。当前数字地质填图现状和发展趋势已基本上实现了数字填图系统的采集、存储、管理、描述、分析和再现地质实体在地球表面空间分布有关的数据信息。在计算机辅助下，通过野外观测路线的调查，可实现对地质、地理、地球物理、地球化学和遥感等多源地学数据进行综合分析和地质制图。

研究地质构造形成的力学机制，常常需要进行模拟试验，例如根据相似原理，用泥巴、石蜡、沥青或凡士林等材料，做成某种形态和尺寸的试件，在设置的相应几何边界条件下，施加一定方式的力使之发生变形，观察其变形特点、应力与应变之间的关系，并将试验模型与自然界的构造原型进行类比，借以说明这种构造的形成、发展和组合关系，以及构造变形的边界条件和应力作用方式。

地质构造是地壳运动中岩石受力变形的遗迹，它们组合起来能反映当时岩石的受力状况，通过研究可以追溯地壳运动作用力的方式、方向，有助于了解地壳运动的性质和特点，探讨地壳运动起源和运动规律。强调以大自然为实验室，投身于实践，充分观察和收集现存的地质构造痕迹；进行综合、分析、推理；再到实践中去验证，修正错误的认识。这一过程即所谓的“将今论古”法，又称为“反序法”。

在对规模不同、类型众多、成因多样的地质构造进行几何学、运动学和动力学的研究时，要兼顾宏观与微观、空间与时间、定性与定量的分析。或者说要对地质构造进行空（空间）、时（时间）、力（外力与应力）、物（岩性和物态）、境（地质背景和环境）等方面进行统一的辩证的分析。

1.5 中心内容及对学生的基本要求

通过本课程的学习，要求学生掌握观察、认识、描述各种地质构造及收集、整理、分析有关地质构造方面资料的知识和方法；能初步应用力学原理和岩石变形理论分析地质构造的形成、发展和组合关系；掌握地质图的阅读分析及编制地质图件的基础知识和技能方法。

1. 观察构造的能力

首先要求学生建立明确的立体空间概念，能对构造的三维形象进行观测和描述。其次根据大量野外观察记录的实际资料和必要的测试鉴定成果，依次、逐项、分类地进行统计、选择、归纳，由此及彼、由表及里、由浅入深地认识工作地区各种构造成分的特点、关系及归属。

地质构造图是综合表现构造地质研究成果的主要方式，基本内容应反映结构和组成两个方面，并尽量达到这两个方面的有机结合。本课程通过配套的实习实例分析，从地层分布、地貌等方面培养学生观察构造的能力 。

2. 分辨构造的能力

要求学生初步、系统地掌握各类构造的基本特点和识别标志，以便用类比、求异的原理和方法识别所观察构造的类型，确定其属性。结构方面，应能表示构造形迹的性质、产状、级别、形态、期次、名称、关系等内容，图面上应尽可能将现有综合性认识表现出来。

配套的实习实例中，引导学生以地质界线的转折产状形态、级别、关系等内容去识别所观察构造的类型，确定其属性。

3. 处理构造的能力

首先要求学生初步学会对所收集的各种构造数据进行统计处理和分析，对所研究的构造采用各种图表予以正确表示或填绘，可以图、表、文形式全面反映构造地质调查研究所得认识。其基本要求是：材料真实、结构合理、表达准确、图件具有艺术性、图文具有一致性。

在配套的实习实例中，对各种构造产状数据进行统计处理和分析，对所研究的构造多采用各种剖面图表予以正确表示。

4. 分析构造的能力

要求学生初步掌握用反序法分析构造变形的演化历史、形成环境、变形条件和变形机制，并能初步建立各级、各类构造相互联系和相互依存的概念，进而能从运动和发展的角度动态地描述一个地区的各种构造的相互关系和演化过程。

在配套的实习实例中，将进行系统的综合训练。

1.6 学习拓展

1. 数字地质填图简介

“数字地质填图”是从计算机野外数据采集技术入手，直接在野外获取各类数据化的原始地质资料，以“3S”（GIS——地理信息技术；RS——遥感技术；GPS——空间定位技术）的技术集成为基础，进行综合分析，利用室内资料整理填制不同比例尺的数字地质图，最终实现数字区域地质调查中的地质填图工作全过程数字化和数据库共享。信息化技术贯穿于整个区域地质调查过程是其最大的特点（见附录Ⅶ）。

2. 国家地质公园教学资源的利用

地质公园集地质遗迹、自然生态、山水风光于一体，地质遗迹的自然性、稀有性、典型性、多样性、系统性，体现了其重要的科学价值和社会价值，并以自然、人文景观的独特性，地质、地理条件的优越性而著称。由自然保护区和景观区组成的各级各类国家和省级地质公园，含有丰富的教学资源，在中国国家地质公园中具有代表性。

为了更好地发挥地质公园的社会效益，地学工作者起初在对地质公园进行评价时，已经对其中的教学资源优势及其可利用性进行了探讨。地质公园所具有的教学资源适用于地学、环境科学与工程、森林资源与林业工程、水利、水产、海洋科学等多个二级学科实践教学。许多高校在地质公园内建立了实践教学基地。

如今各地质公园还建立了自己的网站，利用网络资源的便捷性和可视性，向广大师生充分展这类教学资源，详见附录Ⅹ。

3. 地质类网站资料的应用

为了广大师生能更好地利用现代计算机信息技术和空间技术来了解和学习地质相关知识，扩大地学研究的深度和广度，国家科研单位与地学高校建立了多个地质类网站，详见附录Ⅷ。

4. 区域地质调查标准

区域地质调查标准分为国家标准、行业标准、地方标准、企业标准四级，对区域地质工作的目的、要求、原则、方法、期限和质量标准，以及报告和图件的格式、图式做出具体规定。为了使学生自觉适应地矿工作标准化的要求，实习内容中，对于地质构造观测、描述，应严格按照上述标准/规范进行。

为了使广大师生在今后的学习和工作中，充分了解和自觉“依标准办事”，即工作中依存现行的、有效的和最新版本的地矿行业标准规范，在本书的附录Ⅸ中列出了部分地质勘查规范名称，作为学习和应用的拓展与引导。

复习思考题

1. 人们主要从哪几个方面对地质构造进行研究,各有什么主要内容?
2. 构造尺度与构造层次可划分为哪几种类型?
3. 构造地质学研究的具体方法有哪几种?
4. 学习构造地质学有什么意义?

第2章　岩层及其产状和地层的接触关系

2.1　成层构造

2.1.1　岩层和地层的概念

由两个平行或近于平行的界面所限制的岩性基本一致的层状岩石叫作岩层。在沉积过程中，一层层堆叠起来的沉积物，在成岩以后，呈现明显由平行界面局限的并相互叠置的层状构造称为沉积岩层（图2－1）。在火山活动的地区，喷发岩也常具有层状构造。岩层的上、下界面称为层面，上层面称顶面，下层面称底面。

图2－1　甘肃省宕昌县官鹅沟地书峡二叠系上组Pa薄层泥质石灰岩中透镜块状交错层理与上部波状水平层理（作者摄）

注：波状交错层理与顶、底面层线交切关系指示岩层产状正常，和层理大致呈直交并切割层理的是节理。

两套岩层的接触界面，既是上覆岩层的底面，又是下伏岩层的顶面。上、下层面间的垂直距离，就是岩层的厚度（图2－2）。由于沉积环境和条件的不同，有的岩层在较大范围内厚度基本一致，形成厚度稳定的板状；有的岩层厚度不稳定，发生一定的变化，有的向一侧变薄甚至尖灭，形成楔形；有的向两侧同时变薄和尖灭，形成透镜状，且颜色在剖面上发生突变或渐变(图 2－3)。层理的形成及特征与组成岩石的成分,形成岩石的地质、地理环境以及运动介质特征有关 。

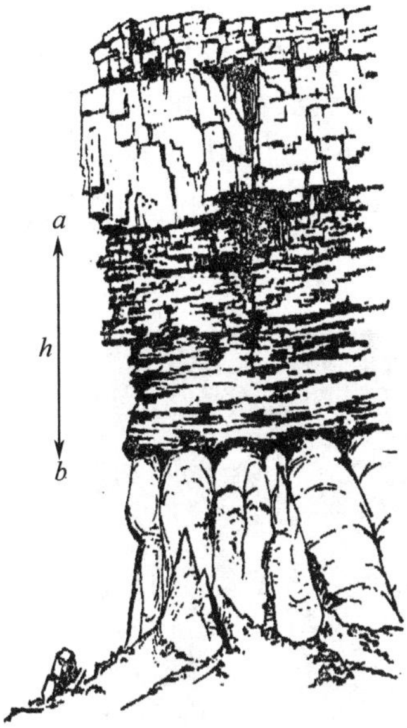

a—顶面;*b*—底面;*h*—岩层厚度。

图 2－2　层理特征和岩性以及厚度的关系(据蓝淇锋)

注:岩性和厚度不同,呈现的层理特征也不同,素描图中自上而下为中厚层砂岩、厚层砂岩、薄层砂岩、页岩、泥岩。泥岩的层理特征不明显,厚层状的砂岩层理也显示得不清楚。

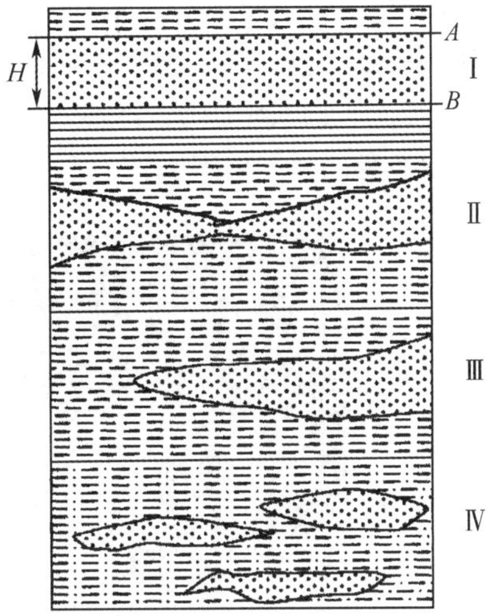

A—顶面;*B*—底面;*H*—岩层厚度;

Ⅰ—厚度均匀的板状岩层;Ⅱ—岩层厚度变厚、变薄;

Ⅲ—岩层一侧尖灭,呈楔形;Ⅳ—岩层呈透镜状。

图 2－3　岩层的厚度和形态

根据岩层的延伸长度与厚度的比值,可将其分为三类:

层状的——延伸长度/厚度 ＞1 000 m;

似层状的——延伸长度/厚度为 50～1 000 m;

透镜状的——延伸长度/厚度为 5～50 m。

任何一套岩层都是在地质历史时期中在一定的空间、时间和自然环境下形成的,所以将某地区在某一地质时代形成的一个或一套甚至几套岩层,称为地层。地层与岩层在概念上既有严格的区别,又有密切的联系。对岩层的划分,主要是根据岩石的成分、结构、层理、颜色等特征,而不考虑它的时代归属,如砂岩层、泥岩层等,岩层的厚度和形态不能作为一个地层单位与邻区相对比。对地层的划分,不仅要注意岩性特征,而且还要确定它的地质时代的归属,如华北地区的中呈透镜状石炭统本溪组,可以作为独立的地层单位,能与邻区相对比。

2.1.2　层理及其识别

1. 沉积构造与层理的概念

沉积岩在沉积过程中和成岩作用过程中产生的非构造变动的构造特征称为沉积岩层的原生构造,如层理、层面构造、结核、叠锥以及生物遗迹、叠层石等。沉积岩的原生构造主要是岩石学和沉积学研究的内容,但是它对地质构造的研究也有重要意义。

层理构造是沉积岩中最重要的一种构造。它是沉积物沉积时在岩层内部形成的成层构造。层理由沉积物的成分、结构、颜色及层的厚度、形状等沿垂向的变化显示出来。

沉积岩原生构造不仅为研究和判断岩层形成时的古地理和地壳运动特征提供重要资料，而且有些原生构造，诸如层理、层面构造等，还是鉴别岩层顶、底面和确定岩层相对层序的重要依据，了解这些构造特征对观察、分析构造形态，确定岩层产状和岩石变形特征具有一定的指导意义，在某些情况下具有特殊的作用。图2－4所示为甘肃省宕昌县官鹅沟地质公园（马圈沟）波痕、泥裂层面构造和石灰岩与薄层泥灰岩夹层反复出现的韵律层，共同指示逆断层上盘的地层层序倒转。

图2－4 甘肃省宕昌县官鹅沟地质公园（马圈沟）波痕、泥裂层面构造和石灰岩与薄层泥灰岩夹层反复出现的韵律层（作者摄）

2. 层理的基本组成单位及其术语

层是指在基本稳定的自然条件下沉积的一个层状单元，物质基本相同。相邻层在成分结构上发生变化，进而形成了清晰的层面。

层理要素包括细层、层系和层系组(图2－5)。

（1）细层（又称纹层）是组成层理的最小单位，是在相同水动力条件下形成的。它是稳定沉积条件下同时形成的沉积单位，因而具有均一成分和结构。

（2）层系由许多结构、成分、厚度和形态相似的同类型细层组成，上下有层面限定，是一段时间内水动力条件相对稳定的产物。

（3）层系组由一系列相似的层系组成，中间无明显的不连续。

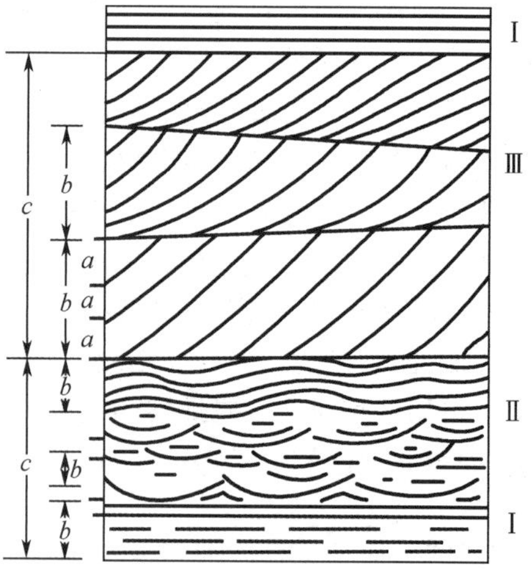

a—细层；*b*—层系；*c*—层系组；

Ⅰ—平行层理；Ⅱ—波状层理；Ⅲ—斜层理。

图2－5 层理的基本组成单位及其术语

岩层的细层（纹层）的厚度差异较大，反映了搬运介质不同的动力条件，在层理要素测量中，层的厚度是重要的描述标志，也是沉积过程稳定程度的间接指标。岩层、细层（纹层）的厚度划分见表 2－1。

表 2－1　岩层、细层（纹层）的厚度划分

岩层厚度/cm		细层（纹层）厚度/ cm		交错层理厚度划分	
极厚层	100	极厚纹层	30	交错层理级别	厚度/cm
				特大型	>30
厚层		厚纹层		大型	10～30
				中型	3～10
中厚层	30	中厚纹层	10	小型	1～3
薄层	10	薄纹层	3	厚纹层	0.3～1
极薄层	1	极薄纹层	1	薄纹层	<0.3

注：据中国地质调查局编写的《青藏高原区域地质调查野外工作手册》，中国地质大学出版社（武汉），2001 年出版。

3. 层理的类型

层理是沉积岩最常见的一种原生构造。它通过沉积物的成分、结构、颜色及层的厚度、形状等沿垂向的变化显示出来。

层理按其形态的不同可分为四种基本类型：水平层理、波状层理、交错层理、递变层理。

层理的基本类型及层理单位关系如图 2－6 所示。

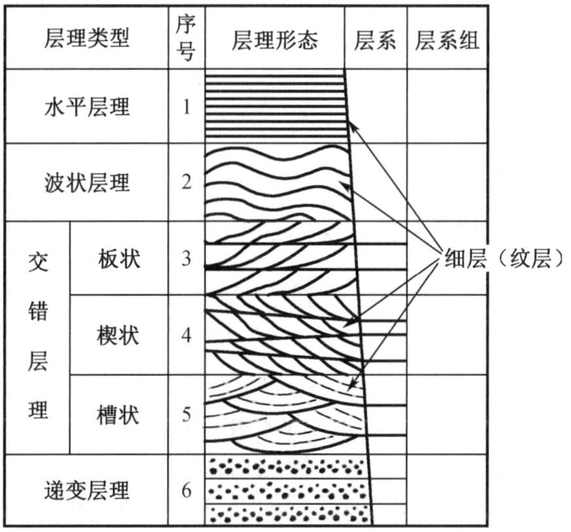

图 2－6　层理的基本类型及层理单位关系

4. 层理的识别

在层状岩石地区观察地质构造时,首先要正确识别岩层的层理和层序。大多数沉积岩的层理都较为明显,容易辨识。但是,某些岩层,如巨厚层岩层或砾岩层,它们的层理常常很不清楚;有的岩层则由于节理、劈理强烈发育而掩蔽了层理或与层理混淆不清,特别是在某些变质岩地区,由于次生面理特别发育,甚至层理被置换,以致原生层理极难辨认。这就要求我们在野外工作中仔细观察,尽力发现能鉴别层理的各种标志及岩层的其他原生构造去识别层理。层理主要是根据岩石的成分、结构和颜色的变化以及层间分界面等几个方面去识别的。

(1)岩石成分的变化

在成分比较单一的巨厚层岩石中要注意寻找成分特殊的夹层。如块状砂岩中的砂砾层、粗砂岩夹层或透镜体;巨厚层石岩或白云岩中的薄层泥灰岩、页岩夹层或硅质条带等,查明这些夹层的层理,有助于识别包含这些夹层的巨厚岩层的层理,所以这些夹层是识别巨厚岩层层理的比较可靠的标志。

(2)岩石结构的变化

根据沉积原理,不同粒度或不同形状的颗粒总是分层堆积的,从而显示出层理。如砾岩中大小不同的砾石分层堆积呈带状;砂岩中云母呈面状分布,各种原生结核或扁平状砾石在沉积岩中呈面状排列等,都可作为确定层理的标志。

(3)岩石颜色的变化

在成分单一、颗粒较细、层理隐蔽的岩石中,如有颜色不同的夹层或条带,也可指示层理。但要注意区别由某些次生变化造成的岩石颜色差异。例如,氢氧化铁胶体溶液,常沿节理或岩石孔隙扩散并沉淀,从而在岩石中形成不同色调的褐红色条带或晕圈,当其规模很大时,在个别露头上观察,就容易误认为是层理。此外,在有些深色泥岩或白云岩中,常因风化而引起褪色,也会沿节理或裂缝发生颜色变化,如不注意也会误当作岩层的层理。

(4)岩层的原生层面构造

这些构造包括波痕、泥裂、雨痕、生物遗迹及其印模等,也可以作为确定层理的标志。

在野外观察中,如果在一个露头上层理不易看清,或者分不清是层理还是其他次生面状构造(如节理、劈理)时,应多观察一些附近的露头,详加比较分析,并根据层理面一般都延展较远、连续性较好等特点加以区别。当沉积岩中发育有大型斜层理时,应注意要把斜层理的细层与层系的主层理区别开来。

2.1.3 利用岩层的原生构造确定岩层的层序

确定岩层的新老层序是野外观察研究地质构造的重要环节。因为岩层形成并经受构造变动,虽然有的还保持正常层序,即岩层的顶面在上,底面在下,沿着岩层倾向,按由老到新的层排列,但也有些岩层在强烈的构造变动后,产状变为直立甚至发生倒转,造成岩层底面在上,顶面反而在下,使岩层沿着倾斜方向,出现由新到老的层序倒置现象。确定岩层的地质时代和层序,主要依据化石。但是在某些情况下,尤其在缺乏化石的“哑地层”中,也可以根据岩层的原生构造或某些次生构造,通过判别岩层的顶、底面去确定其相对新老层序。关于利用次生构造(如层间小褶皱、劈理等)确定岩层顶、底面问题,将在后面有关章节中论述。这里只介绍几种常见的而又比较可靠的确定岩层顶、底面的原生构造。

1. 斜层理

斜层理由一组或多组与主层面斜交的细层组成。不同类型的斜层理细层的倾斜方向也不同,可以向同一方向倾斜,也可向不同方向倾斜。斜层理能用来确定岩层顶、底面的方向,其判别特征是:每组细层理与层系顶部主层面成截交关系,而与层系底部主层面成收敛变缓而相切的关系,弧形层理凹向底面。根据这个特点就可以确定岩层顶、底面(图2-7)。

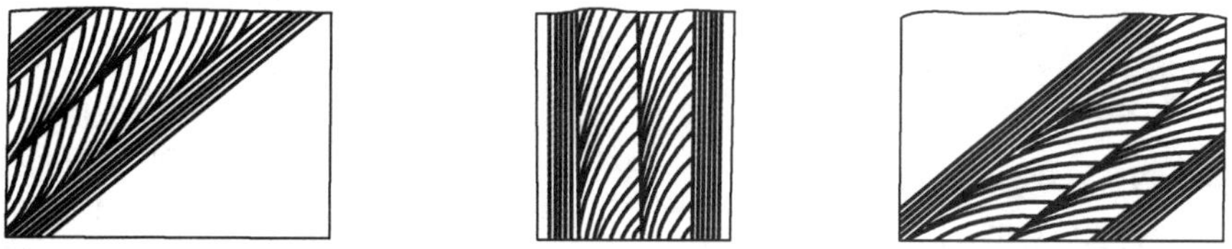

(a) 岩层是正常层序,顶面在左上边　(b) 岩层直立,顶面在右边　(c) 岩层倒转,顶面在右下边

图2-7　根据斜层理确定岩层顶、底面

(据M.P.毕令斯,1947)

2. 粒级层理

粒级层理又叫递变层理。其特点是在一单层内,从底到顶粒度由粗逐渐变细,如底部是砾石或粗砂质,向上可递变为细砂、粉砂,以至泥质。递变层厚度可由几厘米到几米。在相邻两粒级层之间,下层顶面常受过冲刷,因而两层在粒度上或成分上不是递变而是突变。根据粒级层理这种下粗上细粒度递变的特征,可以确定岩层的顶、底面(图2-8)。

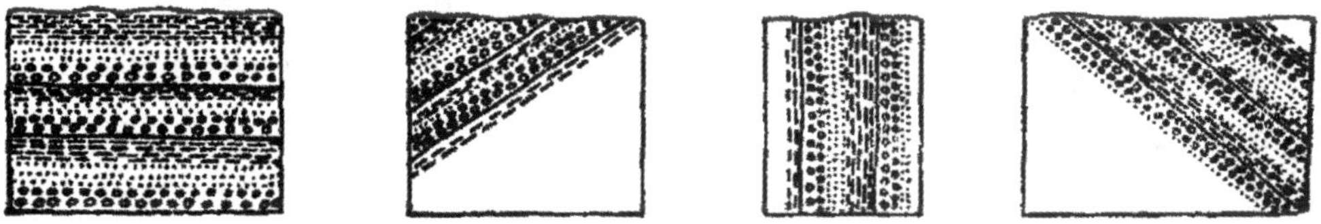

(a) 水平岩层,每层自底到顶由粗变细　(b) 正常倾斜岩层,顶面在左上边　(c) 直立岩层,顶面在右边　(d) 倒转岩层,顶面在左下边

图2-8　根据粒级层理确定岩层顶、底面

(据M.P.毕令斯,1947)

粒级层理除发育于砂岩等碎屑岩中外,在以凝灰质为主的火山碎屑岩中也可见到,也同样可作为鉴别岩层顶、底面的特征。这种具粒级层理特征的岩层变成浅变质岩石时,还可能保留粒级层理的特征。不过当变质程度较深时,由于成分、粒度不同,对变质作用的反应也不同,如原来细致的泥质物质经重结晶,可能形成比由砂质变质的石英质粒度还要粗大的新矿物,因而会出现与原岩粒级层理相反的现象。此外,在某些粗碎屑岩中,也有反粒级层理的现象。因此,在利用粒级层理判断岩层顶、底面时,要注意区别这些反常现象。

3. 波痕

波痕的成因和类型很多,能指示岩层顶、底面的主要是对称型的浪成波痕。浪成波痕由尖棱状波峰和圆弧形波谷组成(图2-9)。这种波痕无论是原型还是其印模,都是波峰尖端指向岩层的顶面,波谷的圆弧则是凹面指向底面(图2-10)。波痕常见于砂岩、粉砂岩、泥灰岩和石灰岩中。

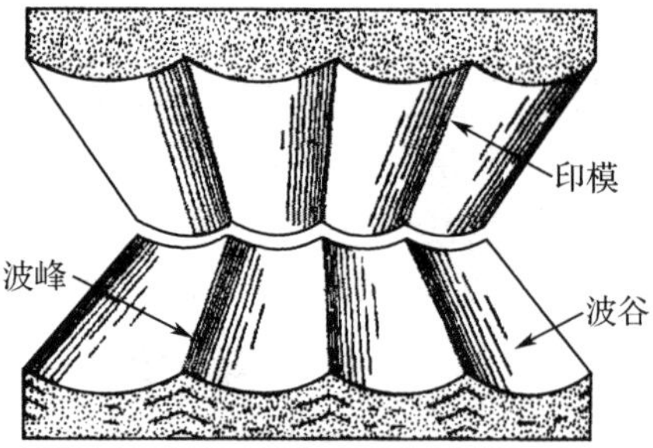

图 2-9　对称型的浪成波痕及其印模示意图
（据 R. R. Shrock，1948）

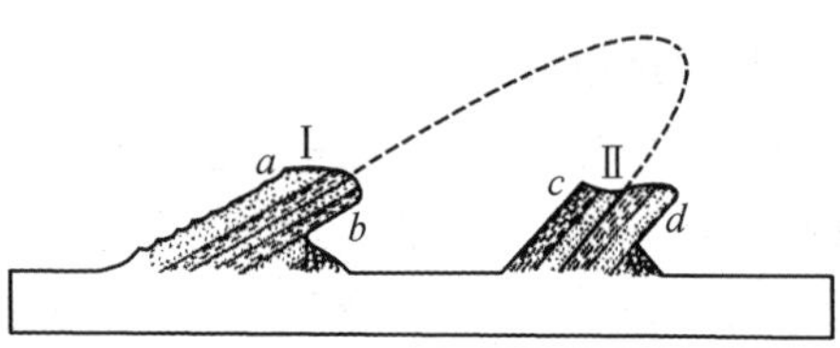

a—波痕原型，波峰指向左上方；
b—波痕印模，波峰指向左上方；
c—波痕印模，波峰指向右下方；
d—波痕原型，波峰指向右下方；
Ⅰ—正常岩层；Ⅱ—倒转岩层 。

图 2-10　利用波痕确定岩层顶、底面
（据 M. P. 毕令斯，1947）

4. 泥裂

泥裂又称干裂，是未固结的沉积物露出水面，失水干涸时，因收缩而形成与层面大致垂直的裂缝。泥裂常见于黏土岩和粉砂岩中，也见于碳酸盐岩中。泥裂使层面构成网状、放射状或不规则的分叉状的裂缝，在剖面上一般呈“V”字形（有时切穿层面也可呈“U”字形）。这些裂缝被上覆沉积物填充时，其填充层的底面成为脊形印模（图 2-11）。

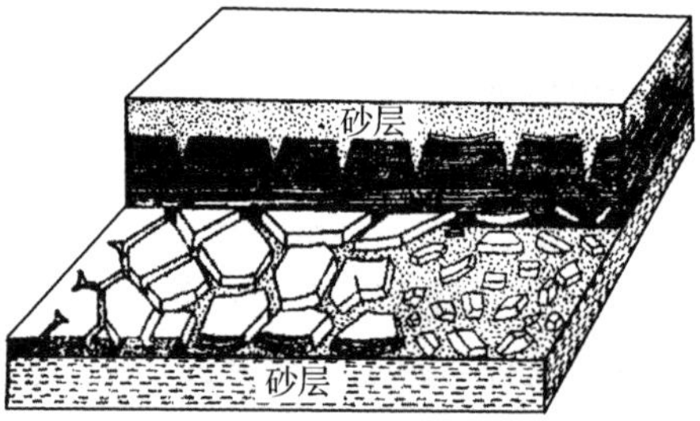

图 2-11　泥裂示意图
（据 R. R. Shrock，1948）

无论是楔形裂缝或脊形印模的尖端均指向岩层的底面，即指向较老岩层。

5. 雨痕、冰雹痕及其印模

雨痕和冰雹痕是雨点或冰雹落在湿润而柔软的泥质或粉砂质沉积物上，冲打出圆形或椭圆形，边缘略高于沉积物表面的凹坑。冰雹痕较雨痕大而深，形状不太规则，也较粗糙，凹坑边缘也较高。两种凹坑形成后又被上覆沉积物填充掩埋，成岩之后，遂在岩层的顶面上留下凹坑，而在上覆岩层的底面形成圆形或椭圆形瘤状突起的印模。因此，凹坑总是分布在岩层的顶层（图 2-12），瘤状印模则出现在岩层的底面，或者说，凹坑和瘤状印模的圆弧外形总是凹或凸向岩层的底面。

此外，还有许多不同成因、形态各异的印痕和印模，如由生物活动形成的虫迹、脚印；流水的流痕，或者流水携带某些“工具”（如石块、贝壳、树枝等）对沉积物表面的冲击或刻划所造成的各种印痕。它们在上覆岩层底面都会形成各种对应的印模。如槽模、沟模等。这些印痕和印模都是凹形印痕分布在岩层的顶面上，凸起的印模则出现在岩层雨痕凹坑处，表明为上层面。

6. 冲刷痕迹

固结或半固结的沉积层，在露出水面或在水下时，因流水的冲刷，会在沉积层的层面上造成沟、槽和浅坑等凹凸不平的冲刷痕迹。此后，在其上覆沉积层的底面上也可形成相应的印模。岩层面上的这些沟、槽和浅坑，及其上覆沉积岩层底面上的印模，同样可以作为确定岩层顶、底面的标志（图 2-13）。

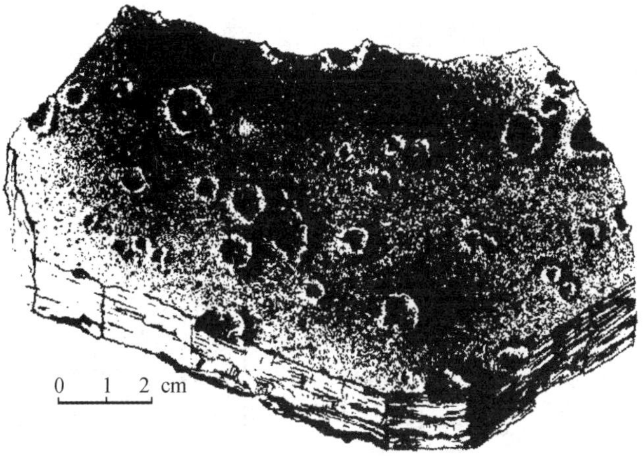

图 2－12　四川广元三叠系飞仙关组紫红色砂质页岩中的雨痕(李尚宽绘)

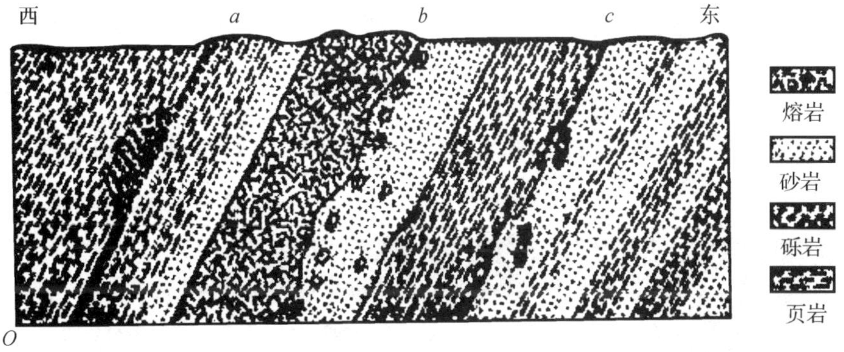

图 2－13　根据冲刷面特征确定岩层相对层序(据 M. P. 毕令斯,1947)

注:从 a、b、c 等处冲刷面形态及砾石碎块岩性等特征,说明岩层西边老,东边新,岩层又向西倾斜,所以这套岩层是倒转层位。

7. 古生物化石的生长和埋藏状态

保存在岩层中的古动、植物化石,除了根据其种属确定地层的地质时代外,还可以根据某些化石在岩层内的埋藏保存状况和生长状态鉴定岩层的顶、底面。例如,珊瑚(特别是群体珊瑚)等底栖生物,常可能就以当初生长状态被掩埋起来。因此,它们的基部总是指向岩层的底面。又如由某些藻类形成的叠层石,其类型不同,形态各异,如柱状、分枝状、锥状和瘤状,但均具有向上穹起的叠积纹层构造。这些穹状纹层的凸出方向,往往指向岩层的顶面(图 2－14)。

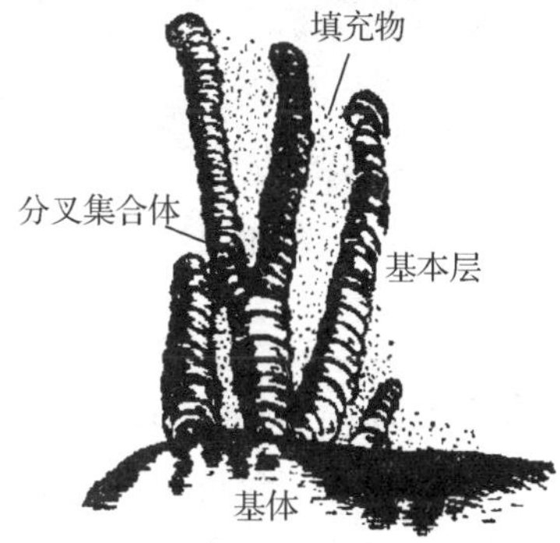

图 2－14　叠层石的纵剖面和内部的弯状纹层及生长的分枝(据程裕琪)

一些腕足类或斧足类介壳,在被沉积物掩埋时,大多数介壳保持着凸面向上这样一种最稳定的埋藏状态,所以大多数介壳的较凸的一瓣的凸出方向，往往指向岩层的顶面（图2－15）。

当古代羊齿类、苏铁类和其他种类植物的根系被掩埋时，易保持其生长状态，则古植物根系的生长迹象也可作为判断岩层顶、底面的标志（图2－16）。

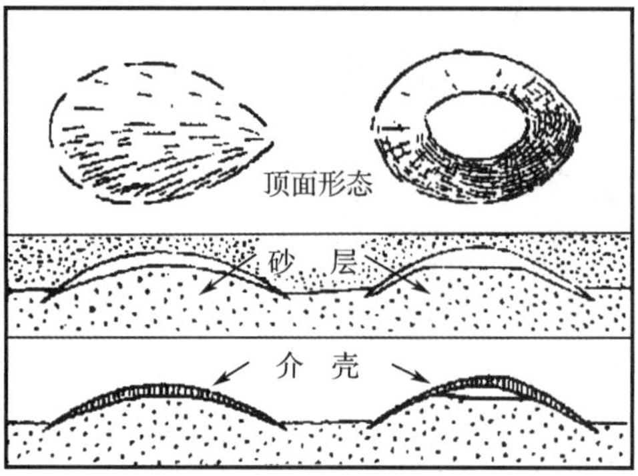

图2－15 生物介壳埋于沉积物中

（其相对稳定位置的示意图）

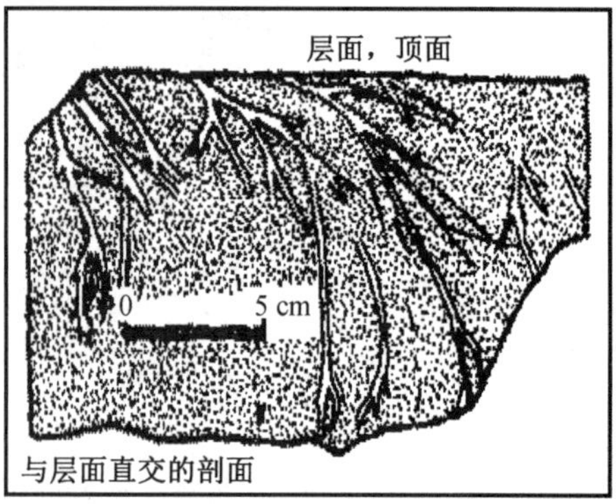

图2－16 植物根系生长状态示意剖面图

（据 R. R. Shrock，1948）

8. 火山熔岩的枕状构造和气孔构造

海底喷发的基性熔岩常发育有枕状构造，单个岩枕的底面较平，顶面呈凸圆状（图2－17），借此可判断熔岩的顶、底面的位置。

图2－17 喷发岩中的枕状构造，锤柄指向上层面

（张家口、南地，据穆克敏）

熔岩中的气孔构造多集中在熔岩流的顶部，底部则较少，甚至没有（图2－18）。气孔构造的多少或集中程度不仅可用来分辨喷发次数，还可以用来确定火山熔岩层的层面位置和顶、底面；有些熔岩的气孔呈管状并有分枝现象，分枝总是指向底面（图2－19）。如果具有这些原生构造的火山熔岩夹在沉积的岩层中，与其底面相接触的是下伏层，与其顶面相接触的是上覆层。每个岩枕中的短虚线为玻璃质冷却外壳，长虚线为放射状裂隙，各个熔岩枕之间的点区是充填的沉积碎屑，黑斑是空洞（图 2－20）。

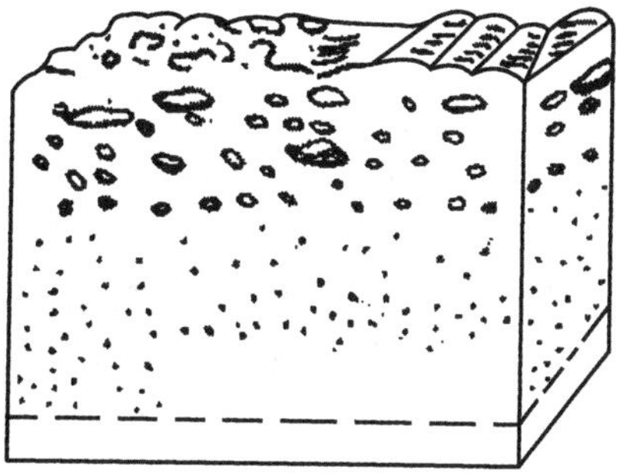

图 2－18　熔岩中的气孔构造在熔岩层的顶部集中

（据武汉地质学院等四院校合编的《构造地质学》）

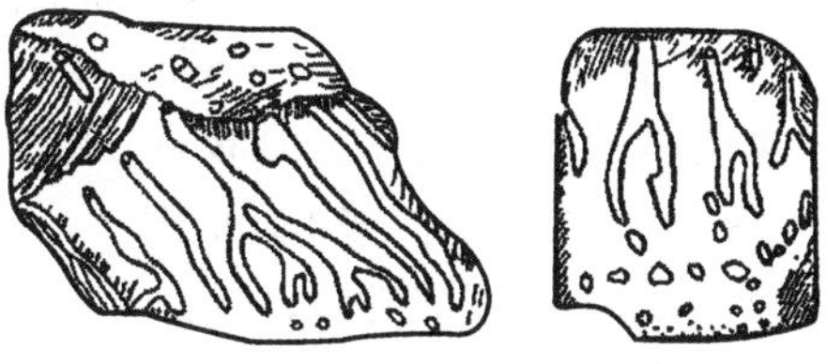

图 2－19　熔岩中的管状气孔分枝指向底面（据 P. 施罗克）

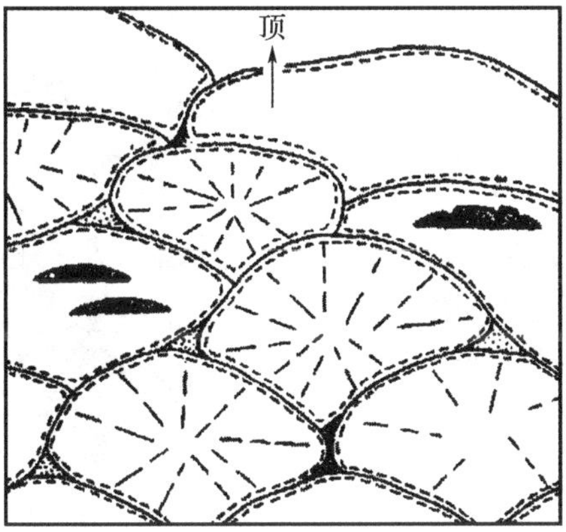

图 2－20　枕状构造的断面示意图

（据 G. A. 马克丹纳德）

2.2　岩层的产状、厚度及出露特征

2.2.1　岩层的产状

岩层的产状是指地壳中岩层的产出状态，即岩层在三维空间的位置和方位。岩层的产状是以岩层层面与水平面的相互关系来表示的，通常分为水平、倾斜、直立和倒转等几种产状。

野外认识和研究岩层的构造形态，是从观察和测量岩层的产状着手的。首先需要了解岩层的原始产状，同时还需要正确认识和分析岩层经历什么样的变形而产生这些构造形态，即后期改造变形后的产状。

1. 岩层原始的产状

(1) 原始岩层的水平产状

在广阔而平坦的沉积盆地（如海洋和大湖泊）中所形成的沉积岩层，其原始产状大都是水平的或近于水平的，只有在沉积盆地边缘、岛屿、水下隆起和火山锥周围边坡等局部地带，岩层才会出现一定程度的倾斜，称为原始倾斜。因此，将岩层的原始产状理解为水平的，以水平面作为参考面，是认识和分析地质构造的一个基本前提(图2－21)。

(2)原始倾斜岩层

在研究岩层产状的时候，应注意原始倾斜岩层。岩层的原始产状并不都是水平的，有时也有一定角度的倾斜，叫原始倾斜岩层。原始倾斜岩层不是水平岩层受构造变位而倾斜的，而是在沉积过程中，受原始地形的影响而形成的。在比较广阔而平坦的沉积盆地(如海洋、湖泊)中，一层层堆积起来的沉积岩，其原始产状大都是水平或近水平的。但在盆地的边缘、岛屿或水下隆起的周围、河流入口处或海沟一带的地形都有一定起伏，其上堆积物的产状也随之出现了倾斜。残积、坡积，冰川和风的堆积层，生物礁及其周围的沉积岩层(图2－22)，或火山锥、火山碎屑及熔岩等的产状，都可以呈一定的倾斜状态，这种在沉积时就已经呈倾斜状态的岩层统称原始倾斜岩层。原始倾斜岩层的最大特点是分布面积不广，且与古地貌有直接关系。原始倾斜岩层对分析古地理和古构造及寻找近海地带的沉积矿产、潜山及生物礁油气藏等都具有一定意义。

图2－21　四川苍溪观音寨中侏罗纪水平岩层素描图(据李承三，引自武汉地质学院等四院校合编的《构造地质学》)

图2－22　生物礁及其围岩的原始倾斜产状(据B. A. 阿普罗道夫，引自《地质制图学》)

2. 岩层经后期改造变形后的产状

(1)水平产状

水平产状是指岩层面与水平面近于平行的一种产状，具有水平产状的岩层称水平岩层。一般在沉积盆地中心部分或其他比较稳定的沉积条件下，岩层的原始沉积状态是近水平的，如果这种岩层在成岩期及成岩期后受构造运动影响比较轻微，或只经历较均匀的升降运动从而保持原始沉积时的水平(或近水平)状态，便形成水平产状。

(2)倾斜产状

倾斜产状是指岩层层面与水平面之间有一定的交角，具有这种产状的岩层叫倾斜岩层(图2－23)。倾斜产状是水平岩层受地壳运动

图2－23　倾斜岩层(据蓝淇锋等)

影响发生了变位的结果。

(3)直立产状

如果变位后的岩层层面与地面(水平面)大致相交为90°,就构成直立产状,该岩层叫直立岩层(图2-24)。直立岩层或很陡的岩层,大都发育在地壳运动较为剧烈的地区。

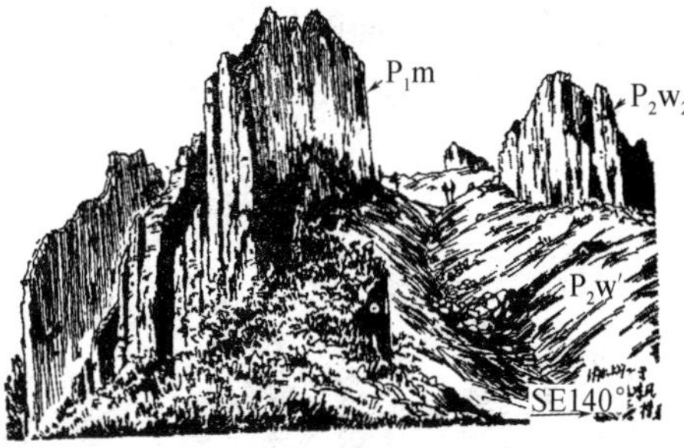

P_2w_2—上二叠统吴家坪组上段次岩;
P_2w'—吴家坪下段泥质粉砂岩及煤层;
P_1m—下二叠统茅口组灰岩。

图2-24 湖北建船凉风槽直立岩层

(4)倒转产状

在剧烈的地壳运动中,岩层还可以从直立状态翻倒过去,从而改变了岩层的正常层序,形成老岩层在上面,新岩层在下面的状态,该岩层称倒转岩层。倒转岩层的产状可以是倾斜的,有时甚至是水平的。如倒转褶曲的倒转翼(图2-25)和平卧褶曲的倒转翼,就是呈倾斜和水平状态的倒转岩层。必须指出,通常所说的水平和倾斜岩层,系指呈正常状态的岩层,不包括倒转后呈倾斜或水平状态的岩层。

图2-25 倒转背斜褶曲

注:西翼为正常岩层,东翼为倒转岩层。

原始产状呈水平的岩层,在地壳运动影响下发生构造变形,形成倾斜岩层、直立岩层、倒转岩层和各种褶曲形态,但也有一些岩层仍保持水平状态。在地表浅处,由于重力、流水、冰川、岩溶及吸水作用等外动力地质作用,也会使岩层产状发生局部变动,形成各种表生构造。

2.2.2 水平岩层

水平岩层即岩层层面呈水平或近于水平产状的岩层,同一层面上各点海拔高度基本相同。通常将倾角不超过5°的岩层视为水平岩层。在地壳运动影响较轻微的地区(如四川盆地中部一些地区)的中、晚侏罗纪和白垩纪地层的产状基本上就是水平的。

1. 水平岩层的露头形态

岩层的露头形态是指某岩层的顶、底面在地面出露分布的形态。在地层层序没有发生倒转的前提下,地质时代较新的岩层叠置在较老岩层之上。当地形剥蚀切割轻微时,地面只出露最新岩层(图2-26)。如地形切割强烈,当地面有起伏时,水平岩层具有以下特征:

图2-26 地表切割轻微时地面只出露最新岩层

(1)较老岩层可出露于河谷、冲沟等低洼处,较新岩层则分布在山顶或分水岭上,即岩层愈老出露位置愈低,岩层愈新出露位置愈高(图2-27)。

(2)由于水平岩层同一层面上各点的海拔高程基本相等,其出露界线(即岩层面与地面的交线)在地质图上表现为与地形等高线平行或重合,根据这一特征,只要测定出水平岩层层面界线的位置和高程,就可以在地形图上以其出露点为起点,沿着或平行于其相应高程的等高线勾绘出该层面的界线。在河谷、冲沟中，岩层的出露界线随等高线弯曲而弯曲，延伸成“V”字形，在山顶和山坡上岩层露头的分布往往呈孤岛状、不规则的同心圆状或条带状。

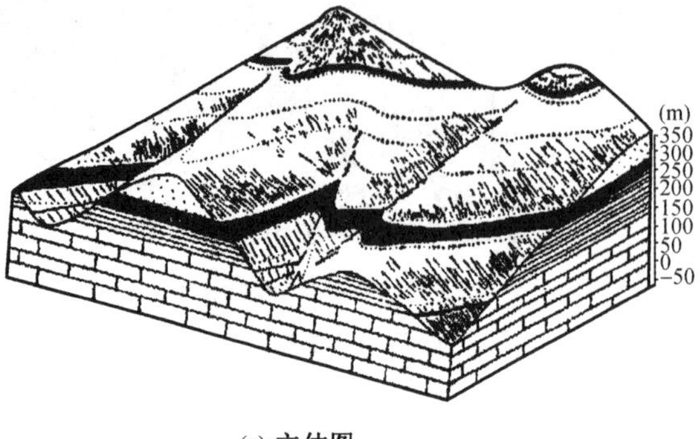

(a) 立体图

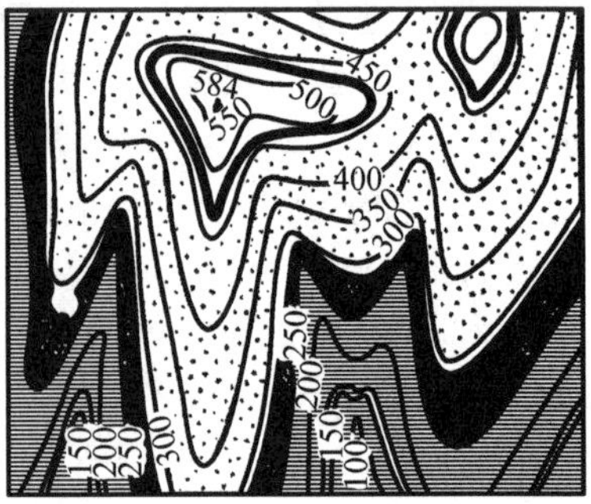

(b) 平面图（地形地质图）

图 2-27　地形起伏时水平岩层的出露分布特征（据徐开礼、朱志澄主编的《构造地质学》，1989）

(3) 水平岩层的厚度就是该岩层顶面标高和底面标高之差。

(4) 水平岩层的露头宽度（即岩层上、下层面在地面上的出露界线之间的水平距离）是随岩层的厚度和地面坡度的变化而变化的。

2. 水平岩层露头宽度和厚度

(1) 水平岩层的厚度

水平岩层厚度是指岩层顶面到底面之间的垂直距离。在野外，可用卷尺直接测量岩层的厚度，或测得与其相关的数据后用下列公式计算：

$$m = l \cdot \sin\beta$$

在地形地质图上，水平岩层厚度等于该岩层顶面与底面的高程差，求出其顶、底界线的标高即可求得。

(2) 水平岩层的露头宽度

水平岩层露头宽度是指地面上岩层顶、底界线之间的水平距离，它随岩层的厚度和地面坡度的变化而变化（图 2-28）。当坡度不变时，岩层厚度愈大露头愈宽，厚度愈小露头愈窄。当厚度相同时，坡度愈缓露头愈宽，坡度愈陡露头愈窄。陡崖处因岩层顶、底界线的水平投影重合为一条线，露头宽度为零，以致在地质图上呈现岩层尖灭的假象。在填绘和阅读水平岩层地质图时，应注意认识和分析上述特征。

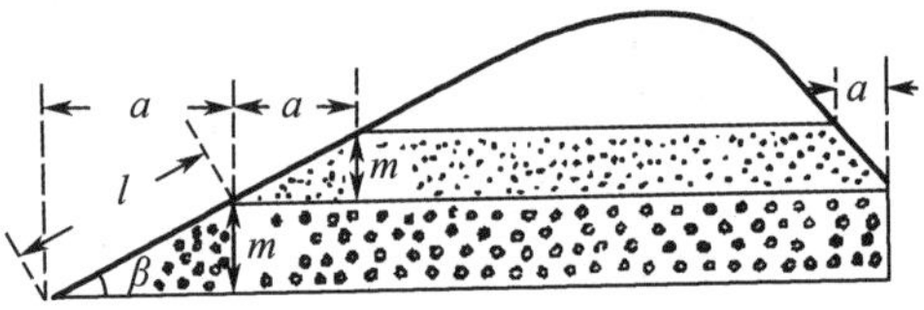

m—岩层厚度；*a*—露头宽度；

l—岩层顶、底线间斜长；*β*—地形坡度角。

图 2-28　水平岩层的厚度和露头宽度

2.2.3　倾斜岩层

由于地壳运动，原始水平产状的岩层会发生构造变动，形成倾斜岩层。这是最简单的一种构造变动，倾斜岩层的产状形态也是层状岩石最常见的一种产状形态。倾斜岩层可以是某种构造的一部分，如褶皱的一翼或断层的一盘（图 2-29），也可以是地壳不均匀抬升或下降引起的区域性倾斜。如一个地区内的岩层向同一方向倾斜，倾角也大致相同，则称为单斜层或单斜构造。

1. 倾斜岩层产状要素

岩层的产状是以岩层面在三维空间的延伸方位及其倾斜程度来确定的，观测岩层产状及其出露分布特征，是野外地质调查和填绘地质图、研究分析地质构造的一项经常性的基础工作。岩层的产状要素包括岩层面的走向、倾向和倾角（图 2－30）。任何面状构造或地质体界面的产状都可用上述产状要素来表示。

图 2－29　倾斜岩层褶皱的一翼或断层的一盘

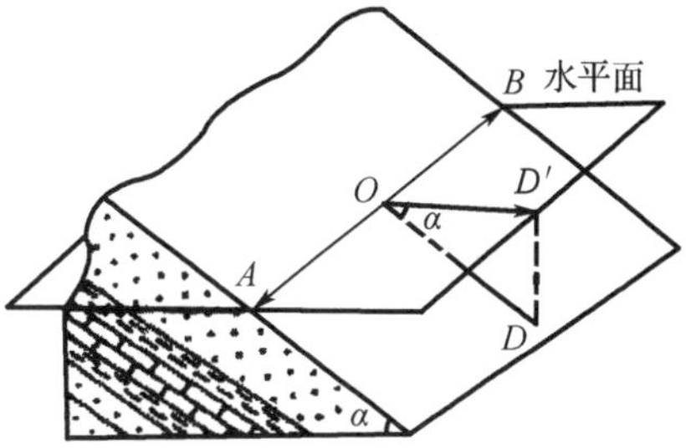

AOB—走向线；*OD*—倾斜线。
OD′—箭头方向为倾向；α—倾角。

图 2－30　岩层产状要素

走向——岩层面与水平面相交的线叫走向线（图 2－30 中 *AOB*）。走向线两端所指的方向即岩层的走向。所以岩层走向都有两个方位角数值，如 NE30°和 SW210°。岩层的走向表示岩层在空间的水平延伸方向。

倾向——层面上与走向线相垂直并沿斜面向下所引的直线叫倾斜线（图 2－30 中 *OD*）。倾斜线在水平面上的投影线所指层面向下倾斜的那个方向，就是岩层的真倾向（图 2－30 中 *OD′*），简称倾向。

在岩层面上凡与该点走向线不直交的任一直线均为视倾斜线，其在水平面上投影线所指的倾斜方向，叫视倾向或假倾向（图2－31）。

野外测定岩层产状，通常是测量其真倾向和真倾角。有时也要用到视倾角，通过换算可求得剖面图的视倾角。例如绘制地质剖面或做槽探、坑道编录时，如剖面方向或槽、坑的方向与岩层或矿层的走向不直交，这时剖面图或素描图上的岩层、矿层的倾角就要用作图方向的视倾角来表示。真、视倾角的换算公式如下：

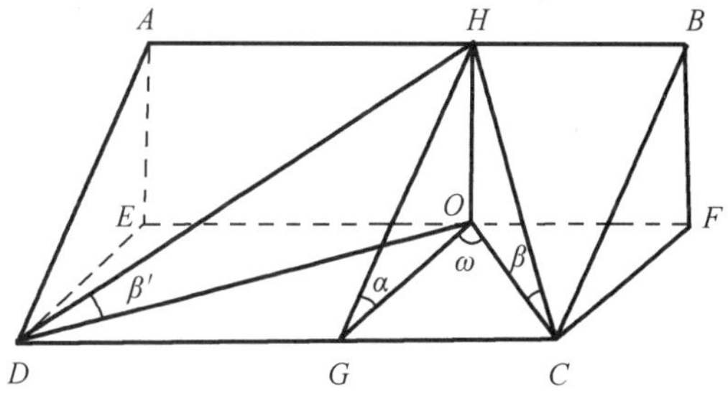

α—真倾角；β、β′—视倾角；
ω—真倾向与视倾向之间的夹角。

图 2－31　真倾角与视倾角的关系

$$\tan\beta = \tan\alpha \cdot \cos\omega$$

换算方法除公式计算外，还可用查表法求得。地质工作者用的野外记录簿内均附有“倾角换算表”，该表是根据上述关系式编制而成的。如利用罗盘已测得岩层倾角值，并已知岩层走向与剖面间夹角值后，可在该表中查得与之对应的视倾角值，也可用赤平投影方法或图解法（见本书附录Ⅰ及附录Ⅱ）求出。

2. 岩层产状要素的测定与表示方法

(1) 岩层产状要素的测定

测量岩层的产状要素,是地质调查中的一项基础工作。只有掌握岩(矿)层在各个地段的产状要素,才可能正确认识区内的地质构造特征。岩层产状要素的测定分直接测定和间接测定两种方式。

①直接测定:用地质罗盘直接在岩层层面上测量其倾向、倾角,测量时首先要在基岩露头上清理和选择好一个有代表性又便于施测的岩层层面,然后在层面上用地质罗盘进行测量(图 2-32)。测量方法分以下几个步骤。

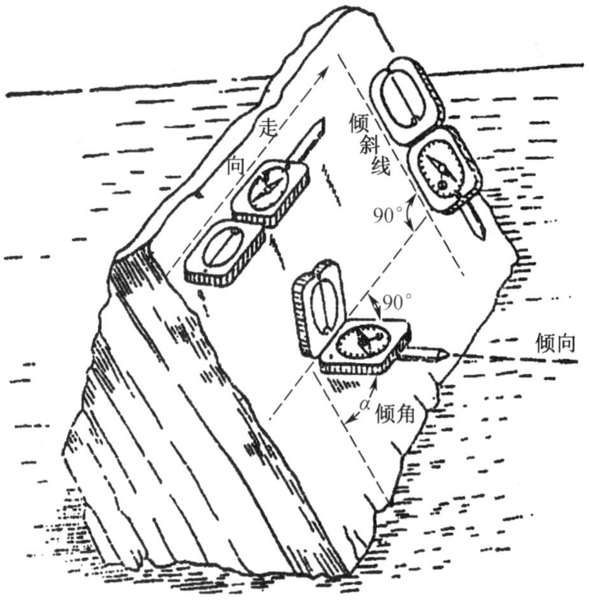

图 2-32 用罗盘直接测量岩层产状

岩层走向的测量　将地质罗盘长边(或和刻度 S—N 平行的一边)紧贴在岩层的层面上,并使罗盘保持水平(水准气泡居中),罗盘磁针所指方位就是岩层走向。

岩层倾向的测量　测量完岩层的走向后,将罗盘水平转动 90°,即使罗盘的短边(刻度 S 或 N 的那一边)平行于走向线,紧贴岩层层面,并使罗盘保持水平,磁针所指方位度数即为岩层的倾向。当罗盘北端朝向岩层倾斜方向时,读指北针所指方位,罗盘南端朝向岩层倾斜方向时,则读指南针所指方位。

岩层倾角的测量　将罗盘长边紧贴岩层倾斜方向(垂直岩层走向方向),罗盘中的分度弧朝下,然后拨动罗盘中的测斜仪,使测斜仪的水准气泡居中。此时分度盘上侧斜仪指针所指度数就是岩层倾角。

②间接测定:在不能直接用罗盘测量岩层产状的地方,可根据地质调查的有关资料和数据进行间接测定。测定方法很多,常用的主要有三点法。

三点法测定岩层产状要素　当岩层或矿层被掩盖时,常根据不在一条直线上的三个钻孔资料(即同一层面的三个标高)求产状要素;或当岩层倾斜很平缓,用罗盘不易直接测出产状要素时,也可以用此方法(具体方法见本书附录Ⅱ实习二)。

间接测定产状的方法详见附录中的实习教材。

(2)产状要素的表示方法

①文字表示法。这种方法多用于野外记录、地质报告以及剖面素描中,一般采用方位角表示。将方位角分为360°,以正北方为0°(360°)。

a. 野外记录时一般只记录倾向和倾角两个数据,如岩层倾向135°,倾角40°,记为135°∠40°,直立产状才记走向。

b. 地质图(平面图)上应按方位角在相应位置标出准确的走向、倾向,并写出倾角。通常只记倾向和倾角,如岩层倾向205°,倾角25°,记为205°∠25°。

②符号表示法。该方法多用于地质平、剖面图上。

a. 平面图上常用的符号有:

⅄ 53°——岩层倾斜,长线表示走向,短线表示倾向,数字为倾角值;

+ ——岩层水平,倾角0°~5°;

⨯ ——岩层直立,箭头指向新岩层;

⨯ 60° ——岩层倒转,箭头所指为倒转后倾向,数字为岩层倾角值。

b. 在剖面图上表示,如图2-33所示。

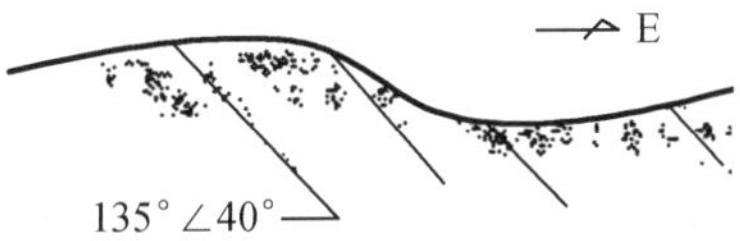

图2-33 剖面图上符号表示方法举例

上述符号要按测定的产状数据认真标绘在图面的相应位置上,不能视为一般的记号随意标记。

岩层产状要素的符号和书写方式,在国内外的地质书刊和地质图上并不完全相同,参阅文献资料时应予以注意。并在实际工作中注意应用国家统一的规范、图式图例。

(3)岩层厚度的测定

岩层厚度(一般均指岩层的真厚度)是指岩层的两个平行界面之间的垂直距离(图2-34中的m)。岩层除有真厚度外,还有视厚度和铅直厚度。

在与岩层走向斜交的直立剖面或在与岩层面不垂直的任何方向的非直立剖面上测得的岩层顶、底界线之间的垂直距离,都是视厚度(图2-34中的h'),铅直厚度是指岩层顶、底面之间沿铅直方向的距离(图2-34中的h)。

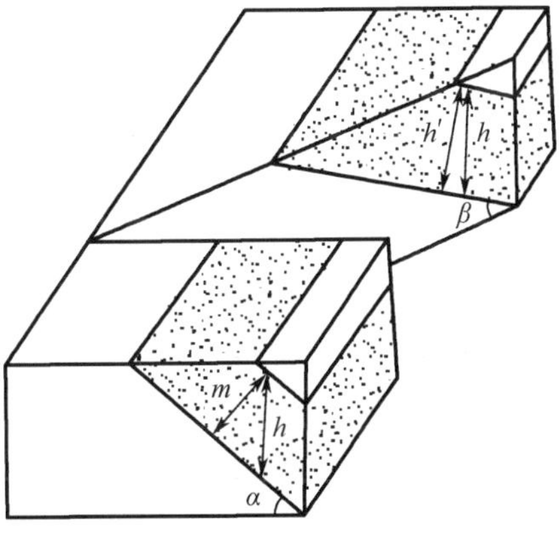

m—真厚度;h—铅直厚度;h'—视厚度;
α—岩层的真倾角;β—岩层的视倾角。

图2-34 岩层的真厚度、铅直厚度和视厚度

地质工作中,经常要测量和使用的是岩层真厚度。铅直厚度、视厚度与真厚度具有一定的三角函数关系。得知岩层的真厚度和真、视倾角,铅直厚度和视厚度即可用三角函数求出。岩层厚度常是在野外直接测量所得,但因受条件限制,也常采用地质剖面法测得有关数据后再计算得出。

通过野外的实测剖面,可以取得的数据有导线上岩层顶、底界线间的斜长(L)、导线上地面的坡度角(β)、岩层倾角(α)、岩层倾向与剖面方向间夹角(ω)或岩层走向与剖面间夹角(γ)等。将这些数据代入下列公式计算岩层的真厚度(m)和铅直厚度(h):

$$m = L\cdot(\sin\alpha\cos\beta\sin\gamma \pm \cos\alpha\sin\beta)$$

$$h = L\cdot(\tan\alpha\cos\beta\sin\gamma \pm \sin\beta)$$

式中，“±”号视情况而定，当地面坡向与岩层倾向相反时用“+”号；当坡向与岩层倾向相同时用“-”号。计算中出现负值时，取其绝对值。

在地质调查中，为了研究地层的发育情况和地质构造特征，往往要测制一系列地质剖面。在测制地质剖面工作中，除要观察分析地层的岩性、化石、层序和接触关系外，还要测算各岩层的厚度。尤其在矿产勘探工作中，矿层的厚度是矿层评价的重要指标之一，也是计算矿床储量的一个基本参数。因此，应很好地掌握岩层厚度的测算原理和方法。岩层或矿层的厚度，除有的可以在露头上用皮尺或小钢尺直接量出外，一般都是通过测量地质剖面，取得导线距、导线方向、地面坡度角和岩层倾向、倾角等数据后，运用一定公式来计算或用赤平投影法、几何作图法及其他方法来计算的。其中以使用袖珍电子计算器来计算最为简便，且迅速而准确。其计算公式、计算程序和方法详见本书附录。

在地质图上用作图法或赤平投影法来求岩层厚度，其方法详见附录中的实习教材。

3. 倾斜岩层的露头界线形态

岩层的露头界线形态，取决于岩层产状、地形以及两者的相互关系。

水平岩层的露头界线在地质平面图上表现为与地形等高线平行或重合；直立岩层露头界线在地质图上沿走向呈直线延伸，不随地形等高线弯曲而弯曲。层面呈倾斜产状的岩层为倾斜岩层，在一定地区内，若一系列岩层大体向同一方向倾斜，其倾角大致相等，则称为单斜岩层或单斜构造。倾斜岩层最为常见，它往往是褶皱的一翼或断层的一盘。观测倾斜岩层露头分布特征是野外填绘地质图和研究地质构造的一项基础性工作（图2－35）。

(a) 立体图　　(b) 平面图

图2－35　水平岩层（Ⅰ）、直立岩层（Ⅱ）和倾斜岩层（Ⅲ）的露头形态及其在平面图上的表现

（1）倾斜岩层的露头形态

倾斜岩层的露头形态取决于地形、岩层产状以及两者的相互关系。当地面平坦时，产状稳定的倾斜岩层其界线呈直线延伸，岩层露头呈直线条带状分布，其延伸方向即为岩层走向（图2－36）。当地面起伏时，倾斜岩层露头呈弯曲条带状分布，其界线与地形等高线交切，表现在岩层界线穿越沟谷或山脊时，均呈“V”字形展布，它们与地形等高线的弯曲保持一定的关系，该关系称“V”字形法则。

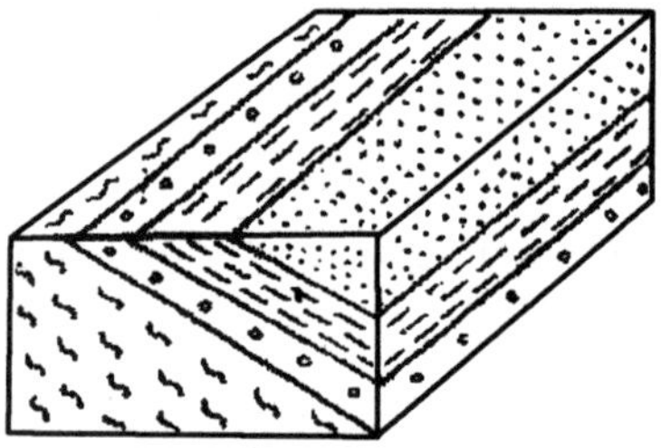

图2－36　地面平坦时倾斜岩层露头形态呈直线条带状分布

①岩层倾向与地面坡向相反时，岩层界线与地形等高线的弯曲方向相同，即“V”字形尖端指向相同（图2－37），但岩层界线弯曲程度比等高线的弯曲程度小，简称“相反－相同”。

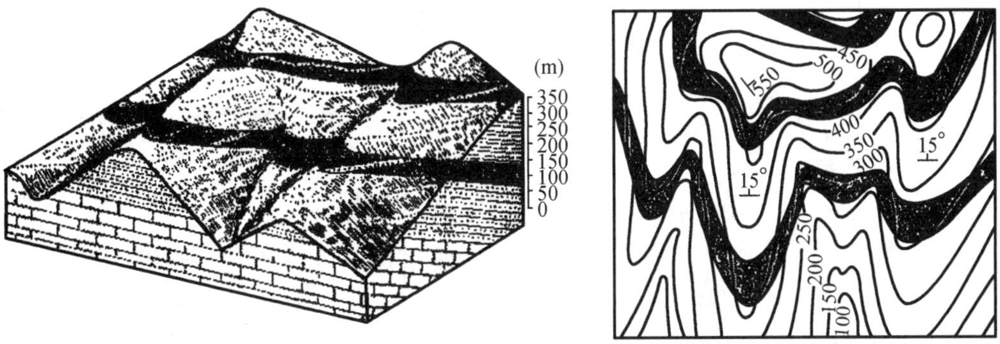

(a) 立体图　　　　(b) 平面图

图 2－37　倾斜岩层界线形态特征之一（据徐开礼、朱志澄主编的《构造地质学》,1989）

②岩层倾向与坡向相同,且岩层倾角大于地面坡度角时,岩层界线与地形等高线弯曲方向相反,即“V”字形尖端指向相反（图 2－38）,简称“相同－相反”。

③岩层倾向与坡向相同,但岩层倾角小于地面坡度角时,岩层界线与地形等高线弯曲方向相同,即“V”字形尖端指向相同（图 2－39）,但岩层界线弯曲程度比等高线的弯曲程度大,简称“相同－相同”。

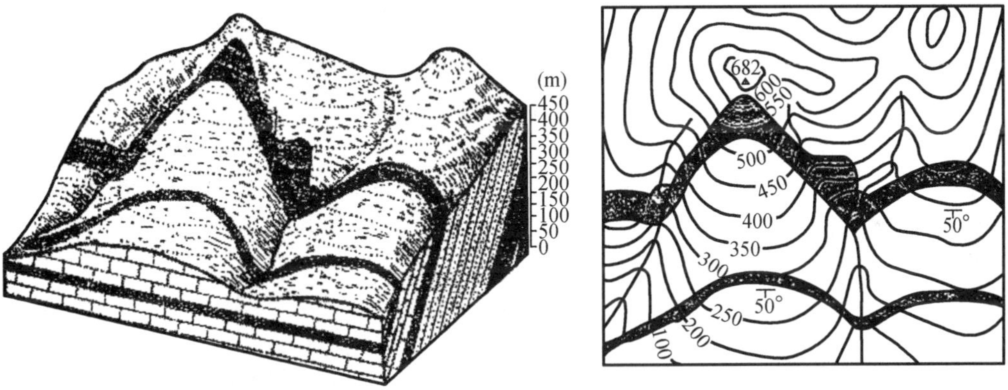

(a) 立体图　　　　(b) 平面图

图 2－38　倾斜岩层界线形态特征之二（据徐开礼、朱志澄主编的《构造地质学》,1989）

掌握此法则具有较大的实际意义,可以指导我们观测地质构造或填绘、分析地质图。但在应用时,须注意两点:第一,在大、中比例尺地质图上,“V”字形法则表现明显,但在小比例尺图上,由于地形起伏对地质界线的影响不明显,故“V”字形法则的实用意义不大;第二,当地质体界面走向与山脊、沟谷延伸方向呈大角度相交时,“V”字形法则表现明显,当地质体界面走向与山脊、沟谷方向近于平行时则表现不明显。

（2）倾斜岩层的露头宽度

倾斜岩层的露头宽度与岩层厚度、地面坡度和岩层产状有关。当地面坡度和岩层倾角不变时,露头宽度取决于岩层厚度,厚者宽,薄者窄（图 2－40）。

当地面坡度和岩层厚度不变时,露头宽度取决于岩层倾向和倾角的变化。一般岩层倾角越小露头宽度越大,倾角越大露头宽度越小。当岩层直立时,露头宽度等于岩层厚度。当岩层倾向与坡向相同且倾角小于坡角时,倾角越小露头宽度越大,倾角越大露头宽度越小(图2-41(a))。

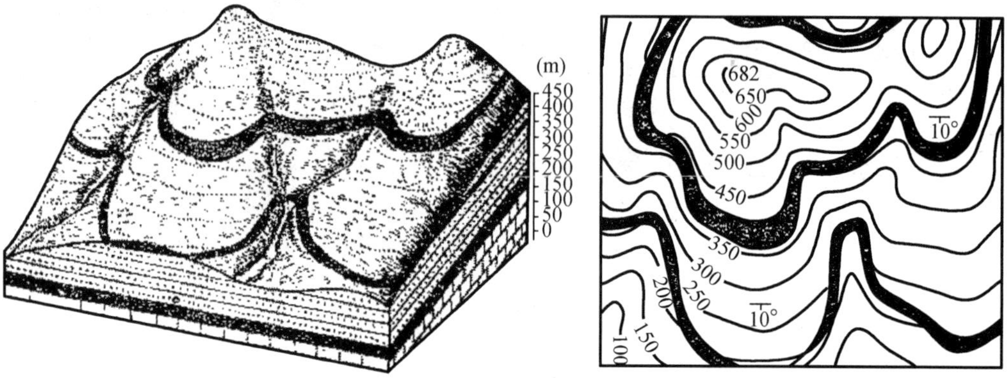

(a) 立体图　　(b) 平面图

图2-39　倾斜岩层界线形态特征之三(据徐开礼、朱志澄主编的《构造地质学》,1989)

当坡向与倾向相反且坡向与倾向垂直时,露头宽度最小。当岩层厚度和岩层倾角不变时,露头宽度取决于地面坡度的变化。一般坡度越缓露头宽度越大,坡度越陡露头宽度越小(图2-41(b))。陡崖处露头宽度为零。不过也有例外,在岩层倾向与坡向相同且倾角大于坡角时,则坡度越缓露头宽度越小,坡度越陡露头宽度越大。

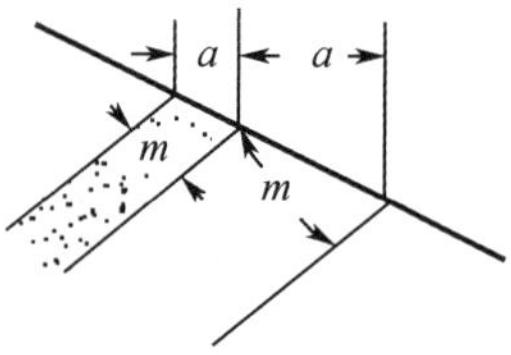

图2-40　倾斜岩层的露头宽度(a)与岩层厚度(m)

了解上述倾斜岩层露头宽窄变化的规律,对观测和分析地质构造有一定帮助。

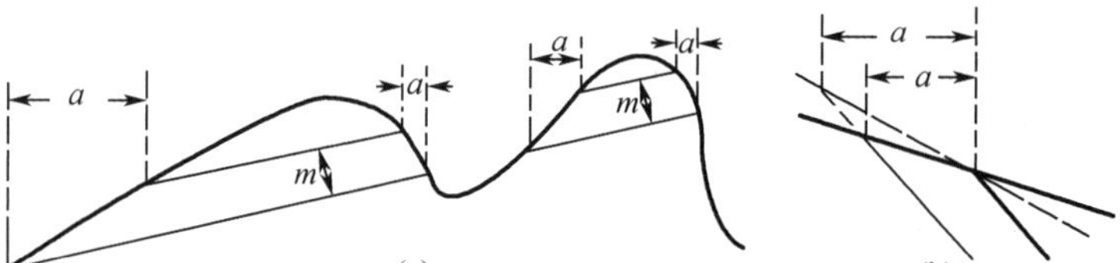

图2-41　地面坡度与露头宽度的关系

注:(a)为倾向与坡向相反以及倾向与坡向相同且倾角小于坡角的两种情况;

(b)为倾向与坡向相同且倾角大于坡角的情况。

2.2.4　直立岩层

1. 直立岩层的露头形态

层面呈直立产状的岩层称为直立岩层。由于层面直立,岩层界线在平面图上不受地形起伏的影响,只按岩层走向延伸。当岩层走向稳定不变时,平面图上的岩层界线呈直线延伸。直立岩层露头形态中,其延伸方向即岩层走向(图2-42)。

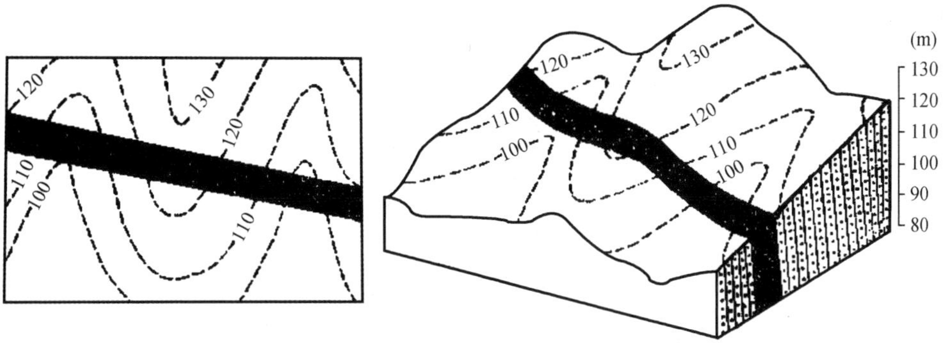

(a) 平面图　　(b) 立体图

图 2-42　直立岩层露头形态

2. 直立岩层的露头宽度及厚度

因直立岩层露头形态不受地形影响，其露头宽度等于岩层厚度，因此厚度愈大露头愈宽，厚度愈小露头愈窄。直立岩层的厚度，在野外用卷尺测量其顶、底界线间的水平距离即得，在地质图上量取顶、底界线间的垂直距离换算成实际长度亦可求得。如果实测地质剖面（图 2-43），则需测量以下参数：导线斜长（L）、坡度角（β）、走向（γ）、岩层厚度（m）。其中岩层厚度（m）可用下面公式计算：

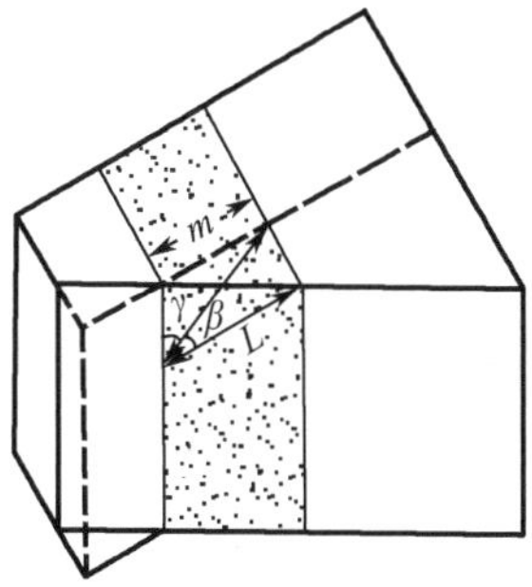

图 2-43　测算直立岩层厚度的立体图

$$m = L\cos\beta \cdot \sin\gamma$$

2.3　地层的接触关系

地层间的接触关系直接反映和记录了地壳运动在时间、空间上的发生及演化。由于不同地点、不同时间的地壳运动性质和特点不同，反映在地层接触关系上也是不同的。

观察和研究地层的接触关系，对了解和分析地质构造的形成及地壳运动的发展历史有着重要意义。

2.3.1　地层接触关系的类型

1. 整合接触

同一地区上、下两套地层的产状一致，在沉积上和生物演化上都是连续或递变的，则这种关系就称为整合接触。它说明此地区的地壳在该两套地层的沉积过程中，处于持续缓慢下降状态，或虽有上升，但沉积作用并未间断。

2. 不整合接触

地壳运动的影响，使同一地区的上、下两套地层间有一明显的沉积间断，缺失一部分地层，而且在古生物演化上也呈现不连续性，地层的这种接触关系称为不整合接触。上、下两套地层之间存在一个沉积间断面，称为不整合面。不整合接触可分为两种类型，即平行不整合和角度不整合。

不整合示意图如图 2－44 所示。

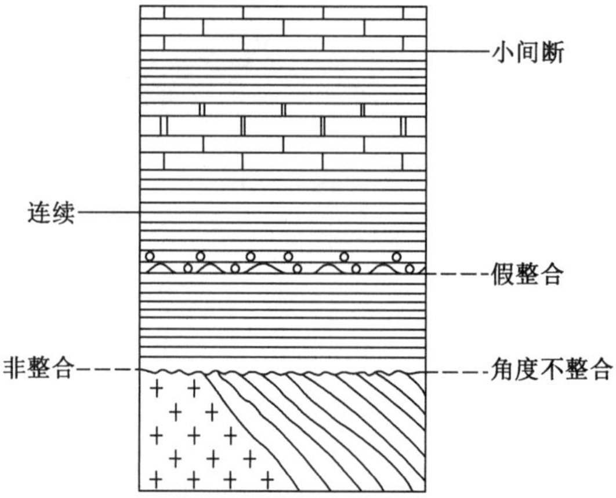

图 2－44　不整合示意图（据张守信，1989，修改：转引自杜远生等，1998）

（1）平行不整合

平行不整合是指两套地层间发生了沉积间断，其间缺失了某一时代的地层。上、下两套地层在岩性上可以是相同的，也可以有明显的差异，但它们彼此的产状一致。平行不整合的形成过程可以概括为地壳下降接受沉积（形成沉积层）→地壳平缓上升遭受剥蚀（沉积间断）→再下降接受新的沉积（图 2－45(a)）。

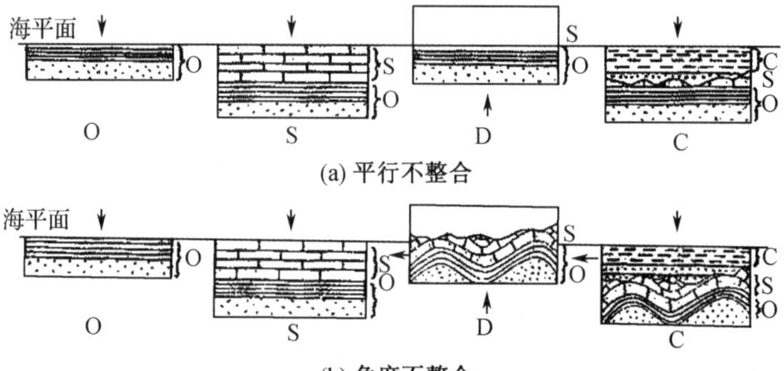

O—奥陶系；S—志留系；D—泥盆系；C—石炭系。

图 2－45　平行不整合和角度不整合的形成过程示意图

注：箭头代表地壳的垂直或水平运动方向。

（2）角度不整合

角度不整合不整合面的上、下两套地层之间不仅缺失一部分地层，而且在产状上也有差异。角度不整合的形成过程可以概括为地壳下降接受沉积形成沉积层→褶皱上升（常伴有岩浆活动、区域变质等）、沉积、遭到剥蚀→地壳再下降接受新的沉积（图 2－45(b)）。

下面列举一个不整合观察、研究的实例。

图 2－46 是河南登封嵩山角度不整合接触关系素描图。据观察，嵩山群五指岭组的主要岩性是石英岩、绢云母石英片岩、千枚岩互层（用钾氩法测得侵入于嵩山群花岗岩中的黑云母样品的年龄值为 15 亿～16 亿年）。五指岭组地层在该地段的产状是 NE30°∠25°。

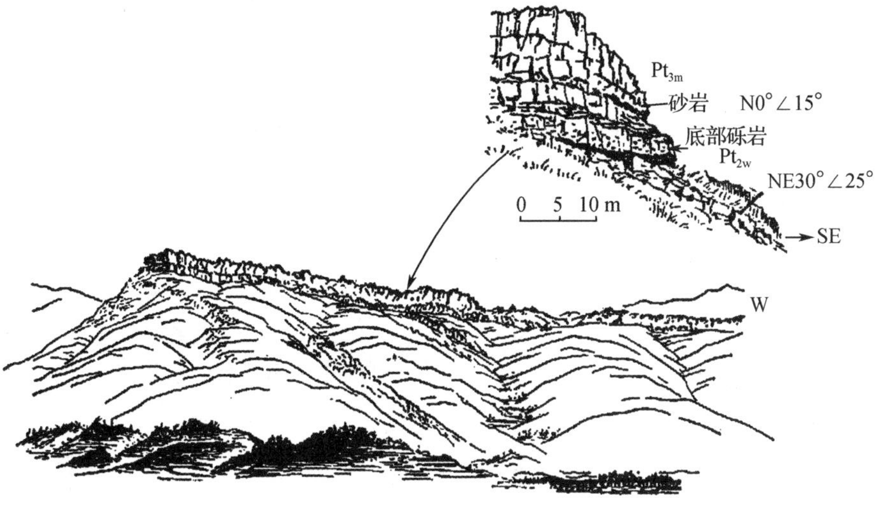

图2－46 河南登封嵩山角度不整合接触关系素描图（据《野外地质素描》）

注：图中所示为中元古界嵩山群五指岭组（Pt_{2w}）与新元古界五佛山群马鞍山组（Pt_{3m}）间的角度不整合接触关系。

2.3.2 地层接触关系的观察和研究

1. 确定地层接触关系的标志

(1)古生物地层标志

两套地层是否有沉积间断，可以由地层中古生物演化特征来确定。如果出现古生物在演化上的不连续或突变，说明沉积环境有过巨大的变化，曾经发生过沉积间断。再经过区域地层的对比，确定两套地层之间有某些地层缺失，在排除断层造成的因素后，就可以确定有不整合的存在。如果古生物的演化是连续的，区域上地层的沉积也是连续的，这反映了地层在沉积环境上没有大的改变，不存在沉积间断，则可确定地层的接触关系为整合接触。

(2)沉积特征的标志

两套地层相接触，上覆地层的底部可见有下伏地层的岩石碎块、砾石，以致形成底部砾岩，并可见有下部地层因长期风化而形成的古风化壳、风化淋滤矿床等，这些都是确定不整合接触关系的良好标志。而当上、下两套地层在岩性上是连续的，上、下岩层的岩性保持一致，或呈现递变关系，则可能为整合接触。

(3)构造标志

角度不整合在构造上的明显标志是上、下两套地层的产状有明显差异，或两套地层中的构造形态有很大的差别，两者构造线的方向不一致。当上、下两套地层中发育断裂时，可根据断裂在上、下两套地层中的产状和发育程度来确定不整合的存在。如图2－47所示，下伏的震旦系中发育的节理有六组，而上覆寒武系中发育的节理有三组，并同时都延伸到下伏地层中。下伏地层中的另三组节理却终止于不整合，显然它们是寒武系沉积之前形成的。如果地层的接触关系是整合的，则无论两套地层中出现的构造形态还是断裂的特征都会表现出一致性。

(4)岩浆活动和变质作用标志

岩浆活动和变质作用（主要是区域变质）大多发生在地壳活动的剧烈时期，同时也伴随着不整合接触关系的产生。先期沉积的地层在地壳运动的影响下产生褶皱、断裂，并伴有岩浆活动。随着地壳运动的发展，它们一起出露于地表，并遭受剥蚀。当再次下降接受沉积形成上覆层时，其间就呈现不整合接触关系。对于整合接触的地层来讲，当遭受区域变质作用后，上、下两套地层的变质程度是一致的。图2－48是内蒙古狼山一带发育的白垩系地层和石炭－二叠系地层间角度不整合接触关系素描图。白垩系为砂、砾岩互层构成平缓的单斜层，石炭－二叠系地层形成强烈的褶皱并且浅变质。二者之间缺失了三叠系到侏罗系的地层。

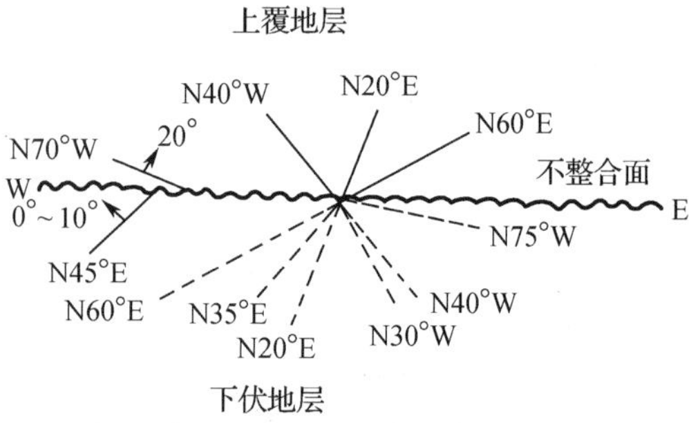

图2－47　山西五台山寒武系和震旦系中，不整合面上、下节理存在差异的示意图（据王曰伦，1959）

K—白垩系砂岩、砾岩互层；C－P—石炭－二叠系千枚岩、板岩。

图2－48　内蒙古狼山一带角度不整合接触关系素描图（据《野外地质素描》）

注：在剖面上可以看到岩性、地层时代和产状的不一致，并在地貌景观上也有反映。

2. 研究不整合的空间分布和类型变化

由于历次地壳运动的性质、强烈程度及所影响的范围各有不同，所以在一次地壳运动发生的过程中，地壳不同地区的隆起或沉降可能有先有后，沉积间断的间隔可能有长有短。因此，不整合的分布总有一定范围。同一次地壳运动所形成的不整合，可以在一些地区表现为角度不整合，而在其他地区则可能表现为轻微的角度不整合或过渡为平行不整合，甚至某些地区未受地壳运动的波及而无沉积间断，呈整合接触关系。此外，同一次地壳运动造成的不整合，在不同地区不整合面上下相接触的地层时代层位也并不都是一致的。对地层接触关系的观察研究，不应当局限于一两个地段，而要尽可能在较大的区域追索其分布和类型的变化情况（图2－49）。

3. 确定不整合形成的时期

不整合形成的时期通常是在较大的范围内，根据不整合面上的上覆地层中最老一层的时代和下伏地层中最新一层的时代来确定。这上、下两套层位间的时代间隔就是不整合形成的时代。如果上、下两套地层的时距相差甚短，则不整合形成的相对时代可以比较精确地确定；如果两者时距相差甚远，则不易确切判断，只能大体说不整合是某一时代之后（下伏最新地层的时代）和某一时代之前（上覆最老地层的时代）形成的。这时还应考虑下伏地层中所缺失的部分有可能是原来有沉积，以后又被剥蚀掉。

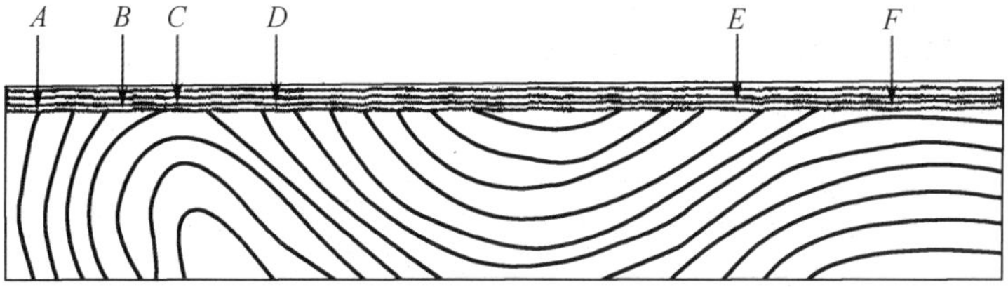

图 2－49 地层经褶皱、剥蚀后与其上水平地层在不同部位所显示的接触关系

（据 C. O. Dunbar 和 J. Rodgers，1957）

注：*A*、*B*、*D* 和 *E* 等处上、下地层呈不同角度接触；*C* 和 *F* 处二者是平行的。总体来说上、下两套地层为角度不整合接触。

角度不整合在平面上和剖面上均表现为不整合面上、下两套地层的产状有较明显的差异，其间又缺失一部分地层。上覆较新地层的底面的界线（即不整合线）与下伏较老的不同层位的地层相交截，如图 2－50 中的下二叠统（P_1）的底面界线在平面上与中泥盆统（D_2）和上泥盆统（D_3）相交截，在剖面上则覆盖切截了上奥陶统（O_3）、下泥盆统（D_1）和中泥盆统（D_2）等地层。四川江油马角坝地区，下侏罗统白田坝组（J_1b）底部砾岩层覆盖在三叠系各统地层之上（图 2－51），而在邻近地区，下侏罗统白田坝组底部砾岩层直接与二叠系－泥盆系的各层相接触，且上、下地层产状截然不同，是一个典型的角度不整合。

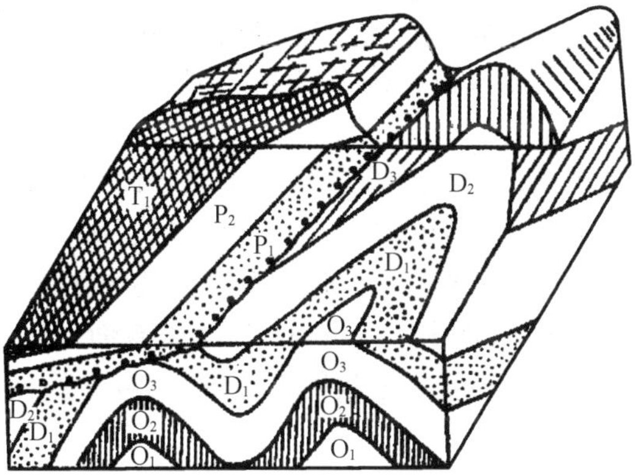

P_1—下二叠统；P_2—上二叠统；T_1—下三叠统；

D_1—下泥盆统；D_2—中泥盆统；D_3—上泥盆统；

O_1—下奥陶统；O_2—中奥陶统；O_3—上奥陶统。

图 2－50 平行不整合和角度不整合立体示意图

注：D_1 与 O_3 之间为平行不整合；P_1 与 D_3、D_2、D_1 之间为角度不整合。

2.3.3 地层接触关系的研究意义

地层不整合接触是研究地质发展历史及鉴定地壳运动特征时期的一个重要依据。地层接触关系的研究，特别是对地层不整合接触关系的研究，在理论和生产实践上都有很重要的意义。

不同类型的不整合是地壳运动性质的直接记录。在岩石地层学上也是划分地层单位的依据之一。对不整合在空间上的分布和类型变化情况的研究，有助于了解古地理环境及其变化。较大范围内所出现的不同类型的不整合接触关系，常可作为划分和确定地壳运动性质、地质历史阶段和地质构造形成时期的标志。不整合分布范围的大小，常可作为鉴定地壳运动强烈程度、波及范围和划分、对比地层的依据。

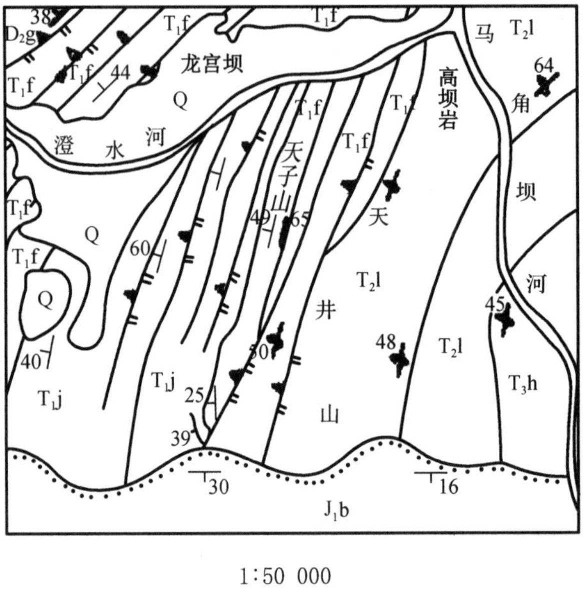

图 2-51　四川江油马角坝地区地质简图

注：J_1b 与三叠系呈角度不整合。

在地质填图中，不整合面是重要的地质界线。不整合面经过长期的剥蚀常可形成各种类型的风化、不整合面，且在其上、下相邻岩层中，常形成铁、锰、磷及铝土矿等沉积矿床(图 2-52)。不整合在构造面是一个软弱带，常成为岩浆及其他含矿溶液的活动地带，有利于形成交代型或填充型的内生矿床(图 2-53)。此外，不整合面也有利于地下水、石油的运移和聚集。因此，在野外工作中，必须系统地收集有关资料，对不整合进行系统地观察和分析研究。

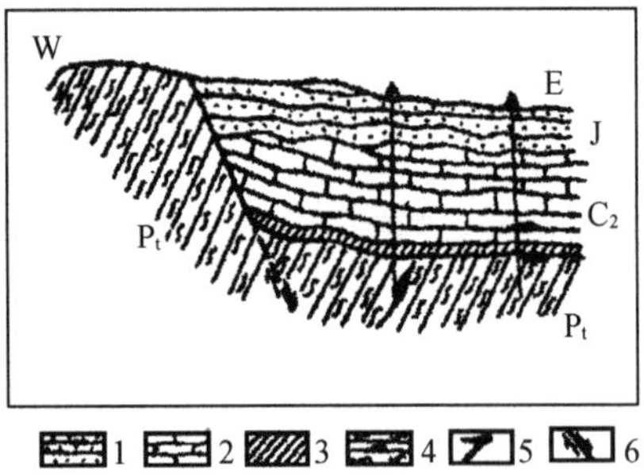

1—砂岩；2—石灰岩；3—沉积锰矿床；4—千枚岩；5—铅锌矿；6—正断层。

图 2-52　华南某锰矿床剖面示意图

图 2-53　山西某铜矿床剖面示意图

注：不整合面下粗黑线条表示铜矿床。

2.4　沉积岩区区域地质调查的基本方法

区域填图运用的是地层学与沉积相学相结合的方法，其基本方法有沉积地层的基本层序调查、区域地层格架调查和区域地层模型研究。

2.4.1　地层的基本层序调查

基本层序是沉积地层垂向序列中按某种规律叠覆的，一般能在露头范围内观察到的，代表一定地层间隔发育特点的单层组合。其顶、底常由明显的侵蚀或突变界面限定。

基本层序应根据可以看到的单层叠覆规律和界面特征划分，其可分为旋回性和非旋回性两种类型。

沉积构造包括层理构造与层面构造两大类。层理构造又包括水平层理、平行层理、递变层理、透镜状层理、脉状层理以及各种交错层理等。层面构造有波痕、印痕、底模、冲刷构造等。沉积构造分类术语见表2-2。

表2-2　沉积构造分类术语表

成因及类型			沉积构造
机械成因构造	流动成因	层理构造	①水平层理 ②韵律和互层层理 ③平行层理 ④交错层理（含流水、波浪、潮汐、风力成因）⑤块状层理 ⑥粒序层理
		上层面构造	①波痕 ②流痕构造 ③剥离线理构造
		下层面构造	①模 ②沟模 ③蹼模 ④刷模 ⑤锥模 ⑥锯模
		流动成因的其他构造	①冲刷面构造 ②侵蚀槽构造 ③叠瓦状构造
	同生形变	与重力作用有关的构造	①重荷模 ②砂球状与砂枕状构造 ③包卷层理 ④滑塌构造
		液化作用形成的各种流水构造	①包卷层理 ②盘状和流水沟构造 ③碎屑岩脉构造 ④其他流水构造
		沉积介质拖曳和牵引作用形成的构造	①变形翻卷层理 ②包卷层理
	暴露	干缩作用形成的构造	①干裂 ②帐篷状构造
		撞击作用形成的构造	①痕 ②冰雹痕 ③泡沫痕
化学成因构造			①结核 ②晶体石膏、盐印痕 ③冰晶痕 ④瘤状构造 ⑤叠锥构造 ⑥缝合线构造 ⑦色带构造 ⑧鸡笼网状构造
生物成因构造			①叠层石构造 ②生物骨架构造 ③生物扰动构造（弱、中、强）
复合成因构造			①层状晶洞构造 ②席状裂隙构造和斑马构造 ③鸟眼构造 ④窗孔构造 ⑤示底构造 ⑥硬底构造
表生风化成因构造			①蜂窝状构造 ②针孔状构造 ③疏松状构造

2.4.2 沉积岩的地层划分与观察描述

地层划分是沉积岩地层学的基础,也是地质图重要的表示内容。根据不同的划分依据,可从不同的角度对地层进行划分,如岩石地层、生物地层、年代地层、磁性地层、化学地层等划分方法。目前,最常用的仍是岩石地层划分和年代地层划分两类划分方法。

2.4.3 地层的观察与描述

地层的观察与描述的主要内容有岩层的颜色、层厚、结构、构造和岩性特征等,一个分层或组的记述顺序一般为颜色—层厚—结构构造—岩石定名。例如,灰白色厚层状粗粒石英砂岩、青灰色中厚层状鲕状灰岩、黄绿色薄层状泥质条带灰岩。

岩层(石)的原生颜色与岩石的化学成分或矿物成分密切相关,岩层的颜色能反映部分沉积环境,但记述颜色必须以新鲜岩石的色调为准。

地层厚度指均一岩层的层理厚度,是沉积层的最小单元,其上、下层面代表一个沉积的间隔或沉积条件的变更,顺层面往往形成明显的剥开面。

岩石的结构构造对沉积环境的判断有重要意义,也是地层划分的根据之一。

古生物化石是确定地层时代的重要依据,并且能够比较准确地判断沉积环境。要尽力寻找化石,观察和采集化石,记述化石(包括遗体和遗迹化石)的类型、内容、保存状态等。例如,观察岩层或分层的几何形态(透镜状、层状等),观察和追索纵向或横向变化情况、地层组合方式、不同岩性层所占比例(互层状、夹层状等)以及旋回性的重复出现等。

在地层的接触关系上,要观察上、下地层单元之间是连续过渡的还是突变的;是整合的还是不整合的;是平行不整合还是角度不整合;不整合面上是否见有风化壳现象或冲刷现象;并推断其属于陆上不整合还是水下不整合;等等。

交错层、冲刷现象、沉积韵律、示顶构造、劈层关系等,都能够用于判断上、下层面。在构造复杂地区,要随时注意地层的正常与倒转。

上述地层观察与描述内容,除了文字记述外,还要多用素描图、示意图或沉积柱状图等记述,并在相应位置标明采样位置和样品编号。

2.4.4 地质构造面状构造的遥感图像解译

各种岩层的露头与岩层产状、地形切割、地层组合等密切相关。在遥感图像上判断岩层产状,是根据各种产状岩层所呈现的不同地表特征,分析岩层层面与地表形态的关系,从而判断岩层面空间产出状态,即岩层产状。其常用的方法有目视法、图解法和量测法。

各类产状岩层解译标志见表 2－3。

表 2 – 3　各类产状岩层解译标志简表

产状类型	地貌	河谷	岩层条带		解译标志	注意事项
			图形	控制因素		
水平岩层	方山、平顶山、阶梯状地形，垄脊交互，中夹狭长低地	对称型狭谷	环状、放射状水系，复杂花边状、似等高线	地形侵蚀程度（切割深度）	地貌、图形	与梯田、褶皱构造的区别
倾斜岩层	条带状、垄脊状或单面山地形，猪背岭、倾向坡	不对称型河谷	条带宽而疏者产状缓，条带窄而密者产状陡，呈曲线状或直线状	产状与地形关系	倾向坡、三角面、岩层“V”形变化	山坡走向与岩层走向的关系
直立岩层	对称型、垄脊状山脊	对称型“U”形谷	直线、弧度较大的曲线，栅栏状纹形	岩层走向	不受地形影响的岩层条带	排除立体镜超高感产生的影像畸变

复习思考题

1. 什么是地层、岩层？
2. 识别地层顶、底面的标志有哪些？岩浆岩中主要有哪些原生构造？
3. 如何利用原生构造判断岩层的顶面与底面？
4. 走向、倾向和倾角的含义是什么，如何使用罗盘进行测量？
5. 如何在地形地质图上判断地层是否水平？
6. “V”字形法则的主要内容是什么？岩层的露头宽度与哪些因素有关？
7. 沉积岩层有哪些基本的接触关系，是如何形成的，各有什么构造意义，如何识别它们？
8. 研究不整合的意义是什么？
9. 如何确定不整合的时代？
10. 岩浆岩原生构造中主要示顶构造有哪些？

第3章 地质构造分析的力学基础

构成地壳的各种岩层和岩体，由于受到地壳运动所引起的力的作用，发生变形和相对位移，从而形成了地壳上各式各样的地质构造。所以，我们研究地壳的地质构造，除对各种构造形态进行仔细观察和描述外，还必须研究岩层和岩体的变形特征、应力的活动规律，以便分析各种构造的发生、发展和组合规律，为矿产预测、矿产普查勘探、水文工程建筑、地震预测等提供与之有关的地质构造依据。因此，在讨论各种构造形态之前，有必要简要地介绍固体变形的一些力学理论和流变特征，借以分析岩石变形的特征和规律。

本章重点介绍应力分析和变形分析的基本概念，以及影响岩石力学性质和变形的主要因素。

3.1 应力分析

3.1.1 外力、内力和应力

力是物体间的相互作用，这种作用使物体的机械运动状态发生改变，包括改变物体的位置、运动速度、形状和大小等。在说明一个力时，既要说明它的大小，还要说明它的方向。这种将大小和方向同时加以考虑的量，在数学上叫作矢量（或向量）。

对于一个物体来说，另一个物体施加于这个物体的力称为外力。作用在物体上的外力可分为面力和体力两种。面力是通过接触面作用于物体的力；体力是物体内每个质点都受到的力，它不是通过接触，而是相隔一定距离相互作用的，如太阳与地球之间的吸引力，物体所受到的重力等都是体力。

内力是同一物体内部各部分之间的相互作用力。由于物体是由无数质点所组成的，因此在未受外力作用时，内部各质点间就已存在着相互作用的力，它使各质点处于相对平衡状态，从而物体才能保持一定的形状，这种力称为物体的固有内力，即自然状态粒子结合力。当物体受到外力作用时，其内部各质点的相对位置发生变化，它们的相互作用力也就会发生改变，这种内力的改变量称为附加内力。附加内力阻止物体继续变形并力图恢复其原来的形状。

本章着重讨论与物体发生变形和破坏有关的附加内力，下文所说的内力都是指附加内力。内力和外力是一个相对概念，视所研究的物体的范围而定。如在地壳运动中，一部分岩块或地块推挤另一部分岩块或地块，就后者对前者来说是受到了外力的作用，但就整个地壳来说，其间的相互作用仍属于内力。

怎样表示和测定内力呢？如图3－1所示，当外力 p 作用于物体时，物体内部便产生与外力作用相抗衡的内力 p'，假定将这个物体沿 A 面切开，取出其中一部分而保留它对截面 A 的内力不变，这时截面 A 上的内力 p' 与外力的大小相等，方向相反。在内力均匀分布的情况

下作用于单位面积上的内力称为应力(用 σ 表示)。图 3-1 中 A 面上的应力为

$$\sigma = p'/A \tag{3-1}$$

由式(3-1)可知应力就是受力物体内部单位截面积上的内力值。应力的计量单位是帕斯卡(Pa),1 Pa = 10^{-6} MPa = $1.019\,7\times10^{-5}$ kg/cm^2。

再如图 3-2 所示,对于物体内部任意截面来说,其与内力 p'可以正交,也可以斜交,设正交截面面积为 A,斜交截面面积为 A',A'与 A 的夹角为 θ,则作用于斜截面 A'上的内力 p'可分解为与其垂直的分力 p'_N 和与其平行的分力 p'_S,其大小分别为

$$p'_N = p' \cdot \cos\theta \tag{3-2}$$

$$p'_S = p' \cdot \sin\theta \tag{3-3}$$

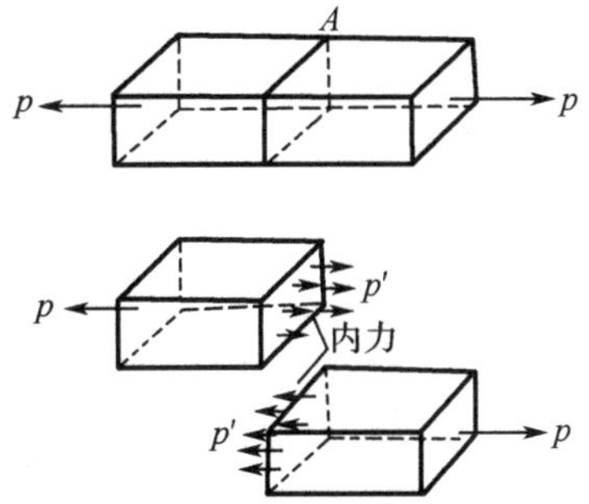

图 3-1 外力和内力关系示意图

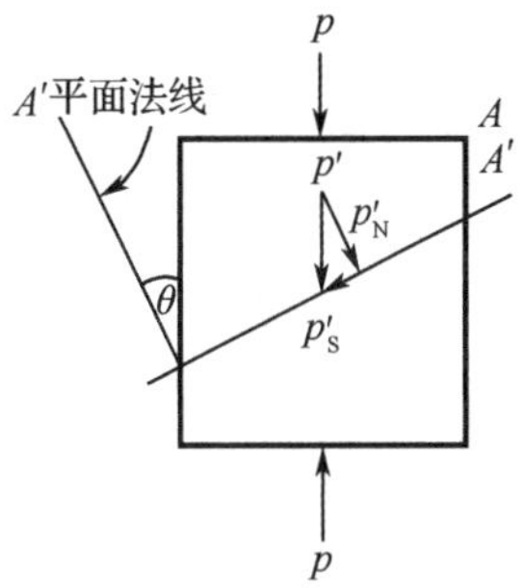

图 3-2 物体内某一斜截面上内力分解示意图

故作用于该截面上的应力分别为与截面垂直作用的直应力或正应力,用 σ 表示,与截面平行作用的剪应力,用 τ 表示。如图 3-2 所示,斜截面面积 $A' = A/\cos\theta$,所以斜截面上的正应力 σ 和剪应力 τ 分别为

$$\sigma = p/A \cdot \cos^2\theta \tag{3-4}$$

$$\tau = p/A \cdot \sin\theta \cdot \cos\theta \tag{3-5}$$

如 p'作用于与其正交的截面上,则此截面上的应力表示为式(3-1)。此正应力称为主应力,主应力作用面称主平面,主应力的作用方向线称主应力轴。

在构造分析中,一般将正应力中因受挤压而产生的压应力取正值($\sigma>0$);因受拉伸而产生的张应力取负值($\sigma<0$)。它们的作用是使物体受压缩或拉伸。在剪应力中,取使物体产生顺时针转动趋势的剪应力为负,产生逆时针转动趋势的剪应力为正。其作用是使物体发生转动或剪切滑动。

作用于岩石上的力,往往是成对出现的。当两个力作用在同一条直线上,大小相等,方向相向时,称为压力;当两个力作用在同一条直线上,大小相等,方向相背时,称为张力。它们的作用是使物体受到压缩或拉伸。当两个大小相等、方向相反的力,没有作用在同一条直线上时,称为剪切力或扭力。其作用是使物体发生转动或剪切滑动。

3.1.2 应力状态分析

1. 应力状态与应力椭球体

物体受力后,其内部质点和不同方位截面上的应力分布是不相同的(图 3-3)。所谓应力状态是指受力物体内部通过某点截面上应力的性质、方向、大小和分布的状况。研究受力物体内部某点的应力状态,通常是以通过该点三个相互垂直的截面上应力的分布来表示的。

如所取截面和力的作用方向垂直,则截面上只有正应力即主应力作用。当作用于物体上三对主应力都相等时,物体只发生体积改变,而形状不变;当三对主应力不等时,物体就会发生形状变化。这时三对主应力分别称为最大主应力 σ_1、中间主应力 σ_2 和最小主应力 σ_3,σ_1 与 σ_3 之差称为应力差。在相同条件下,应力差愈大,所引起的变形愈明显。

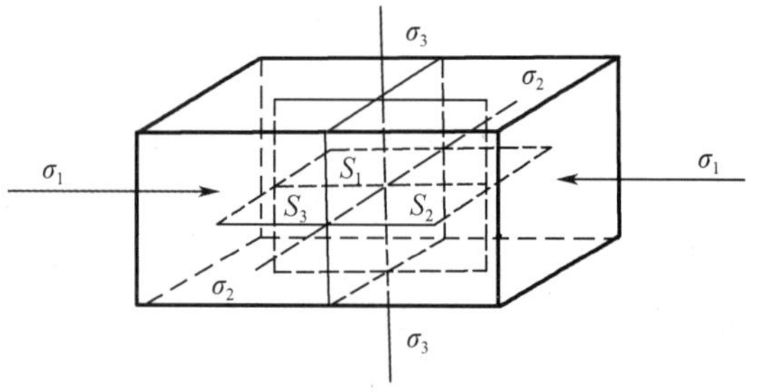

图 3-3　单元体的三对主应力 σ_1、σ_2、σ_3 方位

(据徐开礼、朱志澄主编的《构造地质学》,1989)

一般常见的应力状态有如下几种。

(1)单轴应力状态

单轴应力状态是指一个主应力值不等于零,另两个主应力值为零。单轴压缩可表示为 $\sigma_1 > \sigma_2 = \sigma_3 = 0$。

(2)双轴应力状态

双轴应力状态是指两个主应力值不等于零,另一个主应力值为零,即 $\sigma_1 > \sigma_2 > \sigma_3 = 0$。表示双轴压缩状态。双轴应力状态也称单面应力状态。

(3)三轴应力状态

三轴应力状态是指三个主应力都不为零,可表示为 $\sigma_1 > \sigma_2 > \sigma_3$,也称体应力状态。

当主应力 $\sigma_1 > \sigma_2 > \sigma_3$,并且符号相同时,就可以根据一点的主应力矢量 $\boldsymbol{\sigma}_1$、$\boldsymbol{\sigma}_2$、$\boldsymbol{\sigma}_3$ 为半径作出一个椭球体,该椭球体代表作用于该点的全应力状态,称应力椭球体(图 3-4)。应力椭球体的三个主轴称为主应力轴。沿三个主应力平面切割椭球体的三个椭圆称为应力椭圆。

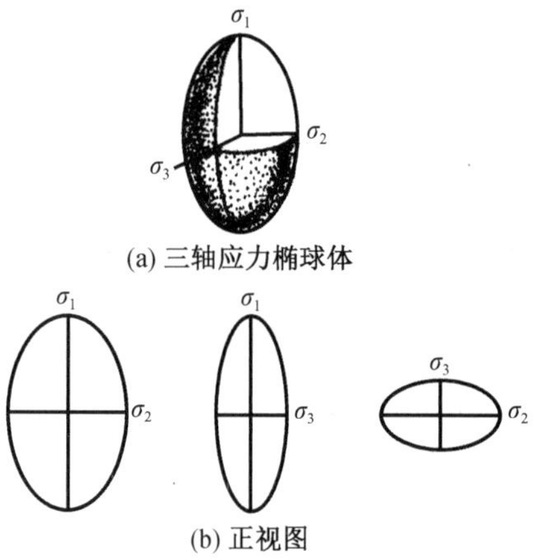

图 3-4　三轴应力椭球体和椭球体每一主平面的正视图

(据 W. D. Means,1976)

2. 单轴应力状态分析

单轴应力状态分析是探讨物体在单轴应力状态下,其内部任一截面上剪应力、正应力与主应力的关系。如图 3-5 所示,设作用于物体上的外力为 p_1,内力为 p_1',那么垂直于作用力的截面(A_0)上的主应力为

$$\sigma_1 = p_1/A_0$$

在与作用力(p_1)或内力(p_1')斜交的截面(A_α)上,设正应力为 σ,剪应力为 τ,其合应力为

$$\sigma_A = p_1/A_\alpha$$

斜截面 A_α 与主平面 A_0 的交角为 α,此角亦等于截面的法线与合应力 σ_A 或主应力 σ_1 方向相交的角度。该角度分正、负值,现规定从主应力轴顺时针方向到截面法线量取的为负值,逆时针方向量取的为正值。此时斜截面 A_α 与主平面 A_0 的关系是

$$A_\alpha = A_0/\cos\alpha$$

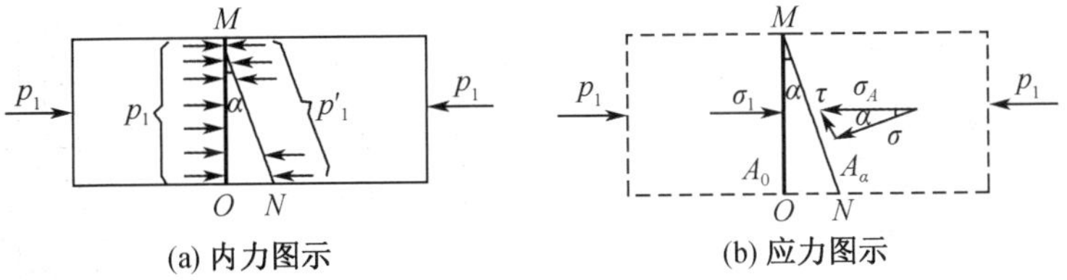

σ_A—合应力；σ_1—主应力；σ—正应力；τ—剪应力。

图3－5　单轴应力状态(据徐开礼、朱志澄主编的《构造地质学》,1989)

在单轴应力状态下,主应力(σ_1)与正应力(σ)和剪应力(τ)的关系,可用下列公式表示

$$\sigma = \sigma_1 \cdot \cos^2\alpha = \sigma_1/2(1 + \cos 2\alpha) \quad (3-6)$$

$$\tau = \sigma_1 \cdot \cos\alpha \cdot \sin\alpha = 1/2\, \sigma_1 \cdot \sin 2\alpha \quad (3-7)$$

分析以上两式可知:

(1)从式(3－6)中可以看出,当$\alpha = 0°$时,$\cos 2\alpha = 1$,则$\sigma = \sigma_1$;当α介于0°~90°之间时,$\cos 2\alpha < 1$,则$\sigma < \sigma_1$。这表明在与挤压力方向垂直的截面上正应力值最大(在拉伸状态下,以负值表示)。

(2)从式(3－7)中可以看出,当$\alpha = 0°$时,$\sin 2\alpha = 0$,则$\tau = 0$,即在与拉伸或挤压力方向垂直的截面上,无剪应力的作用;当$\alpha = 45°$(或135°)时,$\sin 2\alpha = 1$,则$\tau = \sigma_1/2$,这表明在与拉伸或挤压方向呈45°(或135°)夹角的截面上,剪应力值最大,其值是σ_1值的一半,此截面称为最大剪应力作用面。

(3)当$\alpha = 90°$时,据式(3－6)、式(3－7)计算可得出$\sigma = 0$、$\tau = 0$,表明在与作用力方向平行的截面上,既无正应力也无剪应力。

对于双轴应力状态分析,将截面同时受到两个相互垂直的单轴应力的作用分别列出关系式,然后进行叠加,即可得到双轴应力状态下的基本关系式。三轴应力状态的分析更加复杂,在此不做论述。

3.1.3　构造应力场和应力集中

在受力岩石内部某一点上,进行某一瞬时内的应力状态分析,由这一系列的点在同一瞬时内存在的应力状态所组成的空间,称为应力场。在同一瞬时内,每个点的应力性质、大小、方向可以是均匀分布的,构成均匀应力场;也可以是不均匀分布的,呈有规律地连续变化,构成非均匀应力场。

地壳中的应力场,是由地壳运动产生的,是形成地质构造的主要原因,故又称为构造应力场。按研究的范围,可以把构造应力场分为局部的和区域的两种。按构造应力场存在的时间,又可将其分为古构造应力场和现代构造应力场。古构造应力场是指在地质发展过程中曾经存在的构造应力场,在地壳或岩石圈中现存的地质构造的形态、组合形式和分布规律都是它作用的结果。现代构造应力场是指现代仍在活动的构造应力场,它与现代地震预报、防震、抗震有直接关系。

构造应力场中的应力状态可用应力轨迹表现。应力轨迹又称为应力迹线或应力网络,它定性地表示了主应力和最大剪应力的作用方位。图3－6中(a)(c)分别为主应力轨迹图与最大剪应力轨迹图。

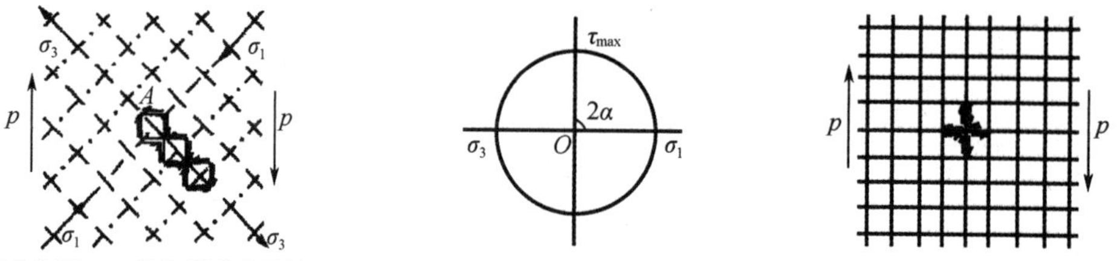

(a) 主应力轨迹(σ_1)和主剪应力轨迹(σ_3)　(b) 单元体 A 的纯剪应力莫尔圆　(c) 最大剪应力轨迹

图 3-6　应力场中的应力轨迹

对古构造应力场的研究,一般是根据地壳中现存的地质构造的形态、组合形式和分布规律进行反推;节理统计、岩组分析,以及光弹模拟、数学地质模拟等,也都是重要的方法和手段。

对现代构造应力场的研究,是在地质构造学分析基础上用仪器进行实地测定的。

在研究构造应力场,尤其是古构造应力场时,一定要注意把不同期次的构造区分开,把区域性构造应力场与由其诱导产生的局部构造应力场区分开。这样,才能正确地恢复古构造应力场。

材料力学实验证明,当受力岩石内部存在孔洞、缺口、微小裂隙等缺陷时,这些缺陷部位容易形成应力集中,使岩石沿着这些应力集中部位首先遭到断裂破坏。

组成地壳的岩层和岩体,不同部位的岩石力学性质往往是不同的,因而在一些特定部位容易产生应力集中。韧性强的岩石,容易适应塑性变形,不易产生应力集中;脆性强的岩石,不易适应塑性变形,就容易产生应力集中,使岩石产生断裂破坏。先形成的裂隙、断裂的特定部位,由于应力的继续作用,就会产生应力集中,使细小的裂隙发展为明显的断裂,小断裂继续发展成大断裂。例如,在断裂带的端点、拐点、交汇点、分支点、错列点等部位,在应力继续作用下,往往都会产生应力集中(图 3-7),使岩石进一步遭到破坏,扩大断裂带的范围,一些破坏性地震,往往都是由此产生的。所以,对地壳中的应力集中现象的研究,在构造地质学和工程地质学中,都占有特别重要的地位。

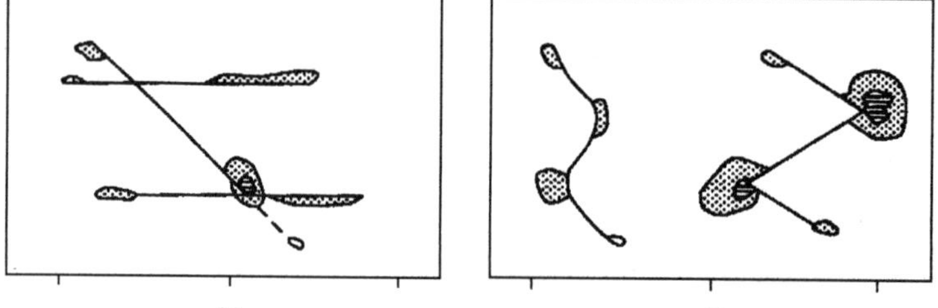

(a)　(b)

图 3-7　单向压力作用下剪应力等值线图(据叶洪等,1973)

注:图(a)(b)点线区表示应力集中部位的平面图。

3.2 变形分析

3.2.1 变形和应变

物体受到力的作用后,其内部各点间相互位置发生改变,称为变形。变形可以是体积的改变,也可以是形状的改变,或二者均有改变。

地质上一般将大于1%~3%的变形称为大变形或有限变形,而将小于1%~3%的变形称为小变形。构造地质学研究的变形一般均属于大变形。因此,用大变形或有限变形理论研究地质构造,将推动构造地质学的发展。

1. 变形的方式

物体变形方式有五种:拉伸、挤压、剪切、弯曲和扭转(图3-8)。

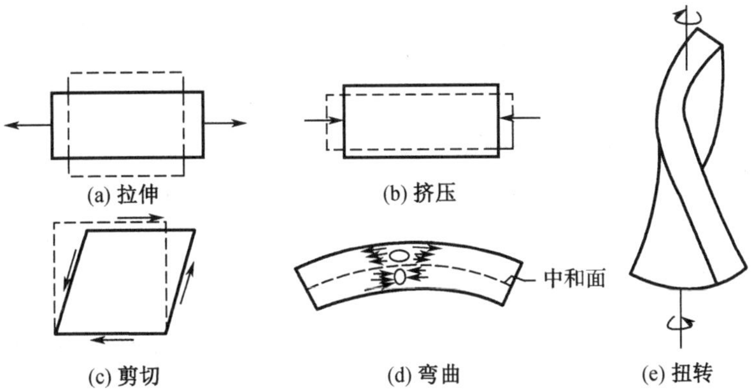

图3-8 岩石变形的五种方式

物体变形的程度用应变来量度,即以其相对变形来量度。应变状态是指物体在该时刻的形态与某一早先的形态(一般指初始的、未变形的形态)之间的差别。这里所指的应变,只涉及系统的两个特定的状态。如果涉及二者之间的一系列连续变化状态,则是后面要论述的递进变形。

2. 均匀变形和非均匀变形

由于受力方式、边界条件和材料力学性质不同,物体所发生的变形也不相同。按变形后的形状,变形可概括为两种类型:均匀变形和非均匀变形(图3-9)。

(1)均匀变形

岩石的各个部分的变形性质、方向和大小都相同的变形称为均匀变形。其特征是原来的直线,变形后仍然是直线;原来互相平行的直线,变形后仍然互相平行;原来的平面,变形后仍然是平面;原来相互平行的平面,变形后仍然互相平行。拉伸、挤压、剪切属均匀变形。

(2)非均匀变形

岩石各点变形的方向、大小和性质变化的变形称为非均匀变形。弯曲和扭转属非均匀变形。构造地质学讨论的岩石变形,大部分是非均匀变形,如褶皱现象。但是在讨论岩石变形时,常将整体的非均匀变形近似地看作若干连续的局部均匀变形的总和。如图3-10所示,就整体的弯曲变形而言,属非均匀变形,但就相邻的诸小圆来看,则是由圆逐渐连续变为椭圆的，即由若干个相邻小圆的均匀变形总合而成的弯曲变形。而任意两个相邻的小圆所反映的变形方向、大小、性质的差别不是很明显，因此可以近似地视为均匀变形。

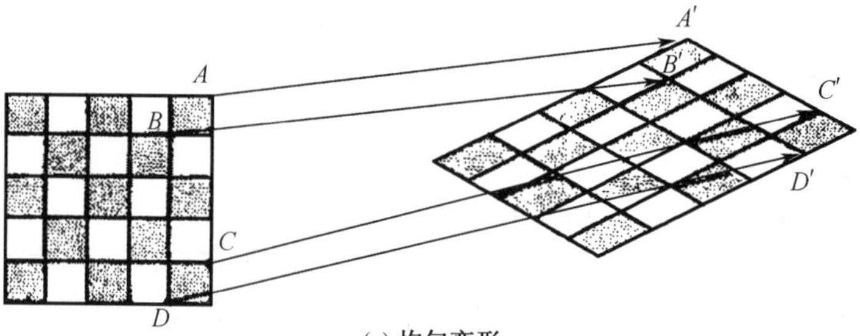

(a) 均匀变形

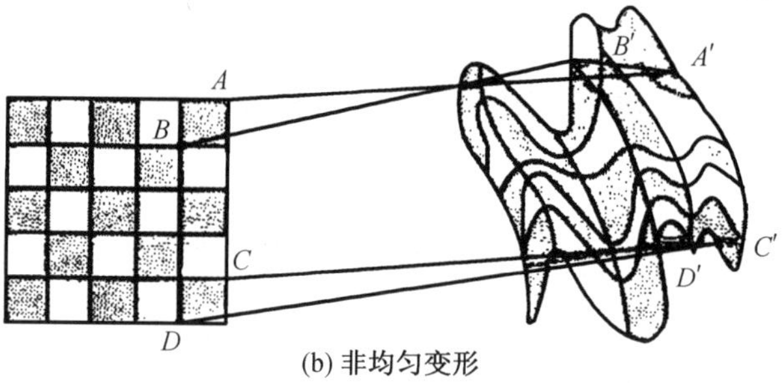

(b) 非均匀变形

图3－9　均匀变形和非均匀变形

（据B. E. 霍布斯、W. D. 明斯、P. F. 威廉斯，1976）

3. 线应变和剪应变

岩石受力后，内部各质点发生相对位移，导致物体形态、体积的改变，称为岩石变形。岩石变形的最基本形式有两种：线变形，是指岩石受力时，表现为单纯的拉伸或压缩；剪切变形，是指岩石受力时，表现为内部任意截面都旋转了一个角度，又称为角变形。

图3－10　弯曲变形整体为非均匀变形，局部可近似地看作均匀变形

岩石受力变形的程度通常用应变来量度。物体的相对变形量称为应变。与变形相对应，应变可分为线应变和剪应变（角应变）。

（1）线应变

线应变是指物体内某方向单位长度的改变量。图3－11为一杆件在纵向拉伸下的变形。设杆件原始长度为 l_0，拉伸变形后的长度为 l，杆件绝对伸长 $\Delta l = l - l_0$，纵向线应变为

$$\varepsilon = \Delta l / l_0 \qquad (3-8)$$

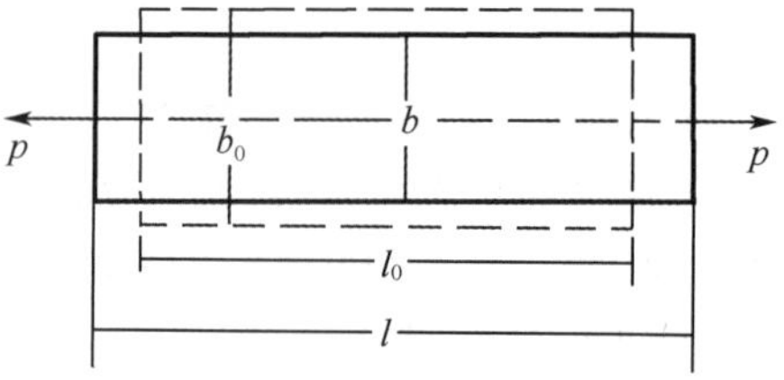

图3－11　杆件的简单拉伸变形

纵向线应变可用百分数表示。实验表明，在简单拉伸下，不但有纵向变形，而且还有横向变形。如图3－11所示，杆件除纵向伸长外，还有横向缩短。设杆件横向厚度为 b_0，缩小后为 b，其横向线应变为

$$\varepsilon_0 = \Delta b / b_0 \tag{3-9}$$

实验还证明，在弹性变形范围内，一种材料的横向线应变与纵向线应变之比的绝对值为一常数，即

$$\nu = \varepsilon_0 / \varepsilon \text{ 或 } \varepsilon_0 = -\nu\varepsilon \tag{3-10}$$

其中，常数 ν 称为泊松比，在材料力学中拉伸为“+”，压缩为“-”，但其泊松比却取绝对值，所以 ν 恒定为正值。各种材料(包括岩石)的泊松比都不相同，但均不超过0.5。材料具有泊松比这一性质，表明在单向拉伸或压缩条件下，既有平行于作用力方向的变形，又在横向出现横向变形，岩石的这种性质称为泊松效应。它对解释岩石的变形具有重要意义。例如，岩石的许多张节理，就是因为受到侧向压应力而产生泊松效应，在其垂直方向上诱导产生拉伸引起的。

(2)剪应变

剪应变是指在剪应力或扭应力作用下，岩石内部原来相互垂直的两条线段所夹直角的改变量。如果原来形状为正方形，变形后成为平行四边形，原来的直线旋转了一个 ψ 角，叫角剪应变(图3-12)。ψ 角的正切函数即剪应变量，其数学表达式为

$$\gamma = \tan\psi \tag{3-11}$$

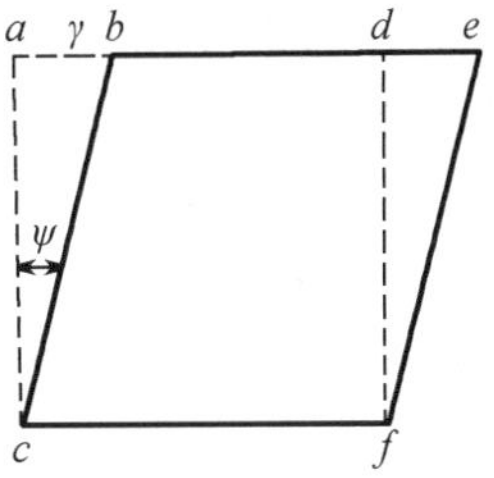

图3-12 剪切变形

在小变形情况下，剪应变 γ 近似等于角剪应变 ψ，因此剪应变亦可用 ψ 角的弧度表示。在大变形情况下，二者不能混淆，它们不相等。

3.2.2 变形的阶段

岩石与其他固体物质一样，在外力作用下，一般都经历弹性变形、塑性变形和断裂变形三个阶段。岩石的这三个变形阶段虽然依次发生，但不是截然分开的，而是彼此过渡的。

材料力学实验证明，岩石与其他固体物质一样，在受力变形过程中，应力 σ 与应变 ε 之间存在着一定的关系。若以应力 σ 为纵坐标，应变 ε 为横坐标，则可得到应力-应变曲线(图3-13)。分析应力-应变曲线的特征，通常将岩石受力变形过程依次划分出弹性变形、塑性变形和断裂变形三个阶段。

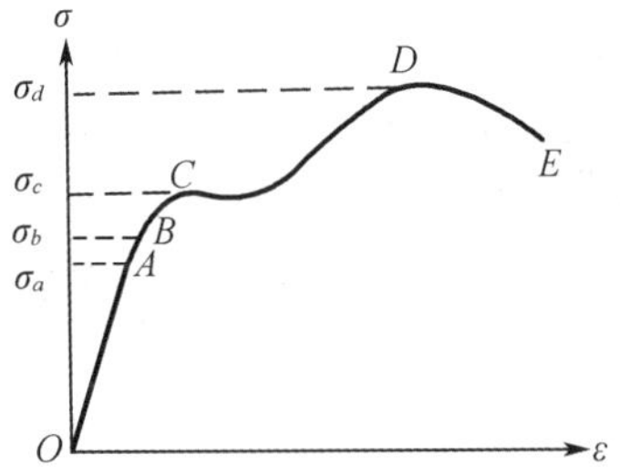

σ_a—比例极限；σ_b—弹性极限；

σ_c—屈服极限；σ_d—强度极限。

图3-13 韧性材料拉伸时的应力-应变曲线

由于岩石力学性质不同，不同岩石的三个变形阶段长短和特点也各不相同，如脆性岩石的塑性变形阶段就短，而韧性岩石的塑性变形阶段则长。

1. 弹性变形

岩石在外力作用下发生变形，当外力解除后，又完全恢复到变形前的状态，这种变形称为弹性变形。弹性变形的主要特点是应力与应变之间成正比关系，符合胡克定律。

图3-13是低碳钢轴向简单拉伸实验所示的应力-应变曲线图。OA 为直线，说明应力与应变成正比，与 A 点对应的应力值为比例极限，以 σ_a 表示。AB 为曲线，这时 σ 与 ε 不成正比，与 B 点对应的应力值 σ_b 称弹性极限，在 B 点前卸载，可以恢复到变形前的形态。

从微观机制来看,岩石变形是由组成它们的内部质点,如分子、原子或离子受到力的作用发生分离、靠拢或转动,从而导致岩石形态和体积的改变。由于岩石的质点发生位移而打破了它们原来内部的稳定和平衡,同时岩石质点因位移吸收了一定量的位能,在短期内,外力解除后,这种位能又发生作用,使移位了的质点又回到它原来的位置或部分恢复到它原来的位置,这就是弹性变形回复或弹性回跳现象。地震冲击波的传播就是地壳内岩石具有弹性变形的一个表征。

2. 塑性变形

随着外力继续增加,变形继续增强,当应力超过岩石的弹性极限后,即使再将应力解除,变形的岩石也不能完全恢复其原来的形状,这种变形称为塑性变形(又称剩余变形或永久变形)。图3-13中,从*B*点开始,试件进入塑性变形阶段,过*B*点后,曲线显著弯曲,当达到*C*点后,曲线变成近水平状态,这意味着即使载荷增加很少,甚至没有增加载荷的情况下,变形也会显著增加,此时岩石抵抗变形的能力很弱,这种现象称屈服或塑性流变。*C*点为屈服点,对应此点的应力值 σ_c 称屈服极限。过*C*点后应力缓慢增加,一直到*D*点,应力值增加到最大值。

脆性岩石(或脆性材料)在弹性变形阶段后至断裂前常没有或只有极小的塑性变形(<3%~5%)(图3-14);当岩石(或材料)在断裂前塑性变形的应变量达到5%~8%时,属脆性-韧性;应变超过10%的岩石(或材料)为韧性。韧性岩石受力后不容易发生破坏。

从微观结构来看,岩石塑性变形的本质是质点的滑移。塑性变形时,岩石内部质点运动有两种方式:一是粒间滑动,即发生在岩石颗粒之间的位移滑动,但颗粒本身的大小和形态尚未发生改变;另一种是粒内滑动,其位移滑动发生在颗粒内部。

粒内滑动又可分为平移滑动和双晶滑动。平移滑动是滑动面一侧相对另一侧发生沿滑动面平移,位移大小等于晶格内质点间距的整倍数,滑移前后晶体格架不变。滑移后质点不能再返回原来的位置,从而形成永久变形或塑性变形(图3-15)。双晶滑动是在滑移后,滑动面一侧的部分与另一侧的部分成镜像对称关系,其位移距离不是质点间距的整数倍。这种新的对称关系恰好符合矿物的某种双晶规律,对原子相互关系来说,是一种新的平衡位置。

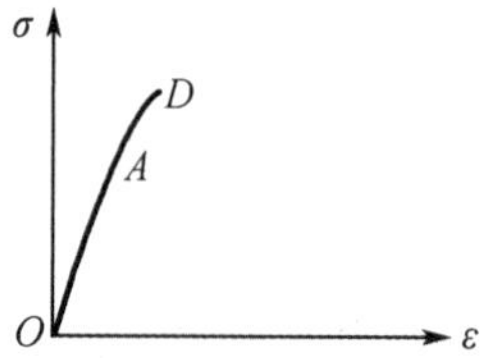

图3-14 脆性材料拉伸时的应力-应变曲线

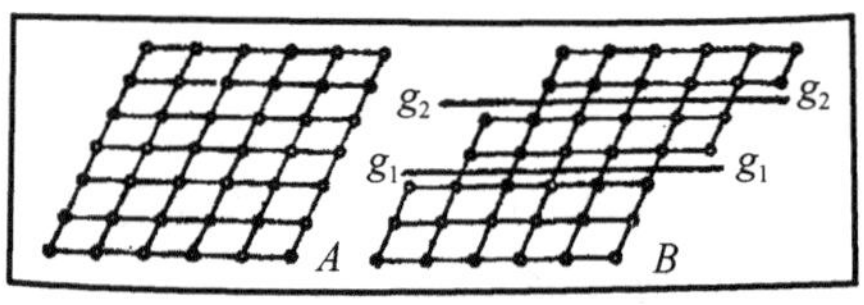

A—滑动前原子排列状态;
B—沿 g_1g_1 和 g_2g_2 发生滑动后原子排列状态。

图3-15 岩石塑性变形时的平移滑动

3. 断裂变形

任何岩石的弹性变形和塑性变形总是有一定限度的,当应力达到或超过岩石的强度极限时,岩石内部的结合力遭到破坏,就会产生断裂面,岩石失去连续完整性,这时就发生断裂变形。强度极限又称破裂极限,是指在常温常压下使固体物质开始破坏时的应力值,如图3-13中*D*点所对应的应力值 σ_d。

岩石在外力作用下抵抗破坏的能力称为强度。同一岩石的强度极限值，在不同性质的应力作用下差别很大。在常温常压下，某些岩石的抗张强度、抗压强度和抗剪强度极限列于表3-1中。从表中可知，岩石的抗压强度大于抗剪强度和抗张强度，抗压强度约为抗张强度的30倍、抗剪强度的10倍。

表3-1　一些岩石的强度极限

岩石	抗压强度/MPa	抗张强度/MPa	抗剪强度/MPa
花岗岩	148(37~379)	3~5	15~30
大理岩	102(31~262)	3~9	10~30
石灰岩	96(6~360)	3~6	10~20
砂岩	74(11~252)	1~3	5~15
玄武岩	275(200~350)	—	10
页岩	(20~80)	—	2

注：括号内为试验数据区间；括号外为试验平均值。

3.2.3　岩石的断裂方式

岩石的断裂变形有两种方式，即张裂和剪裂。张裂是在外力作用下，当张应力达到或超过岩石抗张强度时，在垂直于主张应力轴或平行于主压应力轴方向上产生的断裂。剪裂是岩石在剪应力作用下发生剪切破坏时所产生的断裂。

由于岩石性质不同，破裂方式也不同。在韧性材料中，当张应力达到强度极限(图3-13中的*D*点)时，开始出现细颈化现象(图3-16)，此时虽然外力不再增加，而变形仍旧继续发展，曲线达到正点，材料便在细颈处发生断裂。其断口呈凹凸两个半圆锥体，半圆锥面具剪切破裂面特征，锥的钝头则呈现张性破裂特征，故韧性材料的这种破裂具有剪裂和张裂联合作用的特点。在韧性岩石拉伸变形中，有时还能在细颈处见到矿物沿拉伸方向平行排列的现象。脆性材料在拉伸状态下的破裂方式不同于韧性材料，它没有细颈化现象，多直接表现为张裂(图3-17)。

3.2.4　剪裂角分析

由应力分析可知，两组最大剪应力作用面与最大主应力轴 σ_1 或最小主应力轴 σ_3 的夹角均为45°，两面之间的夹角为90°，其交线平行于中间主应力轴 σ_2。但从野外实地观察与室内实验来看，岩石内两组初始剪裂面的交角常以锐角指向最大主应力方向，即包含 σ_1 的方向。当应力超过岩石的抗张强度时，在垂直于主张应力轴方向上产生断裂。

当岩石发生剪切破裂时，包含最大主应力轴 σ_1 象限的共轭剪切破裂面之间的夹角称为共轭剪切破裂角。最大主应力轴 σ_1 方向与剪切破裂面之间的夹角称为剪裂角。

剪裂是岩石受力时，大致沿最大剪应力作用面发生的断裂，此时的最大剪应力也达到或超过岩石的抗剪强度。岩石试件受压缩时产生的剪裂是成对(共轭)出现的，在单轴应力状态的分析中，曾得到对应于最大剪应力的剪切面有两组，其间夹角为90°。但据野外观察和室内实验结果显示，岩石破裂时，对应于主压应力方向的两组剪裂面的夹角是小于90°的，即以锐角指向最大主压应力方向。其间夹角随岩石性质而异，通常约为60°。因此，实际产生的剪裂面是在与主压应力夹角小于45°的方向上，沿此方向的面上剪应力比最大剪应力值要小些，易于在此面上产生剪切破裂。当岩石塑性较强或作用力持续作用时间较长时，剪裂角可大于45°，即表现为钝角平分线方向与主压力作用方向一致。

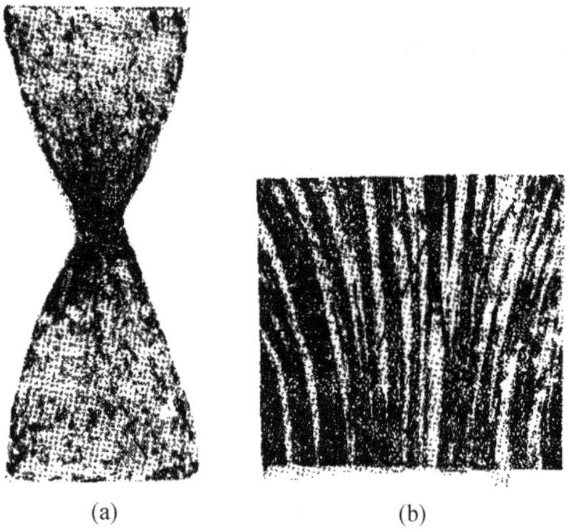

图3-16　大理岩试件在600 ℃和300 MPa围压下变形的断面图（据E. W. 斯宾塞，1977）

注：在拉伸情况下达到其强度极限后，在试件的中央出现细颈。右图是细颈的放大图，表示双晶作用能使方解石丧失原来的形状而被拉长，并与试样两端变形较小的部分进行对比。

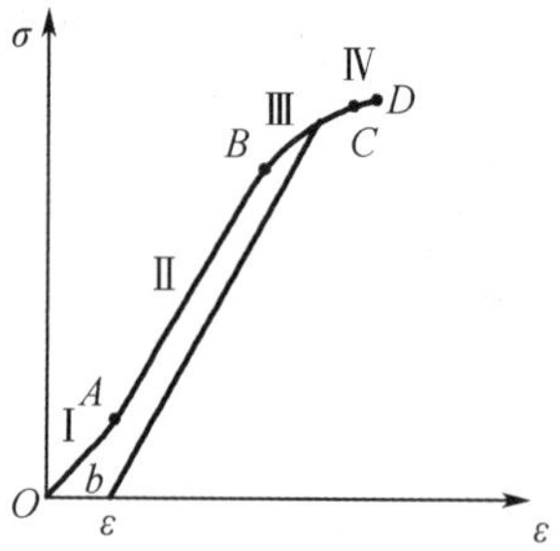

图3-17　脆性材料简单压缩试验的应力-应变曲线（引自谷德振，1979）

注：O—A的第Ⅰ段为压密阶段；A—B的第Ⅱ段为弹性变形阶段；B—C的第Ⅲ段为塑性变形阶段；C—D的第Ⅳ段为断裂变形阶段。

3.3　应变椭球体

3.3.1　应变椭球体的概念

当物体或岩石发生均匀变形时，内部质点的相对位置将发生变化。设想在物体内部取包含某点的一小圆球体，当其受到三个方向相互垂直、大小不等的主应力作用时，这个圆球体将变为一个椭球体，该椭球体称为应变椭球体。

应变椭球体有三个互相垂直的主应变轴，如图3-18所示。取椭球体的最大直径为最大应变轴（A轴），代表变形物体伸长最大的方向；取最短直径为最小应变轴（C轴），代表物体伸长最短（或缩短最大）方向；以中间直径为中间应变轴（B轴），代表物体变形介于最长与最短之间。

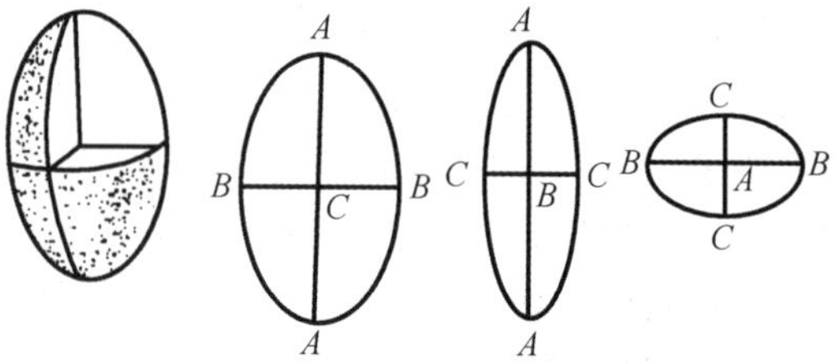

图3-18　应变椭球体及其三个应变主轴的示意图

应用应变椭球体分析地质构造时，常按下列关系确定应变椭球体的空间位置。应变椭球体的三个应变轴与主应力轴的关系如图3-19所示，即σ_1与C轴、σ_2与B轴、σ_3与A轴对应。

为了易于表示应力与应变的关系,将三维空间的变形看作由 A 轴与 C 轴组成的平面变形,用应变椭圆代替应变椭球体来进行构造分析。

3.3.2　应变椭球体的应用

应用应变椭球体分析地质构造时,常按下列关系确定应变椭球体的空间位置(图 3－19)。

(1)应变椭球体的长轴 A 反映张应力的作用方向,表明变形物体的最大拉伸或物质塑性流动方向。例如,线状矿物、长条矿物的定向排列方向等。

(2)短轴 C 代表最大压应力方向,表明变形物体的最大压缩方向。例如,与褶皱轴面、片理面的垂直方向等。这些面与应变椭球体的 AB 面一致,与 C 轴相垂直,承受着最大压应力的作用。

(3)岩石或岩体中共轭剪裂面的交线,与应变椭球体的 B 轴相一致。

(4)垂直于 A 轴,由 B 轴和 C 轴构成的 BC 面为最大张应力作用面,张性断裂将沿此面产生。

例如,某地的岩石中出现了一组东西向的直立张节理和两组直立的剪节理(图 3－20),其中一组走向北西,另一组走向北东。根据张节理与最大应变轴 A 垂直,且其产状直立,所以 A 轴应呈南北向水平延伸。岩石中两组相互交切的剪节理是共轭的,其交线即为 B 轴,所以 B 轴是直立的。C 轴和 A、B 轴成正交,故 C 轴应是东西向水平延伸,由此可以得出结论,该岩体中的几组节理是由于受到东西向水平挤压作用而产生的断裂变形。

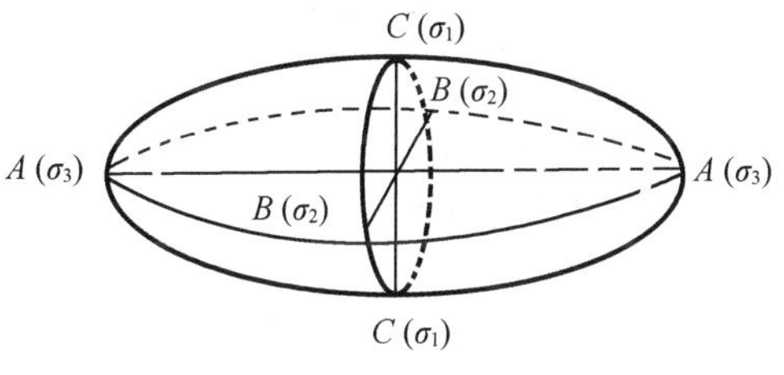

图 3－19　应变主轴与主应力轴间的关系

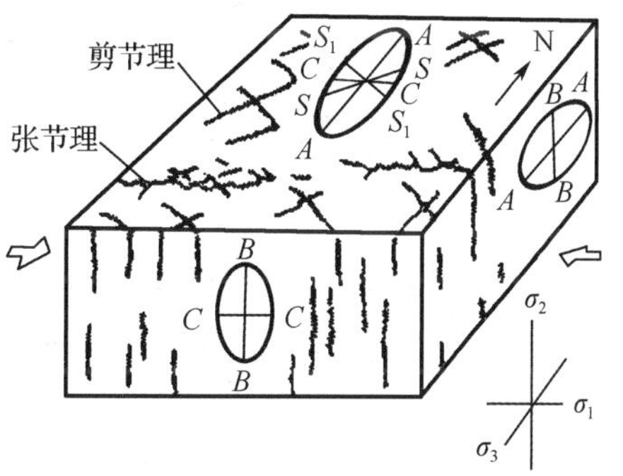

图 3－20　应变椭球体应用示意图

(据武汉地质学院等合编的《构造地质学》,1979)

3.3.3　变形岩石内应变状态的测量和计算

变形岩石内可供测量和计算应变状态的标志物类型很多,一般分为两类:

(1)原始为圆球或椭球的标志体;

(2)已知原始形状的其他标志体。

变形岩石的应变测量不仅可以帮助我们查明某些构造的形成机制,而且也是对岩石变形进行定量研究的基础,因而是现代构造地质研究中不可缺少的组成部分。

近年来,产生了岩石有限应变测量的热潮,并取得了一系列成果,这里仅做一些简要介绍。

1. 原始为圆球或椭球的标志体的应变测量

这类标志体包括砾岩中的砾石，砂岩中的砂粒，熔岩内的气孔，板岩内的还原斑、鲕粒和放射虫等。如果标志体原始是球体，虽然不知道体积的变化，但可以直接测定应变椭球体的形状，从而获得应变状态。常见的物体往往不是圆球状而是椭球状的。

变形岩石中，可根据能反映应变状态的标志体，去对当时的应变状态进行定性分析，如果数据充分，甚至可以进行定量分析。例如，E. 克鲁斯（E. Cloos，1967）对马里兰南山区鲕状石灰岩中的鲕粒进行了研究。他发现石灰岩中原来呈球形的鲕粒都变成了椭球形，并呈定向排列，其长轴构成的线理，一般与岩层的褶皱轴大体垂直，椭球状鲕粒的长轴和中间轴制约着褶皱的轴面面理方位（图 3－21）。据此可以推断变形后的鲕粒就相当于能反映褶皱岩层应变状态的应变椭球。对褶皱岩层中各部位的变形鲕粒轴进行测量统计，就能大致确定褶皱岩层中各部分的应变量。

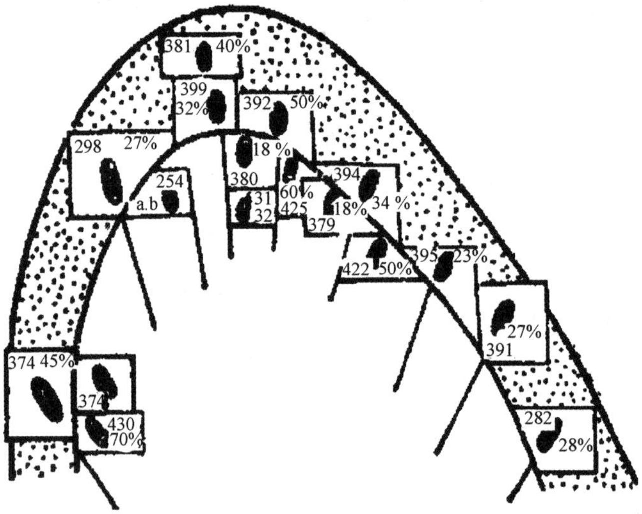

图 3－21　背斜中由变形鲕粒显示的应变状态（据 E. Cloos，1967）

注：前面“数字”为样品号，后面“百分数”为相对变形量。

2. 原始为非球状物体的应变测量

可供应变测量的原始非球状物体包括：

（1）原始形状规则，线、角成明显对称的标志物，如某些变形化石和变形晶体；

（2）与应变有关的小型构造标志物，如压力影、生长矿物纤维、石香肠构造、线理、面理、节理以及小型褶皱等。

利用上述各种变形标志体进行应变分析，必须研究标志体与基质的关系，考察它们是否具有相同的物理力学性质，如果性质相同，所测定标志体的变形才能正确反映变形岩石的应变状态。此外，上述各标志体必须配合在一起加以利用。必须指出，即使精确地测定了上述标志体的应变主轴方位和大小，也只能对它们做出半定量分析，因为在一般情况下，并不完全知道标志体原始的精确形状或方位。

图 3－22 是利用变形腕足类化石进行应变分析的示意图，根据变形腕足类化石的两条标志线（铰合线和壳瓣对称面的痕迹）测定应变椭球体的椭圆切面（平行于层理）的主轴。如果化石 A 和化石 B 的两条标志线原来是相互垂直的，变形后仍然相互垂直，据此可以确

定应变状态。其他不同方位的化石中也有足够的信息可以测定椭圆切面的形状。

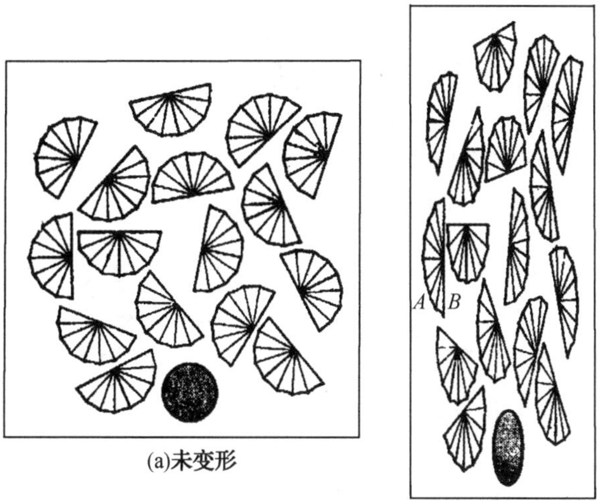

(a)未变形

(b)变形

图 3－22 均匀应变使腕足类群体的形状发生变化，根据化石 *A* 和化石 *B* 来对比测定应变主轴

（据 J. G. Ramsay，1967）

3.3.4 递进变形

在外力作用条件没有改变的情况下，变形是由无数瞬间微量应变及相应的应变状态的无穷积累、发展而成的，这种连续的变形过程称为递进变形。在这一过程中的任意给定时刻，岩石的应变可以分解为两部分，一是联系着瞬时状态与变形前状态的应变，称为有限应变或总应变，若变形就此中止，有限应变也就是岩石变形的最终状态与变形前初始状态对比所发生的全部应变；二是联系着状态的瞬时变化与瞬时的应变，称为增量应变或无限小应变。因此，有限应变是已经发生的应变总和，无限小应变是正在发生的瞬时应变。

由于递进变形过程中岩石各部分的应变出现了性质不同、性质有所变化、方向不同的构造形态，因此应用有限应变与无限小应变的概念分析递进变形中出现的构造有助于深入认识构造的发育规律。

根据递进变形过程中各瞬时有限应变主轴与无限小应变主轴的方位是否一致，可将递进变形分为共轴递进变形（图 3－23）和非共轴递进变形。纯剪应变为共轴递进变形，单剪应变为非共轴递进变形。共轴递进变形的有限应变各主轴方位始终不变，且其过程中任一瞬间的有限应变椭球的三个应变轴和各瞬间无限小应变椭球的三个应变轴两两平行。但不同方位的物质线在递进变形发展中，其长度的变化是不相同的。图 3－23 所示为一平面的纯剪应变发展过程。线段 1，2，3 在不同的应变阶段，其长度变化列于下面的三个图形中，其中线 1 平行于 z 轴，在递进变形过程中始终是不断缩短的；线 2 平行于 x 轴，在递进变形过程中始终是不断伸长的；线 3 初始与 z 轴呈 50°交角，随着递进变形的发展，其交角不断减小，线段先是缩短，至交角小于 45°时，则线段反而逐渐伸长。

非共轴递进变形由于其有限应变 x、z 主轴方位不断改变，且每一瞬间与无限小应变的 x、z 主轴也不两两平行，故其变形过程及形成的构造图像均较复杂。图 3－24 所示为用卡片模拟的单剪递进变形过程，图中第一行表示各瞬间的有限应变椭圆，在每一瞬间开始无限小应变时加画了一个参照圆（图 3－24 中的 2，3，4）。每一瞬间变形中均有两条无限应变线，在无限小应变开始时均处于 0°和 90°的位置上，随着变形的递进发展，其方位及交角不断变化；这两条无线应变线将椭圆分成两对扇形区，带点的象限为各应变椭圆中的伸长区，空白区象限为压缩区，它们在各瞬间的范围也随着无线应变线方位的变化而改变。第五列为各瞬间无限小应变积累的最终应变椭圆形态，自上向下表示了不同阶段形成的变形总和，而每一行的第二图（椭圆）则均为第一图（圆）的无限小应变椭圆。

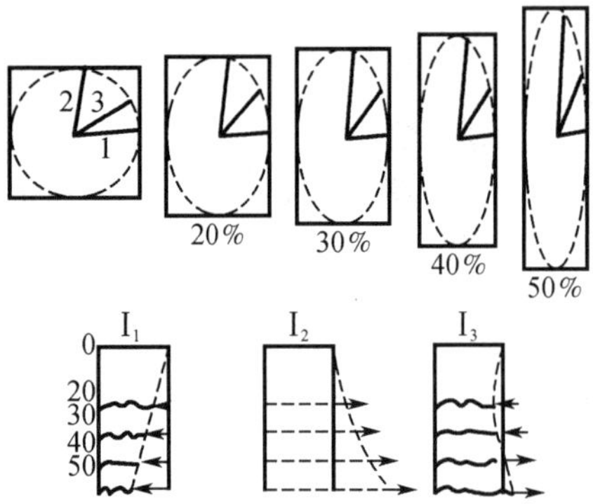

图 3－23　共轴递进变形中变形椭圆内射线的应变历史（据 J. G. Ramsay，略改，1967）

注：上图下方的百分比表示应变量；下图分别表示三个射线，上左图 1，2，3 即下图的 I_1、I_2、I_3（在变形阶段内的应变性质）。

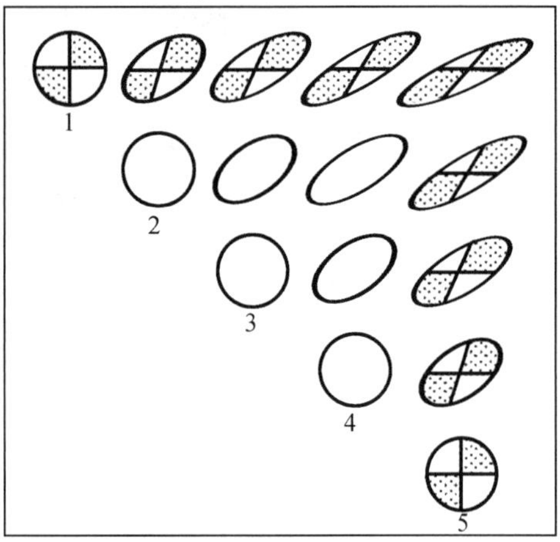

图 3－24　用卡片模拟的单剪递进变形过程

（据 J. G. Ramsay，1967）

注：第一行表示应变过程，第五列描绘最后的增量时所发生的变化。

图 3－25 为单剪非共轴递进变形产生雁行张裂脉的变化过程。变形初始阶段，在剪切带中形成了与剪切面呈 45°（或 135°）交角的张裂，这种张裂往往被孔隙溶液中沉淀的方解石、石英和绿泥石纤维状晶体充填而成张裂脉，它们呈雁行排列，随着变形递进发展，原有张裂被剪切位移带动而旋转，使其与剪切面交角大于 45°（或小于 135°），同时在其两端又发育了与剪切面相交 45°的新的裂隙，从而使前、后连续发育的张裂贯通而呈反 S 形或 S 形雁列脉（右行剪切位移形成反 S 形，左行剪切位移形成 S 形）。图 3－25（c）为张裂脉的最终形态。

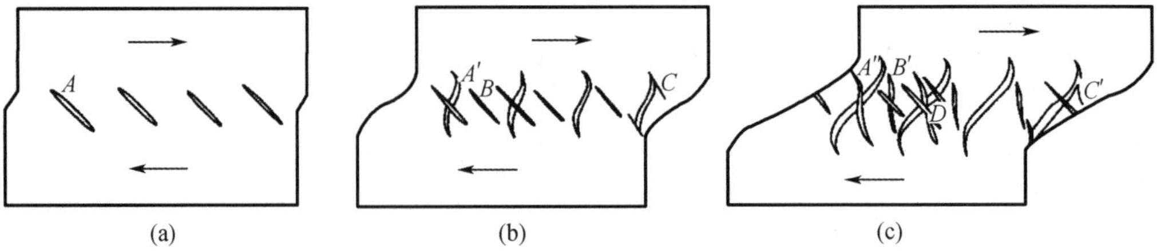

图 3－25　由非共轴递进变形形成的反 S 形张节理

（据 D. W. Dumey 和 J. C. Romnsa，1973）

注：*A*、*B*、*C* 和 *D* 代表在各阶段开始时形成的张节理；*A′*、*B′*、*C′*和 *A″*分别代表不同阶段的张节理。

根据共轴递进变形和非共轴递进变形二者的含义，可以看出，前者有限应变的三个变形主轴 x、y、z 将分别与主应力轴 σ_3、σ_2、σ_1 始终保持平行，因此可以根据有限应变主轴方位推定主应力轴方位；后者主应力轴并未改变其方位，而应变主轴方位则不断在改变，因此不能根据张裂反映的应变主轴方位推定主应力轴方位。

3.4　影响岩石力学性质与岩石变形的因素

岩石的变形特征同时受两方面因素的制约，其中的内在因素是岩石本身的力学性质，外在因素则包括所受作用力的大小、方式和变形时的外界条件。岩石的力学性质主要取决于其矿物组成、结构、构造等。变形时的外界条件（环境）主要包括变形时的围压、温度、作用力的持续时间等。考虑各种外界因素对岩石力学性质的影响，对于分析和阐明岩石的变形有重要意义。

3.4.1　内在因素

1. 岩石的成分

岩石是由各种矿物组成的，它们都有自己的化学成分和物理性质。一般来说，含大的粒状矿物越多的岩石，强度越大，往往呈脆性变形，如石英砂岩、花岗岩等；含硬度小的片状矿物，尤其是含有滑感的鳞片状矿物越多的岩石，强度越低，往往呈韧性变形。如 N. J. Price 实验表明，钙质胶结的砂岩和泥质胶结的粉砂岩，单轴抗压强度都是随着石英颗粒含量的增加而明显增加（图 3－26）。从图中两条曲线的形态和位置还可看出，当两种岩石的石英颗粒含量相同时，钙质胶结砂岩比泥质胶结的粉砂岩强度大。

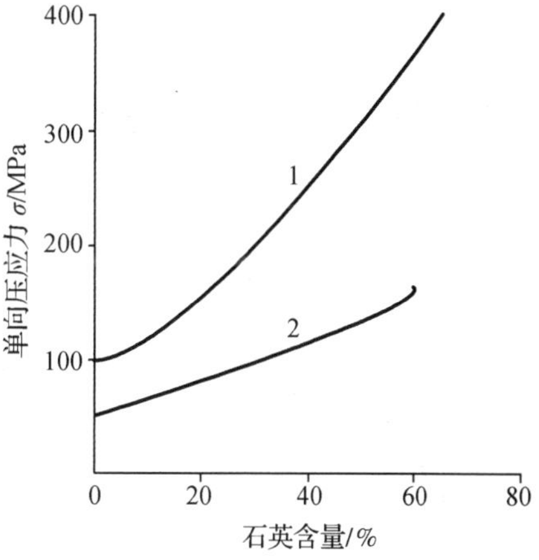

1—钙质胶结砂岩的单轴抗压曲线；
2—泥质胶结粉砂岩的单轴抗压曲线。

图 3－26　两种岩石抗压强度与石英含量关系图（据 N. J. Price）

2. 岩石的结构

如果岩石中的化学性质稳定的矿物和易溶于水的盐类（如黄铁矿、岩盐、石膏等）含量高，也会降低岩石的强度。

在沉积岩中，如果其他条件相同，碎屑颗粒细、棱角不显著，呈基底式胶结的岩石，往往强度较高；反之，呈接触式胶结的岩石，强度就比较低。

3. 岩层的成层构造

具有层理，尤其是薄层的沉积岩层，在侧向压力作用下，容易沿层理面滑动，形成褶皱构造；不具层理或呈巨厚层的岩石，则容易产生断裂。凡是孔隙或裂隙发育的岩层，强度都会明显地降低。

3.4.2 外在因素（影响岩石变形的外界环境）

1. 围压

处于地下深处的岩石，要受到周围岩体对其施加的围压作用，围压也称静岩压力。岩石所处深度越大，围压也越大。围压一方面增强了岩石的韧性，另一方面也大大提高了岩石的强度极限，其弹性极限也有所增高。例如，石灰岩在常温和常压下表现为脆性，可是在很大围压条件下，其体积也可以有一定程度的压缩而不产生断裂（图 3－27）。

近地表的岩石多表现为脆性，断裂变形相对较为发育。当处于地壳深部时，岩石呈现较高的塑性，褶皱及其他的韧性变形较为发育，这与实验结果是一致的。围压使岩石塑性增强的原因在于围压使固体物质内部质点彼此接近，增强了岩石的内聚力，因而不易破裂。

2. 温度

地表以下，地温随着深度的增加面增高，致使岩石的强度降低、弹性减弱，有利于发生变形。

图 3－28 是表示在不同温度条件下，作出的大理岩的应力－应变曲线。在常温和 1 000 MPa 围压下，对垂直于大理岩层理的圆柱形试件施压，其弹性极限为 200 MPa 左右，温度增高到 150 ℃时，弹性极限降为 100 MPa 左右。实验表明，温度升高对岩石变形的影响很大。这是由于温度升高，岩石质点（分子）的热运动增强，从而减弱了其间的联系力，使物质质点易于位移。因此，当温度升高到适当程度时，较小的应力也能使岩石发生较大的塑性变形。

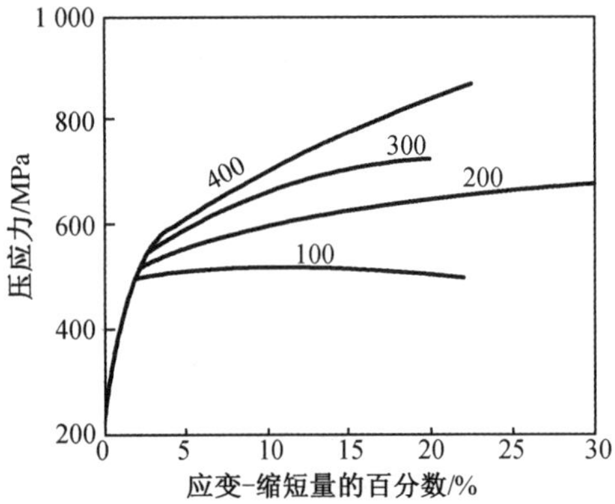

图 3－27 石灰岩在不同围压下的应力－应变曲线（引自徐开礼、朱志澄主编的《构造地质学》，1989）

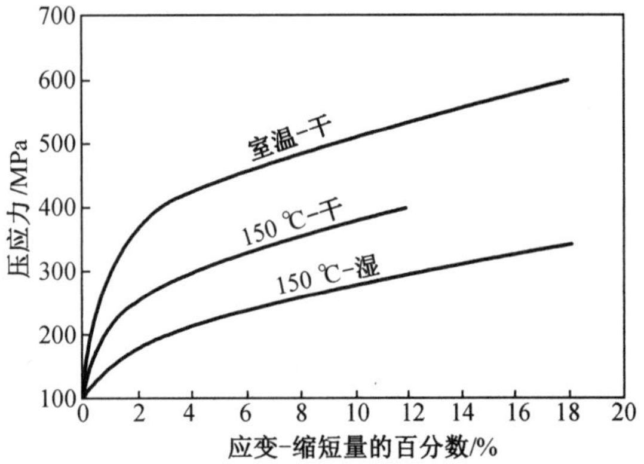

图 3－28 温度和溶液对大理岩变形的影响（引自徐开礼、朱志澄主编的《构造地质学》，1989）

3. 溶液

干燥的岩石与潮湿的岩石其力学性质差别很大。当岩石中饱含溶液和水汽时，岩石的弹性极限降低，塑性增强，易于变形。另外，在应力作用下，溶液有利于重结晶作用，并可促使某些矿物溶解、新矿物形成，因而有利于岩石的塑性变形。

在图 3－28 中，湿、干大理岩的两条不同的应力－应变曲线对比表明，湿大理岩比干大理岩更容易发生塑性变形。干大理岩产生 10% 的变形量的压应力是 300 MPa，而湿大理岩产生同样应变量仅需要 200 MPa。溶液的浸入使岩石内部质点的活动力增强，岩石的内摩擦力和分子间的凝聚力减小，故降低了岩石的强度。

4. 时间

时间因素对于岩石的力学性质及变形的影响有如下几方面。

(1)施力快、慢的影响

快速施力，不仅加快岩石变形速率，而且会使其脆性加强。例如，沥青和潮湿黏土都是塑性物质，但快速冲击下它们会像脆性物质一样发生脆性破裂。这是由于质点来不及重新排列就破裂了。缓慢施力，则会使脆性物质发生塑性变形，岩石受到缓慢的长时间外力作用，质点有充分的时间移动到平衡位置而固定下来，就呈现永久变形。

(2)重复施力对岩石变形的影响

对岩石多次重复施力，即使作用力不大，也能使岩石破裂。有人研究发现，金属破裂时的应力大小与发生破裂所需施力次数有关，即施力次数增加，破裂时的应力值降低，当降低到一定值时，则趋于不变。这时的应力值称为疲劳极限。以低于疲劳极限的应力作用于物体的次数再多，也不能使物体破裂。

(3)蠕变与松弛对岩石变形的影响

蠕变是指在应力不增加的情况下，随着时间的延长，物体变形继续缓慢增加的现象。松弛则指应变维持恒定时，随着时间的延长应力逐渐减小的现象。这两种现象均与时间有关，共同反映长时间的缓慢变形，并能降低材料的弹性极限。

岩石在恒定外力作用下都会发生蠕变现象，只是不同的岩石其蠕变各有快慢。温度对蠕变的影响是温度越高蠕变越快。

蠕变和松弛是在长时间应力持续作用下，物体弹性不断降低，弹性变形逐渐减小，永久变形缓慢增加，从而呈现流变特征的反映。由于岩石的变形一般是在漫长的地质时期中发生的，当变形发展到一定阶段后，维持变形的应力又会逐渐减小，出现松弛现象，从而使变形固定下来。蠕变与松弛反复发生，使岩石中微小的永久变形不断积累，以致形成规模巨大的变形。

5. 外在因素影响的综合

围压、温度、溶液和时间因素对岩石力学性质和变形的影响概括于表 3 - 2 中。

表 3 - 2　岩石力学性质与主要影响因素的关系

(引自徐开礼、朱志澄主编的《构造地质学》,1989)

因素	强度	弹性	塑性	脆性	韧性	刚性	黏性
增大围压	+	+	+	-		-	+
增高温度	-			-		-	+
增加溶液	-	-	+		+	-	+
长期施力	-	-	+	-	+	-	+

注:"+"表示提高;"-"表示降低、减弱。

复习思考题

1. 面力、体力、外力、内力、正应力和剪应力的含义是什么?
2. 哪些因素可以在岩石中引起应力集中?

3. 什么是变形、位移和应变？

4. 均匀变形与非均匀变形有什么不同？

5. 岩石变形一般经历哪几个阶段？

6. 影响岩石变形特征的外部因素主要有哪些，它们如何影响岩石的变形？

7. 岩石的抗压、抗剪强度有什么倍率关系？

8. 应变增量与应力差之间是什么关系？绘简图表示变形椭球体主轴和主应力方位之间的关系。

第4章 褶 皱

4.1 褶皱和褶皱要素

4.1.1 褶皱的基本形式

褶皱是指由岩石中的各种面(如层面、断层面等)在力的作用下,发生的塑性弯曲变形。它是地壳中常见的一种地质构造,尤其是在层状岩石中表现得最为明显。变质岩中的片理或片麻理和岩浆岩中的原生流动构造,以及其他面状构造中也都可以看到褶皱。

褶皱的规模差别很大,大型褶皱可以延伸几十到几百千米或更大,小型褶皱可以在小范围的露头上或一块手标本上看到。

褶皱的形态是多种多样的,而其基本形式有两种(图4-1):一种是岩层向上弯曲,其核心部位的岩层时代较老,外侧岩层较新,称为背斜;另一种是岩层向下弯曲,核心部位的岩层较新,外侧岩层较老,称为向斜。由于后来风化剥蚀的破坏,造成向斜在地面上的出露特征是从中心向两侧岩层从新到老对称重复出露(图4-1中(a)(b)左侧)的,而背斜在地面上的出露特征却恰好相反,从中心到两侧岩层从老到新对称重复出露(图4-1中(a)(b)右侧)。如褶皱岩层的新老层序不明,或者褶皱的变形面不是层理面而是其他构造面,则将向上弯曲的褶皱面称背形,向下弯曲的褶皱面称向形。

在野外的自然露头上,完整的褶皱不多见。这是因为岩层在向上弯曲过程中或以后,不断地遭到风化、剥蚀,使弯曲在上的岩层被剥蚀,老岩层出露在褶皱的中心部位,较新岩层对称地分布在其两侧。在向斜中新岩层被保留在褶皱的中心部位,老岩层对称地出露在两侧。

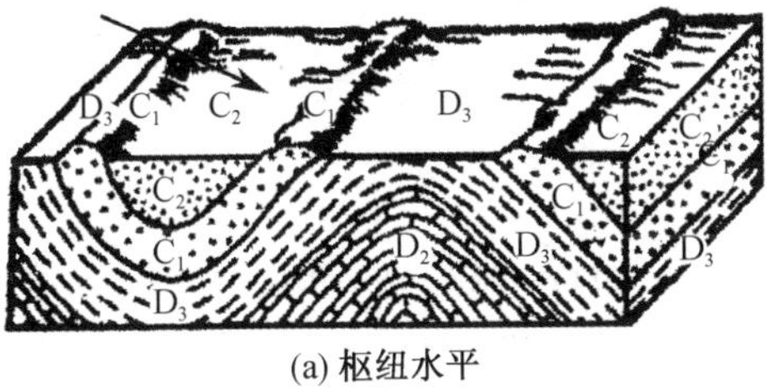

(a) 枢纽水平

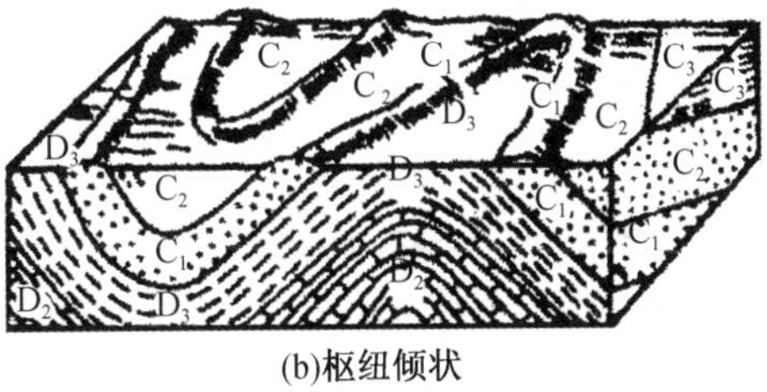

(b)枢纽倾状

图4-1 背斜和向斜在平面及剖面上的表征

注:(a)(b)两图中左侧是向斜,右侧是背斜。

4.1.2 褶皱要素

褶皱要素是褶皱的基本组成部分(图4-2)。

（1）核部

核部泛指褶皱中心部位的岩层。

（2）翼和翼角

翼泛指褶皱核部两侧出露的岩层。对于连续背、向斜来说，同一翼为两者共有称为公用翼。翼角是翼部岩层的倾角。

（3）转折端

转折端是褶皱从一翼过渡到另一翼的转折部位。

（4）枢纽

同一褶皱面在不同横剖面上其最大弯曲点的连线叫枢纽线或简称枢纽。它可以是直线，也可以是曲线或折线。其产状可以水平，也可倾斜，甚至直立。

（5）轴面

连接褶皱中各层的枢纽线所构成的假想面叫轴面。轴面可以是平面，也可以是曲面。

如图4－3所示，褶皱的枢纽是倾伏的，图中的 *BF* 是枢纽线，其在水平面上的投影 *BF*′ 是枢纽的倾伏向，即褶皱枢纽指向下一端的方位。倾斜的枢纽线与其在水平面上投影线间的夹角叫枢纽的倾伏角。即褶皱枢纽的产状，包括一切线状构造的产状都可以用倾伏（包括倾伏向和倾伏角）来表示。图中的 γ 为其倾伏角，图4－3中枢纽的倾伏向为160°，倾伏角为25°，故枢纽的产状可表示为160°∠25°。枢纽的产状还可以用侧伏（包括侧伏向和侧伏角）来表示。在图4－3中，轴面的走向线 *AB* 和枢纽线间构成的锐夹角 θ 叫侧伏角（θ＝40°）。*BA* 线方位为侧伏方向（图中方位为180°），故该枢纽的侧伏角为∠40°S。

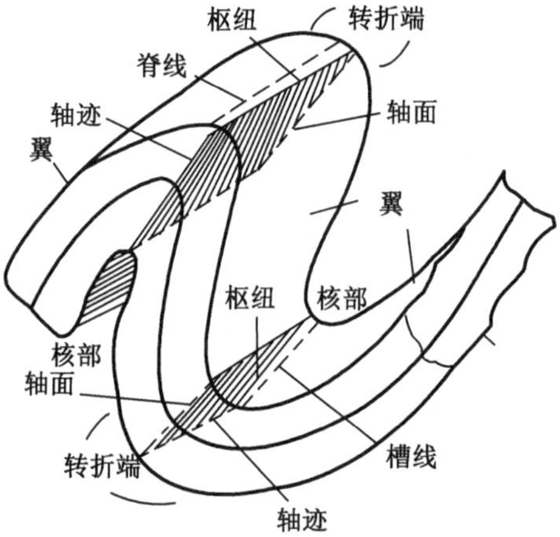

图4－2　褶皱要素示意图

（据朱志澄、宋鸿林主编的《构造地质学》，1990）

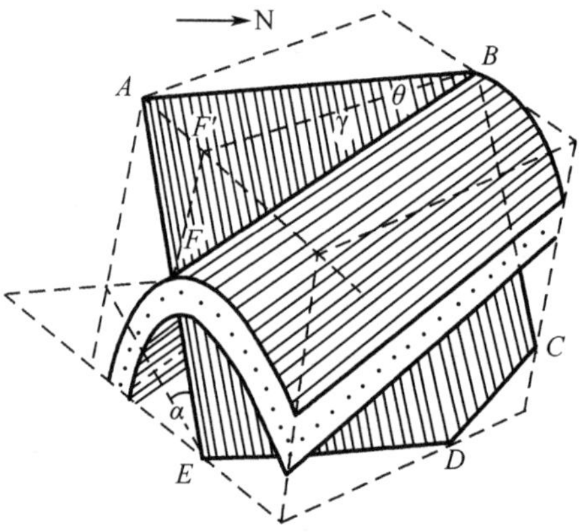

ABCD—轴面；*BF*—枢纽；α—轴面倾角；
γ—枢纽倾伏角；θ—枢纽在轴面上的侧伏角；
BF′—枢纽在水平面上的投影线；
AB—轴面的走向（线）。

图4－3　枢纽的倾伏和侧伏示意图

（据徐开礼、朱志澄主编的《构造地质学》，1989）

（6）轴迹

轴迹是指轴面和任何平面的交线。在褶皱的枢纽倾伏较浅的情况下，轴面和地面的交线在地质图上的投影叫地质图上的轴迹或褶轴。

(7)脊线和槽线

背斜或背形同一褶皱面各横剖面上的最高点叫脊。它们的连线叫脊线,向斜或向形的同一褶皱面各横剖面上的最低点叫槽,它们的连线叫槽线。

4.1.3 褶皱的波长和波幅

波长和波幅是量度褶皱大小的要素。对周期性波形,对称褶皱和不对称褶皱的横截面中波长和波幅的量度方法如图 4-4 所示。图中 S_0' 为褶皱的包络面,即与连续的几个褶皱或所有褶皱的某一褶皱面相切的面;m 为连接各个褶皱的拐点(i)的面(线),为拐面(线)。当褶皱为规则的周期性波形时,其拐面(线)正位于两包络面正中,故又称为褶皱中间面。对称褶皱的波长(W)等于两个同相位拐点之间的距离,波幅(A)相当于两个包络面之间垂直距离的一半(图 4-4(a)中的 A);当褶皱为不对称波形(即褶皱的两翼不等长)时,波长和波幅也可用前述方法量度,分别表示为 Wm 和 Am;或者在垂直轴面量度波长(Wa)和顺轴面方向量度波幅(Aa)(图 4-4(b))。这两种方法量出的波长和波幅的关系如下:

$$Wm = Wa \cdot \sec\theta,\ Am = Aa \cdot \cos\theta$$

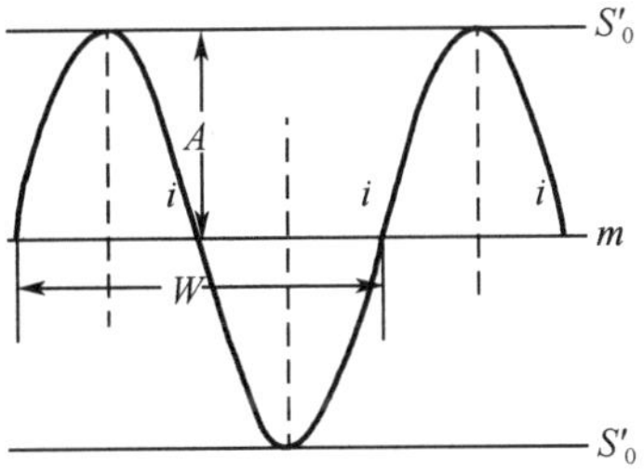

(a) 对称褶皱波长 (W) 和波幅 (A)

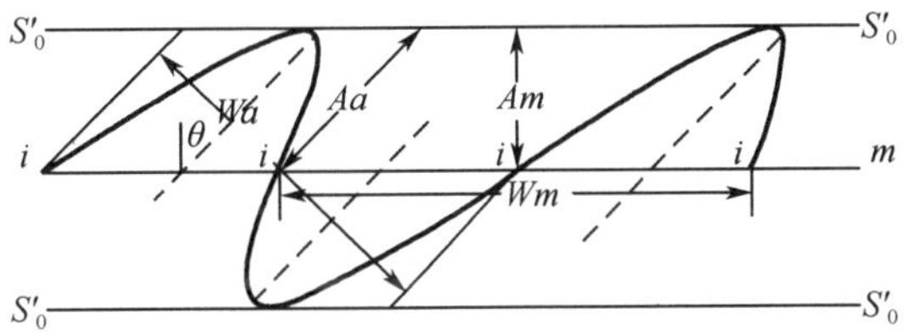

(b) 不对称褶皱波长 (Wm、Wa) 和波幅 (Am、Aa)

S_0'—包络面;m—中间面;θ—轴面与中间面相交的余角。

图 4-4 褶皱的波长(W)和波幅(A)(据 J. G. Ramsay,1967)

4.2 褶皱的主要类型

褶皱形态千姿百态,人们常从它不同方面的形象特征来观察和描述,因而出现了大量的褶皱名称和术语。下面引述一些最常用的描述褶皱形态的术语来说明褶皱的主要类型。

1. 横剖面上褶皱形态的描述

(1)根据轴面产状和两翼产状,褶皱可以被描述为以下名称。

①直立褶皱:轴面近直立,两翼倾向相反,翼角近相等(图 4-5(a))。

②斜歪褶皱:轴面倾斜,两翼倾向相反,翼角不等(图 4-5(b))。

③倒转褶皱:轴面倾斜,两翼向同一方向倾斜,一翼的地层倒转(图 4-5(c))。

④平卧褶皱:轴面近水平,一翼地层正常,另一翼地层倒转(图 4-5(d))。

⑤翻卷褶皱:轴面弯曲的平卧褶皱(图 4-5(e))。

图 4-6 为一个翻卷褶皱实例,现存形态为一个简单的背形、向形组合。但其间地层时代的组合,背形中间新两侧老,向形中间老两侧新(与背斜、向斜层序相反)。经过研究恢复成虚线勾画的形态。背形、向形为翻卷褶皱的一部分,也能够正确地解释其间的地层组合特

点及其剖面露头。翻卷褶皱的实质是使原褶皱轴面进一步改造弯曲，是褶皱叠加的反映。

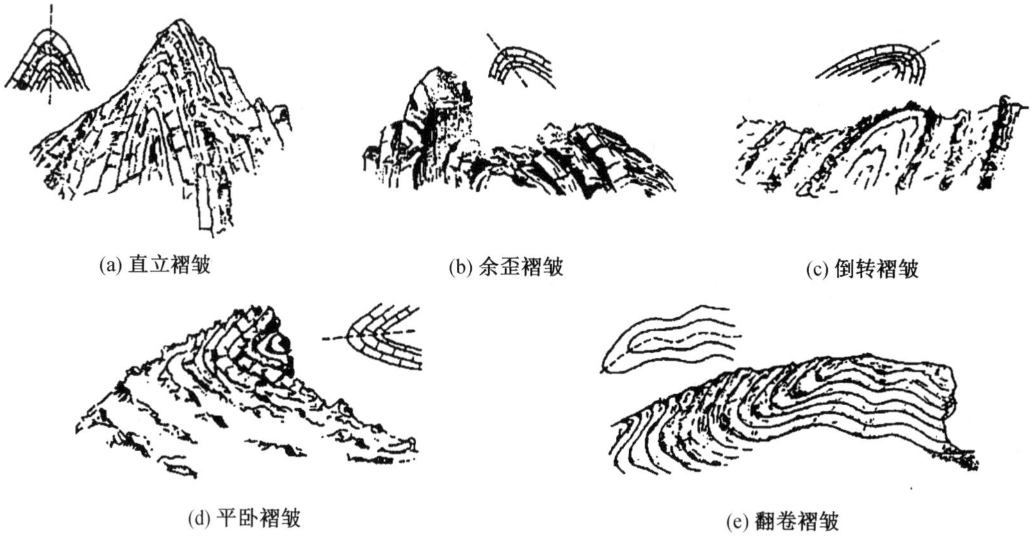

图 4-5　褶皱按轴面和两翼产状分类

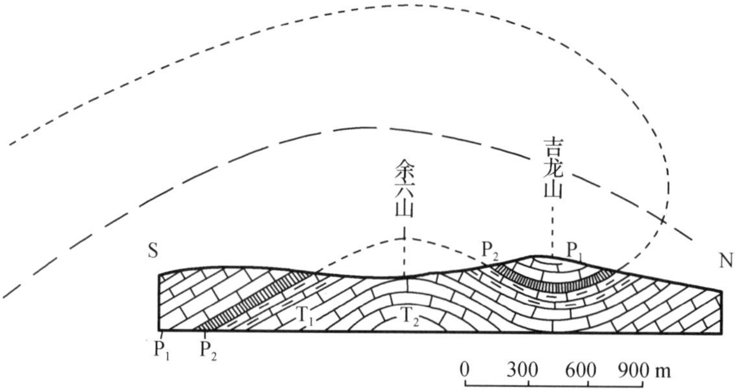

P_1、P_2—下、上二叠统；T_1、T_2—下、中三叠统（湖北大冶吉龙山）。

图 4-6　翻卷背斜（据成都地质学院编《构造地质学》）

（2）根据褶皱的对称性（图 4-7）可以将褶皱描述为以下名称。

①对称褶皱：褶皱的轴面与褶皱包络面垂直，而且两翼的长度和厚度也基本相等。

②不对称褶皱：褶皱的轴面与该褶皱的包络面斜交，而且两翼的长度和厚度不相等。

（3）根据翼间角大小（图 4-8）可以将褶皱描述为以下名称。

①平缓褶皱：翼间角小于 180°，大于 120°。

②开阔褶皱：翼间角小于 120°，大于 70°。

③闭合褶皱：翼间角小于 70°，大于 30°。

④紧闭褶皱：翼间角小于 30°。

⑤等斜褶皱：翼间角近于 0°，两翼近平行。

（4）根据褶皱面弯曲形态可将褶皱描述为以下名称。

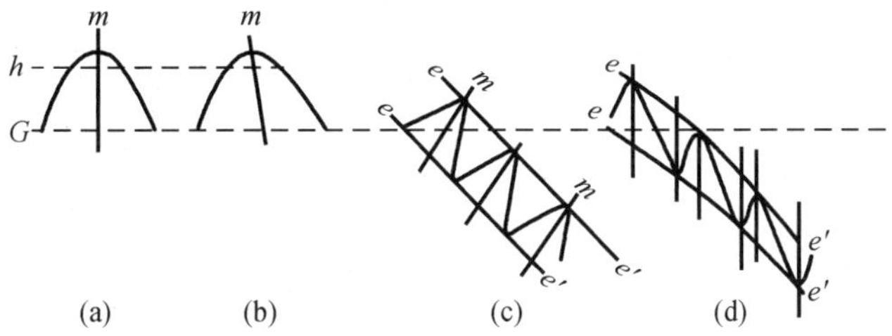

ee′—褶皱包络面(线);m—轴面;G、h—水平面(地平面)。

图4-7 褶皱的对称性(据E. Hills)

注:(a)对称背斜(直立);(b)不对称背斜(在h之上基本上是对称的);(c)在地平线G的露头上看到是不对称褶皱,从轴面与褶皱包络面相垂直看,实际上是对称褶皱;(d)地平面露头上看是对称的,从轴面与褶皱包络面斜交、两翼不等长看,实际上是不对称褶皱。

①圆弧褶皱:褶皱面呈圆弧形弯曲(图4-9(a))。

②尖棱褶皱:两翼平直相交,转折端呈尖角状,且两翼等长(图4-9(b)),如两翼长度不等可称“膝折褶皱”。

③箱状褶皱:两翼陡而转折端平直,褶皱呈箱状,常常具有一对共轭轴面(图4-9(c))。

④扇状褶皱:两翼岩层均倒转,褶皱面呈扇状弯曲(图4-9(d))。

⑤挠曲:缓倾斜岩层中的一段突然变陡,形成台阶状弯曲(图4-9(e))。

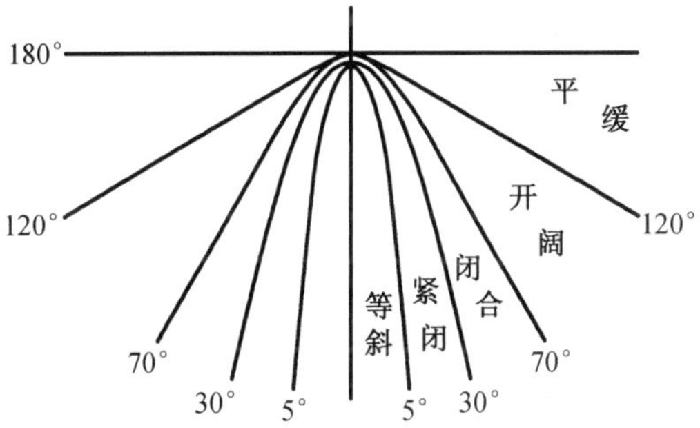

图4-8 根据翼间角来描述褶皱

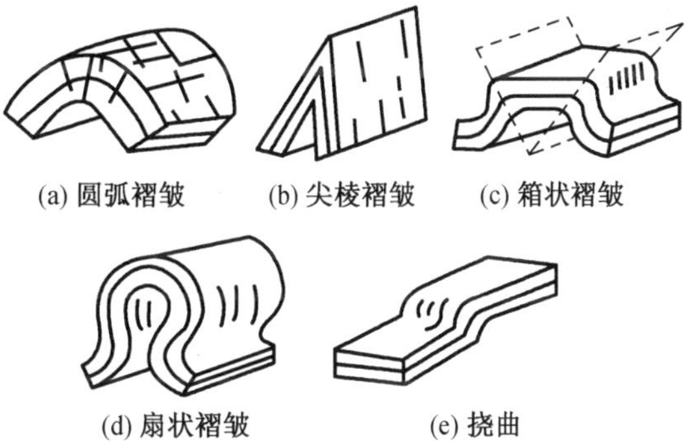

图4-9 褶皱面的弯曲形态

2. 褶皱在平面上出露形态

根据褶皱的某一岩层在平面上出露的纵向长度和横向宽度之比,将褶皱分别称为以下名称。

(1)线状褶皱:长度与宽度之比大于10:1,是一种狭长形褶皱(图4-10(a))。

(2)短轴褶皱:长度与宽度之比介于3:1~10:1之间的褶皱(图4-10(b)右侧)。

(3)穹窿构造:长度与宽度之比小于3:1的背斜构造,褶皱面自脊点向四周做放射状倾斜(图4-10(c)左下侧)。

(4)构造盆地:长度与宽度之比小于3:1的向斜构造,褶皱面从四周向中心倾斜(图4-10(d)左上侧)。

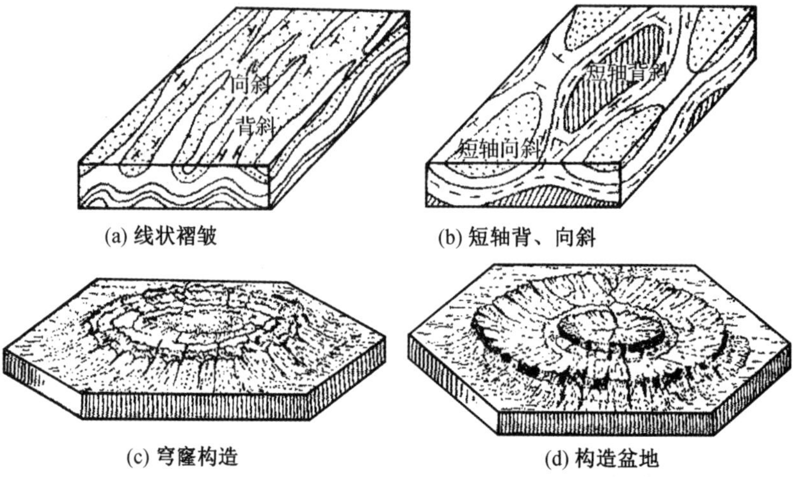

(a) 线状褶皱　(b) 短轴背、向斜

(c) 穹窿构造　(d) 构造盆地

图 4-10　褶皱的平面形态类型（朱志澄、宋鸿林主编的《构造地质学》，1990）

4.3　褶皱的类型及褶皱的组合形式

4.3.1　褶皱的产状类型

褶皱的产状就是褶皱在空间的产出状态或位态，它可以因轴面和枢纽的产状不同划分出不同的类型。

1. 根据枢纽的产状分类

（1）水平褶皱

褶皱枢纽的产状近于水平，褶皱两翼的走向基本平行（图 4-11(a)）。

（2）倾伏褶皱

褶皱的枢纽倾伏，两翼岩层的走向不相平行（图 4-11(b)），倾伏背、向斜转折端和地面相交（图 4-11(c)），两翼岩层沿走向由一翼转向另一翼，这个过渡的位置在背斜中叫外倾转折，在向斜中叫内倾转折。

（3）倾竖褶皱

褶皱的枢纽近于直立。

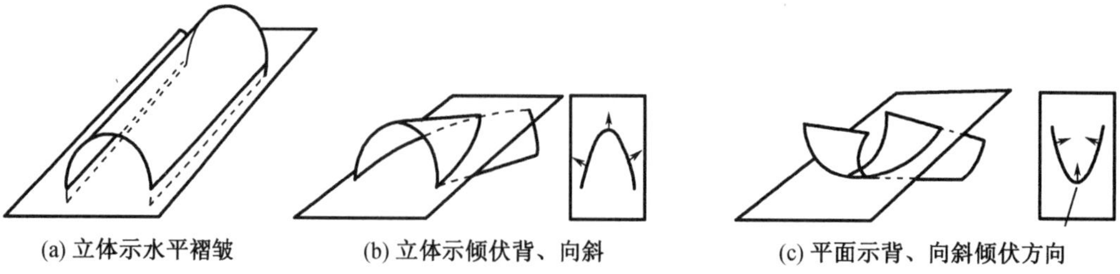

(a) 立体示水平褶皱　(b) 立体示倾伏背、向斜　(c) 平面示背、向斜倾伏方向

图 4-11　水平褶皱、倾伏褶皱的示意图（据 г. д. 阿日吉列）

2. 根据轴面产状和枢纽产状分类

里卡德(M. J. Rickard,1971)在总结前人关于褶皱产状分类的基础上,根据褶皱轴面倾角、枢纽倾伏角和侧伏角这三个变量绘制了一个三角网图,以便对褶皱产状作三维的定量研究(图4-12)。图上的 AB 边与 BC 边等度数相连的线代表轴面等倾角线;AC 边各度数与 B 点的连线为枢纽在轴面上的等侧伏角线;AC 边与 BC 边等度数(并结合与轴面产状的关系)相连的曲线代表枢纽等倾伏角线。图4-13为图4-12的简化图,并附上各类褶皱立体图及相应的赤平投影图。

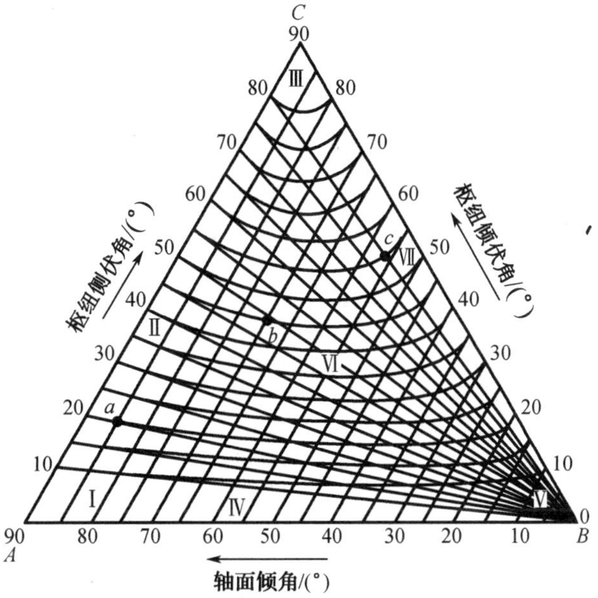

图4-12 褶皱产状类型三角网图

(据 M. J. Rickard,1970)

(1)直立水平褶皱(图4-12、图4-13中的Ⅰ区)

轴面近于直立(倾角80°~90°),枢纽近于水平(倾伏角0°~10°)。

(2)直立倾伏褶皱(图4-12、图4-13中的Ⅱ区)

轴面近于直立(倾角80°~90°),枢纽倾伏角为10°~80°。

(3)倾竖褶皱(竖直褶皱)(图4-12、图4-13中的Ⅲ区)

轴面和枢纽均近直立(倾角和倾伏角为80°~90°)。

(4)斜歪水平褶皱(图4-12、图4-13中的Ⅳ区)

轴面倾斜(倾角10°~80°),枢纽近于水平(倾伏角0°~10°)。

(5)平卧褶皱(图4-12、图4-13中的Ⅴ区)

轴面和枢纽均近于水平(倾角与倾伏角均为0°~10°)。

(6)斜歪倾伏褶皱(图4-12、图4-13中的Ⅵ区)

轴面倾斜(倾角10°~80°),枢纽也倾伏(倾伏角10°~80°),但二者倾向和倾角均不一致。

(7)斜卧褶皱(重斜褶皱)(图4-12、图4-13中的Ⅶ区)

轴面倾角和枢纽倾伏角均为10°~80°,而且二者倾向基本一致,倾斜角度也大致相等,即枢纽在轴面上的侧伏角为80°~90°。

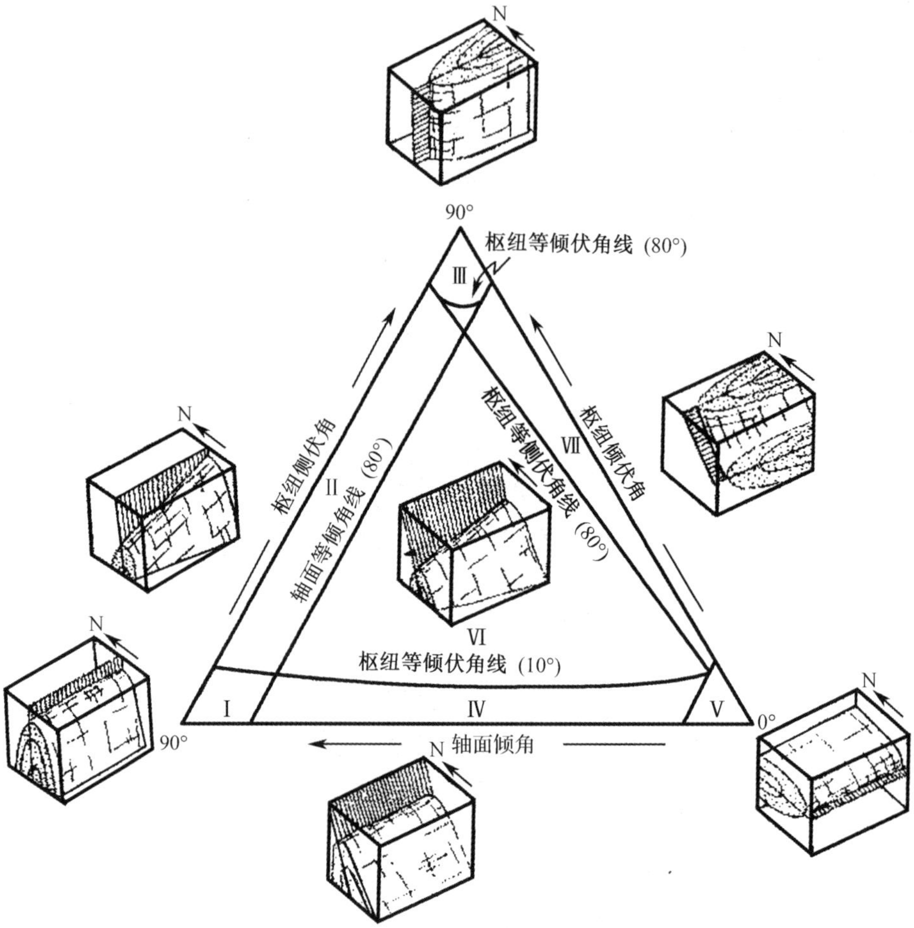

图 4-13　褶皱的产状类型及其赤平投影图

(据 M. J. Rickard(1971)、D. M. Ragan(1973)及 B. E. Hobbs 等(1976)综合编绘)

里卡德的褶皱产状分类及其三角网图的特点及使用说明如下。

①这一分类比较正确地反映了褶皱在三维空间的形状和产状特征,避免了在二维空间对褶皱的观察描述可能出现的片面性。

②里卡德的褶皱产状分类三角网图可以表示出所有可能存在的褶皱产状类型。三角网图所划分的七个区,分别代表上述七大褶皱类型的产状变化范围。图上各区的范围大小,也大致反映了该类褶皱在自然界出现的概率大小及其过渡类型的一般变化规律。如Ⅵ区范围最大,表明斜歪倾伏褶皱是地壳中最常见的一类褶皱,它的产状变化也最大。

③为了更准确地表示褶皱的产状,用 D 表示褶皱的轴面倾角,P 表示枢纽倾伏角,根据褶皱投在图上点的位置,标注其产状指数,如图 4-12 中 a 点为直立倾伏褶皱($D_{85}P_{20}$),b 为斜歪倾伏褶皱($D_{70}P_{45}$),c 为斜卧褶皱($D_{56}P_{55}$)。投在某个区间的褶皱可根据其产状最接近的一类褶皱来命名。

④将一个地区(特别是变质岩区)的诸褶皱产状一一投影到三角网上后,则易于观察该区褶皱产状及类型的变化规律。

⑤这种分类可以在三角网上明显地反映出褶皱产状特征,使对褶皱产状的研究从概略性描述上升到用数据描述,为应用统计方法分析褶皱形态和产状特征提供了条件。

4.3.2 横截面几何形态分类

1. 平行褶皱

平行褶皱是指在同一褶皱中各部位岩层的厚度基本保持不变,构成平行的弯曲,故又称等厚褶皱;褶皱中各岩层的弯曲具有同一曲率中心,亦可称同心褶皱。垂直层面测量岩层的真厚度保持不变,平行轴面测量岩层厚度时,随褶皱部位的不同变化很大。如果要保持褶皱岩层的厚度不变,褶皱的形态随深度的不同而发生改变,即在某一部位呈圆弧状,向外弧过渡时曲率变小,褶皱开阔平缓;向内弧过渡则曲率加大,岩层褶皱紧闭或呈尖棱状,以至弯曲逐渐消失。平行褶皱常发育在岩性均一、岩层厚度较大且性质较强硬的岩层中和地壳较浅的部位(图4-14(a))。

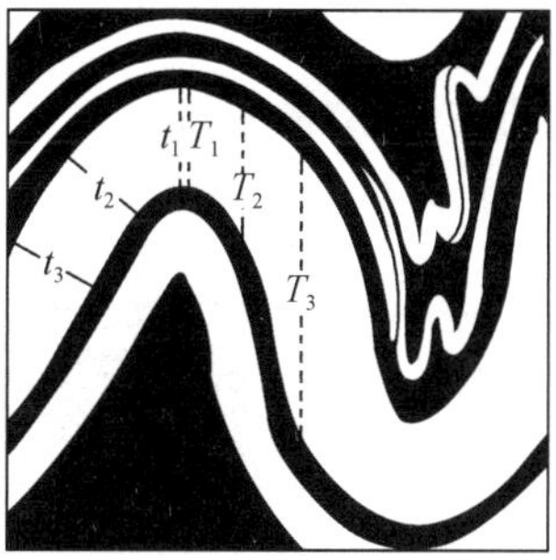

(a) 平行褶皱

(b) 相似褶皱

T_1、T_2、T_3—平行褶皱轴面测量的厚度;t_1、t_2、t_3—垂直岩层测量的厚度。

图4-14 平行褶皱和相似褶皱

(据徐开礼、朱志澄主编的《构造地质学》,1989)

注:图中所示为岩层厚度的变化和平行褶皱中核部的挤塞现象。

2. 相似褶皱

相似褶皱是指褶皱中岩层弯曲的形态相似,即褶皱中各层的曲率基本不变,而且没有共同的曲率中心。在褶皱转折端岩层加厚、两翼变薄。该褶皱中垂直层面测量岩层的厚度各处不等,平行轴面测量的假厚度则大致相等。相似褶皱的形态随深度变化可以保持不变,它多发育在塑性较强的岩层中或出现在地壳较深的部位(图4-14(b))。

3. 按褶皱中各岩层弯曲形态的变化特征划分

(1)协调褶皱

协调褶皱是指褶皱中的各岩层的弯曲形态基本保持一致或呈渐变过渡关系,其间没有明显的不协调现象(图4-15(a))。

(2)不协调褶皱

不协调褶皱是指褶皱中各岩层的弯曲形态特征和规模很不一致或呈现突变现象(图4-15(b))。

不协调褶皱中的一种特殊褶皱类型叫底辟构造(图4-16)。它是由于在褶皱的核部有高塑性物质穿刺到褶皱顶部的上覆岩层中形成的。如地下深处的岩盐、石膏、黏土或煤层等,在重力差异作用下向上流动或在其两翼做水平相向运动中,高塑性物质可随流动集中向上作楔状垂直穿刺。底辟构造一般包括三个组成部分:①高塑性物质组成的底辟核,核内褶皱复杂;②核上构造,即核的上覆岩层多形成外形很不规则的穹窿或短轴背斜并常被断裂所破坏；③核下构造一般较为简单。如果底辟核是由盐类组成的，就称为盐丘。盐丘具有很重要的经济价值，内核是盐类矿床，核部周围以及核部与上覆岩层接触带常富集油、气等矿产。

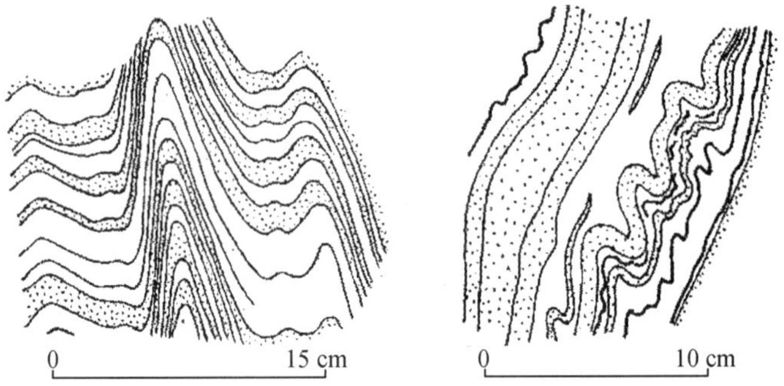

(a) 协调褶皱　　(b) 不协调褶皱

图 4－15　协调褶皱和不协调褶皱

（据 B. E. 霍布斯、W. D. 明斯、P. F. 威廉斯，1976）

4.3.3　褶皱的组合形态类型

1. 褶皱在横剖面上的组合形态

如果从较大范围去观察，褶皱常不是单一存在而是成群出现，并以各种形式相组合。从多个褶皱的横剖面上观察，常见的组合形态如下。

(1)复背斜和复向斜

复背斜是指由多个次级的背斜和向斜组成的大型背斜（图 4－17(a)）；复向斜是指由多个次级的背斜和向斜组成的大型向斜（图 4－17(b)）。图 4－18 是湖北汤池峡一带复背斜的剖面图。该复背斜的核部褶皱是在康家山一带由震旦系和寒武系下、中统组成的，其两侧褶皱构成的地层时代依次变新。

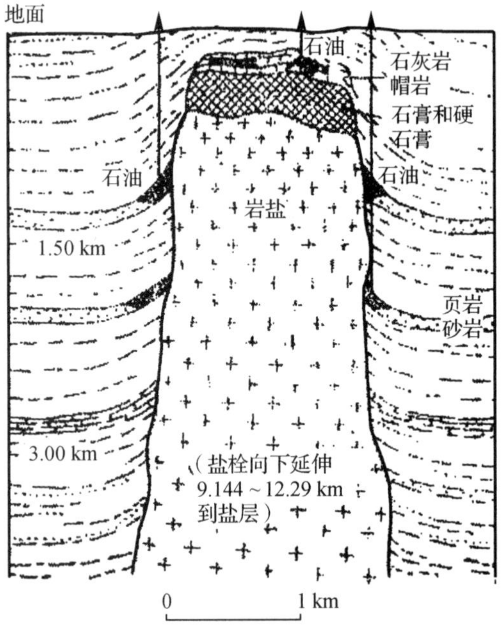

图 4－16　底辟构造（盐丘）

（据朱志澄、宋鸿林主编的《构造地质学》，1990）

(2)隔槽式和隔档式褶皱

在许多近于平行延展的褶皱中，向斜的跨度窄，背斜很开阔的褶皱组合叫隔槽式褶皱（图 4－19(a)）；背斜的跨度很窄，向斜很宽阔的褶皱组合叫隔档式褶皱（图 4－19(b)）。

2. 褶皱在平面上的组合形态

(1)平行状褶皱

平行状褶皱的许多背、向斜相间平行排列，并多是线状褶皱。

(2)分支状褶皱

分支状褶皱的一个主干褶皱沿轴向延伸的一端或两端被分成两个或多个分支（图 4－20）。

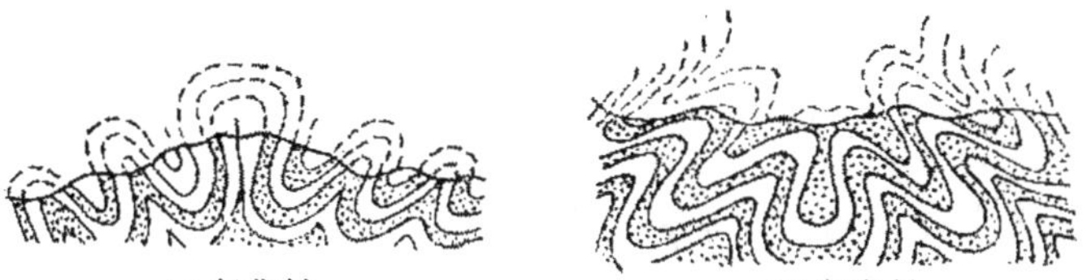

(a) 复背斜　　　(b) 复向斜

图4－17　复背斜、复向斜示意图(据《地质辞典》第一卷,1983)

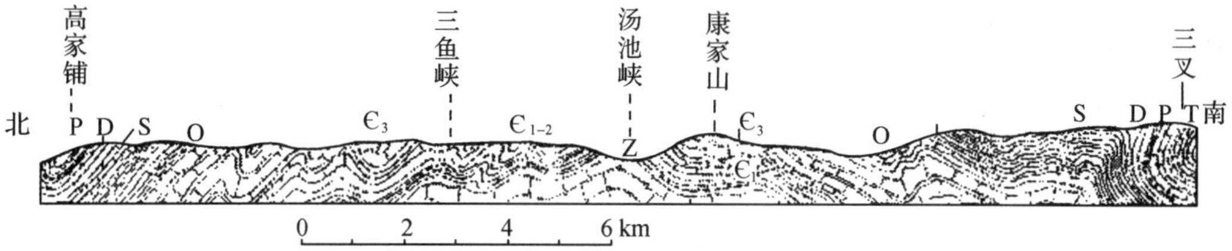

图4－18　湖北汤池峡一带以震旦系和寒武系下、中统构成核部的复背斜剖面图

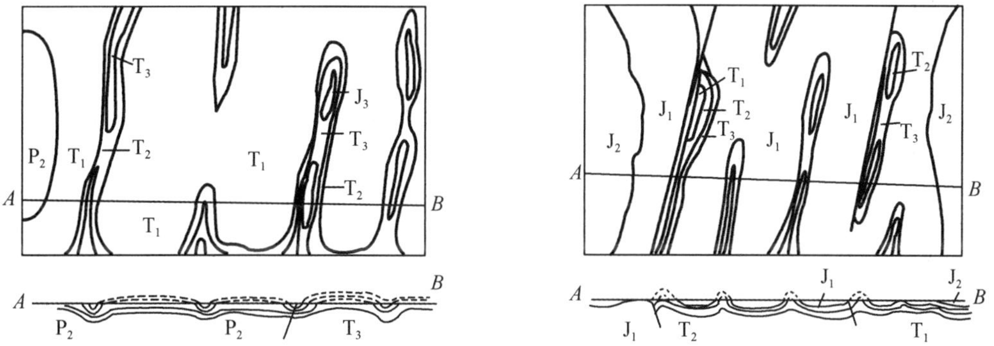

(a) 隔槽式褶皱　　　(b) 隔档式褶皱

P_2—上二叠统;T_{1-3}—下、中、上三叠统;J_{1-3}—下、中、上侏罗统。

图4－19　隔槽式褶皱、隔档式褶皱示意图(据武汉地质学院等四校合编的《构造地质学》,1979)

注:上图为平面图;下图为剖面图。

(3)斜列式褶皱

斜列式褶皱的多个背斜、向斜相间排列,但首尾错列成斜列式,也叫雁行式或边幕式褶皱。多数斜列式褶皱是由短轴褶皱构成的(图4－21)。

(4)弧形褶皱

弧形褶皱沿轴向呈弧形延展,可以是单个褶皱呈弧形弯转,也可以是多个褶皱构成弧形排列(图4－22)。

(5)帚状褶皱

帚状褶皱指相间排列的几个弧形褶皱,在平面上它们的轴线向某一端收拢,向另一端撒开,形如扫帚(图4－23)。

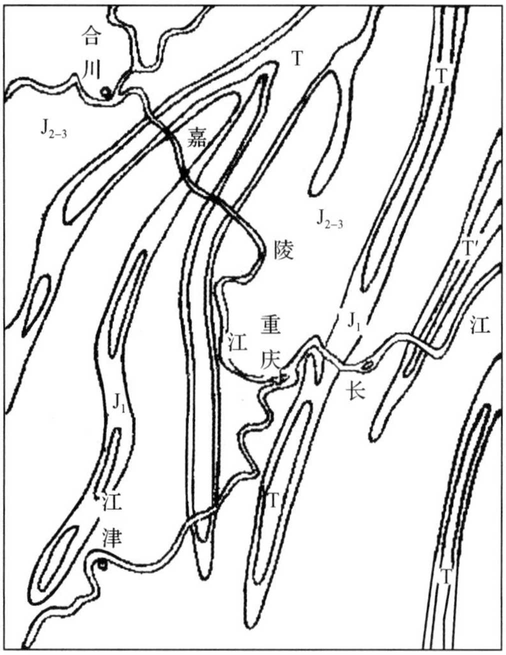

图 4－20　四川东部分支状褶皱的平面图

（据《怎样找地下水》,1975,略改）

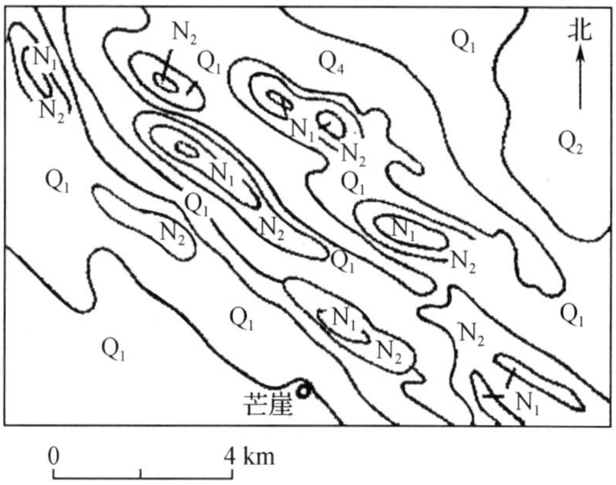

图 4－21　青海芒崖地区斜列式褶皱平面图

（据《中国地质图》(1∶200 万),1969）

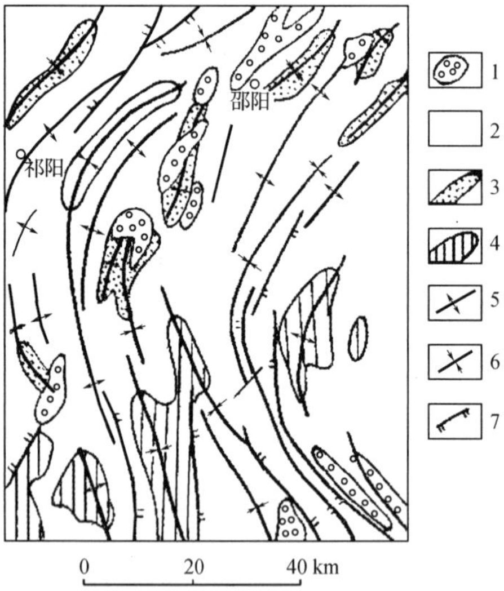

1—中新生代盆地;2—泥盆系;

3—上二叠统含煤向斜;4—前泥盆系;

5—背斜轴;6—向斜轴;7—断层。

图 4－22　湖南祁阳—邵阳弧形构造略图

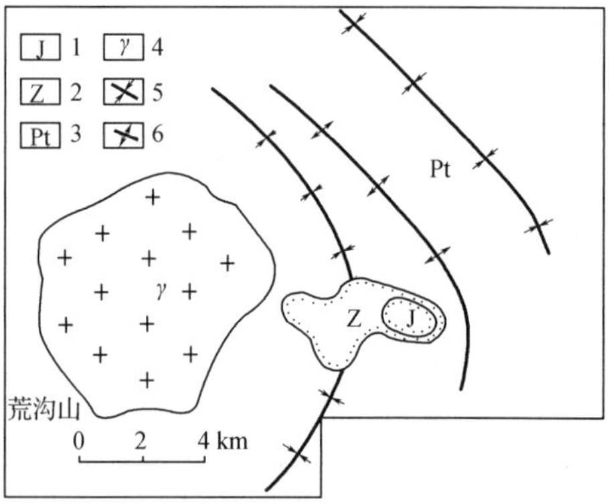

1—侏罗系火山碎屑岩;2—震旦系石英岩、石英砂岩;3—中元古界片岩、千枚岩;

4—花岗岩;5—向斜轴线;6—背斜轴线。

图 4－23　吉林临江荒沟山帚状褶皱平面图

（据彭玉鲸,1976）

4.4 褶皱的形成机制与成因分析

4.4.1 水平挤压应力下的纵弯褶皱作用

水平挤压应力是指地壳运动中产生的平行于大地表面的挤压作用力。岩层在受到顺层的水平挤压作用时,势必在平行挤压方向趋向缩短,并最易出现波状弯曲从而形成褶皱。在顺层挤压作用下形成的褶皱叫纵弯褶皱。

纵弯褶皱的形成是当单一岩层或多层黏结较牢构成一个整体而受到顺层挤压弯曲时,其外凸一侧处于顺层拉伸状态,内凹一侧则处于压缩状态(图4-24),中间存在一个既不受拉伸也不受压缩的无应变的中和面,其位置随着岩层的进一步弯曲逐渐向核部移动。因此,在弯曲的外侧转折端处多产生与岩层正交并呈扇形排列的楔形张节理。在内凹部分,脆性强的岩层多产生斜交层理的剪节理并可发育成小型逆断层;塑性岩层则可形成次级的小型褶皱(图4-25)。

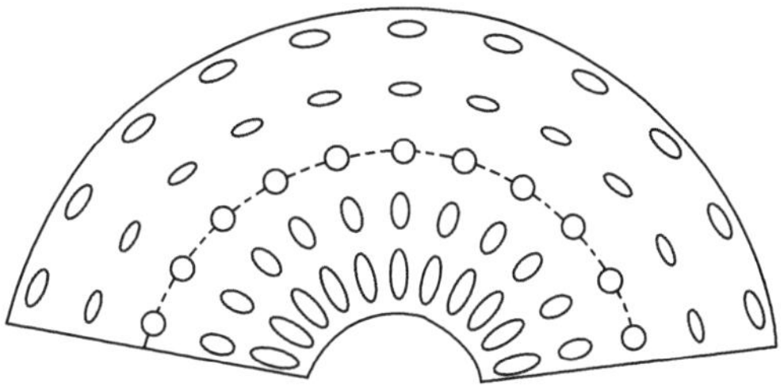

图4-24 纵弯褶皱作用的应变特征

(据B. E. 霍布斯、W. D. 明斯、P. F. 威廉斯,1976)

发生在多层的岩层中的纵弯褶皱作用,其变形方式有两种,一种是弯滑褶皱作用,另一种是弯流褶皱作用。

1. 弯滑褶皱作用

弯滑褶皱作用是在多层的顺层弯曲中,通过相邻层之间沿层面做有规律的相对滑动形成褶皱的过程(图4-26)。在弯滑褶皱中,上部层相对向背斜的转折端滑动,下部层相对向向斜的转折端滑动。如岩性相近而又以强硬性岩层(如石英砂岩、白云岩等)为主,厚度又较大时,多形成平行褶皱,并在层面上产生和褶皱枢纽近于直交的层面擦痕。在弯曲的转折端还可形成鞍状的空间,叫脱顶构造或虚脱现象(图4-27)。如强硬性层间夹有塑性薄层时,可因强硬性层间的剪切错动使塑性的薄层形成歪斜或倒转的层间小褶皱(图4-28)。小褶皱的轴面与相邻主褶皱的层面所夹的锐角指向相邻岩层的滑动方向,斜交的程度反映其层间剪切应变程度的大小。

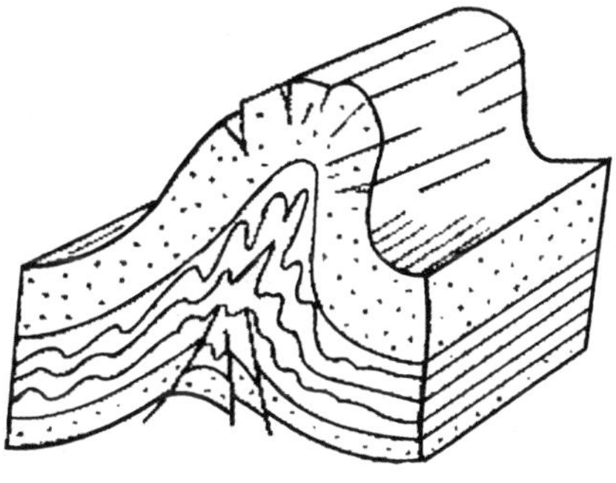

图4-25 纵弯褶皱的次级构造

(据武汉地质学院等四校合编的《构造地质学》,1979)

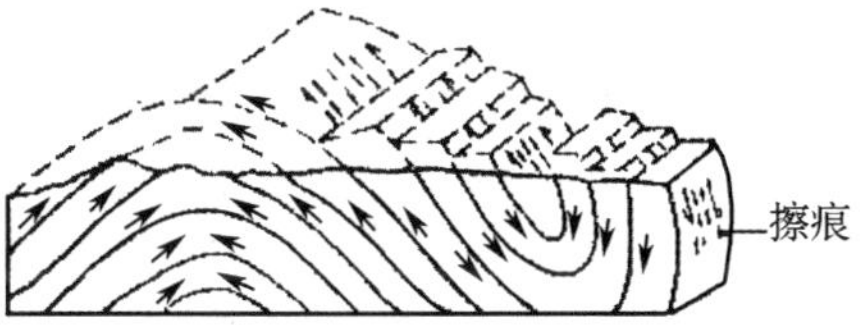

图4-26 弯滑褶皱小层间相对滑动方向及滑动留下的擦痕

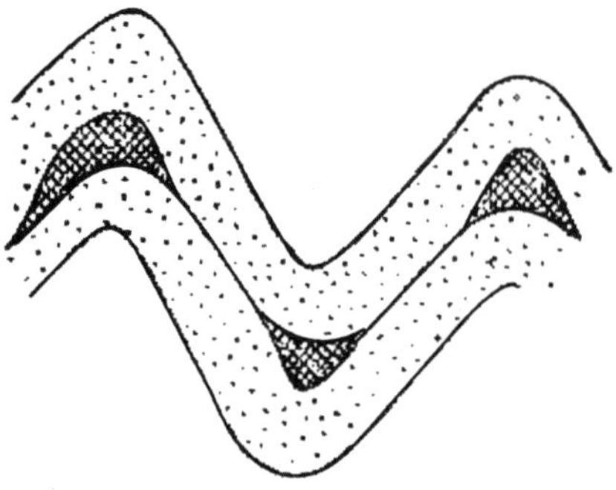

图 4－27　褶皱转折端的虚脱现象

（据徐开礼、朱志澄主编的《构造地质学》，1989）

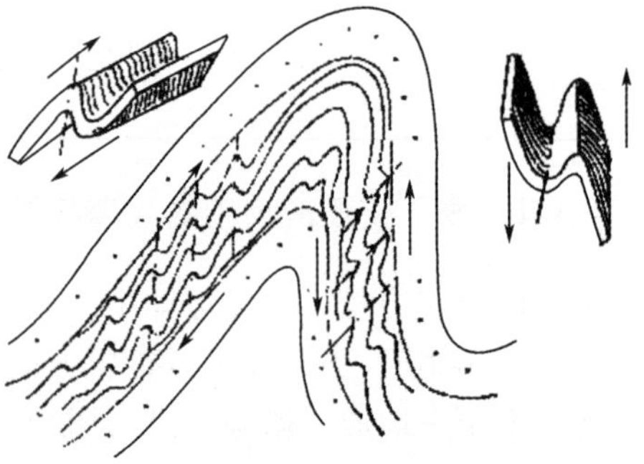

图 4－28　弯滑褶皱中的层间小褶皱

（据武汉地质学院等四校合编的《构造地质学》，1979）

2. 弯流褶皱作用

纵弯褶皱作用使岩层弯曲变形时，不仅发生层间滑动，而且某些岩层的内部还出现物质流动现象。上下层面对褶皱层内物质的流动起着控制作用。弯流褶皱作用是当岩层的弯曲变形发生在塑性岩层为主的情况下时，其变形更多地表现为物质的流动。层内物质流动方向是从两翼流向转折端并导致褶皱转折端加厚，两翼变薄，形成相似褶皱（图 4－29）。原来存在于岩层中的浑圆状砾石、鲕粒、矿物晶体等也都被压扁。在褶皱翼部的脆性岩层经压扁变薄并可能被拉断。

弯流褶皱作用的主要变形特征：

（1）层内物质的流动方向，自受压的翼部流向转折端，致使岩层在转折端部位不同程度地增厚，伴随挤压力与翼部（夹角 α）近垂直，翼部相对减薄，转折端逐渐变厚，从而形成典型的相似褶皱或顶厚褶皱（图 4－30）。

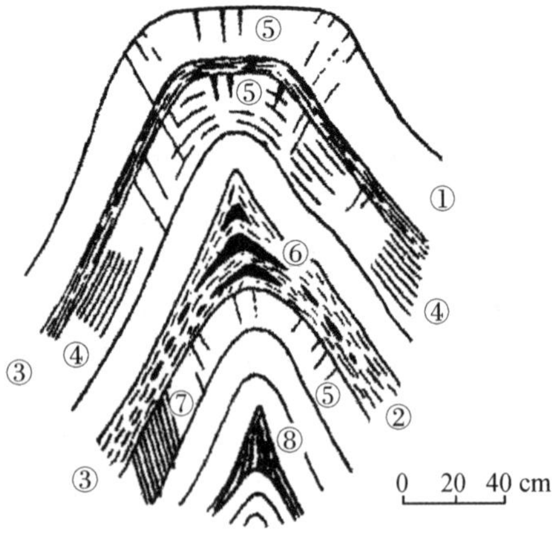

①厚层硅质石灰岩；②炭质板岩夹薄层硅质石灰岩；③顺层流劈理；④顺层剪裂面；⑤张节理；⑥由硅质石灰岩形成的构造透镜体；⑦翼部剪节理；⑧反扇形流劈理。

图 4－29　弯流褶皱的内部构造（河北兴隆）

（据武汉地质学院）

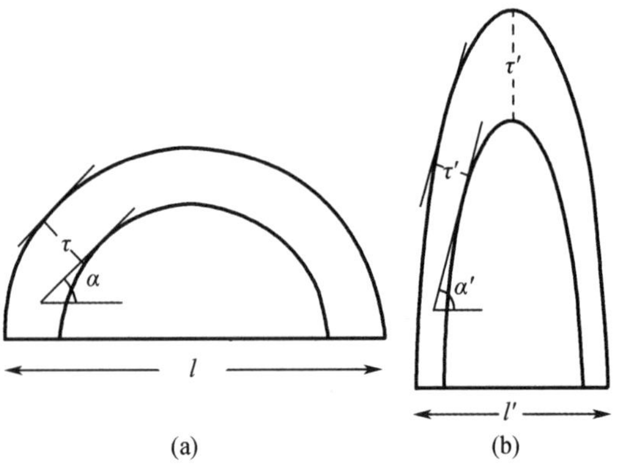

图 4－30　压扁作用对岩层厚度的影响

（引自 E. W. 斯宾塞，1977）

注：（a）厚度为 τ 的岩层被挤压成平行褶皱；（b）岩层的几何形态为压扁作用所改变，弯曲内任何一点倾角都增大（$\alpha \to \alpha'$），岩层的厚度也发生了变化（$\tau \to \tau'$）。

(2)当软岩层与硬岩层互层,受到顺层挤压时,硬岩层难以发生流动,仍形成平行褶皱,而软岩层易于流动,填充了由于层间滑动形成的虚脱空隙,转折端形成顶厚褶皱(图4-31)。

图4-31 不协调褶皱(甘肃省宕昌县官鹅沟地书峡 编者摄)

注:自下而上厚层石灰岩形成圆弧褶皱、薄层石灰岩形成尖棱(顶厚)褶皱、上部箱状褶皱,左北侧同一岩层形成相同形态的不协调向斜。中间背、向斜共用翼。

(3)当硬岩层中央有一大层层理为相对易流动的韧性岩层时,物质的流动并不顺其微层理发生层间差异流动,而是在主褶皱的翼部和转折端形成从属褶皱。这些从属褶皱显示了层内物质向转折端流动的特征(图4-32)。

在高温、高压条件下的褶皱作用,物质的流动条件加强,岩石的塑性增高,其变形会呈现类似黏稠的流体状态,形成的褶皱形态复杂,称为柔流褶皱作用。柔流褶皱不仅形态复杂,产状也无规律,但其规模都很小,如深度变质岩中的长英岩脉形成的肠状褶皱(图4-33)。盐丘核部的褶皱也是典型的柔流褶皱。

图4-32 桂林甲山倒转褶皱及其中的从属褶皱(据兰琪峰等)

注:此为石灰岩倒转褶皱的层间泥灰岩形成的从属褶皱。

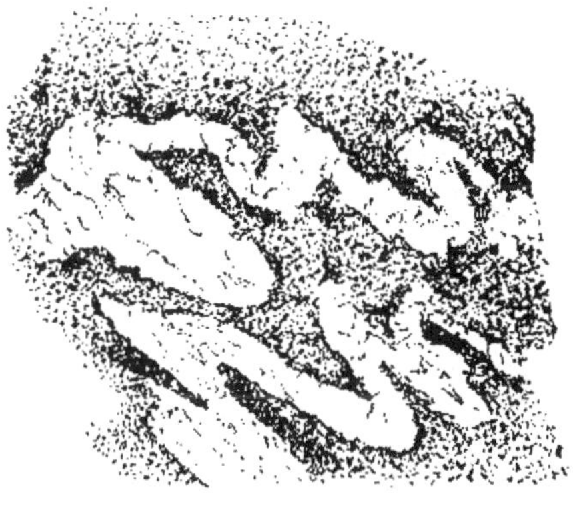

图4-33 柔流褶皱作用形成的长英岩脉的肠状褶皱

(据徐开礼、朱志澄主编的《构造地质学》,1989)

4.4.2 垂直应力顶托的横弯褶皱作用

1. 概念

垂直力作用是指岩层受到与原始处于平覆状态的层理相垂直的外力作用。垂直力作用可以是因地壳的局部升降、基底断块的垂直运动、岩浆侵入的顶拱作用或底辟构造中岩盐等高塑性物质的穿刺等产生的。垂直力作用形成褶皱的作用，称为横弯褶皱作用(图4－34)。

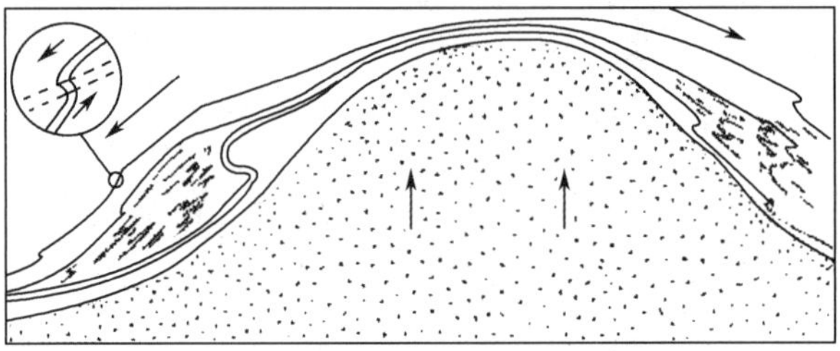

图4－34 横弯褶皱作用形成示意图

注：向上的箭头表示沉积基底的局部隆起；斜向的箭头表示褶皱中物质流动方向；放大的圆圈表示褶皱内部小褶皱的特点。

横弯褶皱多为孤立的背、向斜或穹窿构造。在背斜或穹窿中顶部岩层厚度比翼部小，规模可以很大，并呈翼角很小的平缓褶皱。环绕其顶部发育有同心圆状和放射状断裂。在其中的塑性岩层亦可形成层间小褶皱，其轴面与主褶皱的上、下层间锐夹角指示上层顺倾斜向下滑动，下层逆倾斜向上滑动。有的横弯褶皱是在岩层的沉积过程中边沉积边伴随基底的局部上升或下降而形成的，这样的褶皱称为同沉积褶皱。背、向斜都表现为水下的隆起和凹陷，背斜的顶部岩层厚度薄，或缺失层位，向斜的槽部厚度大。横弯褶皱远较纵弯褶皱出现的概率小。

2. 横弯褶皱特点

(1)横弯褶皱作用下的岩层整体处于拉伸状态，无中和面。

(2)横弯褶皱作用使物质从顶部流向翼部。

(3)横弯褶皱作用形成顶薄褶皱和底辟构造。

4.4.3 剪切力偶的剪切褶皱和雁列构造

1. 剪切褶皱作用

剪切褶皱作用又称滑褶皱作用，这种作用是岩层沿着一系列与层面不平行的密集劈理面发生差异滑动而形成，使岩层显现出弯曲的外貌，并具有相似褶皱的特征(图4－35)。原始层面在这种褶皱作用中已不起控制作用，只是反映滑动结果的标志，故这种褶皱作用又称为被动褶皱作用。剪切褶皱多产生在变质岩石中，或在强烈变形条件下，在先期褶皱的基础上产生。

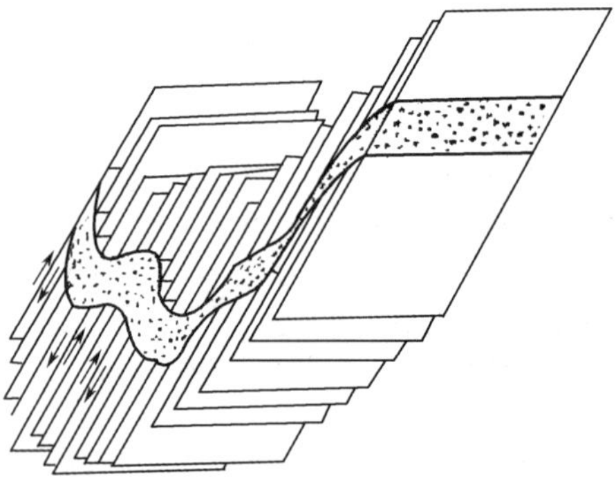

图4－35 剪切褶皱形成示意图

(据朱志澄、宋鸿林主编的《构造地质学》，1990)

2. 剪切褶皱作用的变形特点

(1)在横剖面上平行轴面(也是滑动面)方向所量得的褶皱不同部位层的“厚度”基本相等,故剪切褶皱的典型形式是相似褶皱。

(2)剪切褶皱作用所形成的褶皱并非岩层面真正发生了弯曲变形,而是层面沿密集的平行劈理或片理面发生差异滑动而显现出弯曲的外貌。

4.4.4 影响褶皱形成的主要因素

褶皱的形态、规模和分布特点不仅与褶皱作用力的方式有密切关系,而且要受许多因素的影响。这些因素主要有层理的发育情况和岩层的厚度,以及岩石力学性质、动力作用的方向和性质、埋藏深度和基底构造等。下面简要地介绍这些因素对褶皱形成的影响。

1. 层理在褶皱形成中的作用

层理或成层构造使岩石具不均一性,致使岩层受力发生变形时,可以通过层间滑动或层内物质塑性流动而弯曲成褶皱。图 4 – 36 是用蜡和黏土做的实验模型,其中图(a)表示一个下部由三层蜡,上部由一厚块黏土组成的试件。在侧向挤压下,蜡层显示出褶皱,而黏土块只被压缩变厚,仅在块体表面出现一些皱纹,本身却未表现出褶皱;如将黏土块分为若干分层,层间铺上易于滑动的蜡纸,再施以侧向压力,则黏土层及其下面的三层蜡就会一起形成规则的褶皱(图 4 – 36(b))。由此可见,结构均一的块状岩体(如侵入岩体)受力变形时,岩体被压缩,可能在与主压应力垂直的方向上发育有劈理或片理的挤压带或其他方向的断裂,而不形成褶皱。因此,层理或成层构造是岩石产生褶皱的一个必要条件。

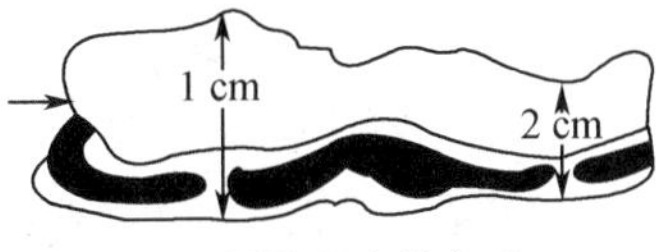

(a)厚块黏土的变形

(b)黏土层变形形成褶皱

图 4 – 36 蜡和黏土在侧向挤压下的变形(据 B. B. 别洛乌索夫,1958)

2. 岩层的厚度和力学性质对褶皱形成的影响

岩层的厚薄对褶皱的形态和大小也有显著影响。例如,当向岩性相似而厚度不同的岩层施加同样的水平挤压力时,厚岩层往往形成曲率小、波长大的平缓开阔褶皱,而薄岩层则形成曲率大、波长小的紧闭褶皱。

从图 4 – 37 中伊朗油田剖面图所示的褶皱形态可以看出阿斯斯统和垩老岩石等应属强岩层,而下法尔斯统第一阶则为弱岩层。

3. 岩层的岩石力学性质对褶皱形成的影响

岩层的岩石力学性质,主要是指岩石的脆性和塑性对褶皱形成的影响。岩石的脆性表现为岩石具有较大的强硬性质,塑性表现为弱性层的性质。如图 4 – 38 所示,砂岩和页岩的两组岩层一起形成褶皱,砂岩层形成厚度不变的平行褶皱,页岩层则形成转折端加厚的相似褶皱,即前者的弯曲变形以弯滑褶皱作用为主,后者则出现有弯流褶皱作用。实验还证明,在强硬性层和弱性层相间成层时,前者对褶皱的形态起着控制作用。一般情况下,砂、页互层时,砂岩可表现为强硬性层;硅质灰岩或白云岩和灰岩互层时,前两者可表现为强硬性层;

但灰岩和泥灰岩或页岩互层时，前者可表现为强硬性层。

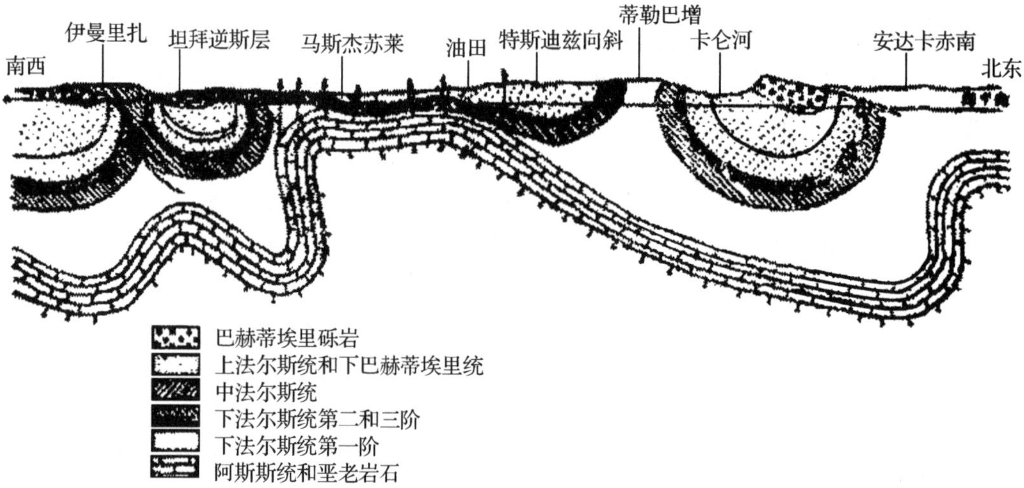

图 4－37　伊朗油田剖面图（据 G. M. Iees，转引自 E. S. Hills）

岩层的弯曲变形还可以因重力作用、差异压实作用等非构造运动产生，但它们多局限在地表，也叫表生构造。其特点是岩石的变形多是在常温、常压下发生的，波及的范围和变形的规模都较小（图 4－39）。

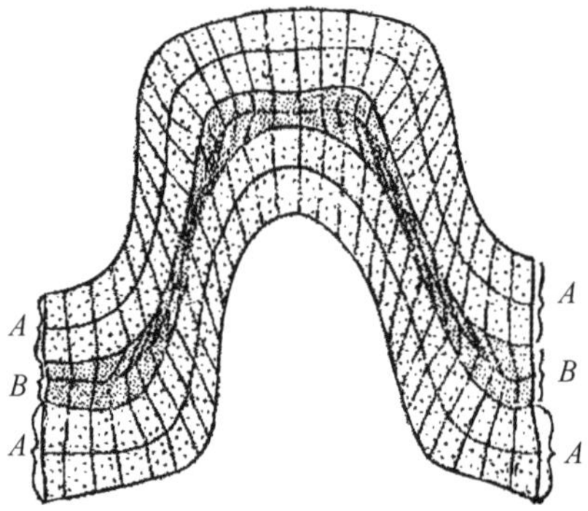

图 4－38　两种不同性质成互层的物质的褶皱实验

（据 B. E. 霍布斯等，1976）

注：*A* 层由 NaCl 和云母等组成；*B* 层由 KCl 和云母组成。*A* 层的物质强度级为 *B* 层的 10 倍，图中的方格原为正方形。

图 4－39　某铁矿开采场因重力作用形成的膝状弯褶并构成向形

（据蓝淇锋等编绘的《野外地质素描》，1979）

在野外实践中，注意区分构造运动成因的褶皱和非构造运动成因的褶皱。因为前者可以反映该地区区域构造特征，后者是局部的现象并和区域性构造在空间组合关系上不相协调。

4. 岩层埋藏深度及应变速率对褶皱形成的影响

地壳中不同深度的岩层，由于所受的围压和温度不同而具有不同的力学性质。岩石的脆性或强硬性和塑性或弱性是相对的，并可在一定条件下相互转化。因而处于地壳不同深度的岩层发生褶皱时，褶皱作用机制和褶皱形态各有其特点。如在地表条件下，表现为强性层，在地下深处的高温、高压条件下，可表现为弱性层的特征。

一般来说，在地表附近的常温、常压下，岩石表现为脆性，以断裂变形为主，难以形成褶皱；在地表以下随着温度、围压的增大，处于围压、温度都很高的条件下，各类岩石都可转化为塑性较高的弱性层。岩石的韧性也随之增高，在较浅处，岩石可能表现为弹性性状，层理所显示的物质不均一性明显，岩层褶皱以弯滑褶皱作用为主，常形成平行褶皱；越向深处，岩石的韧性越高，其性状逐渐接近理想的黏弹性体，不均一性逐渐消失，褶皱作用也逐渐以弯流褶皱作用和剪切褶皱作用为主，进而变为柔流褶皱作用为主。

变形作用力和应变速率的大小，对岩石的力学性状也有较大的影响。如果作用力大，应变速率很大，岩石并不表现为黏性，而表现为弹性，这时即使在地下一定深处，岩层也会呈弹性弯曲或断裂；在缓慢变形中，即使在近地表条件下，岩石也可像黏度值为 $10^{16} \sim 10^{21}$ Pa·s 的黏性材料（10^{16} Pa·s 相当于岩盐的黏度量级）一样，这时虽然压应力很小，但持续时间很长，岩层也会发生蠕变而形成褶皱，甚至使韧性低的岩层发生强烈褶皱。

5. 基底构造对盖层褶皱的影响

基底或深层构造特别是基底断裂构造对盖层或浅层的褶皱形态和组合分布具有较大的影响。例如，有些雁行褶皱就是由基底中的平移断层（走向滑动断层）的水平剪切作用所引起的盖层褶皱（图 4－40）。

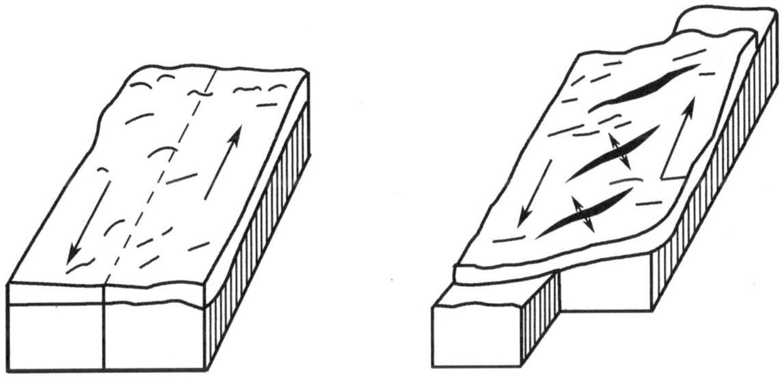

(a) 变形前　　(b) 变形后

图 4－40　雁行褶皱与基底断裂的关系（模拟实验）

（1）水平力偶作用

水平力偶作用是指在一地区的两侧出现一对水平方向的力偶或剪切作用，或是覆盖在古老变质岩系基底上的盖层，在基底断块发生水平错动时，沿错动带使上覆的盖层受到水平的力偶作用。一定范围内的水平力偶作用在平面上可分解出与水平力偶方向斜交的水平挤压力和与水平挤压力相垂直的拉伸力。水平的挤压力可使盖层产生褶皱。这些褶皱多呈斜列式排列，在形态上多是短轴的背、向斜。

（2）基底断裂对盖层褶皱的形态和组合形式的控制关系

张文佑等根据野外观察和模拟实验研究，论述了不同组合形式和不同运动方式的基底断裂对盖层褶皱的形态和组合形式的控制关系。钟大赉等还讨论了深层隆起、深层褶皱、深层断裂、深层不同岩性界面和深层波状古剥蚀面对浅层（盖层）褶皱的形态和组合形式的控制关系（图 4－41）。如基底隆起其上的盖层形成大型穹窿（图 4－41（a）），四川威远穹窿就是一例。深层（基底）断裂常使浅层（盖层）形成不对称褶皱（图 4－41（b）），其陡翼通常反映深层断裂的部位,褶皱轴面和深层断裂倾向一致。在两基底断裂之间的断块部位常形成箱状褶皱(图4-41(c))。如深层是波状起伏的"硬化"基底,当侧向挤压时,波状不整合面成为滑动面,则可能在深层的正向地形上面出现向斜构造,负向地形上面出现背斜构造(图4-41(d))。

图4-41　基底(深层)构造控制盖层(浅层)构造示意图(据张文佑,1984)

注:(a)深层(基底)隆起控制浅层背斜,浅层挠曲正位于深层断裂部位;(b)深层断裂使浅层形成不对称褶皱;(c)深层断块构造控制浅层箱状褶皱(注意背斜上发育正断层,向斜中沿断裂有强烈柔褶变形);(d)基底波状面控制浅层构造(注意在侧向挤压下,沿背形基底出现一系列滑动面)。

4.4.5　褶皱形态的描述和观测

褶皱是基本的构造成分,通常指背斜、向斜、穹窿、盆地等构造形态。随着科学技术的发展,许多学者从不同要素出发对褶皱进行了多种分类,F. J. 特纳和 L. B. 韦斯(1963)按样式划分的十类褶皱,概括起来就是依据以下特点进行的:

(1)褶皱层的平行性或相似性。

(2)褶皱层的不连续性及不协调性。

(3)褶皱的紧闭性和翼间夹角大小。

(4)褶皱的对称性。

(5)成双的共轭褶皱等特征。

为便于选择应用,现将褶皱的主要分类名称汇总于表4-1,以供参考。

表4-1　褶皱主要分类名称汇总表

分类依据	分类名称
几何形态	圆柱状褶皱、非圆柱状褶皱
横剖面形态	直立褶皱、斜歪褶皱、倒转褶皱、平卧褶皱、翻卷褶皱
对称性	对称褶皱、不对称褶皱
翼间角大小	平缓褶皱、开阔褶皱、闭合褶皱、紧闭褶皱、等斜褶皱
褶皱面弯曲形态	圆弧褶皱、尖棱褶皱、箱状褶皱、扇状褶皱、挠曲
各层弯曲形态的变化规律	协调褶皱、不协调褶皱
地面出露形态	穹窿、构造盆地、短轴褶皱、线状褶皱
轴面和枢纽产状	直立水平褶皱、直立倾伏褶皱、倾竖褶皱、斜歪水平褶皱、平卧褶皱、斜歪倾伏褶皱、斜歪褶皱
褶皱面曲率变化特征	Ⅰ类(ⅠA型、ⅠB型、ⅠC型)、Ⅱ类、Ⅲ类(即J. G. Ramsay(1967)的褶皱几何分类)
组合形式	复背斜、复向斜、隔档式、隔槽式、雁行(斜列式)褶皱
形成机制	纵弯褶皱、横弯褶皱、剪切褶皱、柔流褶皱、弯曲褶皱(弯曲滑动褶皱、弯曲流动褶皱)、被动褶皱(被动滑动褶皱、被动流动褶皱、准弯曲褶皱)

为深入认识褶皱构造的特点，在区调工作中不仅要多次反复地认真细致判读地质图，即做通常所说的“看图识字”工作，而且必须在野外填图过程中收集褶皱要素的基本素材，如褶皱轴、转折端、倾伏角、高点等。必要时须测制有代表性的构造剖面，并应用赤平投影方法解析基本的构造要素。

应调查了解不同方向、不同形态、不同构造样式褶皱区或褶皱带在形成条件、形成时代和形成机制方面的差别及其相互关系，它们对于揭示不同地区地质历史的区别，可能具有重要的意义和作用。不同褶皱区、带地势地貌上的差异可能是某些新的构造运动的迹象，在实用性方面具有不同的作用。

在野外地质工作过程中，褶皱的观测首先是几何学的观测，目的在于查明褶皱的空间形态、展布方向、内部结构及各个要素之间的相互关系，建立褶皱的构造样式，进而推断其形成环境和可能的形成机制。

4.5 褶皱构造的观察和研究

褶皱构造研究的基本任务是通过野外观察和填图，结合各种地质勘探(如物探、钻探和山地工程等)手段和航空相片、卫星相片的图像解译等所取得的地质资料的综合研究，查明褶皱的形态、产状和组合分布特点，探讨褶皱形成机制的形成时代，为研究区域地质构造特征、褶皱与矿产及水文、工程地质等关系提供这方面的基础资料。

本节简要讲述观察研究褶皱的主要内容和方法。

4.5.1 确定褶皱的存在和褶皱形态的研究

1. 了解区域的总的构造轮廓

(1)确定区域的总的构造格架

通过对有关的小比例尺地质图及卫星图片、航空图片的分析研究，了解全区的主要构造轮廓及主要构造线的方向。

遥感图像对褶皱构造的解译与地面研究方法不同，是充分利用遥感图像去识别褶皱构造的整体轮廓，然后再进行褶皱要素的解译和量测，从而证实褶皱的类型、规模、特征。

因此，在着手研究一个地区褶皱构造时，首先应通过收集包括研究区在内的小比例尺地质图及航空图片、卫星图片的解译分析，较大型的褶皱占据的范围也大，需要通过分析已有的地质图、航空图片、卫星图片，再对实地地质剖面图、平面图的测绘作综合分析才能较全面地判定。如在观察区内有出露较好的倾斜岩层，在判别清楚地层层序和产状的基础上，且横穿岩层走向发现有某一岩层构成核部，有比它更新或更老的岩层在两侧呈对称分布时，就可以初步地确定有褶皱的存在。

(2)在野外露头上直接观测

在野外一切有天然和人工露头的地方直接观察它们的形态，并测定褶皱的产状和各种要素。

对于规模较小出露完整的褶皱，有时可以从露头直接量得该褶皱的轴面和枢纽，但对于那些规模较大而出露又不完整的褶皱，或褶皱的一部分被土壤覆盖时，往往需要系统地测量岩层的产状，并用计算或极射赤平投影的方法较准确地确定轴面和枢纽的产状。

在野外露头上，还要进行记录、描述、野外素描和照相等，从而尽可能全面地搜集宝贵的第一手资料。

2. 确定地层层序和追索标志层

空间上地层的对称或重复是确定褶皱的基本方法。多数情况下,在一定区域内应选择和确定标志层,并对其进行追索,以确定剖面上是否存在转折端,平面上是否存在倾伏端或扬起端。

(1)在大量研究区域地层层序及地层发育、分布的基础上,要确定标志层。

(2)根据地层的新老关系和对称重复特征以及标志层在区域上的展布规律,可确定褶皱或褶皱的基本形态及类型。

地层单位对称重复出现,说明变形后岩层的连续性,为褶皱地层在平面上的重要表现;两翼岩层产状的变化可以反映岩层变形后的空间形态,分别说明褶皱属于正常、斜歪、倒转、同斜等类型;岩层走向上转折成封闭状,反映出褶皱枢纽的长短及倾斜伏、侧伏性质,说明褶皱为穹窿,盆地,长轴、短轴背向斜等不同的平面形态类型。系统对比剖面中各层的岩性特征,以根据地层的时代关系或岩性的有规律对称重复出现来确定背斜和向斜的存在。图4-42所示为按一定的地质观察路线对一褶皱地区进行观测的示意图。

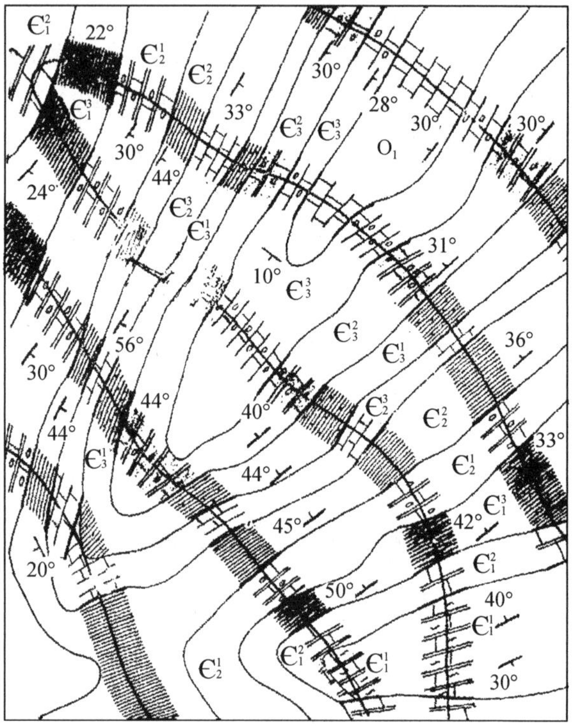

ϵ_1^1、ϵ_1^2、ϵ_1^3—下寒武统的下、中、上部;

ϵ_2^1、ϵ_2^2、ϵ_2^3—中寒武统的下、中、上部;

ϵ_3^1、ϵ_3^2、ϵ_3^3—上寒武统的下、中、上部;

O_1—下奥陶统。

图4-42 按一定的地质观察路线对一褶皱地区进行观测的示意图

褶皱位态需要轴面和枢纽两个要素确定,实际工作中,露头上可见的褶皱全部暴露时,可以用罗盘直接度量其枢纽的倾伏向、倾角和轴面的倾向、倾角。若枢纽和轴面为曲线(面),必须测量若干代表性区段的产状来说明二者的变化,才能得到总体的认识。

当褶皱没有完全剥离时,只要能测出褶轴(或枢纽)、轴迹、轴面三个要素中任何两个要素,就可用赤平投影方法求导另一个。

3. 观测褶皱的几何形态

(1)测定褶皱轴面和枢纽的产状。在根据岩层层序、新老展布关系确定背、向斜的位置之后,还应系统测量岩层产状和褶皱要素如轴面、枢纽的产状等。有关轴面、枢纽产状的确定,对于规模较小、出露完整的褶皱有时可以从露头上直接量出该褶皱的轴面和枢纽产状。但对于规模较大、出露不完整的褶皱,往往需要系统地测量其褶皱面的产状,在测得两翼产状的基础上,用作图方法、计算方法或赤平投影方法才能较精确地求出轴面和枢纽产状(参看本书附录Ⅰ的有关部分)。

(2)根据同一剖面上不同层位及不同高度的岩层倾角的变化,结合同一岩层厚度在褶皱不同部位的变化,分析褶皱各层的几何关系,判断是平行褶皱、相似褶皱还是顶薄褶皱。

(3)转折端处的岩层产状在研究褶皱形态方面有重要意义。无论褶皱两翼岩层层序是正常还是倒转,在转折端处的岩层层序一般都是正常的,据此可以帮助确定岩层正常层序。但对平卧褶皱、翻卷褶皱和叠加褶皱则是例外。

(4)观察褶皱的出露形态和平面图像。褶皱的出露形态不仅与褶皱本身形态、产状和规模大小有关,而且还受到地面切割的影响。由于风化侵蚀,地面这个天然切面起伏不平,可以从任意方向切割褶皱,如图4-43所示,虽是一个简单的圆柱状褶皱,但在不同方向的切面上所出露的形态各不相同,地面可以是其中任一个面,因此褶皱在地面上的出露形态只是褶皱在这个方向的地面出露效应,是褶皱不完整的、甚至被歪曲了的形象。因此,必须通过详细观测,对褶皱在不同位置、不同方向的出露形态进行综合分析,并结合赤平投影的解析和几何作图揭示褶皱的真实形态和产状。

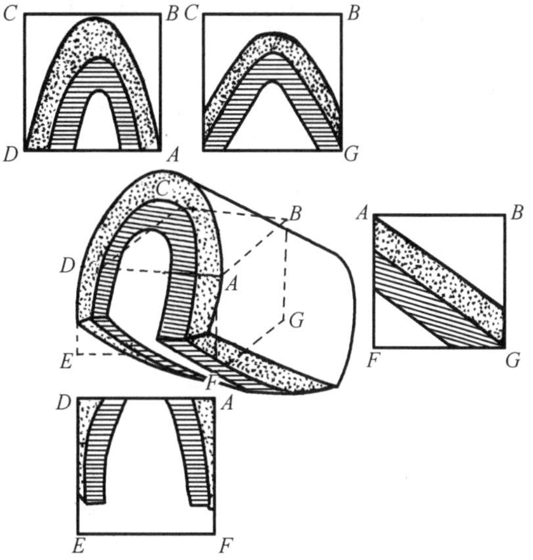

图4-43 褶皱在不同方位的切面上出露形态示意图

(5)绘制褶皱剖面图及褶皱横截面图。褶皱是一个复杂的立体形态地质体。对褶皱形态的研究,除通过野外填绘的地质图来表示外,往往还要用剖面图来表示。一般总是绘制褶皱横剖面图(即铅直剖面)。横剖面图可以是实测的,在野外工作中,如果褶皱露头良好,且断面相当于正交剖面,全部工作可以直接在露头上进行。用粉笔把岩层界线绘准确,利用罗盘作切线,对选定的 α 角通过沿轴面移动,并对准岩层界线的方法找到相应的位置。然后根据一定间隔测量 t_a 和 T_a,分别编制厚度变化曲线图,并与标准曲线进行比较,即可确定褶皱的类型或样式。也可以在地质图上用作图法绘制(作图方法参见附录Ⅱ中的实习八)。

对褶皱横剖面形态描述,主要是运用枢纽、轴面、转折端剖面形态、翼间角、轴面和包络面关系以及波长和波幅等褶皱要素、参数进行描述。综合考虑才可以得出对褶皱面在剖面上整体形态的客观认识。

此外,还应认真研究褶皱的纵剖面,了解其纵向变化规律,结合地质图(平面图)、横剖面和纵剖面进行综合研究,就能了解褶皱在三维空间的整体形态及在不同区段内形态的变化特征和变化规律,并可绘制立体图解来表示。

4.5.2 研究褶皱形态的纵深变化

由于形成褶皱的岩石力学性质、厚度和变形条件的差异以及褶皱的形态、规模不同,褶皱在地表的形态和深部的形态是有变化的。研究褶皱形态的纵深变化对矿产普查勘探工作是很重要的。进行这方面工作,可从以下几方面着手。

（1）从横切褶皱的峡谷深沟的陡崖上，有时可直接观察到褶皱向深部的形态变化和变化趋势。或者在地面不同高程上对同一褶皱进行观察并作横剖面，但应用这种方法要注意不同高程的剖面水平位置不能相距太远，否则会将褶皱纵向上的变化误当成深部变化。

（2）从褶皱的地表形态特征推断它向地下延伸的变化。如根据地面出露特征分析为顶薄褶皱，则可推断其两翼岩层向深部很可能变厚变陡；如地表观察为平行褶皱，则褶皱曲率向深部将逐渐变大或变小，整个褶皱不可能延伸很深；如为相似褶皱，且整套岩性也较一致，则褶皱形态可能延伸到一定深度还基本不变。当褶皱岩系中有软弱岩层时，则在软弱岩层上、下的褶皱形态可能变化很大，形成不协调褶皱。

（3）利用物探和钻探方法所取得的资料确定褶皱深部形态的特点和变化是比较有效的方法。如图4－44所示为四川东部卧龙河构造的一个地震剖面，显示了背斜向深处的变化是至二叠系（约3 000～5 000 m深）背斜变得强烈紧闭，并发育大量逆断层，自志留系（5 000 m以下）往下，岩层倾角再度变缓，到7 000 m深处，褶皱已趋消失，断层也消失。但是，在使用这种方法所得的资料时，必须结合地面地质构造的详细观察和研究，才能得出符合客观实际的结论。离开了对区域地质特点的认识，单纯靠物探或钻探资料也难以得出正确的结论。

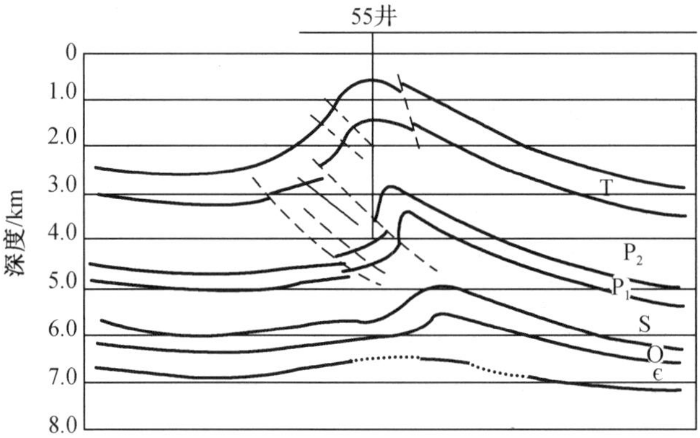

图4－44　四川卧龙河构造的地震勘探剖面

（据四川石油管理局资料简化）

4.5.3　研究褶皱内部小构造

岩层在褶皱变形过程中，相应伴生或派生许多次级小构造，诸如小褶皱、节理与断层、层间滑动擦痕与破碎带、劈理与线理等，它们都有规律地发育于主褶皱的一定部位，与主褶皱有一定几何关系。因此，在化石缺乏的地区，要注意利用岩石各种原生构造（详见第2章）或伴生小构造（如层间小褶皱、劈理等）来查明岩层的产状（是正常还是倒转）和岩层相对顺序，然后根据地层对称重复的分布关系，确定背斜和向斜的所在。通过对褶皱内部小构造的观测，分析它们所反映的岩石物质的运动特征和应力－应变分布情况，并结合褶皱的形态产状，组成褶皱的岩层力学性质和岩层厚度变化等，有助于探讨褶皱成因机制和变形过程。借助从属构造阐明区域大褶皱的几何特征，分析褶皱形成机制及发育过程，是野外地质工作中常采用的手段之一。

1. 层面擦痕

层面擦痕多在弯滑褶皱中出现（图4－45），其在岩层面上的产状特征是，当褶皱的枢纽近于水平时，层面擦痕和层面的倾斜线近于平行，在枢纽倾伏的部位，层面擦痕和层面的倾斜线间有一夹角。利用这一点可以判断枢纽是水平的还是倾伏的。层面擦痕与层面倾斜线间的夹角大致和枢纽的倾伏角相等。

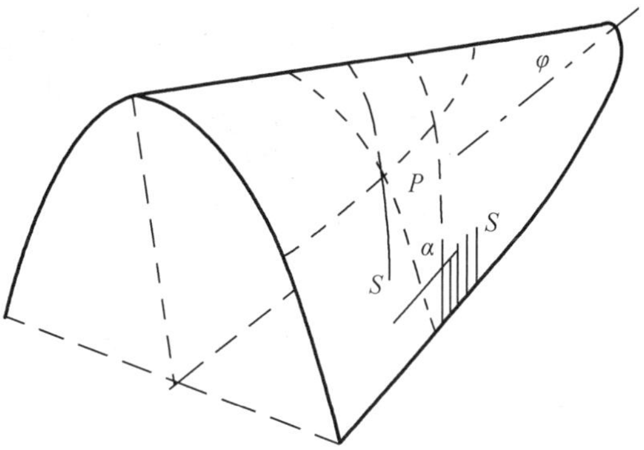

S—层面擦痕；P—层面的倾斜线；

α—擦痕和倾斜线间的夹角；φ—枢纽的倾伏角。

图 4－45 层面擦痕和褶皱枢纽间的关系

（据 G. 威尔逊、J. W. 科斯格洛夫，1982）

2. 层间小褶皱

层间小褶皱也叫层间牵引褶皱，其形成和特征如图 4－46 所示。如在倾斜岩层中观察到有层间小褶皱，并已确认该倾斜岩层是褶皱的一翼时，利用层间小褶皱轴面和层理间锐夹角的指向判断其上、下岩层错动方向，则有可能确定该倾斜层处于正常或倒转层序。观察层间小褶皱在平面和剖面上的出露情况还有可能判定主褶皱枢纽的产状。枢纽水平时，小褶皱只在剖面上得到反映（图 4－47（a））；枢纽倾竖时，小褶皱只在平面上有反映（图 4－47（b））；枢纽倾伏时，小褶皱在平、剖面上都有反映（图 4－47（c）、图 4－48）。但应注意，当遇到平卧或更为复杂的褶皱时，应用层间小褶皱判定层序会出现困难。在平卧褶皱中，如图 4－49（a）所示层间小褶皱，只能确定岩层的相对错动方向，不能确定层序和背、向斜的位置。在更为复杂的褶皱中，仅根据层间小褶皱判定背、向斜的位置，可能会出现错误（图 4－49（b））。这时需要借助其他的原生构造，如递变粒级层理等综合考虑确定层序和背、向斜的位置。与褶皱有关的其他小型构造的观察将在以后的章节中介绍。

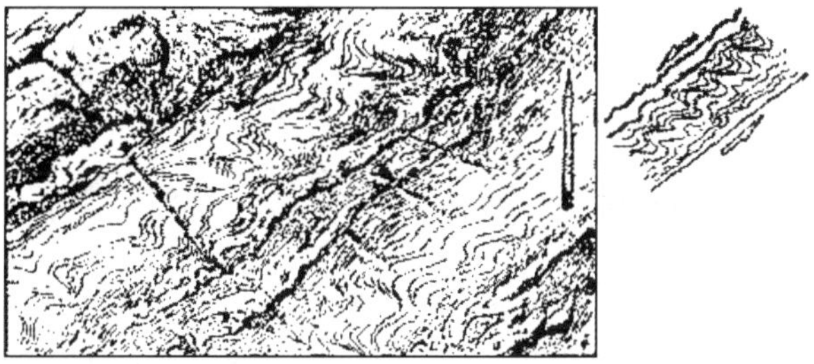

图 4－46 震旦纪硅质灰岩中发育的层间小褶皱素描图

（据蓝淇锋等编绘的《野外地质素描》，1975）

注：据层间小褶皱的轴面和层理的锐夹角的指向，判定该岩层处于倒转产状。

从属褶皱在主褶皱的不同部位有不同的特点。位于主褶皱翼部的从属褶皱常为不对称褶皱，如层间小褶皱，这种小褶皱与主褶皱层面或小褶皱的包络面倾向一致的一翼长而薄，另一翼则短而厚。利用层间小褶皱轴面与主褶皱层面所夹锐角指示了相邻岩层差异运动方向，从而确定岩层相对层序及背斜、向斜位置（图 4－50、图 4－51）。从属褶皱的枢纽常与主褶皱枢纽平行，共同反映了变形时的中间应变轴（λ_2）的方位。而小褶皱轴面在主褶皱两翼略成扇形或反扇形对称分布，越接近主褶皱核部，其轴面与主褶皱轴面越近于平行。

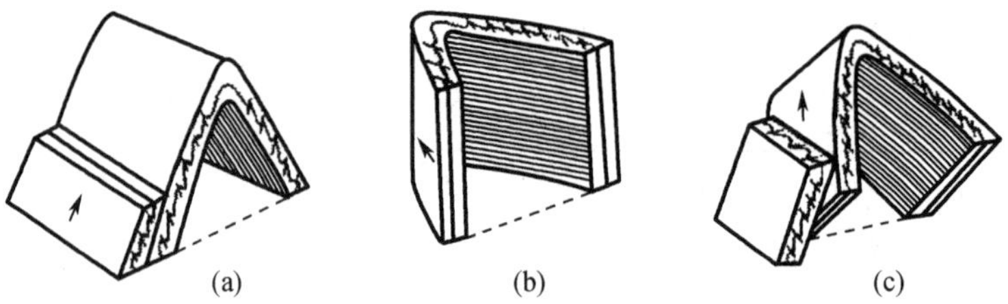

图 4－47　主褶皱枢纽的产状不同，层间小褶皱的出露情况不同

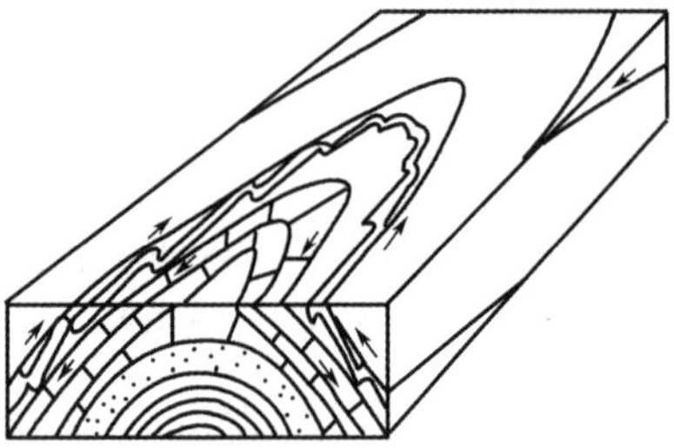

图 4－48　倾伏背斜中层间小褶皱在平、剖面上的出露情况（据 K. O. 科拉特恰，1957）

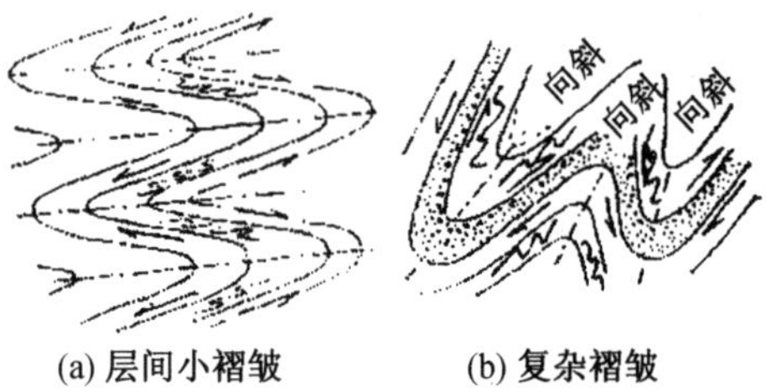

图 4－49　平卧褶皱中的层间小褶皱和复杂褶皱要结合其他原生构造来确定层序和背、向斜位置
（据 G. 威尔逊、J. W. 科斯格洛夫，1982）

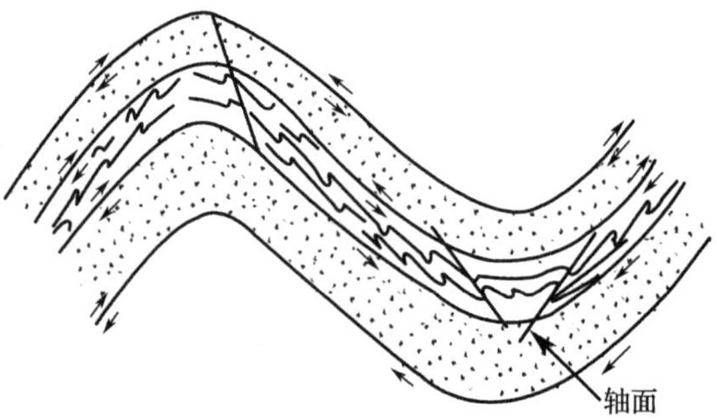

图 4－50　纵弯褶皱的弯滑作用形成的层间小褶皱（据 E. W. Spencer，1977）
注：箭头表示顺层滑动方向。

需要注意，上述利用层间小褶皱确定岩层相对层序及背斜、向斜位置是指在主褶皱转折端岩层加厚的侧向挤压的纵弯褶皱中，而在转折端减薄的横弯褶皱的层间小褶皱的特征正好相反。

4.5.4　残破褶皱构造的恢复

褶皱形成后会遭到风化、剥蚀而被破坏，或其某些部分被掩盖而出露不全。在褶皱的观察、研究中，如遇到有某些岩层零星地反复出露，其产状各异而层序也各不相同，这可能就是残破褶皱。

对残破褶皱形态的恢复首先要搞清岩层的层序关系。当没有依据确定岩层的时代时，还可以利用层面特征和原生构造来确定层序以恢复褶皱的形态。如图 4－52 所示，在Ⅰ处出露一翼缓倾斜的岩层，在露头 *a* 处的砂岩层中的对称波痕指示此处的层序是正常的，露头 *b* 处出露的波痕外模也证明了这一点。在露头Ⅱ处出露的一套倾斜较陡的岩层，在露头 *c* 处见到的波痕外模和在 *d* 处砂岩层中的波痕都指示此处岩层的层序是倒转的。再结合岩性特点，可以判定Ⅰ、Ⅱ两处的岩层原应是一个残破了的倒转背斜的两翼。

又例如图 4－53 所示为一个褶皱区经剥蚀而残留于各地段的分散露头，在各露头上已测得岩层的层序、产状和褶皱的内部构造（层间小褶皱、劈理）。

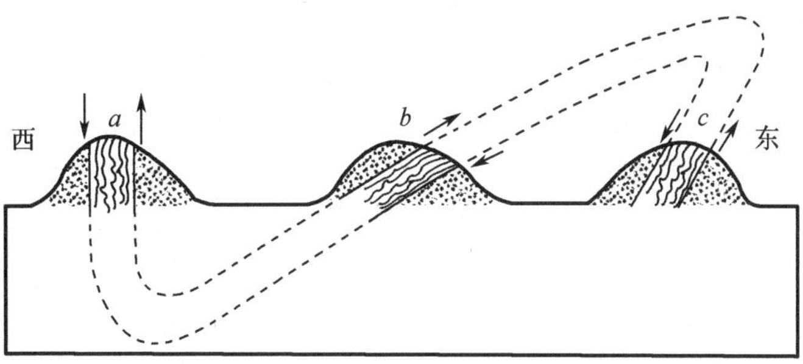

a—直立岩层;*b*—正常倾斜岩层;*c*—倒转岩层。

图4-51 利用纵弯褶皱中层间小褶皱确定岩层产状正常或倒转及背斜、向斜位置

(据M.P.毕令斯,1947)

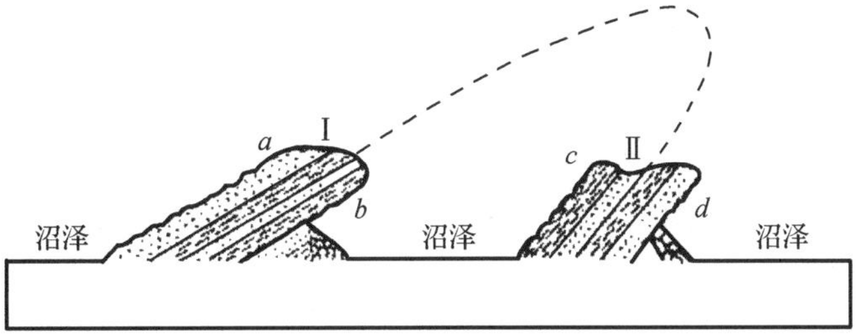

图4-52 利用对称波痕确定层序和褶皱形态(据M.P.毕令斯,1956)

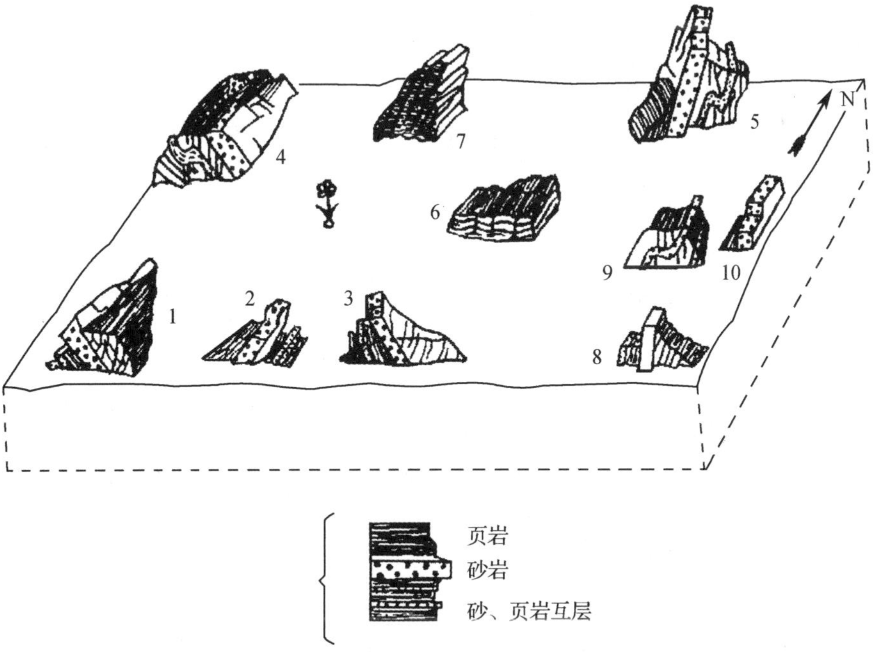

图4-53 示褶皱区经剥蚀而残留于各地段的分散露头及其岩层层序、产状和内部构造

(据B.E.霍布斯等)

据露头间的关系可以看出，在露头1,2,3之间存在一个向斜和一个背斜（根据岩层的产状和层序）。再据露头2和3的走向向北收拢，它们必然交汇而密封构成一个枢纽方位朝北的倾伏背斜。在露头4，据层间小褶皱和岩层的产状，可以和露头1连接在一起构成向斜的西翼。据在露头4实际测量层间小褶皱的枢纽是向南倾伏，倾角40°，表明此向斜也是向南倾伏的。在露头5，岩层出露，岩层产状、层间小褶皱的产状和露头4正好相反。说明该处的一套岩层处于一个背斜的西翼。在露头6，岩层产状很缓，走向近东西，倾向南，倾角3°，劈理的产状直立。在露头7也出现类似情况，岩层的走向东西，倾向北，倾角10°，劈理面倾向西，倾角70°。这两处的露头都说明它们处在褶曲的转折端附近。在露头8，岩层向西陡倾，但层序是倒转的，它应该是背斜的东翼。在露头9，测得岩层向西倾，倾角50°，并有层间小褶皱，它应与露头5相连接成为背斜的西翼。在露头10，出露了直立产状，但层序是东新西老，它应与露头8相连接，成为背斜的东翼。

根据上述各露头点岩层的产状、层序以及次级构造的形态和产状，可以判明该地区的地质构造情况，在地区的中部存在以砂、页岩互层为核部，两翼倾角不等的斜歪背斜，并向北倾伏。在它的两侧存在两个向斜。在地区的东部有以砂、页岩互层为核部的向南倾伏的倒转背斜。按上述分析判断，将露头点的位置标绘在图上并绘成地质图（平面图）（图4－54）和横切该地区的三条地质剖面图（图4－55）。如以构造等值线表示该区的地质构造时，则如图4－54虚线所示。

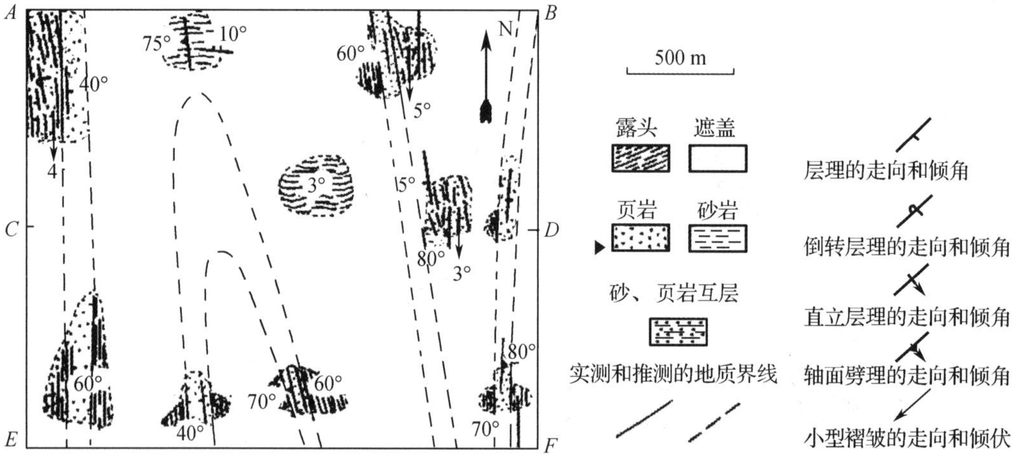

图4－54　根据图4－53的各露头点的位置、岩层产状、次级构造等编绘的地质图

（据B. E. 霍布斯等）

4.5.5　褶皱形成时期的确定

确定褶皱形成时期，也是观察、研究褶皱的重要工作内容。褶皱形成时期都和某时期的地壳运动相关联。

1. 角度不整合分析法

根据区域性角度不整合形成时代来确定褶皱形成的相对时期的方法是：如不整合面以下的地层都褶皱，而其上的地层未褶皱，则褶皱形成时期通常看作与角度不整合所代表的时期一致，即不整合面下伏褶皱中最新地层沉积之后，上覆最老地层沉积之前（图4－56）。

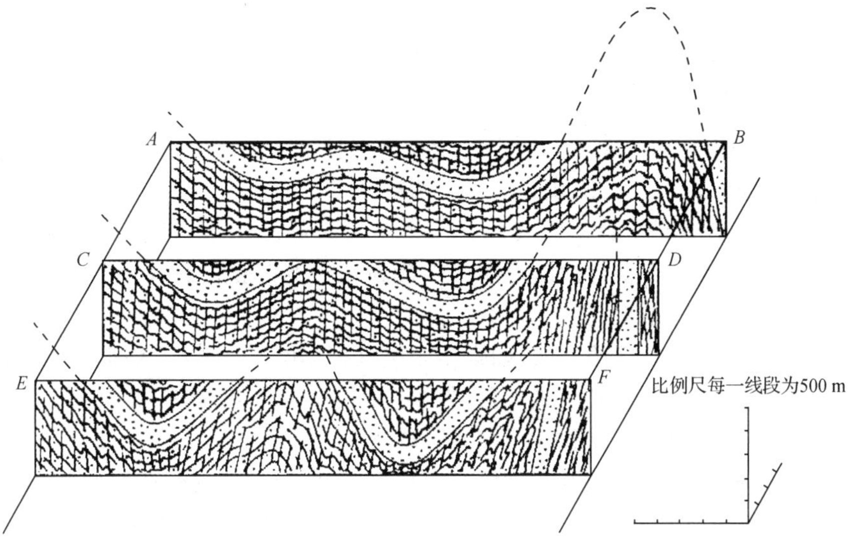

图 4－55 根据图 4－53 及图 4－54 编绘的地质剖面图

（据 B. E. 霍布斯等）

注：地形起伏忽略不计，图中的细直线为劈理。

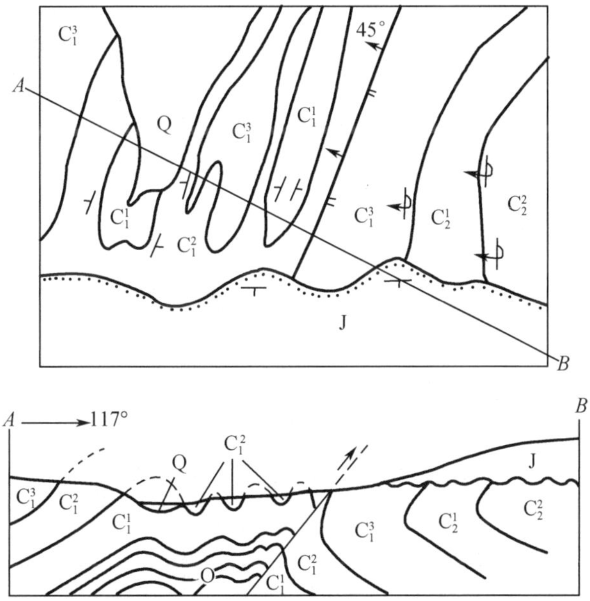

图 4－56 褶皱形成的相对时期的确定

注：侏罗系和石炭系呈角度不整合接触，但侏罗系未褶皱，说明褶皱形成于中石炭纪之后，侏罗纪之前。

由某一角度不整合所分开的上、下两套地层，它们各自的时代、沉积特征都不同，其所形成的褶皱在形态、产状类型、延展方向也各有差异，以致与其有关的岩浆活动、变质作用、成矿作用等也不同。可以分别称它们为不同地壳发展历史中某一地壳运动时期中形成的构造层，即不同的构造层以其间的不整合面来划分。由此，划分和确定褶皱形成相对时期可依据以下几点。

（1）如角度不整合面上、下地层都已褶皱，但它们的延伸方向和形态各自不同，这说明至少发生过两次褶皱。

（2）如发现地层中有两个或两个以上的角度不整合，而且几个不整合面上、下的地层都已褶皱，则说明该地区发生了三次或三次以上的褶皱。

（3）如遇到不整合面是平行不整合，其上、下地层又都已褶皱，且形态、产状完全相同，则褶皱的形成时期应推到不整合面以上褶皱中最新地层的沉积之后。褶皱的次数愈多，早期的褶皱比晚期的褶皱愈强烈、复杂。

确定褶皱形成时期还有其他方法，如根据岩层沉积厚度进行分析，根据与褶皱岩层相接触的岩浆岩体中或岩层中矿物同位素年龄的测定和褶皱岩层再次被褶皱（即褶皱的叠加）等的分析来确定多期褶皱的存在和各期褶皱形成的先后。

由一套不同沉积建造特征和不同时代的岩系组成，并有相应的构造变形，即形成不同形态和类型的褶皱、断裂甚至还会有不同的岩浆活动、变质作用和成矿作用，它们分别是地壳发展历史过程的某一个构造运动阶段中形成的综合地质体，在构造地质上称为“构造层”，两个构造层之间往往为区域性角度不整合或假整合接触关系。一个构造层分布地区代表这个阶段构造运动影响范围。图 4 – 57 所示中、上石炭统到二叠系（C_{2-3} – P）代表一个构造层，侏罗系（J）为另一个构造层，共划分为两个构造层。

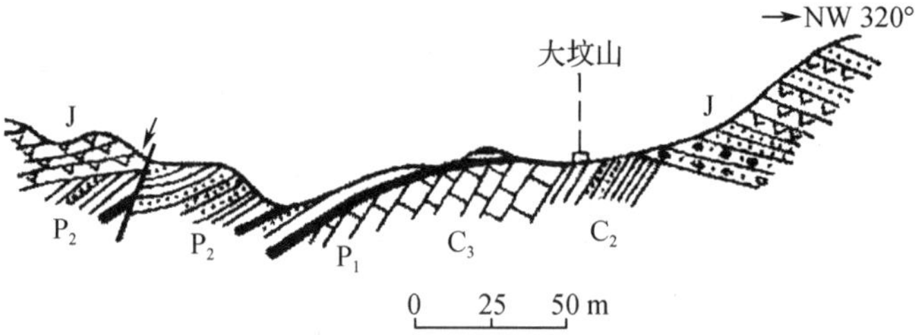

图 4 – 57　江西上饶东田大坟山地质剖面图

2. 岩性厚度分析法

对于在较长的地质时期内逐渐变形而形成的褶皱，可以通过褶皱地层的岩性厚度分析确定其形成时代。例中，沉积褶皱是在岩层沉积过程中，地壳不断缓缓升降运动中逐渐形成的。岩层的岩石结构构造也明显受构造控制，如在背斜顶部常沉积浅水的粗粒物质，岩层薄、层数少，而向两翼和向斜中岩层逐渐增厚，层数也多；顶部和槽部岩层倾角小，两翼倾角自上而下逐渐变陡；顶部岩层粒度粗，而两翼和向斜部位粒度逐渐变细等。以上特征表明岩层的褶皱变形是与沉积作用相伴生的。根据地层剖面中的上述变化特点可以推断同沉积褶皱的形成时代。以图 4 – 58 为例，对这个同沉积背斜可以得出以下推断：该背斜在第 1 层沉积以前尚未隆起，背斜隆起时期是 1 ~ 3 层沉积时期，第 4 层沉积时背斜又停止隆起。4 ~ 8 层则是在第 8 层沉积以后才又褶皱的。

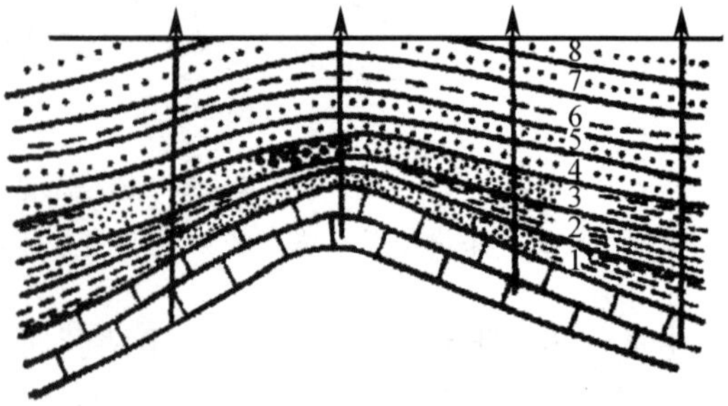

图 4 – 58　同沉积褶皱示意剖面图

此外，褶皱的形成时代还可以根据与褶皱相接触的岩浆岩体的同位素年龄来间接加以确定；也可根据褶皱的重叠变形关系，分析多期褶皱的存在及各期褶皱的相对先后顺序，其分析方法，将在第 9 章中介绍。

4.5.6 褶皱构造与矿产的关系

1. 褶皱与沉积矿产的关系

就大的区域构造来说，大型向斜或构造盆地是各种沉积矿产形成的有利处所，它既控制着沉积区的范围和环境，同时也控制着沉积矿产的形成范围和环境。沉积形成的层状矿床随同其顶、底面的岩层一起褶皱，其赋存规律和分布特征受到褶皱的展布、产状类型和形态等因素的控制。

2. 褶皱与内生矿产的关系

在地壳运动的强烈时期，伴随着褶皱形成的同时或后期，常有大量的各类岩浆活动，同时也伴随着矿化作用，在褶皱的岩层中形成各种内生矿产。与褶皱有关的小型构造，如脱顶构造、层间滑动中产生的剥离和破碎、转折端的张节理、核部的小型断裂等都可以为内生矿产的形成提供矿液运移的通道和沉淀、停积的空间，控制着内生矿床、矿体的产状、形状、赋有的位置和分布的规律。例如，在脱顶构造中形成的鞍状矿体（图 4－59）；背、向斜倾伏端有脱顶、裂隙发育的脆弱部位和背斜顶部发育的纵张节理，翼部的层间剥离（图 4－60）等都可控制矿体的分布。

3. 褶皱与地下水和石油、天然气等资源的关系

由良好的蓄水岩层（如砂岩或砂砾岩层）和隔水层（如页岩、泥岩）等相结合构成的平缓、开阔的向斜有利于地下水的汇集和蓄积。向斜的核部沿着槽线的延伸地段是布置井位开采地下水的理想地段。如云南楚雄饱满街开采向斜构造中的地下水（图 4－61）就是一个很好的实例。

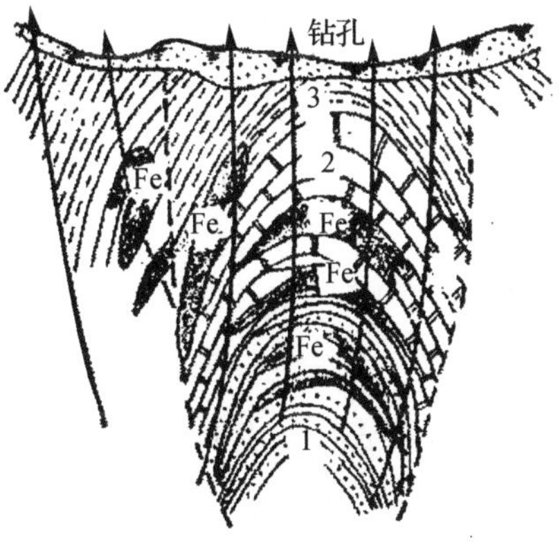

Fe—铁矿体；1—砂岩、板岩互层；
2—泥质白云岩；3—炭质板岩。

图 4－59 产在转折端中的鞍状矿体

（据武汉地质学院编《构造地质学》，1976）

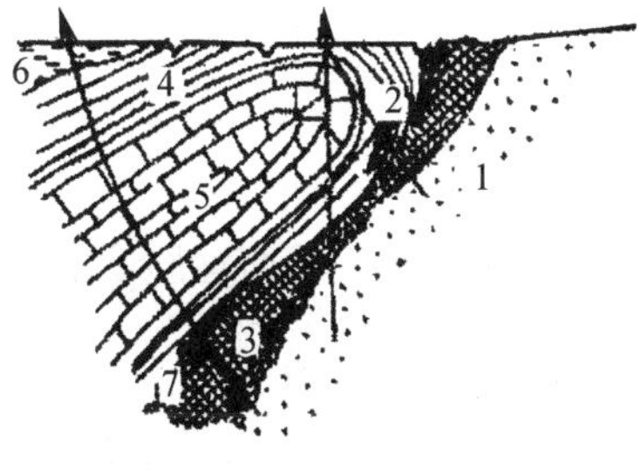

1—砂岩；2—角砾岩；3—矿体；4—泥质页岩；
5—石灰岩；6—坡积层；7—剥离破碎带。

图 4－60 产在翼部层间破碎带中的矿体

（据 в. и. 斯米尔诺夫，1976）

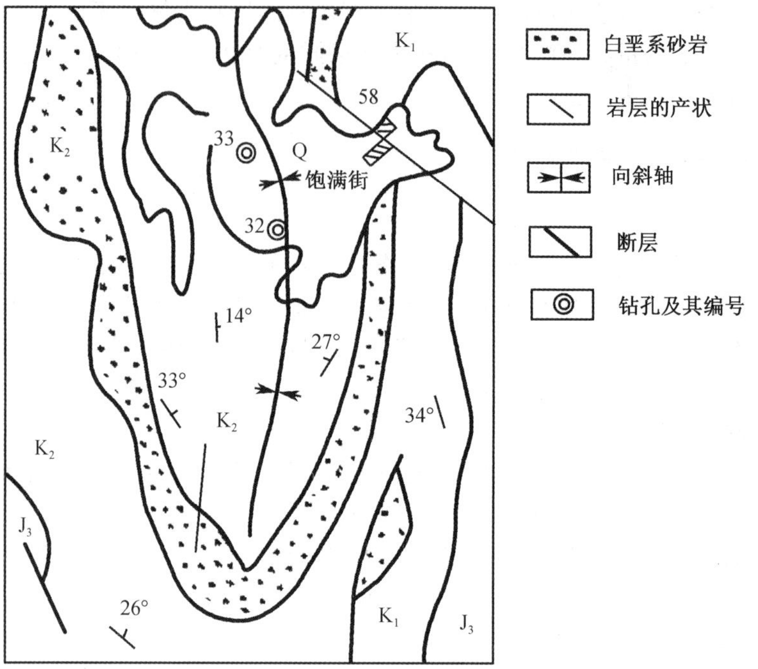

图 4－61　云南楚雄饱满街附近的地质图及地下水开采实例（据《怎样找地下水》,1975）

注:布置在白垩系砂岩向斜核部的两个钻孔(32 号、33 号)孔探分别为 125 m 和 212 m,水头高出地面 11.3 m 和 16.3 m。

倾伏背斜的外倾转折矿产与褶皱的关系更为密切。由于纵张节理发育,并处于背斜的低处尤其是外倾转折处,背斜中含水层的水会沿着裂隙和层间空隙向倾伏端汇集使该地段成为汇水段。背斜顶部,尤其穹窿构造的顶部为石油、天然气储藏构成良好的封闭条件。这些含油、气的构造部位叫油气藏。

4.6　表示褶皱构造的图件

4.6.1　褶皱构造平面地质图的判读与绘制

1. 背、向斜的平面图

如图 4－62 所示,将经过剥蚀的褶皱岩层在地面上的出露情况绘成平面图。从中可以看出,背、向斜的平面图可简单地概括为横穿岩层总的延伸方向,如在时代较老的岩层两侧依次对称地分布有较新的岩层,岩层产状倾向相背,就是背斜的位置;反之,如在较新岩层两侧依次对称地分布有较老的岩层,岩层产状倾向相向,就是向斜的位置。但应注意的是,在水平岩层或缓倾斜岩层的平面图上,受地形因素的影响也有可能出现岩层依次对称排列的现象。但它们的对称排列都是出现在山脊或河谷地段上,岩层产状倾向相同。而在缓倾斜岩层中,对称排列是沿岩层的走向方向出现的,但是岩层产状倾向相反。

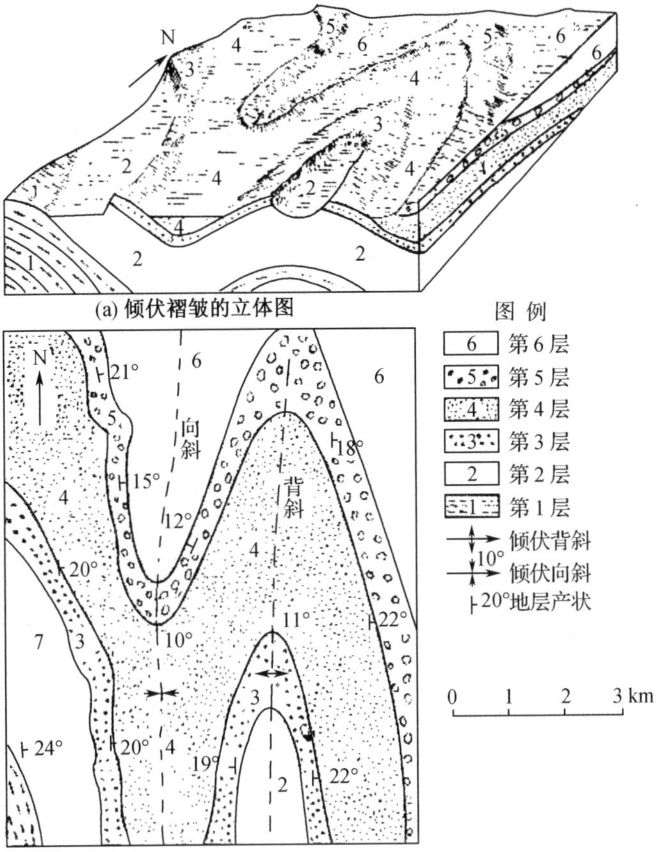

(a) 倾伏褶皱的立体图

(b) 倾伏褶皱的地质图（平面图）

图 4-62 倾伏褶皱的立体图和倾伏褶皱的地质图(平面图)

(据张宝政、陈琦主编的《地质学基础》,1981)

2. 褶皱的几种主要类型在平面图上的表现特征

(1)直立褶皱的特征:在平面图上褶皱的两翼平行延伸;在地形起伏变化不大的情况下,两翼岩层出露宽度大致相等,如两翼岩层出露宽度不等,则可能是两翼的倾角不同,是歪斜褶皱。

(2)倾伏褶皱的特征:在平面图上褶皱两翼延伸不相平行,在倾伏地段上一翼转弯到另一翼。背斜出露外倾转折,向斜出露内倾转折。在背、向斜同时存在时,岩层的出露呈现“之”字形反复弯转。在倾伏褶皱中,注意内、外倾转折的出露形态很重要,因为其出露形态反映了褶皱转折端的形态。

(3)倒转褶皱的特征:在平面图上褶皱两翼走向可平行或不平行,但倾斜方向大致相同。两翼倾角不等时,倾角缓的一翼出露宽,陡的一翼出露窄。倒转褶皱如有倾伏端,其倒转翼的产状常由倒转过渡到直立,再在倾伏端恢复成正常产状。

(4)扇形褶皱的特征:褶皱两翼产状都呈倒转,两翼倾角可相等或不等。

4.6.2 褶皱构造横剖面图的判读与绘制

由于褶皱是发育在三维空间的,除用平面图表示其在平面上的展布情况外,褶皱在剖面上的形态特征、组合关系等则需要借助地质剖面来表示。

剖面图是按一定方向垂直于水平面作的图，用以表示褶皱在地下一定深度的产状、位态以及形态特征，剖面的方向大都垂直于褶皱轴向，也叫横剖面图。

有时为表示褶皱沿轴向的变化情况，也可以平行褶皱的轴向切绘褶皱的纵剖面图。如褶皱的枢纽倾伏很陡，用横剖面图表示其产状或形态会出现不同程度失真时，可以绘制横截面图，或称正交剖面图，即垂直于褶皱枢纽切绘的剖面图（图4－63）。岩层出露宽度大致相等，如两翼岩层出露宽度不等，则可能是两翼的倾角不同，是歪斜褶皱（图4－64）。

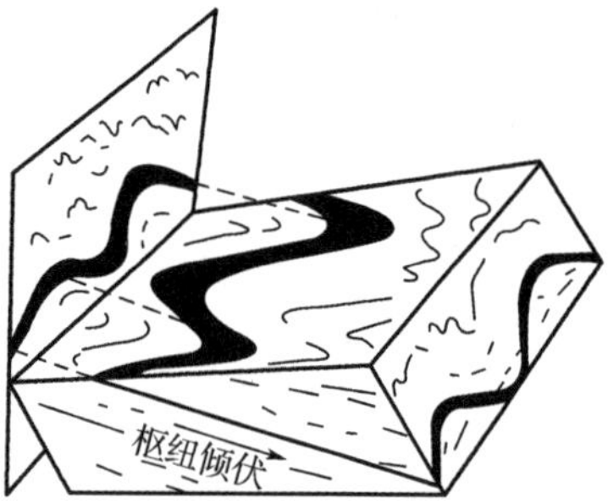

图4－63　倾伏褶皱的横截面（正交剖面）图

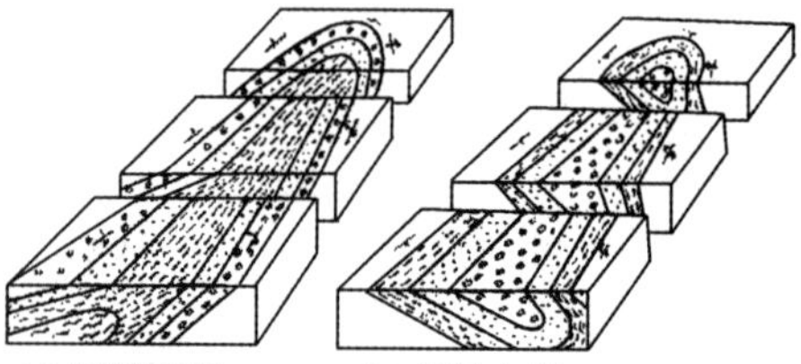

图4－64　倾伏的倒转背、向斜，内、外倾转折岩层的产状变化及露头宽度变化

（据徐开礼、朱志澄主编的《构造地质学》，1989）

4.6.3　表示褶皱构造的构造等值线图

用等值线（标高值相等的线）反映地下某个岩层或某个岩体顶面（或某岩层的底面）的起伏形态，并按比例投影到平面上的图件叫构造等值线图。在褶皱比较平缓的地区，同一岩层分布的面积较大，岩层露头界线不易把该层本身的褶皱反映出来，尤其是覆盖区，地下的构造情况不能用地质图反映时，就须编制构造等值线图（图4－65）。

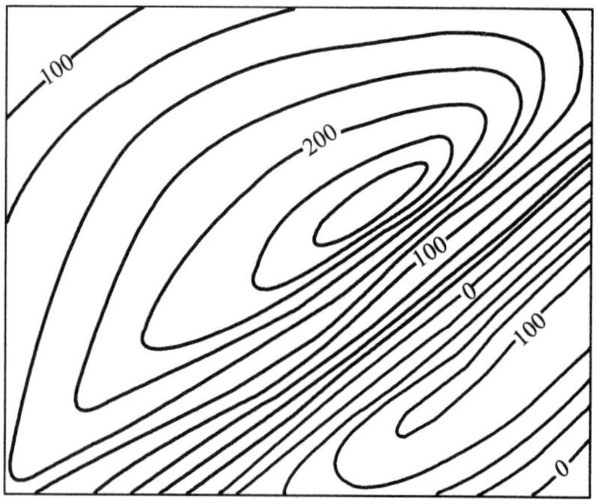

图4－65　构造等值线图（据M. P. 毕令斯）

用构造等值线图表示皱褶和用等高线表示地形表面的起伏一样，是在被覆于地下的褶皱构造中取某一标志层，用等值线把该标志层的褶皱情况画到平面图上，用来反映该褶皱的产状和形态特征。在图上等值线的疏密表示岩层倾角的陡缓，等值线圈闭的长轴方向表示褶皱的轴向，圈闭端点的连线是枢纽在平面上的投影。构造等值线就是岩层面上的走向线。由标高值高的等值线向标高值低的等值线所引的垂线方向就是岩层在该处的倾向，再根据其间的水平距离和高差可以求出该处岩层的倾角。

在石油、天然气和煤田地质工作中，以及对某些层状矿体作储量计算时，构造等值线图是重要的图件之一。

4.6.4 立体图件和模型

图4－66(a)是以某一地区褶皱构造的立体图所表明的构造情况。它反映到平面图上便形成表示褶皱构造的地形地质图(图4－66(b))。它进一步说明了褶皱构造图示的特征。

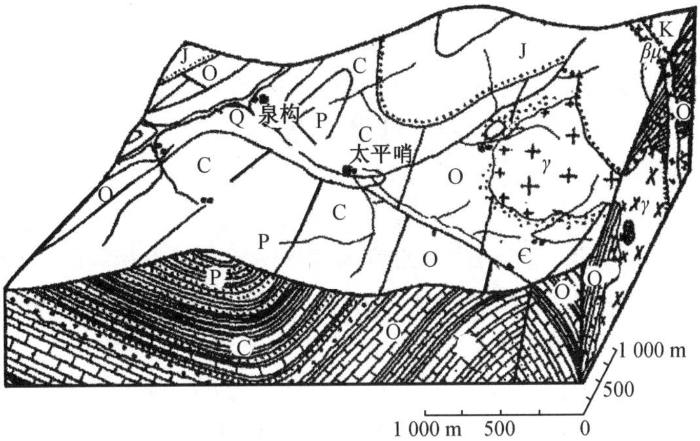

(a) 以褶皱构造为主体的立体图

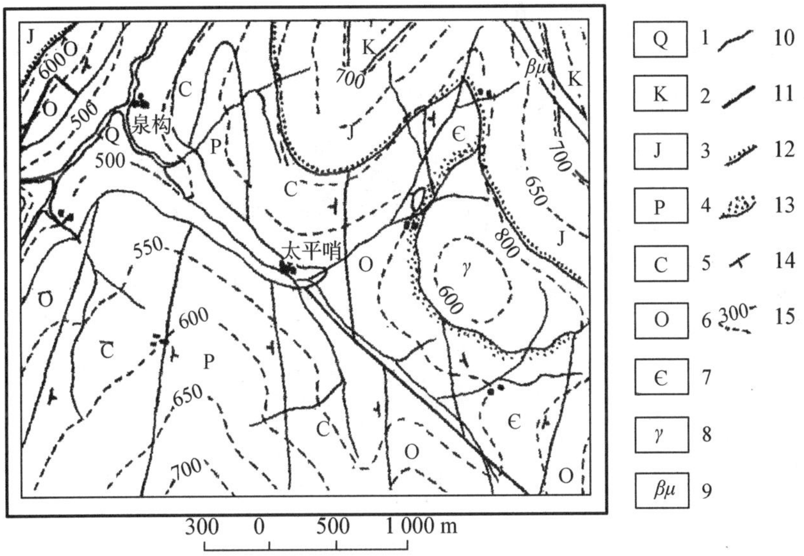

(b) 与图 (a) 对应的地形地质图

1—第四系冲积层;2—白垩系砂岩、流纹岩;3—侏罗系砂砾岩;4—二叠系砂、页岩;
5—石炭系砂、页岩、灰岩;6—奥陶系灰岩;7—寒武系灰岩;8—花岗岩;
9—辉绿岩;10—地质界线;11—断层;12—不整合界线;13—接触变质晕圈;
14—岩层产状;15—地形等高线。

图4－66 以褶皱构造为主体的立体图及其地形地质图(据长春地质学院编的《地质学基础》)

在立体图示上所表明的内容有:地形有起伏,地区内有由古生界地层构成的褶皱,西部为向斜,东部为背斜;有一条北西—南东向断裂斜切了褶皱,中生界地层呈角度不整合覆盖在褶皱之上,有花岗岩侵入在古生界地层之中,有晚期岩墙贯入上述的地层和岩体。

在平面图上,地形等高线是用虚线表示的,以二叠系地层组成核部的向斜向南倾伏,以寒武系地层组成核部的背斜也向南倾伏,中生界地层产状水平,以角度不整合覆盖在褶皱和侵入岩体之上。横剖面图(通过图幅南侧的东西方向)表示立体图的正面,纵剖面图(通过图幅的东侧南北方向)表示立体图的侧面。

4.6.5 遥感图像褶皱构造解译

1. 遥感简介

遥感是遥远感知的意思,“遥”具有空间概念,“感”表示信息系统。即在遥远的空间,不与目标物接触,而是通过信息系统去获得该目标物的信息。

(1)遥感图像的基本要素

色、形、坐标位置,是遥感图像的三要素,其中坐标是固定的,色、形二要素最重要。

色(色调、色别):不同类型遥感图像上的色调其物理意义是不相同的,色调是区别不同地物的根本因素,但色调的影响因素很多,故其变化大,稳定性差,在地质解译中,主要用来研究地质体之间的色调相对差异和相互关系。

形(形态、纹理):主要是指不同级别的沟谷和不同形态的山体所组成的地貌形态。它取决于地物的平面投影,反映其几何性质。成像方式对形态的影响较大。

色与形两者相辅相成,构成图像全貌。

(2)遥感图像成像过程及地质解译过程

①成像过程。地物发射或反射的电磁波谱,经大气窗口,通过不同成像方式传输到不同平台的传感器内,从而获得图像底片或数据磁带,即

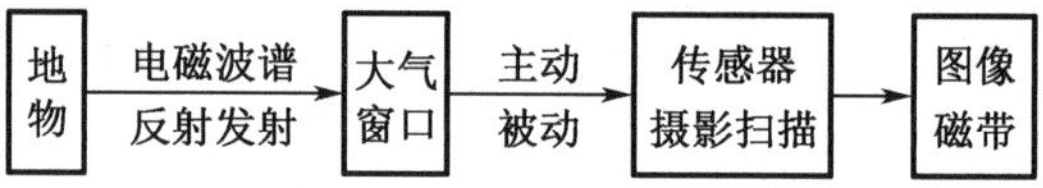

②地质解译过程。地质解译是从遥感图像中识别出地质信息,其工作顺序是:面→线→点→地质规律。解译的过程如下所示:

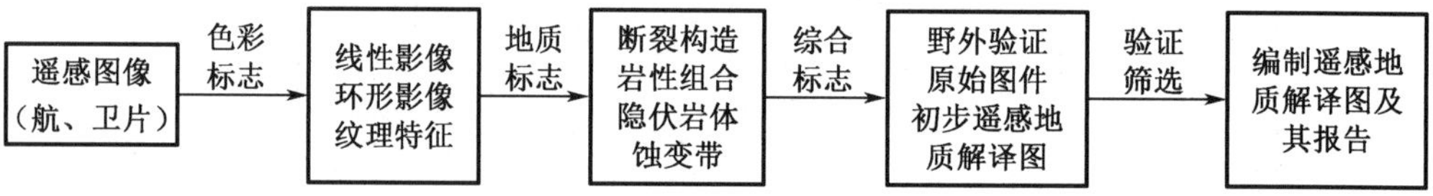

2. 遥感图像的地质解译方法

解译方法主要有三种:目视解译法、光学增强处理、数字图像处理。

(1)目视解译法

目视解译法是根据地物的影像特征,运用各种解译标志,用肉眼(包括放大镜、立体镜)从航片或卫片上直接识别和分析地质内容。

目视解译经常使用直判、对比、推理三种方法。

目视解译的原则是:

①多种遥感图像相结合,取长补短;

②先整体,后局部;

③先易后难;

④先构造后岩性;

⑤先目视后仪器；

⑥图像解译与地面调查及物、化探相结合。

(2)光学增强处理

光学图像增强技术是用各种光学信息处理的方法，突出某些信息或压抑某信息，提高图像的分辨力。光学增强处理主要是用各种胶片图像，通过光学仪器进行处理，如摄影处理、光-电处理、相干光学处理等。处理的方法主要有彩色合成法、密度分割、边缘增强等。

(3)数字图像处理

数字图像处理技术是将传感器所获得的数字磁带、或经过数字化的图像胶片进行处理，用多功能的电子计算机，对数字记录的辐射值或像元值进行各种运算和处理。该技术通过运用电子光学技术、电子计算机自动标志识别和分类技术等，准确地识别遥感信息，并得出更有利于实际应用的输出图像及有关资料。

3. 褶皱构造解译标志

地层对称重复出现是判断褶皱及其褶皱类型的基本标志，它是任何褶皱的共同规律，核部由新地层、翼部由老地层组成为向斜，反之为背斜。因此，对褶皱的解译和野外观测研究，必须要先弄清影像和出露的地层单位岩性及相对层序，这是褶皱解译和观测研究的基础。而两翼岩层产状的有规律变化往往是判断褶皱形态的依据，褶皱构造是由地层的弯曲来表现的，所以根据局部资料来恢复和确定褶皱的基本类型时，首先要解决的问题是褶皱核部与翼部地层时代的新老关系，即分析岩层的产状变化及影响，岩层的分布规律，判断褶皱的类型及其规模、形态等特征，总结分析褶皱的组合特点与褶皱间的成因联系，并为了解褶皱的形成机制提供图像资料。对组成褶皱的岩性地层、两翼岩层产状及褶皱转折端的研究是褶皱解译的三项基本内容。

(1)色调、图形标志

遥感图像上不同深浅或不同色彩的平行状色带，呈圈闭的圆形、椭圆形、长条形，或者有规律地转折为马蹄形、弧形、三角形，并具明显的对称性，都是褶皱构造最醒目的标志。

(2)岩层三角面和单面山地形标志

当沿着某一界面岩层三角面出现对称或重复，即三角面尖端相向或相背分布时，都可能说明褶皱的存在。单面山地形的对称分布也可判断褶皱的存在。

(3)岩层对称重复出现

对称重复是褶皱构造的特点，在航空相片、卫星相片解译过程中，如果某一套岩层两侧出现岩层对称重复，可以确定为褶皱构造。若再进一步根据岩层三角面和其他间接标志，判断两翼对称岩层的倾向，则可以初步确定背斜向斜。

(4)褶皱转折端

一般来说，正常褶皱或倒转褶皱的转折端部位，层序总是正常的，因而岩层产状总是正常的。即背斜转折端的岩层向外倾斜，向斜转折端的岩层向内倾斜。褶皱转折端的岩层产状反映到地形上，常表现为一坡陡、一坡缓的类似单面山地形，缓坡在外侧称为外倾转折端，缓坡在内侧称为内倾转折端。外倾转折和内倾转折是在遥感图像上判断背斜和向斜的重要依据之一。

(5)特殊的水系标志

向斜盆地形成向心状水系，穹窿则易形成放射状水系；正常褶皱的两翼常有对称或相似的水系形式；转折端部位则常发育收敛状的或撒开状的水系形式。这些特殊的水系标志，一般仅作为分析褶皱存在的线索，而不能作为确定褶皱的依据（图4－67）。

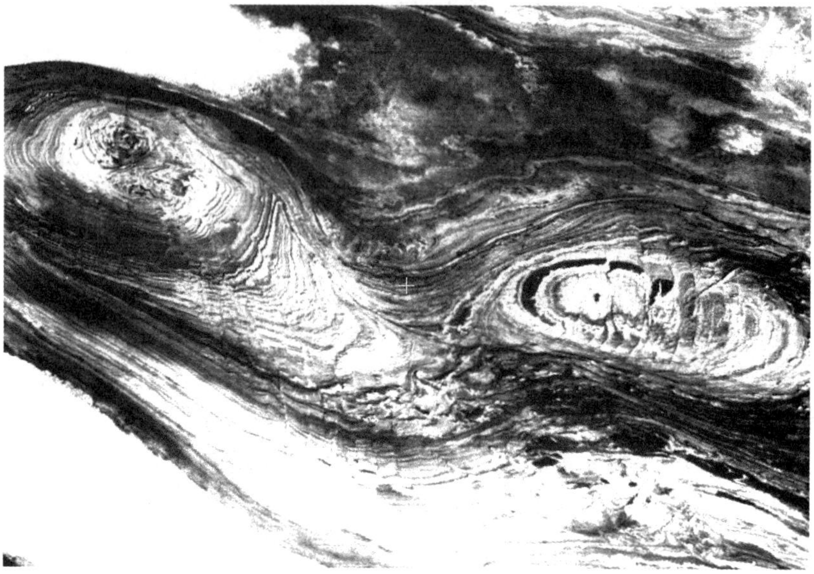

图4－67　柴达木盆地油泉子尖顶山构造（卫星图片）

复习思考题

1. 简述褶皱的褶皱几何学与运动学要素。

2. 褶皱的形态主要有哪些类型？褶皱的描述可以从哪几方面进行？

3. 褶皱位态分类的依据是什么？将褶皱划分为哪几种类型，有何特点和意义？

4. 褶皱有哪些形成机制？纵弯褶皱有何基本特点？弯滑褶皱与弯流褶皱的异同有哪几点？

5. 简述单层纵弯褶皱作用和多层纵弯褶皱作用的特征及其伴生构造。

6. 说明横弯褶皱作用、剪切褶皱作用的形成机制。

7. 说明褶皱岩层的厚度、岩层黏度与褶皱波长的关系。

8. 平行褶皱和相似褶皱的区别是什么？

9. 如何根据褶皱中的劈理域轴面的关系判断褶皱的背向斜？

10. 怎样识别同沉积褶皱？

11. 在同一构造运动时期或同一构造应力作用下，在成因上有联系的一系列背斜和向斜组成具有一定几何规律的褶皱的总体样式，称为褶皱的组合形式。按照褶皱的组合形式，请简述褶皱在平面上与剖面上主要有哪些组合形态。

第5章 节 理

节理指无明显位移的断裂，成群成组发育。岩石受力产生变形，如果应力达到或超过岩石在一定条件下的强度极限，致使岩石的连续完整性遭到破坏而产生破裂变形，称断裂构造（包括节理和断层）。节理是岩石中的裂隙，是破裂面两侧岩石尚无明显相对位移的断裂（图5－1）。它在地壳上部的岩石中发育广泛。

图5－1 岩石磨光面上两组X形剪节理

（据李四光，1973）

研究节理的意义：①寻找矿脉；②查明油气水运移储集；③用于工程地质；④用于地质构造分析。

5.1 节理及其分类

5.1.1 概述

节理属地壳的浅层次构造，又是一种小型构造。在地面上，单个节理出露的长度一般为数厘米或数米，最长也不过数十米或百来米，向地下延伸不大。节理常成群密集出现，相邻节理的间距仅数厘米或数米，它们纵横交织把岩石分割成形状不同、大小不等的块体。

节理的破裂面称为节理面。节理面有张开型和隐蔽型之分。节理面大都比较平整，有些也呈弯曲状。其产状有直立的、倾斜的，也有水平的。可用地质罗盘测量其走向、倾向和倾角。在野外工作中，通常把产状基本一致，力学性质相同，形成时期相当的一群节理称为节理组。

同一组节理，有的平行排列，有的呈平行斜列（雁列）（图5－2）。同一时期由统一应力作用形成的两组或两组以上的节理组合称为节理系，如两组呈X形的共轭节理系、呈环状和放射状展布的节理系等。

节理发育程度一般用节理密度(频度)来表示。节理密度是指节理面法线方向上单位长度内的节理条数(条/m)。为了说明与岩石的渗透性有关的节理裂开程度,还需要测定节理的裂隙度。节理的裂隙度是指单位长度内所有裂隙的宽度之和,即节理密度与裂隙平均宽度的乘积。

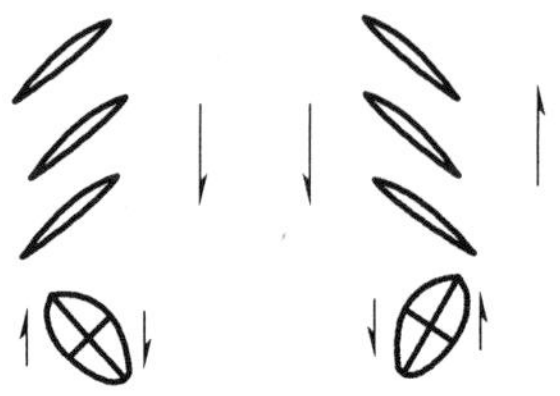

图5-2 雁列式节理

5.1.2 节理与有关构造的几何关系的分类

节理与有关构造的几何关系的分类见表5-1。

表5-1 节理几何分类表

分类		主要特征
根据节理与岩层产状的关系	走向节理	节理走向与岩层走向大致平行
	倾向节理	节理走向与岩层走向大致直交
	斜向节理	节理走向与岩层走向斜交
	顺层节理	节理面与岩层面大致平行
根据节理与褶皱轴方位之间的关系	纵节理	节理走向与褶皱轴向大致平行
	横节理	节理走向与褶皱轴向大致垂直
	斜节理	节理走向与褶皱轴向斜交

1. 按节理产状与岩层产状的关系划分(图5-3)

(1)走向节理:节理走向与岩层走向大体一致。

(2)倾向节理:节理走向与岩层走向大致直交。

(3)斜向节理:节理走向与岩层走向斜交。

(4)顺层节理:节理面与所在岩层层面大致平行。

2. 按节理面走向与褶皱轴向的关系划分(图5-4)

(1)纵节理:节理走向与褶皱轴向大体一致。

(2)横节理:节理走向与褶皱轴向大致直交。

(3)斜节理:节理走向与褶皱轴向斜交。

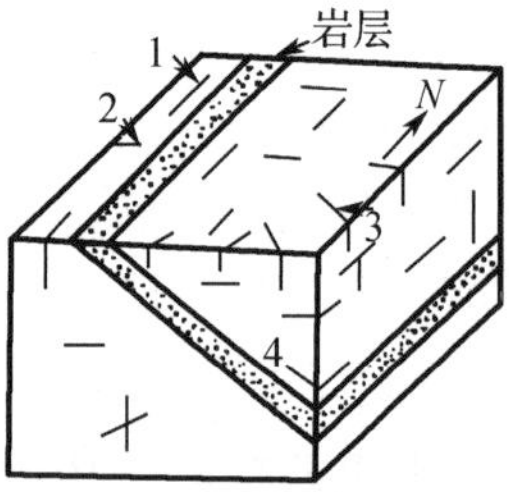

1—走向节理;2—倾向节理;
3—斜向节理;4—顺层节理。

图5-3 节理产状与岩层产状关系示意图

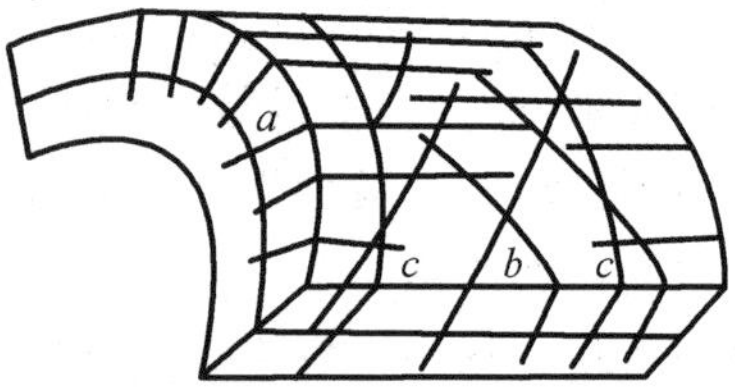

a—纵节理;b—斜节理;c—横节理。

图5-4 根据节理走向与褶皱轴向关系的节理分类

此外,水平岩层中以方位表示,可按其走向划分为北东向节理、北西向节理等。

5.1.3 节理的成因分类

1. 原生节理

在成岩过程中形成的节理称原生节理。例如,沉积岩在成岩时,由于压紧或失水致使体积收缩产生的节理;岩浆凝结成岩时,由于冷却收缩形成的节理等。

2. 次生节理

成岩之后形成的节理称次生节理。据形成原因不同其又可划分为:①构造节理,主要由内动力地质作用形成。其主要特点是发育广泛、分布的范围和深度大;具一定的规律性,产状比较稳定,延伸方向与区域构造或局部构造保持一定的关系;与成矿关系密切,多为矿液运移的通道或贮存场所,常伴有矿化现象。构造节理是地质观察、研究的主要对象之一。②非构造节理,是在外动力地质作用下形成的节理。如风化作用、冰川作用等形成的节理,岩体重力崩塌或滑落形成的节理,人工爆破产生的节理等都是非构造节理。它们的主要特点是分布局限,分布范围和深度都小,无明显规律性,产状不稳定。

3. 节理组和节理系

(1)节理组:同一构造作用中形成(相同的应力场),产状、力性基本相同的节理群。

(2)节理系:两个或两个以上同期形成的节理组(图5-5),如呈X形的共轭节理系、放射(同心)状节理系。

T—张节理;S_1、S_2—两组剪节理。

图5-5 追踪两组剪节理形成的追踪张节理系

5.1.4 根据节理力学性质分类

1. 剪节理特征

剪节理是指在剪应力作用下形成的节理。剪节理具有以下基本特征:

(1)产状稳定,延伸远;在平面和剖面上都呈直线延伸;规模较大,沿走向和倾向延伸较远。有些节理尾端可呈折尾、菱形结环、树杈状(图5-6)。

(2)节理面擦痕、闭合节理面较平直光滑,有时因剪切滑动而留下擦痕、摩擦镜面。剪节理未被矿质充填时是平直闭合缝,当被充填时,脉宽较均匀,脉壁较为平直。

(3)节理比较密集,成群出现时,单一组剪节理可呈平行排列或呈雁列。

(4)剪节理平整切割岩石中的砾石或矿物颗粒,砾石或矿物颗粒的错开表明两侧岩块的相对运动方向。

(5)常为X形,等间距;主剪裂面常由次级羽状微裂面组成,交角为10°~15°($=\varphi/2$)(图5-7)。

2. 张节理特征

张节理是指由张应力形成的节理。张应力亦可在挤压、引张或者剪切、扭动作用下产生。张节理具有以下基本特征。

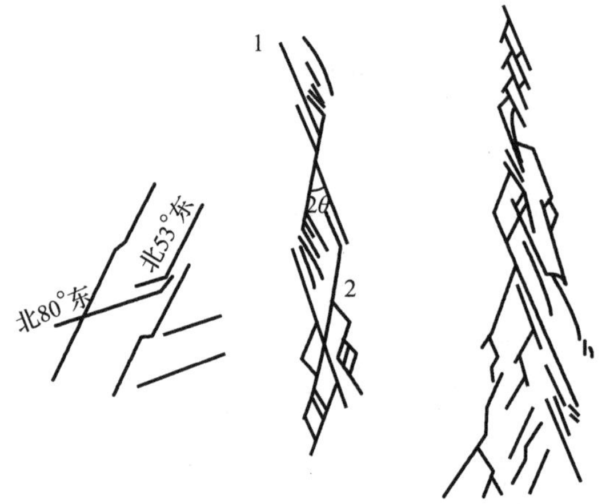

(a) 折尾　(b) 菱形结环　(c) 树枝状

图 5－6　剪节理的尾端变化

（据马宗晋、邓起东，1965）

注：1 与 2 为两组共轭剪节理。

图 5－7　石灰岩中的剪节理羽裂

（据马宗晋、邓起东，1965）

注：左图为左行；右图为右行。

（1）产状不稳，延伸短，常“尖灭侧现”，即节理延伸不远即消失，但在旁侧又可出现同一方向的另一条张节理，形成侧列现象（图 5－8）。

（2）节理面粗糙，无擦痕，节理常张开成裂隙，多开口（开放式裂隙），节理面粗糙不平或呈锯齿状；节理两侧的岩石没有发生位移，节理面少见擦痕；裂隙中常被矿质充填。形成不规则、形态变化复杂、宽窄变化大的矿脉或岩脉。脉宽变化大，不平直，可见到矿物晶体长轴垂直脉壁分布的现象（图 5－9）。

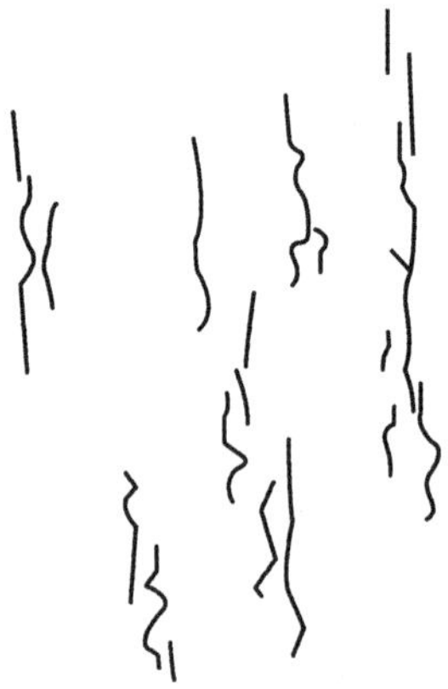

图 5－8　湖北白垩系第三系砂岩中张节理的侧列现象

（据马宗晋、邓起东，1965）

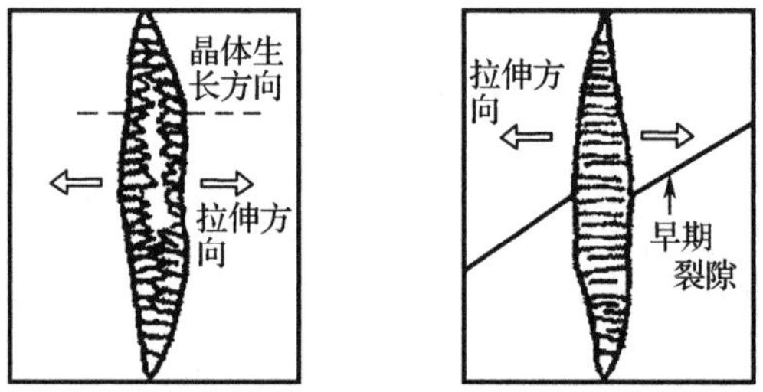

(a) 矿物晶体平行于拉伸方向生长　(b) 切过早期裂隙的张节理

图 5－9　张节理为矿物晶体所充填

（据《区域地质调查野外工作方法》第三分册）

（3）节理成群出现时，比较稀疏，相邻节理之间的距离比较大，单个张节理短而弯曲，有些节理尾端可分叉，呈树枝状或呈杏仁状结环（图 5－10）。

（4）发育在砾石中的节理往往绕过砾石（图 5－11 中的 1）。

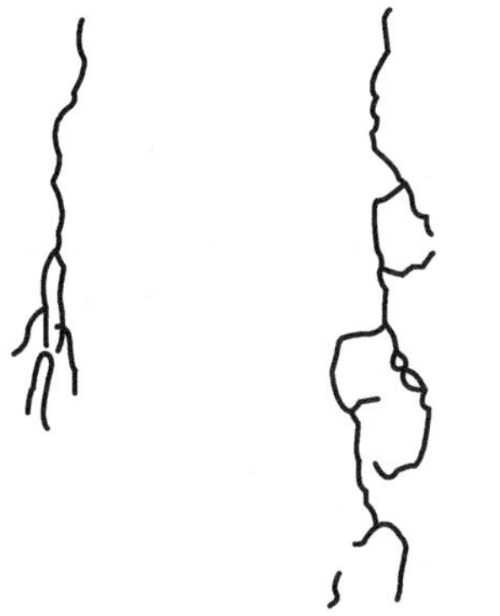

图5-10 张节理的尾端变化
(据马宗晋等)

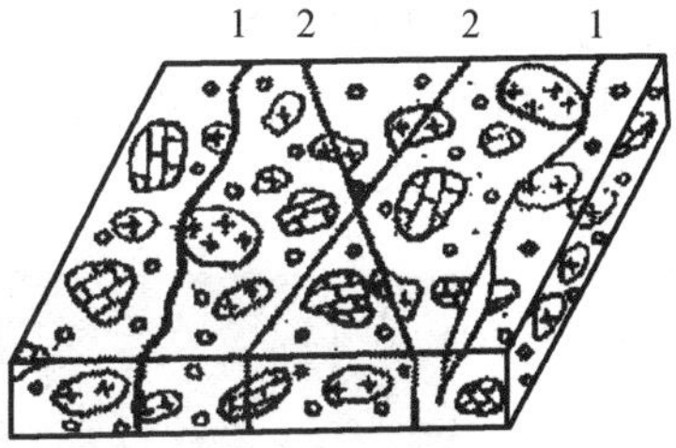

1—张节理;2—剪节理。

图5-11 发育在砾岩中的张节理绕砾石和剪节理切穿砾石示意图

(5)节理组为不规则树枝状、网格状,也可追踪X节理,形成共轭雁列张节理或成放射状、同心状(与上拱作用有关)(图5-12),及纵弯褶皱外弯处平行褶皱轴的纵张节理(图5-13)。

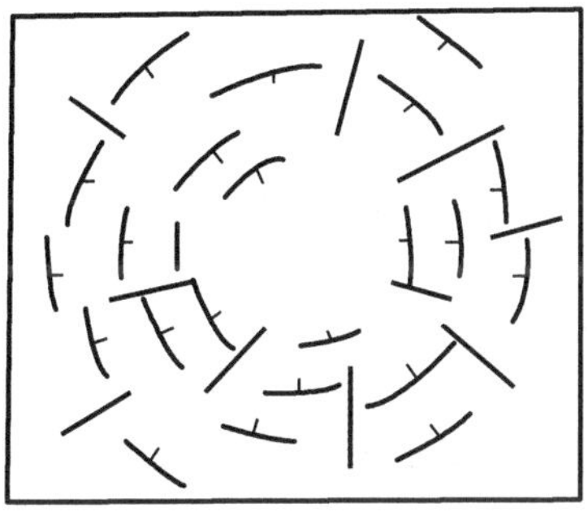

图5-12 环状和放射状张节理系示意图

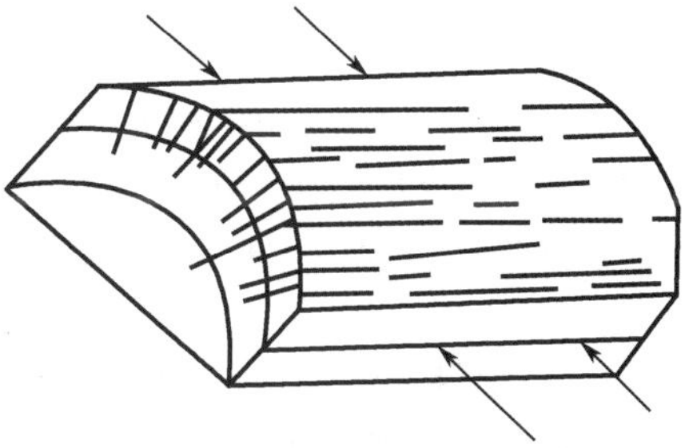

图5-13 平行褶皱轴的纵张节理

张节理与剪节理的力学性质分类要素见表5-2。

表5-2 节理力学性质分类要素比较

要素	剪节理	张节理
产状	产状稳定,延伸远	尖灭侧现,产状不稳定,延伸不远
节理面	直而光滑,有擦痕和羽裂	弯曲粗糙,无擦痕
遇碎屑粒	出现在砂、砾岩中,切过砂砾和胶结物	出现在砂、砾岩中,常绕过砂、砾
开口性	未充填时,是闭合的缝	多开口,一般多被充填
节理系	一般是共轭X形节理系	树枝状、锯齿状、雁列状等
尾端变化	折尾分叉、菱形结环	树枝分叉、杏仁状结环
应力	剪应力产生	张应力产生

3. 应力与节理的关系分析

X 形节理系是剪节理的最典型形式,两组剪节理的夹角为共轭剪裂角。两组剪节理的交线用 σ_2 表示,两组剪节理的夹角平分线分别用 σ_1 和 σ_3 表示。X 形节理与主应力轴的关系是对节理进行分期、配套、分析应力状态和探求应力场的基础及依据。这种关系分别适用于挤压、引张和剪切状态。多年来地质学家几乎一致认为 X 形节理的锐角角分线与 σ_1 一致,即剪裂角小于45°(图 5 - 14)。

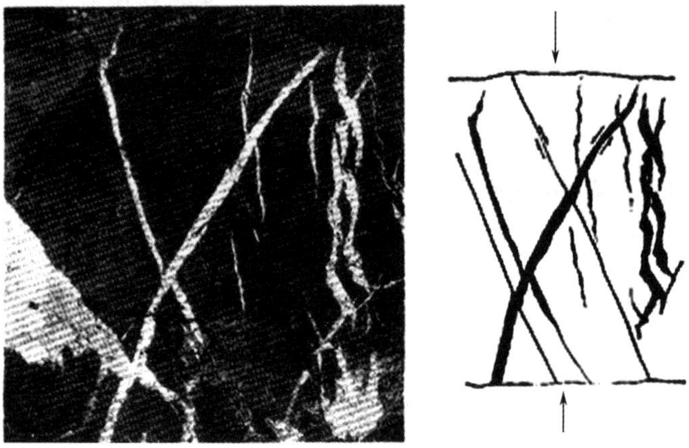

(a) (b)

图 5 - 14 应力与节理的关系

注:右侧可见追踪两组剪节理的锯齿状张节理,左侧为一对共轭剪节理,先剪后张而被方解石脉充填。中部向左倾的节理又被后期向右倾的剪节理(未充填脉)所错开,但它们的运动方式都一致地反映岩层受垂直层面的挤压。

(1)应变椭球体的长轴(*A* 轴)反映张应力的作用方向,表明变形岩石的最大拉伸或岩石塑性流动方向。例如,针、柱状矿物的定向排列方向等。

(2)短轴(*C* 轴)代表最大压应力方向,表明变形岩石的最大压缩方向。例如,与褶皱轴面、片理面的垂直方向等。这些面相当于应变椭球体的 *AB* 面,与 *C* 轴垂直,承受着最大压应力作用。

(3)岩石共轭剪裂面的交线与应变椭球体的 *B* 轴相一致。

(4)垂直于 *A* 轴,由 *B* 轴和 *C* 轴构成的 *BC* 面,为最大张应力作用面,张性断裂沿此面产生。

例如,某地的岩石中出现了一组东西向的直立张节理和两组直立的剪节理(图 5 - 15),其一组走向北西,另一组走向北东。由于张节理与最大应变轴 *A* 垂直,且其产状直立,因此 *A* 轴应呈南北向水平延伸。岩石中两组相互交切的剪节理是共轭的,其交线即为 *B* 轴,所以 *B* 轴是直立的。*C* 轴和 *A*、*B* 轴呈正交,故 *C* 轴应是东西向水平延伸。由此可以得出结论,该岩石中的几组节理是由于受到东西向水平挤压作用而产生的断裂变形。

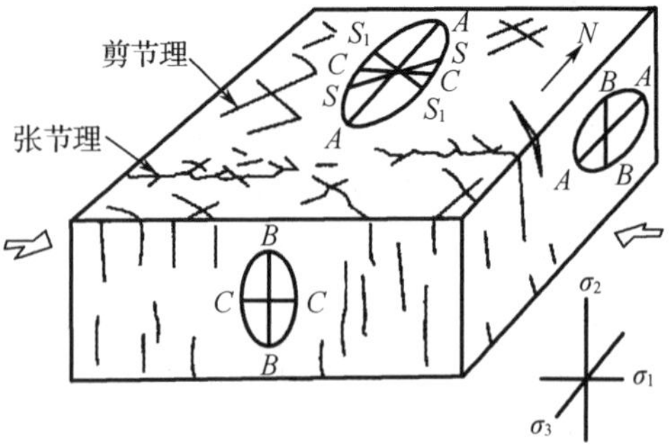

图 5 - 15 应变椭球体应用

(据孙超,1991)

5.1.5 节理力学性质转化——递进变形影响

剪节理沿走向可变为雁列张节理，当两组同时出现时则构成共轭 X 形剪节理。两组剪切羽裂形式不同，一组为右列（右行），即小剪裂面由远而近向观察者右侧错开或雁列；另一组为左列（左行），即小剪裂面由远而近向观察者左侧错开或雁列。它们反映不同的剪切滑移方向，右列型反映右行的剪切滑移（即顺时针方向剪切），左列型反映左行的剪切滑移。

5.2 节理的分期与配套

5.2.1 节理的分期

一定地区的节理一般是长期多次构造的产物，为了探讨该地区的构造变形史和古构造应力场，常常进行节理的分期与配套。分期就是将一定地区不同时期形成的节理加以区分，将同期节理组合在一起。配套就是将一定构造期的统一应力场中形成的各组节理组合成一定系列。节理的分期和配套就是从时间、空间和形成力学上研究一个地区节理的形成。

节理的分期主要依据节理组的交切关系以及节理组与岩脉的关系等来进行。节理组交切关系包括错开与限制关系、互切（共轭）关系。

1. 互切

互切指两组节理相互交切和错开，一般认为此两组节理是同期形成的，还可能属共轭关系（图 5－16）。

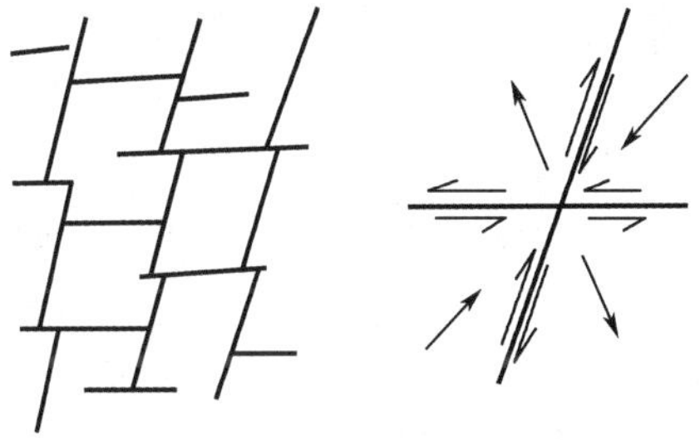

图 5－16 两组共轭剪节理的互切

2. 错开

不同期的节理组相交切，后期节理组常切断错开前期的节理组。如果后期节理为剪节理，则前期的节理表现为对应错开（图 5－17）。

3. 限制

一组节理阻隔另一组节理，使后者延伸，常中止于前者，称为限制。被限制的节理形成较晚（图 5－18）。

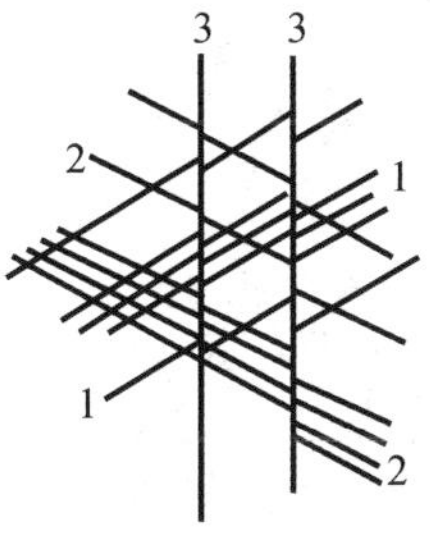

图 5－17 不同期节理的对应错开现象

注：早期节理 1 组、2 组被后期节理 3 组错开。

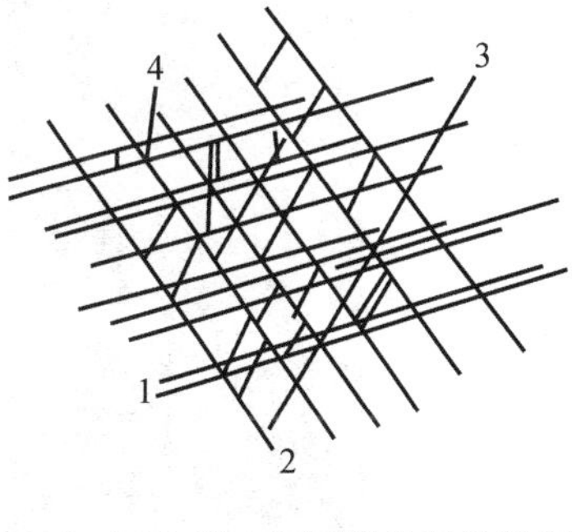

图 5－18 石灰岩中不同期节理的限制现象

（据马宗晋、邓起东，1965）

注：3，4 被 1，2 所限制。

利用节理与岩脉的关系亦可间接判定节理形成顺序。例如,无岩脉充填的一组节理切割了充填于另一组节理中的岩脉,表明有岩脉充填的节理形成较早,无岩脉充填的节理形成较晚;又如一组节理被岩体所截,而岩体又被另一组节理切割,则表明前一组节理形成较早,另一组节理形成较晚。

此外,还可以通过分析角度不整合上下岩系中节理发育情况(见第 2 章)以及节理与相关构造的关系判定节理组形成的顺序。

5.2.2 节理的配套

节理配套是将同一构造时期在统一应力作用下形成的各节理组配合成一定的节理系列。节理配套与节理分期不可分割,须同时进行。节理配套主要依据共轭节理的组合关系,并辅之以节理发育的总体特征及其与有关地质构造的关系的总体特征来进行。

1. 根据共轭节理的组合关系进行节理配套

(1)利用共轭剪节理进行配套。由于同一期应力场中形成的共轭剪节理具有其特定的剪切滑动关系,因此可以利用剪节理面上的擦痕、节理的羽裂和派生张节理来确定其共轭关系(图 5-19)。图中共有四组剪节理,根据其羽裂可以确定是两对共轭剪节理,分别反映 σ_1 的方位为近南北向(P_1)和近东西向(P_2)。

(2)利用剪节理的尾端变化,即折尾和菱形结环进行配套。折尾和菱形结环一般代表两组剪节理,利用剪节理的尾端变化亦可配套呈共轭剪节理。

(3)利用两组节理的相互切错确定其共轭关系(图 5-20(b))。两组交叉相互错开的剪节理亦应为共轭剪节理。

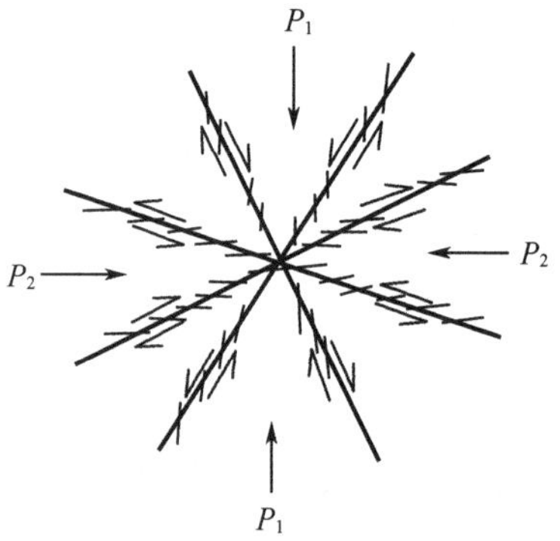

图 5-19 利用剪节理羽裂进行节理配套

(据马宗晋、邓起东,1965)

注:P_1、P_2 分别代表形成两套剪节理的 σ_1 方位。

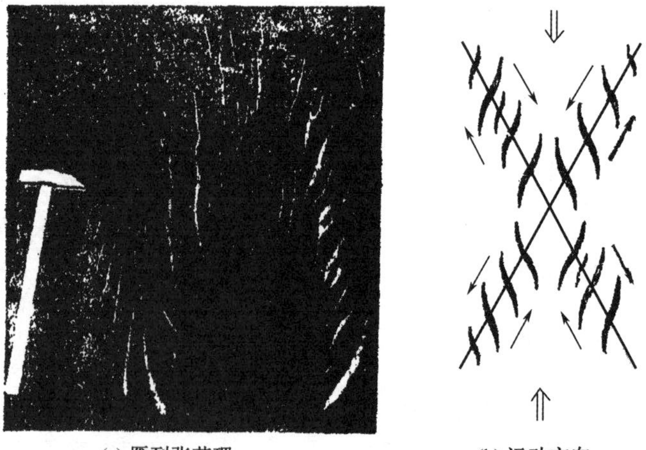

(a) 雁列张节理　　(b) 运动方向

图 5-20 北京周口店奥陶系白云岩中沿共轭剪切带形成的两组雁列张节理及共轭剪切带中雁列张节理反映的运动方向

(4)利用追踪剪节理形成的锯齿状张节理与其相关的剪节理配套,可以对节理进行配套(图5-21)。在张节理发育地区(尤其追踪张节理发育地区)可以根据张节理延伸方向为应变椭球体 C 轴方向与其他节理配套。

2. 根据节理发育地区总的地质特征进行节理配套

一定地区或地段上发育的几组节理往往各具特色,它们常与一定的地质构造有关。例如,一群节理的间距大、穿层性强、延伸远、展布范围广、具有一定方位;而另一群节理的间距小、受岩层控制、延伸不远、展布范围局限、方向随岩层产状和局部构造而变,这显然是两套节理。例如,衡阳盆地的红色岩层中发育了这样两群节理:一群节理具区域性,由北东和北西两组节理构成X形,间距大、展布广、穿层性强;另一群节理产状因地而变,间距小、局限于层中。这两群节理应分属两套(图5-22)。共轭的两组节理并不一定均等发育(图5-23)。

图5-21 右侧是一对共轭剪节理,先剪后张,被方解石脉充填,左侧是追踪两组剪节理而形成的锯齿状张节理

(宋鸿林摄,杨光荣素描)

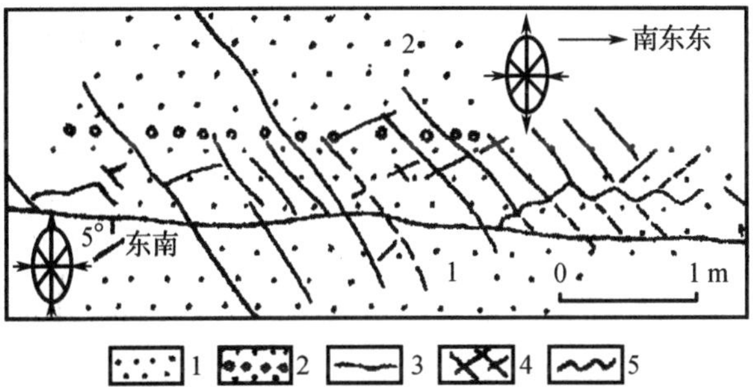

1—泥砂岩;2—长石细砂岩(其中的圆圈为泥灰质圆球风化所成的空洞,其排列与层理平行);3—层理面;4—两组交叉的节理;5—利用两组节理面剥裂而成的倒崖,呈之字形起伏,图中未示。

图5-22 湖南永兴城东白垩系红色岩层中的X形节理素描图

(据陈国达)

注:由于1,2两岩层岩性有差别,倾向南东一组节理以层面为界,在1岩层中倾角变陡,发生折射现象。

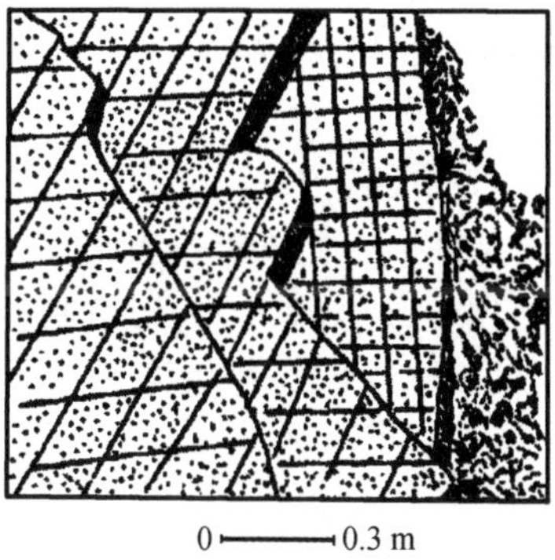

图5-23 三层砂岩的岩性不同,各自的节理不同(据E.S.希尔斯)

综上所述,在节理的分期配套中应注意以下几点:

①节理的分期和配套应该而且必须同时进行;

②节理的分期和配套不仅要依据节理相互之间的关系及其本身的特征,而且应结合地质背景,结合节理所在的构造和有关地质体进行;

③节理的分期和配套主要应在野外进行,在野外观测的基础上及时进行统计分析。有时还需要把统计分析的结果再带到野外进行检验。

节理的分期和配套,对分析区域构造发展史,确定古构造应力场具有相当重要的意义。但是实践证明,分期配套是相当复杂的,许多标志和判据并不清晰而明确,所以对节理的分期和配套不要轻易做出结论。

又如一组节理被侵入体所截，而另一组节理切过该侵入体，这表明前一组节理先形成，后一组节理形成较晚。如图5－24所示，西北某地一岩体中发育了三套节理，一套为同心圆状节理，主要发育于岩体中部；另一套为共轭剪节理，主要发育于岩体内部边缘部位。这两套节理形成的先后顺序不易确定，从交切关系看可能是同期的。这两套节理均被另一套穿切岩体和围岩的南北向节理所切，可利用岩体较准确地确定出三套节理的先后顺序。

分析对比不整合上下岩系中节理的发育情况也有助于判别节理的形成顺序。

节理一般是在一定构造活动期中形成的，在节理形成时期总是同时形成相关构造，所以对节理进行分期，尤其对较大范围内节理进行分期时，要紧紧结合该区构造活动史全面考虑。

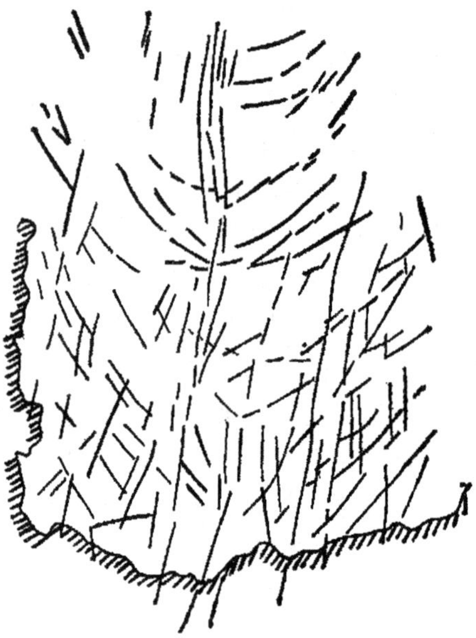

图5－24 通过岩体的三套节理确定形成的先后顺序
（据航空照片素描）

分期配套中应该注意结合地质背景（构造和地质体），在野外进行再次验证。变形强烈区的观察要仔细、谨慎地区分构造节理（内动力作用形成）与非构造节理（风化强烈、分布局限）。非构造节理分布与地质背景构造无规律性联系，以张节理为主，方位不稳定。

5.3 雁列节理

雁列构造是指一组呈雁行式斜列的雁列节理和这类节理常被充填形成雁列脉、雁列褶皱、雁列式断层等。近年来的研究认识到这种构造无论在理论方面还是在找矿勘探等实际方面均具有较重要的意义。

雁列脉成带状展布的空间范围称为雁列带（图5－25中的aa'、bb'）。穿过各单脉中心而平分雁列带的中心面，称为雁列面。雁列面在雁列带横截面上的迹线称雁列轴（MM'）。

雁列面的产状即代表雁列带的产状。单脉与雁列面的锐交角为雁列角β。雁列角具有较重要的构造意义，应注意测定。

雁列脉表现在平面上有左列、右列两种形式（图5－26）。当进行垂直节理走向观察时，远侧节理向右侧错列或在右端重叠时，是为右列，反之为左列。雁列脉可以是单列产出，常为单剪作用的结果，也可以由左列和右列两条雁列脉交叉组合成共轭雁列脉。

雁列脉中单脉的形态变化很大，主要有平直形和S形两类，平直形雁列脉一般窄而长，主要属剪裂性质，反映了破裂后变形较轻；S形雁列脉单脉的中段较宽，主要属张裂，反映了剪切作用中的递进变形。由S形单脉组成的共轭雁列脉中，一种为正S形，一种为反S形。雁列构造的末端都互相平行并且与断层相切，这说明雁列构造是由早期已形成的断层，后来又发生剪切变形，在中部发生相对扭动而形成的，即雁列构造是早期断层派生的产物。雁列角的大小对分析构造的力学性质是很有意义的。根据实测资料统计,雁列角有两个高峰值,一为45°左右(图5-27中2),属张裂型;一为10°左右,属剪裂型,它是由剪切作用中与主剪切面成小角度相交的微剪裂扭动发育而成的(图5-27中3)。

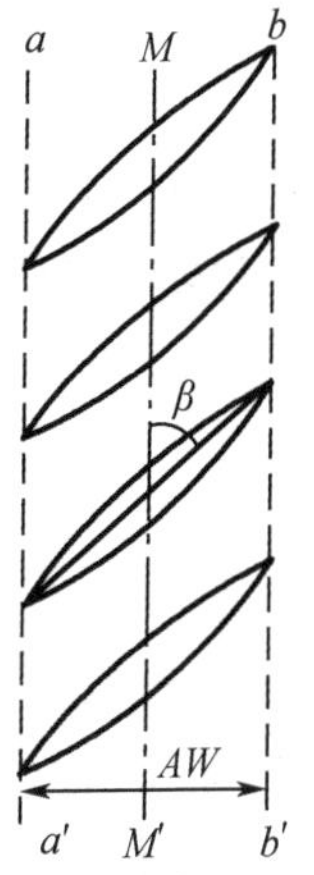

aa'、bb'—雁列带;MM'—雁列轴;β—雁列角;AW—雁列带的宽度。

图5-25 雁列脉的基本要素

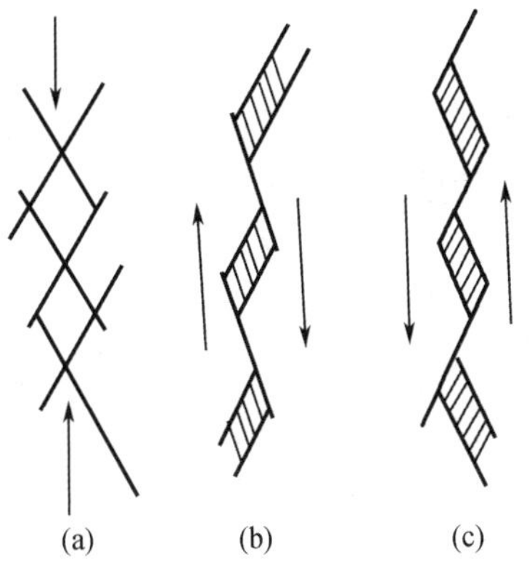

图5-26 在南北向挤压下形成的一对共轭剪节理

注:(a)后期又在南北向力偶作用下,先成一组剪节理形成(b)右列或(c)左列形式的张节理,充填则成雁列脉。

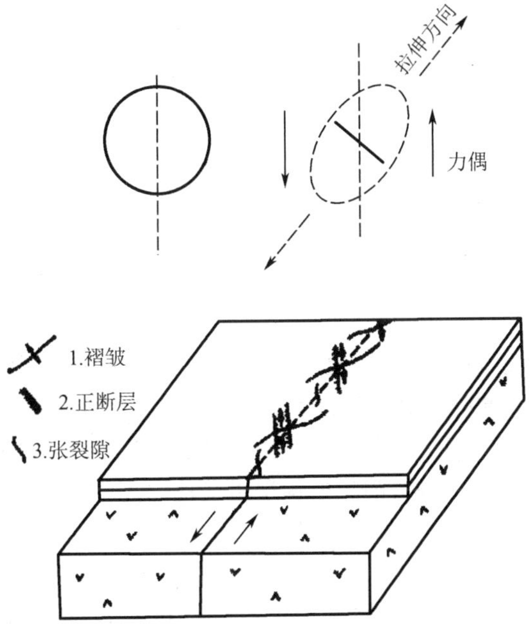

图5-27 深部走向滑动断层上覆沉积岩区变形的分析(据E. M. Spencer)

注:上图是圆形和椭圆形断层滑动的应变分析;下图是走向滑动断层表层的伴生构造。

5.4 区域性节理

5.4.1 区域性节理的一般特征

区域性节理不仅在地台区发育，也应该产出于变形较强以至强烈变形的构造单元。这些地区由于同期构造变形强烈或由于后期变形的叠加、改造，使早期区域性节理不易表现出明显的方位和排列的规律。

区域性节理常常表现出以下特点：

(1)发育范围广，产状稳定；

(2)节理规模大、间距宽、延伸长、可穿切不同岩层；

(3)节理构成一定几何形式。

主节理是指规模明显大于该区节理平均规模的节理。主节理延伸长，常以较稳定产状切穿不同岩层甚至局部构造，在一定地区的各组各类节理中占有主导地位。节理延长规模一般为数十米以至上百米。如衡阳盆地中北东向和北西向节理，粤北红色岩层中与峰林地貌发育有密切关系的近直立节理，均应属主节理。这种主节理与一般节理往往不是在同一次构造作用中形成的，而是更广大区域构造活动的产物。

5.4.2 系统性节理和非系统性节理

在区域性节理发育中，根据节理排列组合的规律程度，可将其分为系统性节理和非系统性节理。系统性节理在节理产状、方位、组合、排列、间距等方面具有规律性。这种规律性节理一般是构造导致的，或者与某种构造具有成因关系。在工作中应注意观测这种规律性及其变化，探求其与一定构造的关系。

与系统性节理对应的是非系统性节理。非系统性节理可以是构造导致的，也可以是非构造导致的。非系统性节理也可能是原先系统性节理因后期构造作用的叠加或改造破坏了原来的系统性而造成的。所以不应忽视成片的非系统性节理，尤其应注意大片系统性节理中的局部非系统性节理。

一般来说，节理是一种脆性变形，是地壳浅层次的构造。随着深度的增加，温度和压力的增大，岩石的塑性会相应增高，因此节理的发育程度也发生相应变化。自地表向深部，节理会越来越闭合直至逐渐消失。至于消失深度，因地而异，也无准确数据，估计不会超过10 km。但从超深钻提供的资料分析，消失的深度可能比原先估计的要大。

5.4.3 节理在分析区域构造中的作用和问题

节理与一定构造和构造应力场常常具有特定关系，因此常常利用节理来研究其所在的大型构造和构造应力场。但是利用节理来研究构造应力场有很大的局限性。

总之，在利用节理分析区域应力场时应审慎对待，以下几点应予考虑：

(1)要把节理观测与节理所在的构造和构造背景联系起来进行研究；

(2)建立节理组合样式及空间展布和变化趋势的模型；

(3)结合区域变形史分析并确立分期配套；

(4)根据节理脉的内部结构和相应构造分析其动力学和运动学过程以及形成层次。

5.4.4 利用节理资料探讨构造应力场

虽然利用节理恢复古构造应力场存在着上述问题,但是在构造变形微弱或未遭受多次变形地区,统计分析共轭剪节理及其反映的应力状态,在一定程度上有助于恢复古构造应力场。

恢复古构造应力场首先要确定三个主应力轴的空间方位。而共轭剪节理在这方面可以提供简便而有意义的依据。如前所述,共轭剪节理的交线平行于中间主应力轴 σ_2,它们的夹角平分线分别为最大主应力轴和最小主应力轴(σ_1 和 σ_3)。分析确定 σ_1 和 σ_3 在共轭剪节理中所在的方位后,可利用赤平投影求出各个观测点上的应力状态,绘出主应力网络,进而分析出该区许多点上的应力状态。但节理在分析区域构造的作用中存在以下问题:

(1)形成时期难确定;

(2)运动方向及规模难确定;

(3)成因复杂(包括非构造成因);

(4)多期叠加改造。

5.4.5 节理调查

节理是岩石中没有明显位移的断裂,对节理研究有助于分析大一级构造成因机制和恢复古构造应力场。在调查过程中应注意观测和描述以下主要内容:

(1)节理的产状;

(2)节理的性质及节理的特征;

(3)节理的分期配套(有重点地调查);

(4)节理的充填情况(注意含矿性);

(5)节理与层理及大构造的关系;

(6)节理组合形式。

必要时,可做节理统计,为应力场分析提供资料。

5.5 不同地质背景上发育的节理

构造节理是区域构造运动的产物,它与构造运动中形成的褶皱、断层和区域构造在几何特征、形成作用和发展演化上都具有密切关系。探讨这些关系不仅对研究节理,而且对研究区域构造都有重要意义。

5.5.1 与褶皱有关的节理

与褶皱有关的节理在很大程度上取决于褶皱的形成方式和发展进程。例如,纵弯褶皱上发育的节理与横弯褶皱上发育的节理就明显不同;在纵弯褶皱的不同发育阶段和不同构造部位发育的节理也不相同。由于地质构造的复杂性和人们认识客观事物的相对局限性,对于与褶皱有关节理的认识,目前仍有较多分歧。以下着重分析一下与纵弯褶皱有关的节理。

褶皱发育之初,岩层在水平挤压作用下可能孕育了一对与挤压方向(σ_1)斜交的共轭剪裂面,其交线(σ_2)与层面垂直。这对孕育状态的共轭剪裂面在褶皱作用进一步发展中常被新形成的节理所利用和改造,一般不能保存。所以褶皱上发育的节理主要是在褶皱发育的中期或晚期发生的,是引起褶皱的区域性应力和褶皱形成过程中派生的局部应力作用的结果。

1. 纵弯褶皱岩层中可能发育的节理

与纵弯褶皱有关的张节理有两组，一组纵张节理，一组横张节理。纵张节理主要发育于背斜转折端上，在褶皱横截面上排列成扇状，单个节理为尖端向下的楔形。随着背斜的不断隆起，张节理也不断从外侧向内核发展。当枢纽为水平产状时，纵张节理形成的应力状态是 σ_1 直立或近直立，σ_2 水平纵向（平行枢纽），σ_3 水平横向（垂直枢纽）垂直节理面。而横张节理形成的应力状态是 σ_1 水平横向，σ_2 直立，σ_3 水平纵向垂直节理面（图 5－28）。虽然一些学者强调纵张节理主要发育于背斜转折端，横张节理主要发育于向斜核部（图 5－29），但是也常常见到纵张节理和横张节理同时出现在一个背斜上。σ_1 在背斜中与枢纽平行，在向斜中与枢纽垂直（图 5－30）。他们强调这对共轭剪节理是局部应力场引起的。

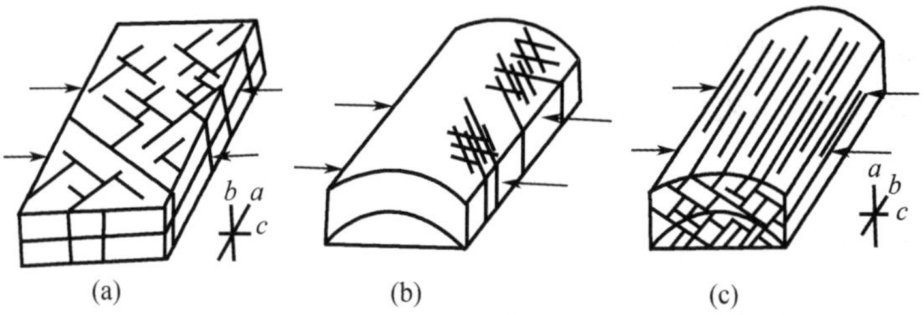

图 5－28　水平挤压下褶皱发育之初可能孕育的共轭剪节理

注：右下角为应变椭球体三个应变轴方位。

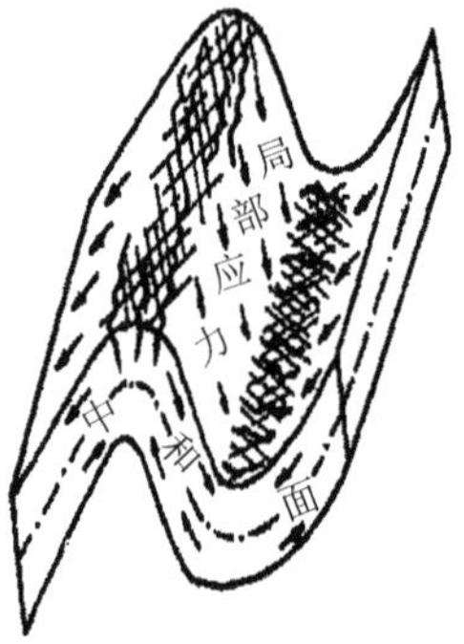

图 5－29　背斜、向斜局部应力派生的剪节理及追踪张节理

（据张文佑，1965）

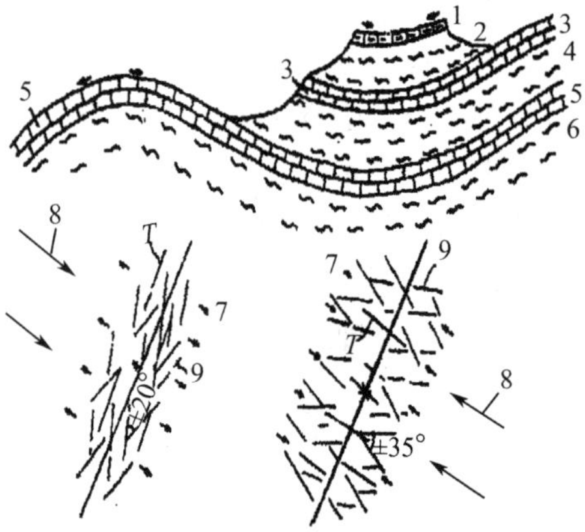

1，3，5—石灰岩；2，4，6—泥灰岩；7—局部应力；8—区域挤压力；9—剪节理及断裂；T—张节理。

图 5－30　阿尔及利亚一对相邻背斜和向斜中不同方位的节理

（据 L. U. de Sitter，1956）

野外观测和模拟实验均表明，褶皱上的斜向共轭剪节理，既可以是局部应力引起的，也可以是引起褶皱的区域作用应力引起的。翼部层间滑动引起的剪节理已在褶皱一章中讨论。

除上述张节理和共轭剪节理外，有时在垂直褶皱枢纽的横截面上见到一对与枢纽近平行的共轭剪节理。这对共轭剪节理在褶皱剖面上成交叉状，锐角分角线（σ_1）或近水平或近直立。

2. 横弯褶皱作用形成的节理

在一些横弯褶皱作用形成的穹状背斜上，穹拱部分普遍处于引张状态，常常形成一系列放射状或同心圆状张节理。

5.5.2 与断层有关的节理

在断层作用中由于断层两盘相对错动引起的派生应力作用，断层两侧常常会发育一套节理。这些节理与断层具有一定的几何关系，可为分析研究断层提供一定依据。

1. 羽状张节理

断层两侧的羽状张节理一般是在断层活动时派生应力活动的产物。节理成羽状斜列，常与断层面成锐角相交，与断层所交的锐角指示本盘运动方向。羽状张节理与断层的关系所反映的应力状态是：节理与断层面的交线代表 σ_2，与张节理垂直的方向代表 σ_3，σ_1 垂直于 σ_2 并位于张节理面上。因此，羽状张节理对分析断层两盘相对运动时的应力状态具有一定意义。

2. 伴生剪节理

在形成断层的统一应力场下，可以形成两组剪节理，一组与断层面平行，一组与断层面斜交。在理想情况下，两组节理的锐交角平分线代表 σ_1 方位。在正断层中，σ_1 直立；在逆冲断层中，σ_1 水平并与断层走向直交；在平移断层中，σ_1 水平并与断层走向以小于45°的交角相交（图5－31）。

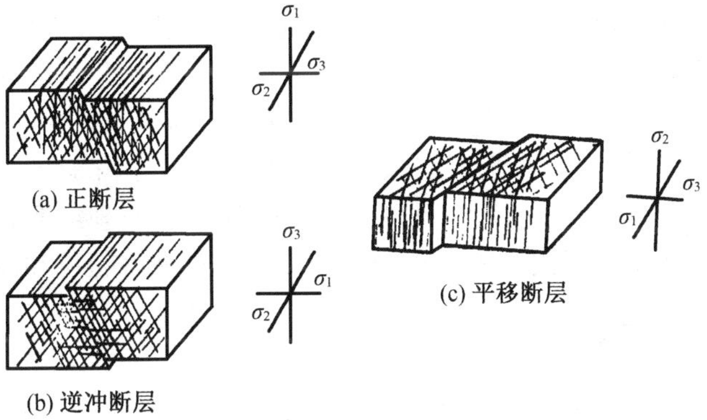

图5－31 与正断层、逆冲断层和平移断层伴生的节理

（据 M. Mattauer，1980）

3. 派生剪节理

断层两盘相对运动引起的派生应力场，也可以形成两组剪节理（S_1 和 S_2）。S_1 节理组与断层面呈大角度相交，一般不太发育，方位也不太稳定，不宜用来判别断层两盘的相对运动方向。另一组节理（S_2）与断层面呈小角度相交，其交角一般不超过15°，相当于剪切羽裂，与断层面所交锐角指示本盘运动方向（图5－32）。

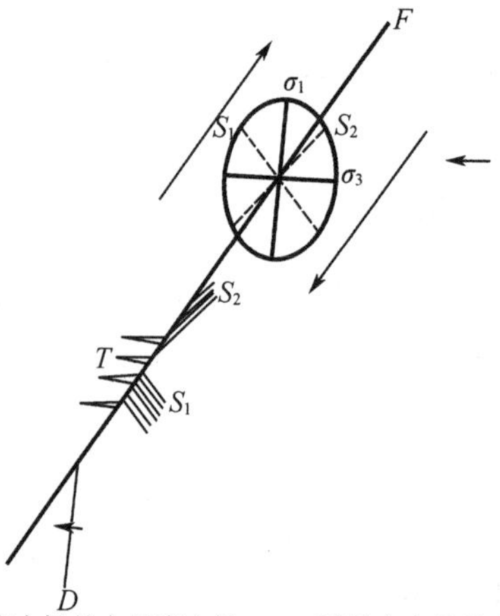

F—主断层；σ_1—诱导应力场的主压应力轴；σ_3—诱导应力场的主张应力轴；

S_1、S_2—伴生剪节理；T—伴生张节理；D—拖褶皱。

图 5－32　断层伴生节理与拖褶皱综合示意图

（据武汉地质学院等四院校合编的《构造地质学》，1979）

5.6　节理的野外观测

尽管研究的任务和目的不同，但目前研究节理的基础都是大量测定、观察和统计。在统计基础上，结合地质构造等有关资料、测试结果和模拟实验进行分析。下面所讨论的主要是一般性区域构造研究中节理观测的内容和方法。

一些地区或地段上的节理，尤其是主节理常常清晰地显示于航片甚至卫片上。在野外工作前的准备阶段对航片和卫片进行解译，概括地宏观认识工作区节理的特点和规律，常会收到事半功倍之效。在航片和某些卫片上，可以初步分析和确定：节理组系的方位、产状及其与各级构造的关系；节理的组合形式及其变化；节理的发育程度、展布范围和被充填情况等。

5.6.1　观察点的选定

观察点的选定取决于任务，一般不要求均匀布点，而是根据地质情况和节理发育情况布点，做到疏密适度。选定观察点时还要考虑以下几点：

（1）露头良好，最好能在三维空间观测，其露头面积一般不小于 10 m^2，便于大量测量；

（2）构造特征清楚，岩层产状稳定；

（3）节理比较发育，组系及其相互关系比较明确；

（4）观测点应选在构造上的重要部位，在不同构造层、不同岩系和不同岩性层中都应布点。

5.6.2　观测内容

节理的观测主要包括以下几方面。

1. 地质背景的观测

在对节理进行观测前，首先应了解观察地段的地质背景，其中包括构造层及其组成、地层及其产状、岩性及成层性、褶皱和断层的特点，以及测点所在的构造部位等内容。

2. 节理的分类和组系划分

对节理要进行分类、划分组系，如有主节理发育，应区分主节理和一般节理。如果在工作之初不能对节理进行分类或划分组系时，在收集到一定资料后应及时进行分析概括。

3. 对节理进行分期和配套

节理的分期和配套主要应在野外进行，野外与室内相结合，反复检验。

4. 节理发育程度的研究

岩性和层厚对节理的发育有明显影响。在塑性岩层中剪节理较张节理发育；在同一应力状态下，塑性岩层中主要发育剪节理，脆性岩层主要发育张节理；塑性岩层中共轭剪节理的夹角常比脆性岩层中的夹角大；节理的间距（或密集程度）也因岩性和岩层厚度而有差异。

岩层的厚度影响节理发育的间距，岩层越厚节理间距越大。由于层面的发育会降低岩石的强度，因此岩性相同而层厚不等的岩石，在同样外力作用下，薄层中的节理间距小、密度大。节理发育程度常以密度或频度表示。节理密度或频度是指节理法线方向上单位长度内的节理条数。如果几组节理都很陡，可以选定单位面积测定节理数。

5. 节理的延伸

从节理与岩层的关系，可将节理分为层内节理和穿层节理。在观测节理顺走向的延伸上，应注意节理的平行性和延伸长度。对于区域性节理，应注意节理走向在区域范围的变化趋势。

6. 节理组合形式的观测

岩石中的几组节理，常组合成一定形式，将岩石切成形状和大小各不相同的块体。要注意观察节理组合形式和截切的块体所表现出的节理整体特征。节理切割的岩块的大小和形状，对油藏的泄油和运移十分重要。对区域性剪节理中的等距性和分级等距性，应注意测定。

7. 节理面的观察

在节理的野外研究中，应注意节理面的观察。观察内容包括节理面的形态和结构细节，节理面的平直程度，节理面是否有擦痕和构造，微剪切羽裂及其与主剪节理的几何关系。

8. 节理含矿性和充填物的观察

节理常常是重要的含矿构造，应注意节理是否含矿以及含矿节理占节理总数的百分数。

节理常常被石英、方解石等矿物充填。充填脉的晶体常显示纤维状的习性。应注意观测纤维晶体的方位及其与节理壁的几何关系。

5.6.3 节理的测量和记录

在节理观察点上，对上述各方面进行观察的同时，要进行测量和记录。

节理产状的测定方法与测定岩层产状要素一样。当节理面未充分揭露而不易测量时，可将一硬卡片插入节理内，直接测量卡片的产状。当节理产状不太稳定而数据精度要求很高时，应逐条进行测量。如果节理按方位和产状分组明显，也可分组测量，每组中测量有代表性的几条节理，然后再统计这组节理的数目。

测量和观察的结果一般填入特定表格或记在专用野外工作簿中，以便整理。记录表格可根据目的和任务编制，一般性节理观察点记录表格见表 5－3。

表 5-3 一般性节理观察点记录表

点号及位置	地层时代层位和岩性	岩层产状和构造部位	节理产状	节理组系及其力学性质和相互关系	节理分期	节理密度	节理面特征及充填物	备注

5.7 节理测量资料的整理

在野外对节理进行观测并收集了大量资料后，应及时在室内加以整理，并进行统计分析，以查明节理发育的规律和特点及其与该区有关构造的关系。节理的整理和统计一般采用图表形式，主要有玫瑰花图、极点图和等密图等。近年来，多用计算机处理节理测量结果。

5.7.1 基本节理图

节理图类型很多，各有特点和优缺点，分述如下。

1. 节理玫瑰花图

节理玫瑰花图编制简便，反映节理方位趋势比较明显，是统计节理的一种较常用的图式。节理玫瑰花图分为走向玫瑰花图和倾斜玫瑰花图两类。

节理走向玫瑰花图主要反映节理的走向方位，并在半圆内作图。如图 5-33 所示，明显地显示出有三组最发育的节理，走向方位角分别是 10°~20°、70°~80°、310°~320°。这种图不能反映各组节理的倾斜方向，因此多用于统计产状直立或近直立的节理。为了表示不同性质的节理，可以分别编制不同性质的节理走向玫瑰花图，或在一幅图上用不同色调分别表示不同性质的节理。节理倾斜玫瑰花图是根据节理的倾角或倾向编制的，它需要在整圆内作图。

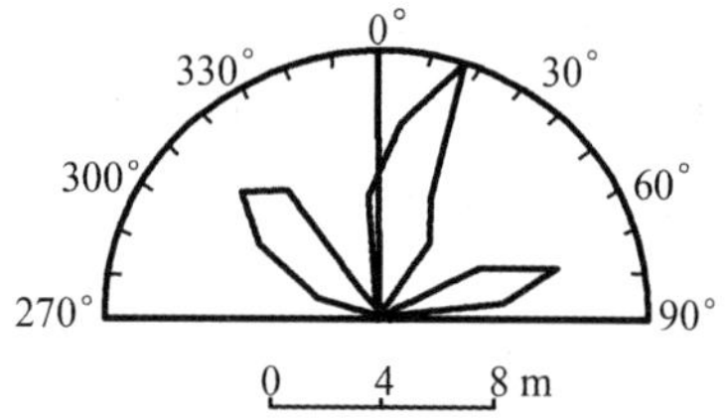

图 5-33 节理走向玫瑰花图

2. 节理极点图

节理极点图是用节理法线的极点投影绘制的。图 5-34 是按节理面法线产状投影到投影网（吴氏网或施氏网）上的节理极点图。图上半径方位代表节理倾向，自正北（0°）顺时针转动 360°，半径长度可表示节理倾角，自圆心到圆周为 0°~90°。极点图的优点是编制简便，所表示的各个节理的产状比较准确，能明确反映节理发育的优势方位。不过此图所反映的节理优势方位也是定性的，为了更准确地反映其发育程度和优势方位，我们采用等密图。

3. 节理等密图

节理等密图是在节理极点图上编制的。如果极点图是在等面积网上制作的，则用密度计统计节理极点（图 5-35）；如果极点图是在吴氏网上制作的，则用普洛宁网统计节理极点。在标有节理极点密度的透明纸上，用插入法勾绘出节理极点等值线，并将各等密度线区间的节理极点数换算成极点百分数，即成等密图（图 5-36）。等密图的绘制比较费工，但这种图能比较准确地反映出节理发育程度及其优势方位，在节理研究中较常采用。

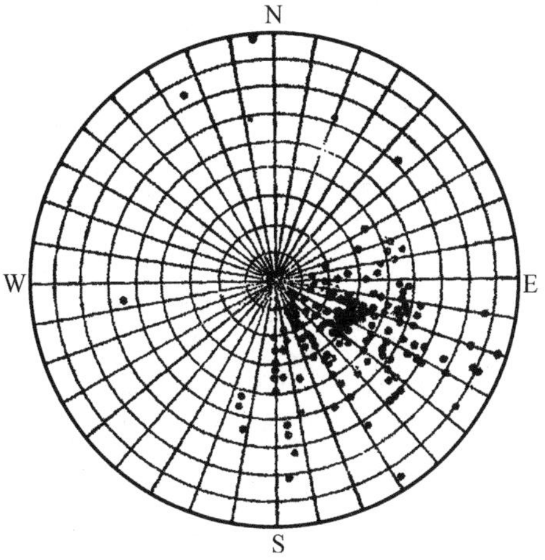

图 5-34 节理极点图(用赖特网)

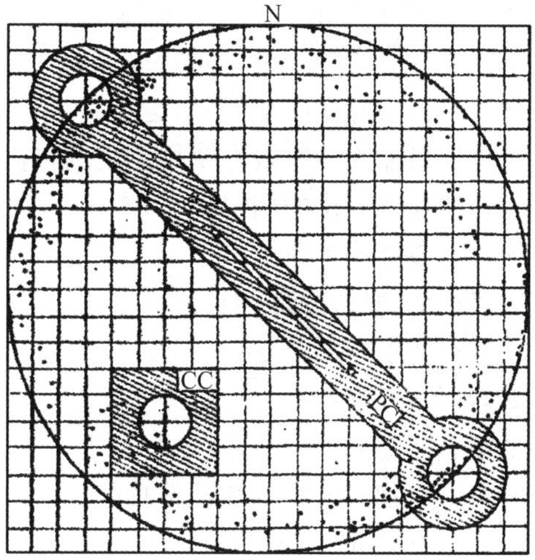

图 5-35 用边缘密度计(PC)及中心密度计(CC)统计节理极点

(据 M. P. 毕令斯,1947)

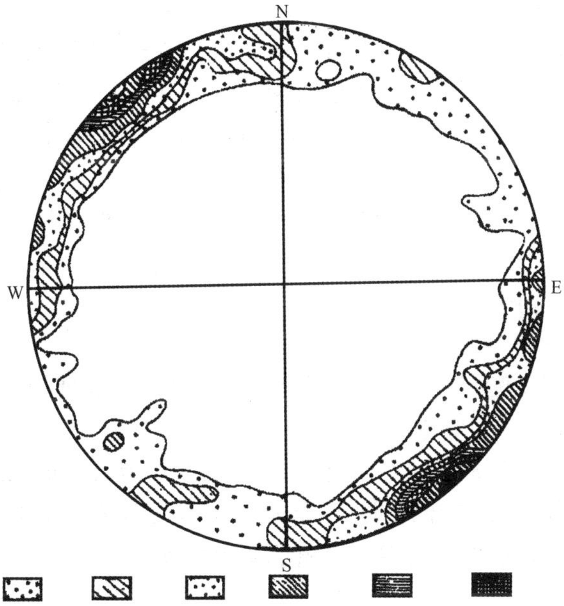

图 5-36 节理等密图(据 M. P. 毕令斯,1947)

5.7.2 节理资料的电算处理

利用电子表格(Excel)可以方便快捷地统计制作出节理图来。

1. 构造地质学软件包——Struckit 的介绍

中国地质大学地球科学学院(湖北武汉)周继彬等吸取国内外构造软件的优点,设计开发出国内第一个 win32 构造地质学软件包——Struckit。该软件是基于 Visual Basic 6.0 开发完成的,具有用户熟悉的 windows 图形界面,结果多以图形显示,功能集成性和直观性都很好。

Struckit 集成了 12 项功能，具体包括：

①岩石有限应变测量反向轮法；

②岩石有限应变测量的 Fry 法；

③横模型非均匀有限应变场测定的陈氏网格法；

④构造优势方位的确定；

⑤绘制节理玫瑰花图；

⑥岩组图的计算机绘制；

⑦三点法求岩层产状；

⑧岩层真厚度计算；

⑨断裂线曲率计算；

⑩能干层褶皱流变参数计算功能；

⑪褶皱 π 图解；

⑫褶皱 β 图解。

上面的 12 项功能，分别完成了相应的原理，并经过笔者实际验证和工作上的使用，运行良好，Struckit 对构造研究有较大的帮助，可减轻人力、物力，提高效率；此外，还可用于构造地质教学。

(1)构造优势方位的确定

该功能程序是根据构造产状在等面积网(施密特网)上投图方法编制的。首先，转换面状或线状产状为平面二维坐标。其次，在等面积网上投点，得到构造产状极点图，再利用网格法等值线原理，画出产状等密图，同时还可根据不同等级的等值线求出优势中心。

(2)节理玫瑰花图

节理玫瑰花图按统计方法，得到每 10°间隔内的产状数目，并以图形显示在表示方位的圆内。

2. 节理玫瑰花图分析运用

(1)运用玫瑰花图分析区域构造

玫瑰花图作法简便，形象醒目，能够比较清楚地反映出主要节理的方向，有助于分析区域构造。最常用的是节理走向玫瑰花图。

分析玫瑰花图，应与区域地质构造结合起来。因此，常把节理玫瑰花图按测点位置标绘在地质图上，这样就能清楚地反映出不同构造部位的节理与构造(如褶皱和断层)的关系。综合分析不同构造部位节理玫瑰花图的特征，就能得出局部应力状况，甚至可以大致确定主应力轴的性质和方向。

走向节理玫瑰花图多应用于节理产状比较陡峻的情况，而倾斜玫瑰花图多用于节理产状变化较大的情况。

(2)利用节理玫瑰花图恢复古构造应力场

把节理观测点位置及每个观测点的节理玫瑰花图，分别直接标绘在研究区的构造纲要图上，用以反映节理的发育情况与研究区地质构造的关系，定性地分析古构造应力场的状态(图 5－37)。

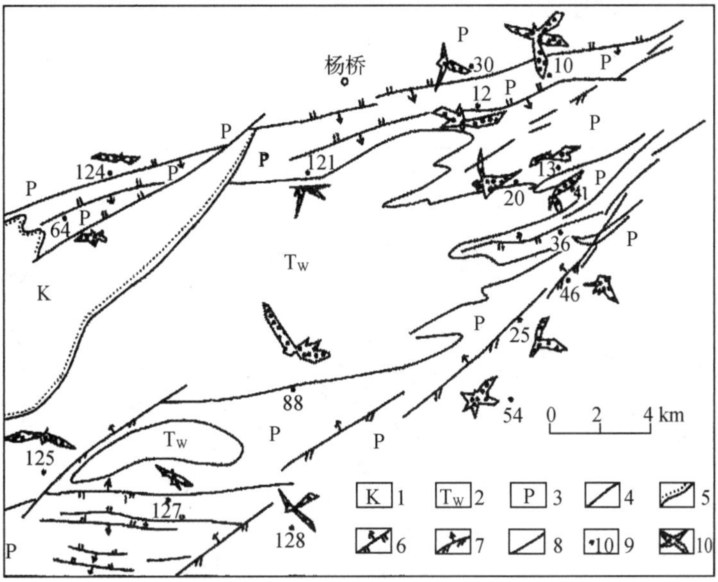

1—白垩系;2—下二叠统大冶组;3—二叠系;4—地层界线;5—地层不整合界线;6—逆断层线;7—逆时针扭动的逆断层线;8—性质不明的断层线;9—节理观测点;10—节理倾斜玫瑰花图。

图 5-37 江西某矿区构造纲要略图暨节理倾向玫瑰花图(据谢仁海等,1991)

(3)利用节理等密度图恢复古构造应力场

平面共轭 X 形剪节理系或剖面共轭 X 形剪节理系,都能反映三个主应力的空间方位。如前所述,共轭 X 形剪节理系中的两组剪节理,所夹锐角的平分线与最大主应力 σ_1 方位平行,所夹钝角平分线与最小主应力 σ_3 方位平行,两组剪节理的交线与中间主应力 σ_2 方位平行。因此,先在每个节理等密度图上找出所有的极密区及其极密点,每个极密点都代表了一组发育的节理组;然后进行配套,确定出平面或剖面共轭 X 形剪节理系;再根据共轭 X 形剪节理系与三个主应力方位的关系,确定出三个主应力方位(图 5-38)。需要注意,最理想的是能找到平面共轭 X 形剪节理系,仅有剖面共轭 X 形剪节理系也能使用,如果两者都找不到,此点即为无效。具体方法参考附录Ⅱ中有关实习内容。

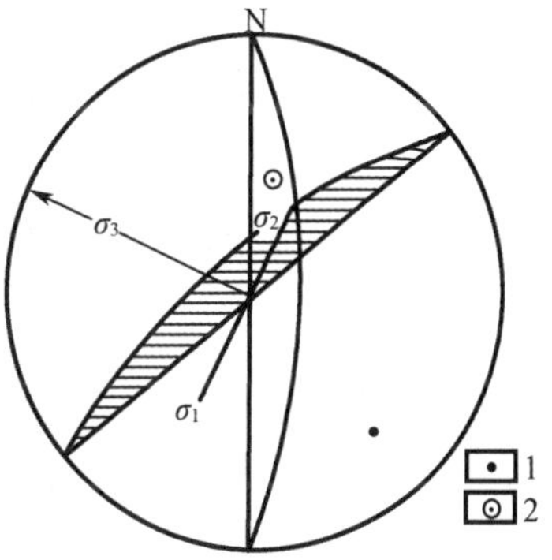

1—节理密度的极密点;2—岩层面极点。

图 5-38 利用等角距节理等密度图确定一对平面共轭 X 形剪节理系和相对应的三个主应力方位示意图

把有效的节理观测点、每个点的节理等密图(或经简化后的共轭 X 形剪节理系和对应的三个主应力轴的赤平投影图)标绘在研究区的构造纲要图上,并画出最大、最小主应力和主剪应力迹线(或者只画出最大主应力迹线),即为该区的古构造应力网络图(图 5-39)。该图更形象地反映了研究区古构造应力场的状态,及其与地质构造的关系。

一般来说,利用节理统计来恢复古构造应力场,主要适用于变形不太强的地区,而且应该结合全区有关地质构造进行全面分析。如果仅仅根据局部地段的有限节理统计成果进行分析,很难得出正确的结论。尤其应该注意,在一个地区往往会受到多次构造运动的作用,后期形成的节理叠加在前期节理之上，前期节理又被后期节理利用或改造；即使只经历一次构造运动，但在不同阶段或同一构造的不同部位，也可以出现不同的节理。所以，利用节理统计恢复古构造应力场，必须十分谨慎。

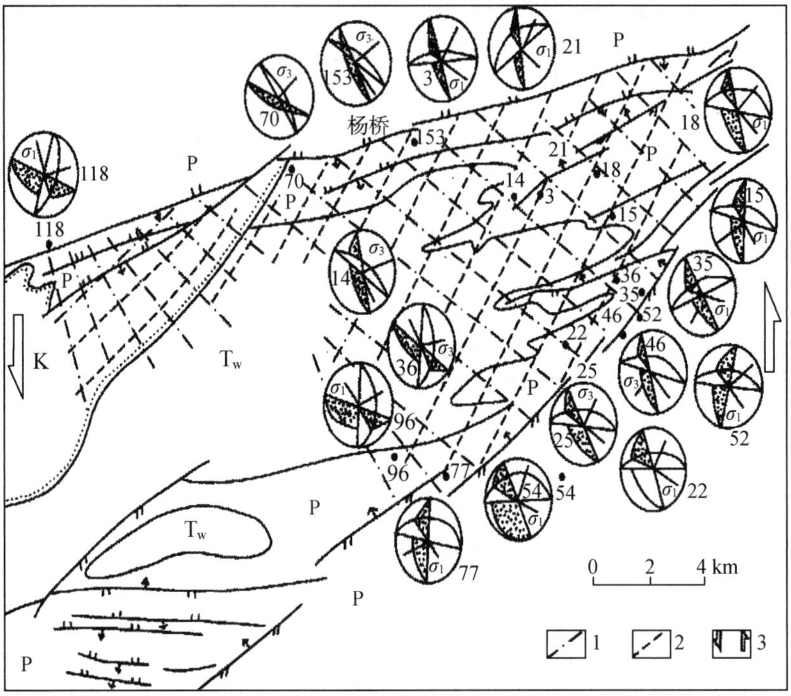

1—最大主应力迹线；2—最小主应力迹线；3—区域力偶作用方向。

图 5－39　江西某矿区构造纲要略图暨古构造应力场网络示意图（据谢仁海等，1991）

复习思考题

1. 何为节理？
2. 节理按力学性质可以分成几类，各类有哪些特征？
3. 选择节理观测点应注意什么？
4. 如何进行节理的分期配套？
5. 研究节理有何意义？
6. 如何利用节理确定主断层的移动方向？

第6章 断 层

断层(图6-1)是岩层或岩体顺破裂面发生明显位移的构造。断层在地壳中广泛发育,是地壳中最重要的构造之一。大断层常常构成一定地区的构造格架。一些区域性巨型断层不仅控制或影响区域地质构造的结构和发展,而且常常控制和影响区域成矿作用,并以其为背景形成区域成矿带。一些中、小型断层直接决定了某些矿体的形态和产状,对石油、天然气、地下水等矿藏的分布、储聚和运移也有重要影响,尤其是现代活动性断层更直接影响水工建筑和地震活动,所以断层的研究不论在理论上还是实践上均具有十分重要的意义。

T_1dy^3—三叠系下统大冶组上段薄层灰岩;T_1dy^2—大冶组中段厚层灰岩;

T_1dy^1—大冶组下段薄层含炭灰岩;F—断层。

图6-1 湖北巴东新家戴家湾断层(据蓝淇峰等《野外地质素描》)

断层规模的大小相差悬殊,小的只有几厘米,大的可在地面上延长几千千米。

地壳表层岩石一般为脆性,随着向地下深处温度和压力的增高,岩石也由脆性转变为韧性。因此,地壳岩石中断裂主要表现出层次性,浅层次形成脆性断层或简称断层;在较深和深层次形成韧性断层或称韧性剪切带;两者之间还存在一个过渡层次。脆性断层和韧性剪切带构成了断层的双层结构。本章的中心内容为脆性断层,也简单介绍韧性剪切带的基本概念和特征。

6.1 断层的几何要素和位移

6.1.1 断层的几何要素

断层的形态及规模大小虽然千差万别,但归纳起来,每条断层都由几个基本几何要素组成,简称断层要素。断层要素包括断层面、断层线、断盘和断距(图6-2)。

1. 断层面

断层是一种面状构造。断层面是一个将岩块或岩层断开成两部分并借以滑动的破裂面。断层面的空间位置由其走向、倾向和倾角确定。断层面往往不是一个产状稳定的平直面,顺走向或倾向都会发生变化。

大的断层一般不是一个简单的面,而是由一系列破裂面或次级断层组成的带,即断层(裂)带。断裂带内还夹杂或伴生有搓碎的岩块、岩片及各种断层岩。一般来说,断层规模越大,断裂带也越宽越复杂。大断裂带还常常呈现分带性(图6-2中5)。

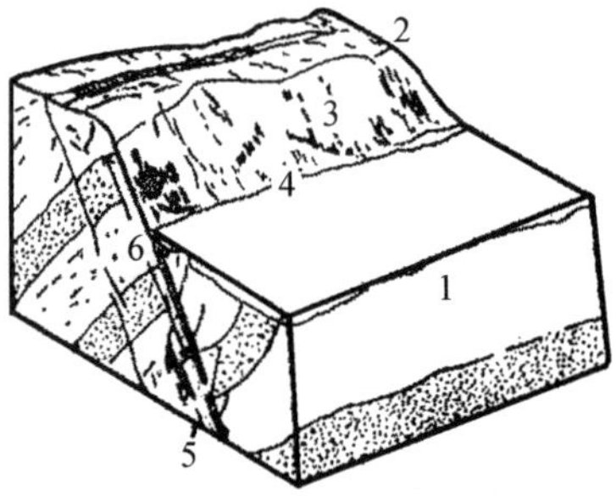

1—上盘;2—下盘;3—断层面;
4—断层线;5—破碎带;6—断距。

图6-2 断层要素(据武汉地质学院等四院校合编的《构造地质学》)

断层带的宽度不一,一般随断层性质和规模而异,可由几厘米至几十米,或者更大。

2. 断层线

断层线是断层面与地面的交线,即断层在地面的出露线(图6-2中4)。断层线的弯曲形态决定于断层面的弯曲程度、断层面的产状以及地面的起伏。断层线的形态随断面倾角和地形起伏而异,断层面倾角越缓,地形起伏越大,断层线的形态也越复杂。

断层线是主要地质界线之一,它反映断层在地表的延伸情况。在地形起伏的情况下,断层面倾斜时,断层线按"V"字形法则的规律出露和展布。因此,在地质图上,断层线可以是直线,也可以是曲线,在特殊情况下,甚至可以成为封闭的曲线。

3. 断盘

断盘是断层面两侧沿断层面发生位移的岩块。如果断层面是倾斜的,位于断层面上侧的一盘为上盘,位于断层面下侧的一盘为下盘(图6-2中的1,2)。如果断层面是直立的,则可按断盘相对于断层走向的方位描述,如东盘、西盘或南盘、北盘等。

6.1.2 断盘的相对位移和断距

1. 断盘的位移

断层两盘的相对运动可分为直移运动和旋转运动。在直移运动中两盘只发生相对平移,根据两盘的相对升降关系,可将沿断层面相对上升的一盘,称上升盘(或称仰侧),相对下降的一盘,称下降盘(或称俯侧)。应该注意的是上盘并不等于上升盘,下盘并不等于下降盘。二者之间可以是一致的,但也可以相反。如图6-2中的上盘就是下降盘,下盘反而是上升盘。如断层面呈水平状态,就无上升盘与下降盘之分。

2. 断距

断距是断层两盘相对位移距离的泛称。在对断层进行观察和研究时,不仅要研究断盘位移的方向,而且还要研究其相对位移的大小,即断距大小。

断层位移的方向和大小在理论上尤其在生产实践上具有重要意义。因此,在断层研究中应注意测定断距。断层位移的测定比较复杂,它受多种因素影响,人们从不同角度提出了各种不同的断距划分方案和繁多的术语。现在介绍的是一些比较通用的术语。

(1)滑距

滑距是指断层两盘实际的位移大小,是根据错动前的一点,错动后分成两个对应点之间的实际距离。两个对应点之间的真正位移大小称为总滑距(图 6－3(a)中 ab)。

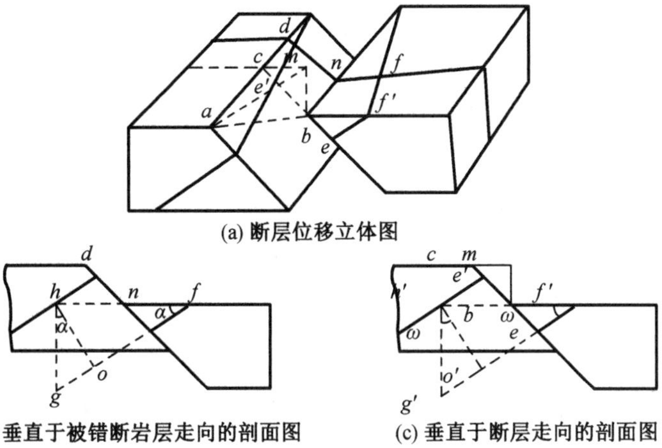

(a) 断层位移立体图

(b) 垂直于被错断岩层走向的剖面图　　(c) 垂直于断层走向的剖面图

ab—总滑距;ac—走向滑距;cb—倾斜滑距;am—水平滑距;ho—地层断距;$h'o'$—视地层断距;

$hg=h'g'$—铅直地层断距;hf—水平地层断距;$h'f'$—视水平地层断距;α—岩层倾角;ω—岩层视倾角。

图 6－3　断层滑距和断距

总滑距在断层面走向线上的分量称为走向滑距(图 6－3(a)中 ac)。走向滑距与总滑距之间的锐夹角 $\angle cab$ 为总滑距或擦痕的侧伏角。

总滑距在断层面倾斜线上的分量称为倾斜滑距(图 6－3(a)中 cb)。

总滑距在水平面上的投影长度称为水平滑距(图 6－3(a)中 am)。

总滑距、走向滑距、倾斜滑距在断层面上构成直角三角形关系。

(2)断距

断距是指被错断岩层在两盘上的对应层之间的相对距离。在不同方位的剖面上,断距值是不同的,下面仅将垂直于岩层走向和垂直于断层走向的剖面上的各种断距分述如下。

①在垂直于被错断岩层走向的剖面上可测得的断距有:

地层断距　断层两盘上对应层之间的垂直距离(图 6－3(b)中 ho)。

铅直地层断距　断层两盘上对应层之间的铅直距离(图 6－3(b)中 hg)。

水平地层断距　断层两盘上对应层之间的水平距离(图 6－3(b)中 hf)。

②矿山开采中,为设计竖井和平巷的长度,还常常采用平错和落差一类断距术语。如图 6－4 所示,在垂直岩层走向的剖面上,ΔXYZ 为一直角三角形,XY 为落差,YZ 为平错。

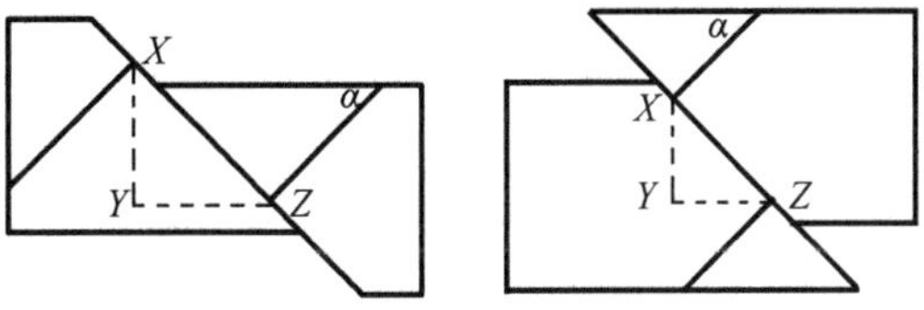

图 6－4　断层平错(YZ)和落差(XY)

6.2 断层分类

断层分类是一个涉及较多因素的问题,涉及地质背景、运动方式、力学机制和各种几何关系等因素,因此有各种不同的断层分类。现在只对目前常用的分类进行介绍。断层分类见表6-1。

表6-1 断层分类一览表

分类依据	类型	
按断层两盘相对运动分类	正断层	
	逆断层	高角度逆断层:倾角一般大于45°
		低角度逆断层:倾角一般小于45°
		逆冲断层:位移显著、角度低缓
	平移断层	右旋平移断层
		左旋平移断层
	平移-逆断层:以逆断层为主,兼平移性质	
	平移-正断层:以正断层为主,兼平移性质	
	逆-平移断层:以平移为主,兼逆断层性质	
	正-平移断层:以平移为主,兼正断层性质	
据断层走向与所切岩层走向的方位关系分类	走向断层:断层走向与岩层走向基本一致	
	倾向断层:断层走向与岩层走向基本直交	
	斜向断层:断层走向与岩层走向斜交	
	顺层断层:断层面与岩层面等原生地质界面基本一致	
据断层走向与褶皱轴向或与区域构造线的方位关系分类	纵断层:断层走向与褶皱轴向一致或与区域构造线基本一致	
	横断层:断层走向与褶皱轴向直交或与区域构造线基本直交	
	斜断层:断层走向与褶皱轴向斜交或与区域构造线斜交	

6.2.1 根据断层与有关岩层、褶皱构造的几何关系分类

1. 按断层走向与所切岩层走向的方位关系分类

依据断层走向与所切岩层走向方位的关系,断层可分为以下几类(图6-5)。

(1)走向断层

走向断层是指断层走向与岩层走向基本一致的断层。

(2)倾向断层

倾向断层是指断层走向与岩层走向基本直交的断层。

(3)斜向断层

斜向断层是指断层走向与岩层走向斜交的断层。

(4)顺层断层

顺层断层是指断层面与岩层层理等原生地质界面基本一致的断层。

2. 按断层走向与褶皱轴向或区域构造线之间的几何关系分类

依据断层走向与褶皱轴向或区域构造线之间的几何关系,断层可分为以下几类(图6-6)。

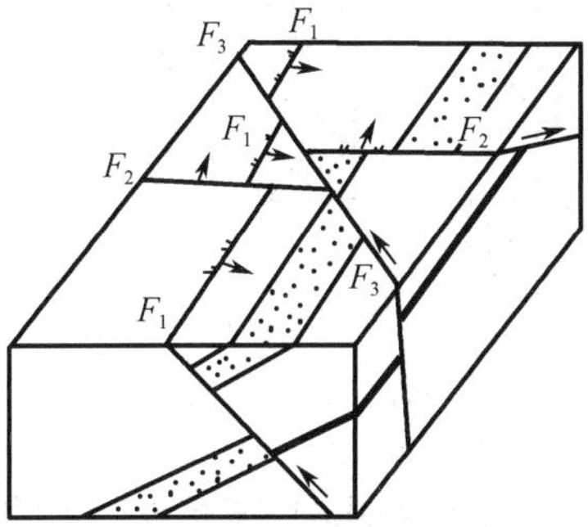

F_1—走向断层;F_2—倾向断层;F_3—斜向断层。

图6-5 断层走向与岩层走向的关系

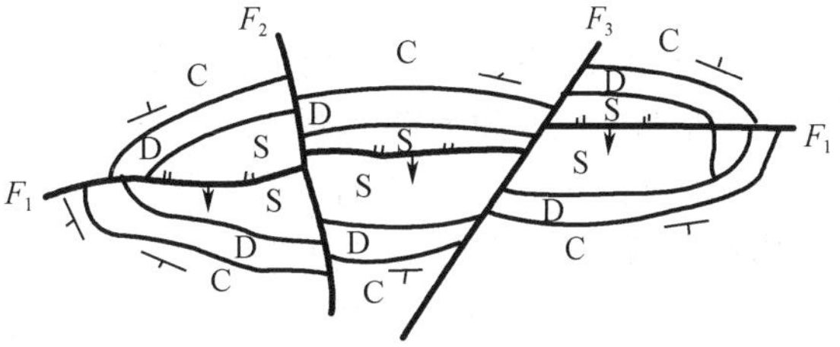

F_1—纵断层;F_2—横断层;F_3—斜断层。

图6-6 断层走向与褶皱轴向的关系

(1)纵断层

走向与褶皱轴向一致或断层走向与区域构造线方向基本一致的断层为纵断层。

(2)横断层

断层走向与褶皱轴向直交或断层走向与区域构造线方向基本直交的断层为横断层。

3. 按断层成因分类

(1)压性断层

地块或岩块受到水平挤压作用时,垂直于压应力(σ_1)方向产生的断层为压性断层。此类断层发育地区的地壳显示缩短,所以也称收缩断层。它经常显示断层上盘相对于下盘向上运动,因此该类断层主要为逆断层及逆掩断层。

(2)张性断层

地块或岩块受到水平拉伸作用时,垂直于张应力(σ_3)方向产生的断层为张性断层。此类断层发育地区地壳显示伸展,或者称为伸展型断层。它经常显示断层上盘相对下盘作向下运动,或者是单纯地地壳拉开,该类断层主要由正断层组成,并经常为岩墙充填。

(3)剪切断层

地块或岩块受到简单剪切作用时产生的断层为剪切断层,断层面陡,沿断层面两盘发生相对水平位移。

6.2.2 根据断层两盘相对位移的方向分类

根据断层两盘的相对运动方向,可将断层分为以下几类。

1. 正断层

上盘沿断层面相对向下位移的断层为正断层(图6-7中1)。

2. 逆断层

上盘沿断层面相对向上位移的断层为逆断层(图6-7中2)。根据断层面倾角大小又可分为高角度逆断层(倾角>45°)和低角度逆断层(倾角<45°,一般在30°左右或更小)。其中位移很大的低角度逆断层又称为逆冲断层。

3. 平移断层

断层两盘沿断层面走向相对位移的断层为平移断层（图 6－7 中 3），又称平推断层或平错断层。平移断层的两盘沿断层面走向相对位移，其两盘相对位移方向有左行和右行之别。左行或右行是指垂直断层走向观察断层时，对盘向左位移者为左行，向右位移者为右行。其中规模巨大的平移断层称为走向滑动断层。

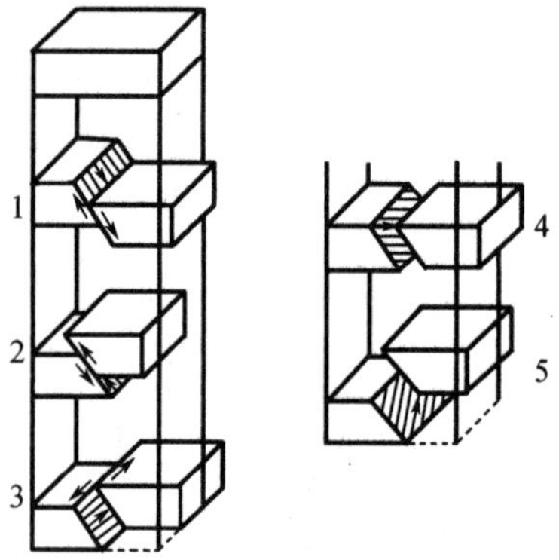

1—正断层；2—逆断层；3—平移断层；
4—正－平移断层；5—逆－平移断层。

图 6－7　按断层两盘相对运动划分的断层和组合性命名

（据 M. Mattauer，1980）

严格地说，正断层和逆断层都只有倾斜滑距而无走向滑距，平移断层只有走向滑距而无倾斜断距。断层两盘往往不是完全顺断层面倾斜滑动或顺走向滑动，而是斜交走向滑动，于是断层常兼具倾向滑动（正或逆滑动）和平移滑动。如果断层两盘沿断层面斜向相对位移，表现出既有倾斜滑距又有走向滑距时，这类断层可采用复合的方式命名，并将反映主要断距的名称放在后面，称之为平移－正（逆）断层（图 6－8 中 5，6，9，10）和正（逆）－平移断层（图 6－7 中 4，5 和图 6－8 中 7，8，11，12）。根据习惯，复合命名中的后者表示主要运动分量。

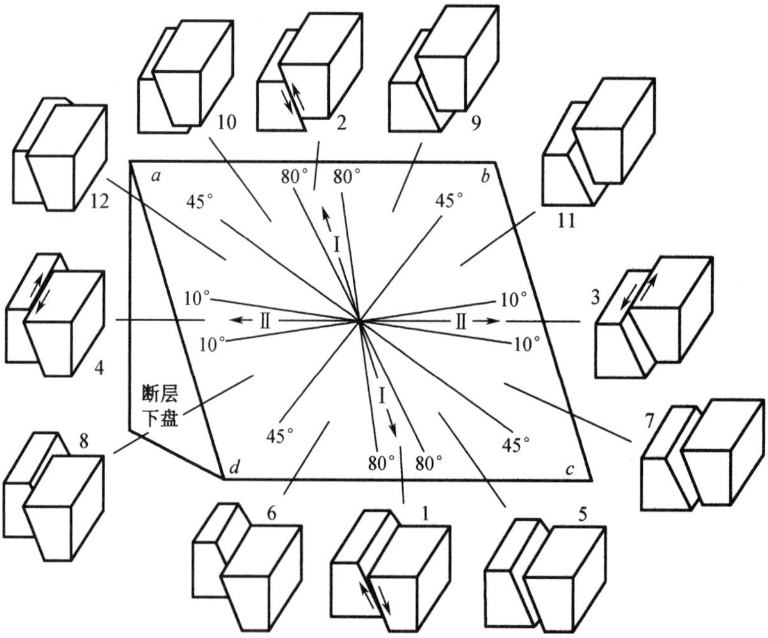

abcd—断层面；Ⅰ—断层面倾斜线；Ⅱ—断层面走向线；10°、45°、80°—断层滑动线的侧伏角；
1—正断层；2—逆断层；3，4—平移断层；5，6—平移－正（逆）断层；
7，8—正－平移断层；9，10—平移－逆断层；11，12—逆－平移断层。

图 6－8　根据断层上盘滑动线侧伏角分类的复合命名示意图

6.3 常见断层的一般特征、组合形式及其成因

6.3.1 正断层

1. 正断层特征

(1)一般特点

正断层是断层上盘沿断层面相对向下滑动的断层。正断层产状一般较陡,大多在45°以上,而以60°~70°者较为常见。不过研究发现,大型正断层的陡直断层面向地下深处常常变缓,总体成铲状或犁式。正断层带内岩石破碎相对不太强烈,角砾岩多带棱角,超碎裂岩较不发育,通常没有强烈挤压形成的复杂小褶皱等现象。

(2)组合形式

正断层有时单独出现,也可在一定范围内和一定地质背景上出现,成群出现时由一系列断层构成特定的组合形式。常见的组合形式如下。

①阶梯状断层。若干条产状大体相同的正断层,各个断层的上盘依次向同一方向滑落,即构成阶梯状断层(图6-9(a))。

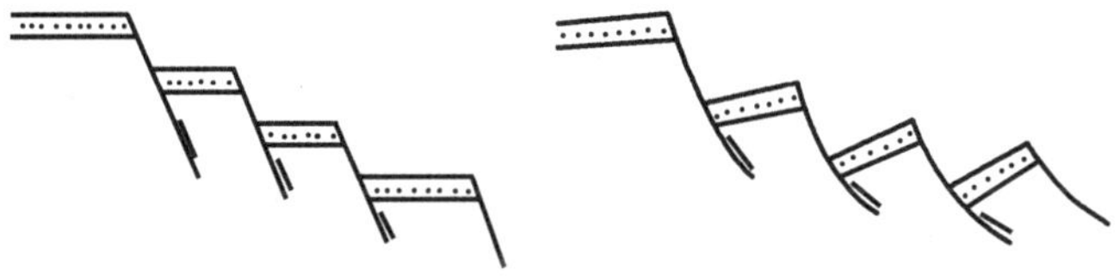

(a)阶梯状断层　　(b)抬斜断块

图6-9 阶梯状断层和抬斜断块示意图

阶梯状断层在区域性抬斜过程中常发生一定旋转形成阶梯状抬斜断块(图6-9(b))。这种阶梯状抬斜断块在地形上表现为单面山与山谷间列景观。一些在地质历史中发育的阶梯式抬斜断块在地形上已不明显,但是可以反映在断陷沉积上,为一系列平行的箕状构造(图6-10)。这类箕状构造在我国东部中、新生代盆地中十分发育。

②地堑。地堑主要由两条走向基本一致的相向倾斜的正断层构成。两条正断层之间有一个共同的下降盘(图6-11(a))。巨型地堑系应属裂谷,下面将专门讨论,这里主要讨论一般规模的大中型地堑。构成大中型地堑边界的正断层常常不是一条单一的断层,而是由数条产状相近的正断层构成一个同向倾斜的阶梯式断层系列。两侧正断层可以是均等发育的,也可以是一侧断层较另一侧发育。地堑虽然主要由正断层构成,但有时也可见由逆断层甚至逆冲断层发育而形成的地堑。不过后者不是在地堑形成同时的统一应力场中形成的,而是地堑形成前期或后期构造活动的结果。

③地垒。地垒主要由两条走向基本一致,倾斜方向相反的正断层构成(图6-11(b))。两条正断层之间有一个共同的上升盘。组成地垒两侧的正断层可以单条产出,也可由数条产状相近的正断层组成,形成两个依次向两侧断落的阶梯状断层带。

从区域地质构造看,地堑比地垒发育更广泛,具有更重要的地质意义。

走向基本一致的地堑、地垒和阶梯状断层组合在一起,成断隆、断坳及其阶梯形式的交替排列,并在地形上有明显的反映,即形成所谓盆岭构造,这是区域性隆起背景下形成的一

种构造地貌。美国西部科迪勒拉山区的盆岭区是世界上闻名的大区域盆岭构造区。我国鄂西峡东地堑地垒群也属于这类构造。

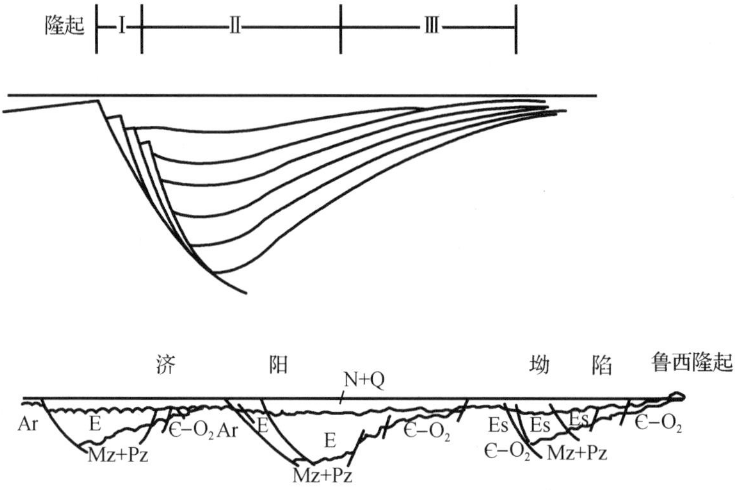

Ⅰ—断阶带;Ⅱ—深凹带;Ⅲ—斜坡带。

图 6-10　山东济阳断坳中的箕状构造(据石油工业部)

注:上图为箕状断陷构造结构示意图,下图为山东济阳断坳中的箕状断陷构造。

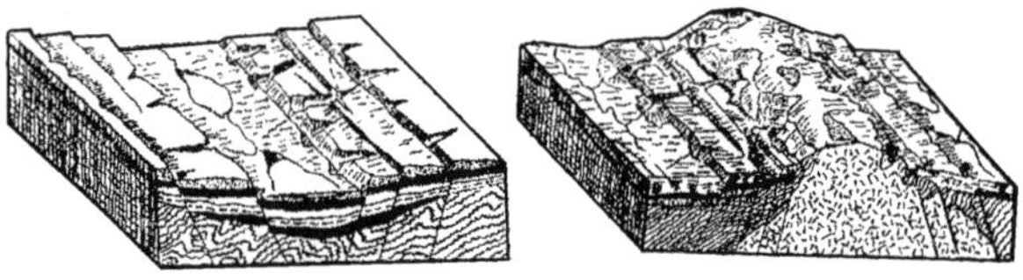

(a)地堑　(b)地垒

图 6-11　地堑和地垒(据成都地质学院编的《构造地质学》,1977)

2. 正断层发育的构造环境

正断层一般在强烈褶皱区作为褶皱和走向逆断层的伴生构造,以横断层的形式产出,或作为褶皱向上弯曲的派生构造,在背斜转折端部位以纵断层形式产出。但这些正断层多不占主导地位。在非强烈褶皱的隆起区,正断层可发育成阶梯状断层、地堑和地垒构造,或形成环状和放射状断层,它们常构成该区主要的断层系列。在地壳水平扩张伸展的地区,正断层可构成大型的断陷,形成复杂地堑系(裂谷区)(图6-12)。区内除发育一系列大型正断层外,还有大量顺断层侵入形成的玄武岩岩墙。例如著名的东非大裂谷和我国攀西裂谷等。我国的汾渭地堑就是由北西、南东两侧同期发育的阶梯状正断层和中间滑落的地块构成的大型地堑系;江西庐山一带南北两侧为阶梯状正断层,庐山

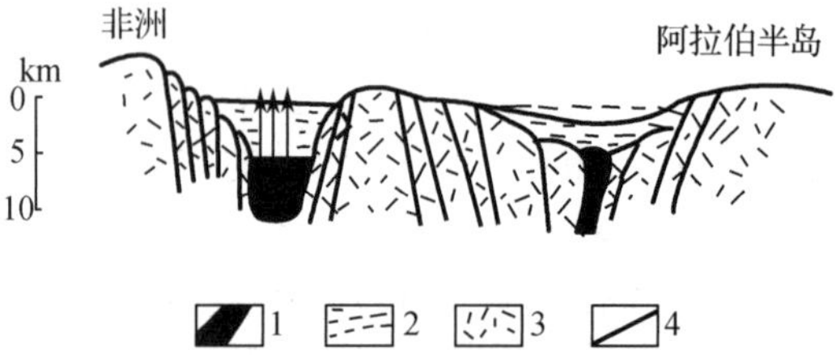

1—玄武岩;2—沉积岩;3—前侏罗系基底;4—断裂。

图 6-12　红海裂谷南段剖面

(引自徐开礼、朱志澄主编的《构造地质学》,1989)

断块相对上升成为地垒构造。

3. 正断层的力学成因机制

任何断层沿断层面两盘都发生了明显的相对运动,其实质是剪切滑动。因此,断层面可以看成剪切滑动面。所以根据断层面两盘相对运动的方向和断层面倾角的大小,再参考其他一些特征就可推断主应力轴的方位(通常按剪裂夹角的锐角平分线为最大主压应力 σ_1 的位置),进而可以探讨形成断层时的一些地质构造条件。

从上述正断层发育的构造环境可知,正断层是在区域性引张或局部性引张作用下形成的。其形成的应力状态是 σ_3 和 σ_2 水平,σ_1 直立,σ_3 垂直断层走向,σ_2 平行断层走向(图 6-13)。当应力差(即 σ_1 与 σ_3 两者之差)达到甚至超过岩石强度极限时,岩石将发生破裂变形。破裂之初,一般首先出现微裂隙,微裂隙随变形的发展而逐渐增多并加长加深,彼此相互沟通联合构成一个比较明显的连续的破裂面。这时,两断盘在水平引张和重力的联合作用下,就可能克服岩块间的摩擦阻力及周围牵制力,发生相对滑动,形成正断层。

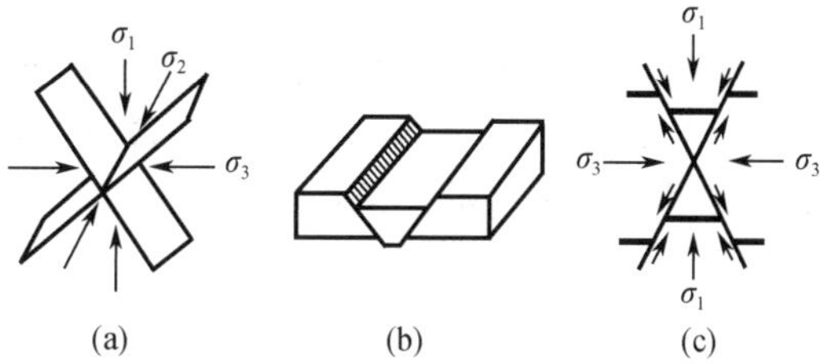

图 6-13 形成正断层的应力状态

(引自徐开礼、朱志澄主编的《构造地质学》,1989)

注:(c)为剖面图。

4. 深部基底构造的影响

(1)环状断层和放射状断层

若干条弧形或环形的断层在平面上围绕一个中心呈同心圆状排列分布,两侧常表现为阶梯状断层组合,即构成环状断层(图 6-14(a))。若干条断层在平面上由一个中心向四周呈放射状排列分布即构成放射状断层(图 6-14(b))。在穹窿、盐丘构造之上发育的正断层常组合成环状或放射状(蜘蛛网状)。

(2)雁列(斜列)式正断层

若干条近于平行的正断层呈斜向错开排列分布构成雁列式或斜列式。其雁列形式有左列型和右列型之分(图 6-15)。雁列式正断层走向与其排列的总体方向一般斜交成 30°~45°。

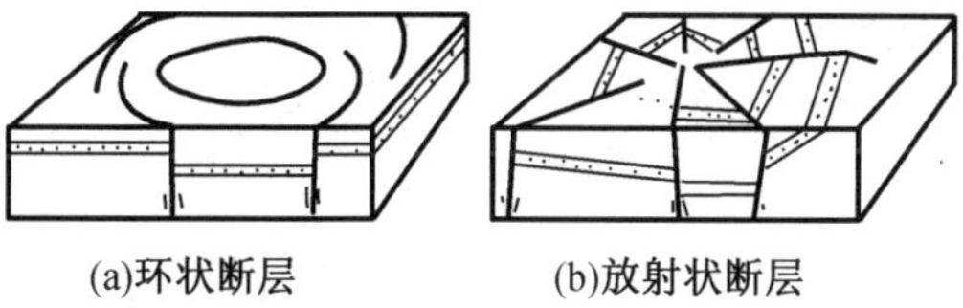

图 6-14 环状断层和放射状断层

(据 M. P. 毕令斯,1956)

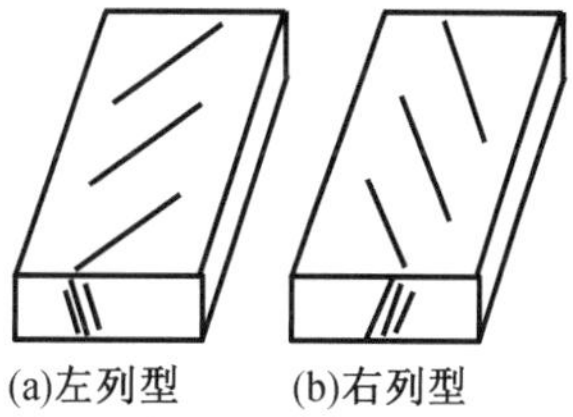

图 6-15 雁列式断层

6.3.2 逆断层

1. 逆断层一般特征

逆断层是断层的上盘相对下盘沿断层面向上滑动的断层。根据断层倾角大小其可分为高角度逆断层(倾角 >45°)和低角度逆断层(倾角 <45°)。

逆断层的断层面多为舒缓的波状,常出现角砾岩、碎粒岩和超碎裂岩等构造岩,挤压形成的揉皱、构造透镜体和压溶构造,在断层两盘的岩石中会出现大量的节理、劈理等相互交织、穿插等。

逆冲断层是位移量很大的低角度逆断层(位移量通常为5 km以上,倾角一般在30°左右或更小),断层带显示出强烈的挤压破碎现象,形成角砾岩、碎裂岩和超碎裂岩等断层岩,以及反映强烈挤压的揉褶、劈理化、菱形断块的堆叠等现象。

2. 推覆构造

大逆冲断层的上盘,因从远处推移而来而称为外来岩块(体),下盘相对未动而被称为原地岩块(体)。推覆体就是一种外来岩块(体),因总体呈平板状又称逆冲岩席。逆冲断层与推覆体共同构成逆冲推覆构造或推覆构造(图6-16(a))。

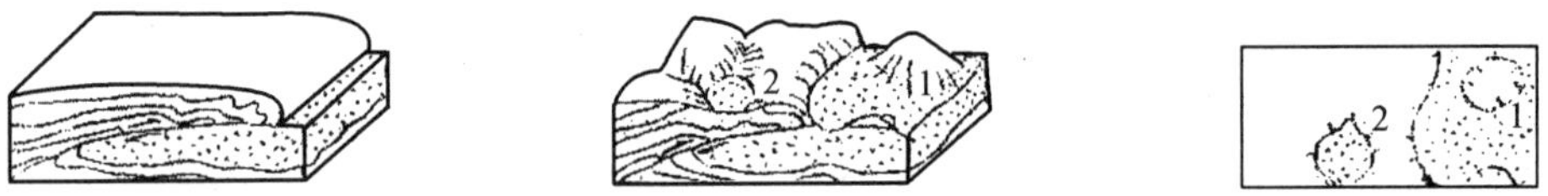

(a)未剥蚀的状态　(b)经风化剥蚀后形成的飞来峰和构造窗　(c)平面图

1—飞来峰;2—构造窗。

图6-16　飞来峰和构造窗形成的示意图(据M. 马托埃,1980)

当逆冲断层的推覆构造发育地区遭受强烈侵蚀切割,将部分外来岩块剥掉而露出下伏原地岩块,表现为在一片外来岩块中露出一小片由断层圈闭的原地岩块,常常是较老地层中出现一小片由断层圈闭的较年轻地层,这种现象称为构造窗(图6-16(b)中2)。如果剥蚀强烈,外来岩块被大片剥蚀,只在大片被剥露出来的原地岩块上残留小片孤零零的外来岩体,称为飞来峰(图6-16(b)中1)。飞来峰常常成为陡立的山峰,构造窗常位于地形低凹处(图6-17)。

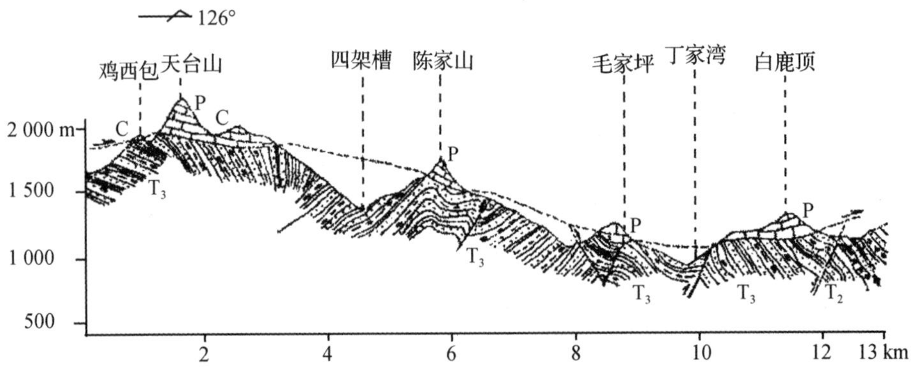

图6-17　四川省彭州市推覆构造剖面图(据四川二区队)

3. 逆断层组合形式

逆断层成群出现时,主要的组合形式有以下几种。

(1)叠瓦式构造

若干条产状大体相同的逆断层在平面上平行分布,在剖面上它们的上盘依次上覆叠置,即构成叠瓦式构造(图6-18)。叠瓦式构造是逆断层中最常见的一种组合形式。叠瓦式构造的断层面往往上陡下缓，向地下延伸可汇拢成一条主干断层，总体成帚状。

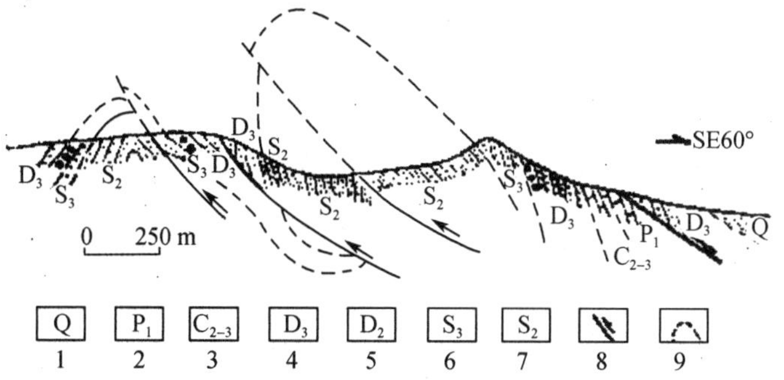

1—第四系；2—下二叠统；3—中、上石炭统；4—上泥盆统；5—中泥盆统；
6—上志留统；7—中志留统；8—逆断层；9—推测剥蚀的褶皱。

图 6－18 江苏茅山地区叠瓦式构造剖面图

（据长春地质学院编的《构造形迹》，1979）

（2）对冲式逆断层和背冲式逆断层

两条或两组相反倾斜的逆断层，上盘相对逆冲，即构成对冲式逆断层（图 6－19）。两条或两组相对倾斜的逆断层，上盘向相反方向逆冲则构成背冲式逆断层（图 6－20）。

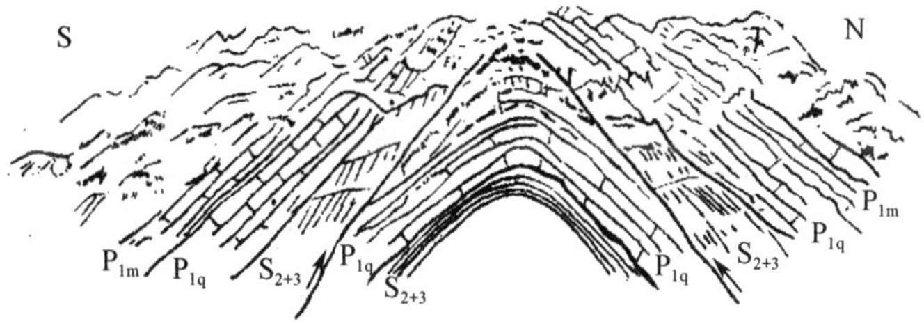

图 6－19 广元明月峡背斜的对冲式逆断层（据四川二区队）

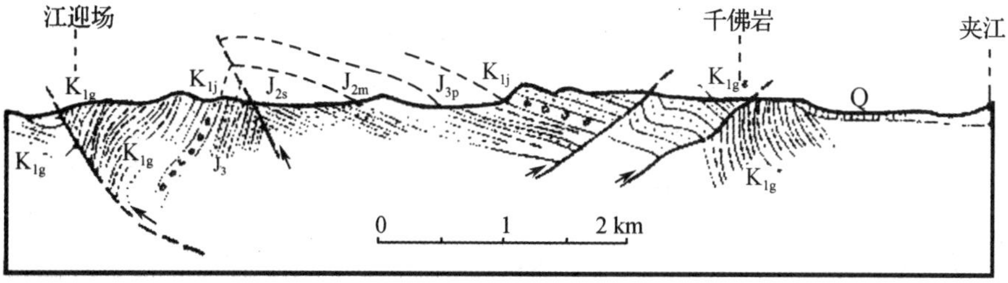

图 6－20 三苏场背斜中的背冲式逆断层

4. 发育的地质构造背景

逆断层主要发育于挤压强烈地区，在压缩的环境中产生，多与褶皱相伴生并多以纵断层形式产出，在褶皱的陡翼或倒转翼最常见。

5. 逆断层的力学成因

根据逆断层在挤压作用的构造环境中形成、上盘相对向上推移、水平方向收缩等，可以认为，形成逆断层的应力状态是 σ_1 和 σ_2 水平，σ_3 直立，σ_1 垂直断层走向，σ_2 平行断层走向（图 6-21）。在这样的应力状态下，岩石变形出现断裂时，两断盘在水平挤压应力驱使下，即可能克服各种阻力，发生上盘相对向上，下盘相对向下的滑动，形成逆断层。

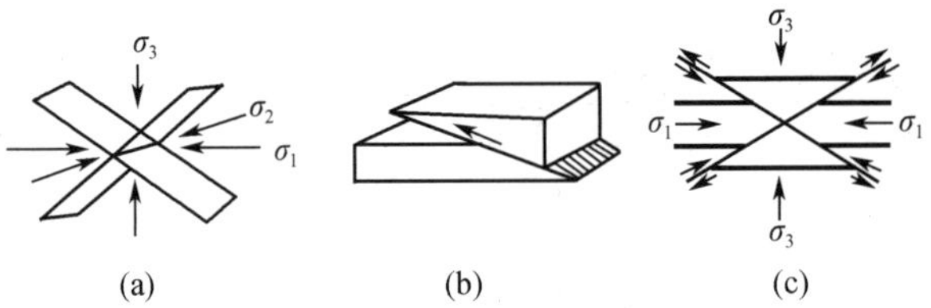

图 6-21　形成逆断层的应力状态

（引自徐开礼、朱志澄主编的《构造地质学》，1989）

注：(c) 为剖面图。

6.3.3　平移断层

1. 平移断层一般特征

平移断层是断层两盘沿断层面走向相对位移的断层。规模巨大的平移断层常称为走向滑动断层。根据两盘的相对滑动方向，其又可进一步命名为右行平移断层和左行平移断层，所谓右行或左行是指沿垂直断层走向观察断层时，对盘向右滑动或向左滑动（图 6-22）。

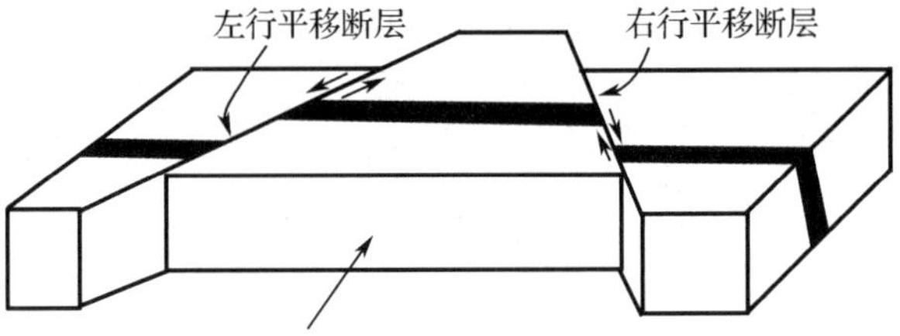

图 6-22　右行和左行平移断层（据 M. P. 毕令斯，1956）

平移断层面一般陡峻甚至直立。其上常见有水平擦痕。大、中型平移断层常有强烈变形的断层破碎带，带内可出现大量的剪切节理、劈理和碎粒岩化、超碎裂岩化现象。平移断层一侧或两侧往往出现较大型的派生构造，这些派生构造都不会穿越主断层。但隐伏较深的平移断层引起上覆盖层活动形成的派生构造，则会跨越平移断层的水平投影线呈雁列分布。

2. 发育的构造环境

平移断层主要发育于褶皱地区，与褶皱或逆断层伴生，其走向多与褶皱轴向、逆断层走向斜交，少数情况下近于直交或平行。斜交构造线的平移断层多沿着平面上的 X 形共轭剪节理发育形成，两组常同时出现，在地平面上呈交叉状或菱形格状分布。

3. 力学成因机制

形成平移断层的应力状态是 σ_1 和 σ_3 水平，σ_2 直立，σ_1 和 σ_3 均与断层面走向斜交（图 6-23）。在这样的应力状态下，斜交 σ_1 和 σ_3 的方向上，极易发生剪切作用，沿此方向岩石一旦产生剪切破裂面，就可能进一步发展成为平移断层。

平移断层一侧或两侧往往出现较大型的派生构造，这些派生构造都不会穿越主断层。但隐伏较深的平移断层引起上覆盖层活动形成的派生构造，则会跨越平移断层的水平投影线呈雁列分布(图6-24)。

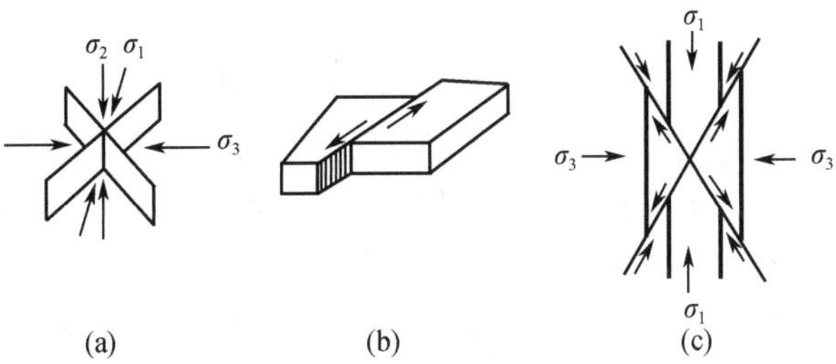

图6-23 形成平移断层的应力状态

(引自徐开礼、朱志澄主编的《构造地质学》,1989)

注:(c)为剖面图。

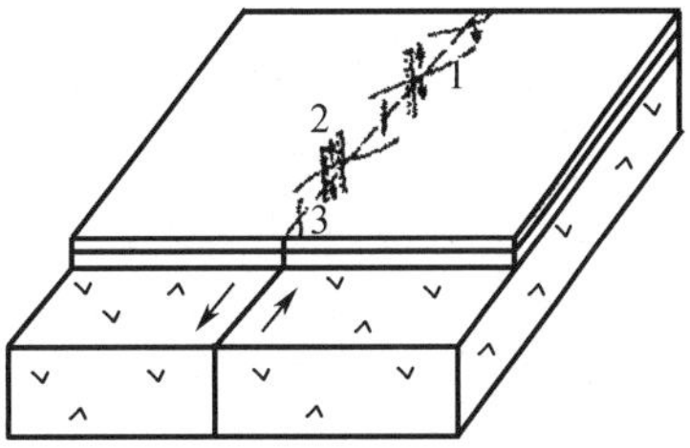

1—褶皱;2—正断层;3—张裂隙。

图6-24 深部平移断层(上覆沉积岩中)

(引自 E. M. 斯宾塞,1977,略简化)

6.3.4 旋转断层

正、逆、平移断层的两盘相对运动都是直移运动,事实上有许多断层常常有一定程度的旋转运动。断盘的旋转有以下两种情况。

(1)旋转轴位于断层的一端,表现为横过断层走向的各个剖面上的位移量不等(图6-25(a))。

(2)旋转轴位于断层的中部一点,表现为旋转轴两侧的相对位移的方位相反,如一侧为上盘上升,而另一侧为上盘下降(图6-25(b))。

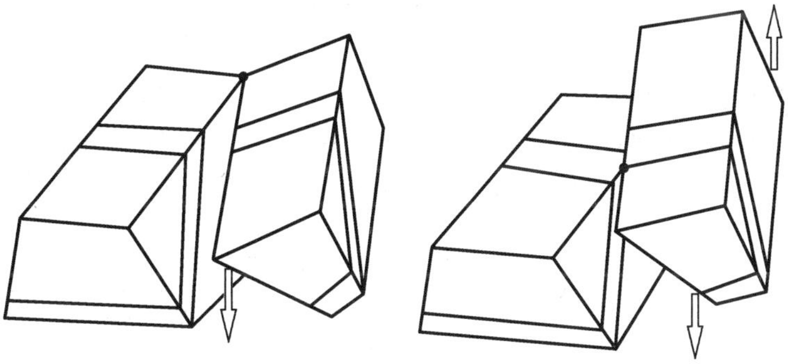

(a) 旋转轴位于断层一侧,枢纽断层　(b) 旋转轴位于断层之中,捩转断层

图6-25 两种旋转的枢纽断层

两种旋转均使两盘中岩层原来一致的产状不再平行一致。旋转量比较大的断层,可称为枢纽断层。

6.4 断层效应

断层效应是指断层作用引起的各种现象。本节讨论的断层效应只限于单斜岩层中断层引起的地层关系的变化和岩层的视错动,以及切过褶皱的横断层引起的褶皱核部宽度变化和轴迹的视错动。

6.4.1　走向断层引起的效应

走向断层常常造成两盘地层的缺失和重复(图6－26)。缺失是指一套顺序排列的地层中的一层或数层在夷平地面上缺失的现象。重复是原来顺序排列的地层中的一层或数层在夷平地面上重复出现的现象。由于断层性质(即正断层或逆断层)不同,断层与岩层产状倾向一致或相反,当两者一致时,又有倾角相对大小不同及侵蚀夷平等的各种不同条件,会造成六种基本类型的重复和缺失。但在自然界中,经常看到的是断层倾角大于岩层倾角的四种情况(图6－26(a)(b)(d)(e))。

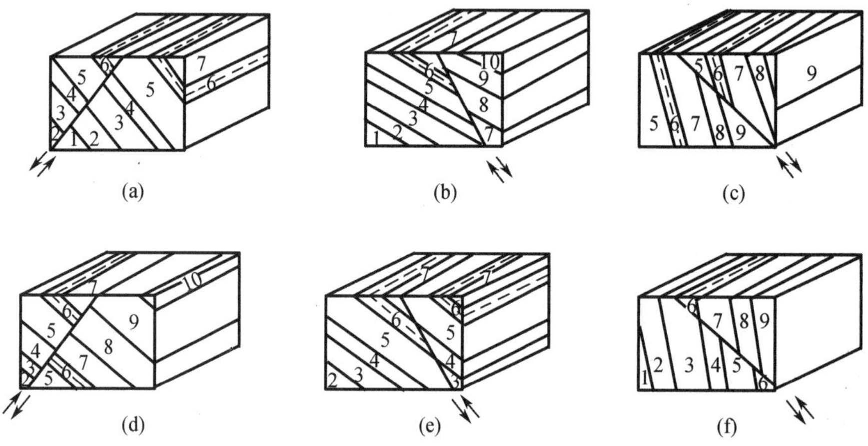

图6－26　走向断层造成的地层重复和缺失平(剖)面图示

上述说明断层性质、断层倾斜与地层倾斜的关系及地层重复或缺失的三个变量呈一定关系。如果已知三者中的两个变量,可从表6－2中确定另一变量。例如,已发现地层重复,并已确定断层产状与岩层产状相反,则可判断该断层性质为正断层。

表6－2　走向断层造成的地层重复和缺失

断层性质	断层倾斜与地层倾斜的关系		
	二者倾向相反	二者倾向相同	
		断层倾角大于地层倾角	断层倾角小于地层倾角
正断层	地层重复(a)	地层缺失(b)	地层重复(c)
逆断层	地层缺失(d)	地层重复(e)	地层缺失(f)
断层两盘相对动向	下降盘出现新地层	下降盘出现新地层	上升盘出现新地层

以上讨论的地层重复和缺失,是剥蚀夷平作用使两盘处于同一水平地面上表现的结果。但两盘地面处于同一水平地面的情况是相当少见的;此外,断层走向与岩层走向完全一致及两盘岩层产状稳定不变的情况也不多见,所以在应用上述规律时,要综合考虑各种可变因素。

6.4.2　倾向断层引起的效应

单斜岩层被倾向断层横切时,由于岩层与断层间各种不同的交切和滑动关系,常常引起标志层在平面或剖面上的视错动，即错动层间表现的错动关系与真实错动关系不完全一致。下面从几个方面对这个问题加以讨论。

1. 平移断层引起的效应

倾向断层顺断层面走向滑动时，剖面上会表现为正、逆断层的假象。顺错断岩层倾向滑动的一盘剖面上表现为上升盘假象。图 6 – 27 是一个被横向平移断层切断的背斜，而在两翼的剖面上分别显示正断层和逆断层的错觉，倾向平移断层中，顺岩层倾向滑动的一盘在剖面上表现为上升盘，呈逆断层假象（图 6 – 28）。

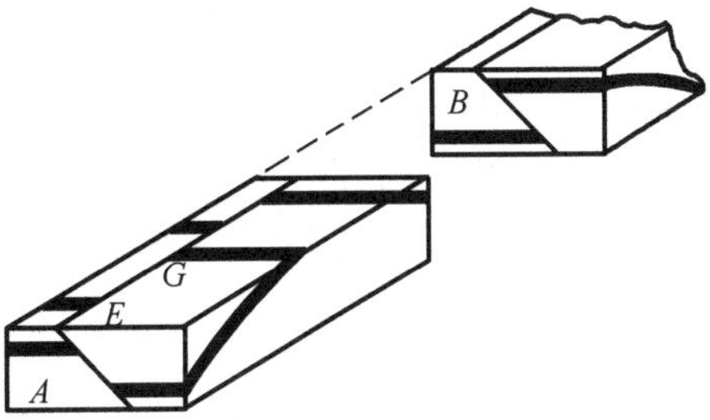

图 6 – 27　倾向平移断层在背斜两翼剖面上分别显示正断层和逆断层的假象示意图（据 Gill，1985）

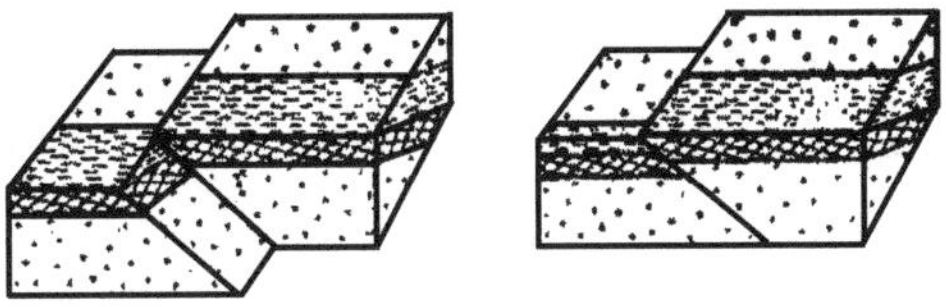

(a)剥蚀前　(b)剥蚀后

图 6 – 28　倾向平移断层引起的效应

2. 正（逆）断层引起的效应

当倾向断层的两盘顺断层倾斜滑动时，侵蚀夷平后的两盘岩层表现为水平错移，给人以平移断层的假象。产生错觉的主要原因在于未能从立体上和实际位移上全面分析两盘的错动。

上述倾向正断层引起的平移断层的假象情况说明，倾向 – 平移断层与倾向 – 正（逆）断层引起的平面露头上的效应是相似的，所以在野外观察断层时，不能仅从水平面上岩层的错移来判断断层性质。

3. 平移正（逆）断层或正（逆）平移断层引起的效应

当倾向断层上盘在断层面上斜向下滑时，会出现三种效应：①如果滑移线与岩层在断层面上的迹线平行（图 6 – 29（a）），则平面上或剖面上岩层好像没有错移（图 6 – 29（b））。②如果滑移线位于岩层在断层面上迹线的下侧（图 6 – 30（a）），则剖面上表现为正断层，平面上表现为平移错开（6 – 30（b））。

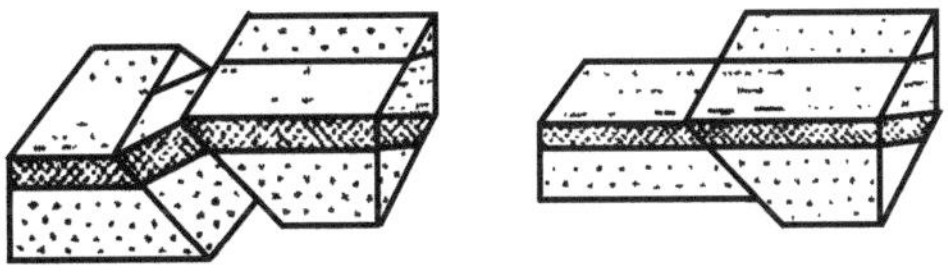

(a)剥蚀前　(b)剥蚀后

图 6 – 29　倾向正（逆）断层引起的效应
（据 M. P. 毕令斯，1947）

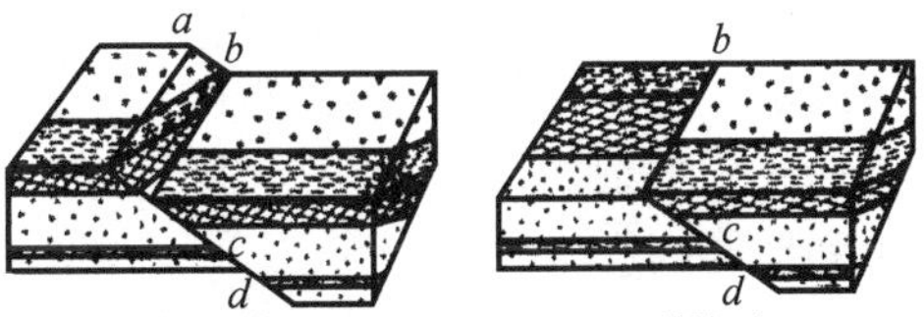

(a)剥蚀前　(b)剥蚀后

图 6 – 30　滑移线位于岩层在断层面上交迹的上侧，剖面上表现为逆断层，平面上表现为平移断层

6.4.3　横断层错断褶皱引起的效应

褶皱被横断层切断后，平面上有两种表现：①断层两盘中褶皱核部宽度的变化（图 6 – 31）。②褶皱轴迹的错移。

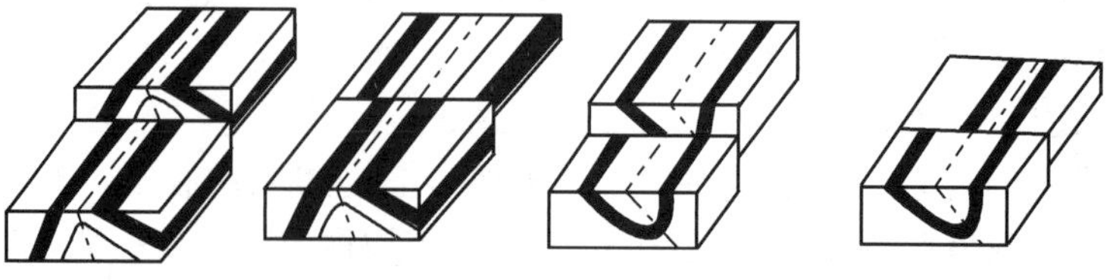

(a)上升盘中背斜核部变宽　　(b)上升盘中向斜核部变窄

图6－31　横断层升降引起褶皱核部宽度的变化

如果横断层完全顺断层走向滑动，则核部在两盘的宽度相等，但核部错开；如果两盘顺断层倾斜滑动，则两盘中褶皱核部宽度不等，背斜上升盘中核部变宽（图6－32（a）），向斜上升盘中核部变窄（图6－32（b））。如果顺断层面斜向滑动，褶皱核部宽度发生变化，而且轴迹被错开。

(a)背斜　　(b)向斜

图6－32　顺断层面斜向滑动的横断层引起的褶皱核部宽度变化和核部错开

褶皱轴迹在两盘中错移距离的大小取决于三个因素：①两盘平移分量的大小和方向。②两盘倾斜滑动分量的大小。③褶皱轴面的倾角。这三个变量及其相互关系，决定了褶皱轴迹是否错移、错移方向和距离。

以上讨论了断层活动可能造成的错动假象。由于岩层和断层都不是几何平面，还要受地形起伏的影响，因此自然界的实际现象要比上述分析的情况更加复杂。所以在分析断层位移时，不能只观察一个平面或一个剖面，一定要考虑到三维空间的立体形象和地形的影响（图6－33）。

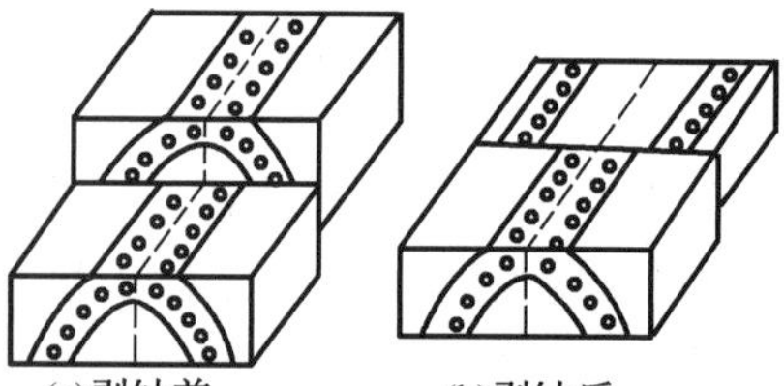

(a)剥蚀前　　(b)剥蚀后

图6－33　被横向正断层切断的直立褶皱

注：两盘相对升降引起褶皱核部宽窄变化，但两盘中的轴迹仍连成一线。

6.5　断层的识别

断层广泛发育于不同的构造环境中，类型很多，形成机制各异，大小差别极大，因此研究的内容、方法和手段各不相同，但是断层研究的首要环节是要识别断层和确定断层的存在。断层虽然可以通过分析和解译航空照片与卫星照片、物探图、地质图和有关资料予以确定或推定，但识别和确定断层存在的主要方式是进行野外观测。需要指出，对一些裸露好的断层面及指向性构造要进行素描和拍照。

断层活动总会在产出地段的有关地层、构造、岩石或地貌等方面反映出来，即形成断层存在的标志,这些标志则是识别断层的主要依据。

6.5.1 地貌标志

断层活动及其存在,常常在地貌上有明显的表现,这些由断层引起的地貌现象就成为识别断层的直接标志。

1. 断层崖

由于断层两盘的相对滑动,断层的上升盘通常形成陡崖,这种陡崖称为断层崖。如晋西南高峻险拔的西中条山与山前平原之间就是一条高角度正断层所造成的陡崖。太行山山前断裂带使太行山于河北平原西缘拔地而起,成为华北平原的西部屏障。盆地与山脉间列的盆岭地貌更是断层造成一系列陡崖的良好例证(图6-34)。

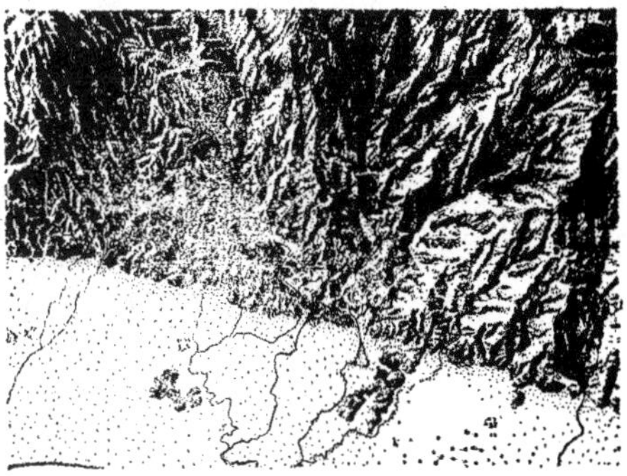

图6-34 航空照片(示断层造成的地貌景观)

注:断层即山区与平原的界面。

2. 断层三角面

断层崖受到与崖面垂直方向的水流的侵蚀切割,形成沿断层走向分布的一系列三角形陡崖,即断层三角面(图6-35)。

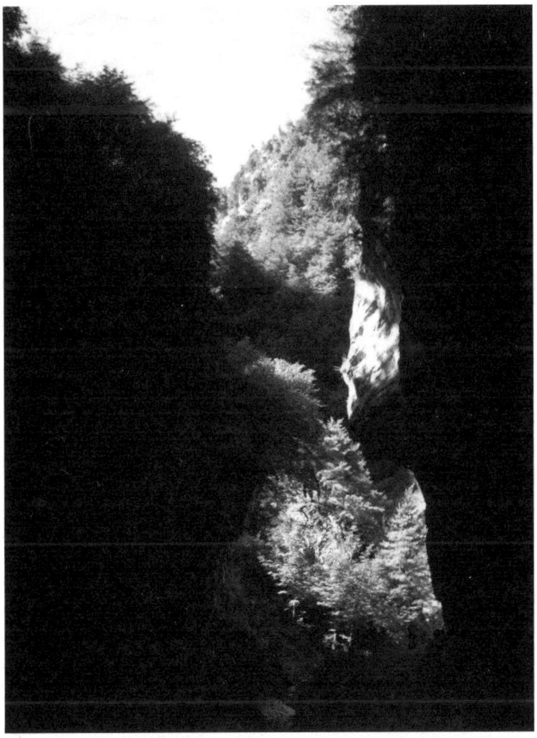

图6-35 断层峡谷"一线天"(作者摄)

注:"一线天"是断层活动"先逆、后正"的断层峡谷,当地人方言叫"暗门"。图中所示为甘肃省宕昌县官鹅沟地质公园地书峡。

3. 错断的山脊

错断的山脊也往往是断层两盘相对平移运动的结果。

4. 串珠状湖泊洼地

我国云南东部顺南北向小江断裂带分布着一串湖泊和盆地，自北至南有杨林海、阳宗海、滇池、抚仙湖、杞麓湖及昆明盆地、宜良盆地、篙明盆地、玉溪盆地等（图6－36）。

5. 泉水的带状分布

泉水呈带状分布往往也是断层可能存在的标志。湖北京山县宋河地堑盆地两侧顺着边缘断层出露了两串泉水，西藏念青唐古拉山南麓从黑河至当雄是一条现代活动断层，顺着这条断层散布着一串高温温泉（图6－37）。

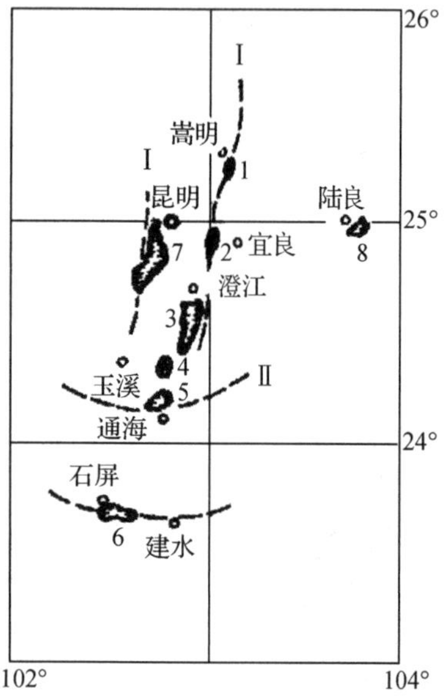

1—杨林海；2—阳宗海；3—抚仙湖；
4—星云湖；5—杞麓湖；6—异龙湖；
7—滇池；8—陆良海；
Ⅰ—川滇南北向构造带；
Ⅱ—通海、石屏山字形构造带。

图6－36　云南中部湖泊分布略图

（据昆明工学院《构造地质学讲义》）

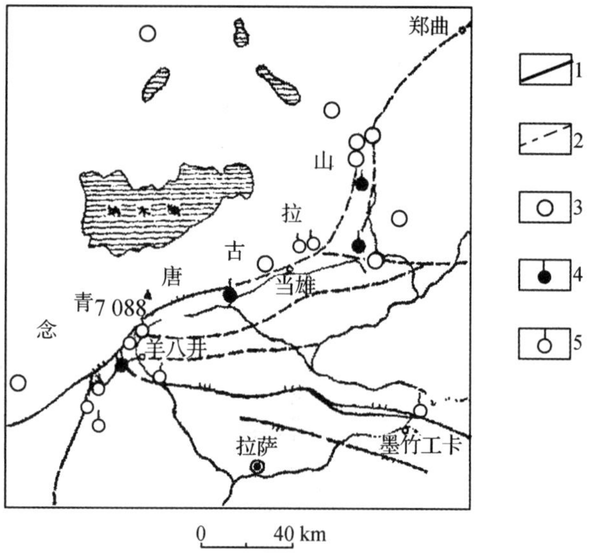

1—逆断层；2—推测断层；3—震中；4—沸泉；5—热泉。

图6－37　念青唐古拉山温泉与地震震中分布图

（据宋鸿林）

6. 水系特点

断层的存在常常影响水系的发育，引起河流的急剧转向，甚至错断河谷（图6－38）。

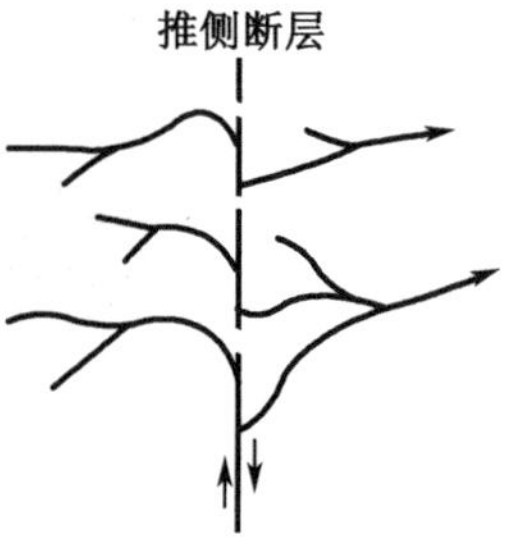

图6－38　水系直角转弯

6.5.2　构造标志

断层活动总是形成或留下许多构造现象，这些现象也是判别断层存在的重要依据。

任何线状或面状地质体，如地层和矿层等均顺其走向延伸。如果这些线状或面状地质体在平面上或剖面上突然中断、错开,不再连续,说明有断层存在。断层造成的构造线不连续现象,可在平面上或在剖面上显示出构造的中断。为了确定断层的存在和错开的距离,应尽可能查明错断的对应部分。

断层活动引起的构造强化是断层可能存在的重要依据,构造强化有:①岩层产状的急变。②节理化、劈理化窄带的突然出现。③小褶皱剧增,以及挤压破碎和各种擦痕等现象。

构造透镜体是断层作用引起构造强化的一种现象。断层带内或断层面两侧岩石碎裂成大小不一的透镜状角砾块体,长度一般为数十厘米至一两米。构造透镜体常成组、成带或叠置产出。构造透镜体是挤压作用产出的两组共轭剪节理把岩石切割成菱形块体,且菱形块棱角又被磨去而形成的(图6-39)。包含透镜长轴和中间轴的平面(即最大扁平面),或与断层面平行,或与断层面成小角度相交。

1—石英绿泥石片岩;2—绿泥石片岩;3—透镜体化石英脉。

图6-39 西藏雅鲁藏布江断裂带内的构造透镜体和片理化岩石

(宋鸿林摄,范彦素描,1978)

在断层带中或断层两侧,有时会见到一系列复杂紧闭的等斜小褶皱组成的揉褶带,产于较弱薄层中,小褶皱轴面有时向一方倾斜,有时陡立,但轴面总的产状常与断层面斜交,与断层面所交锐角一般指示对盘运动方向。断层岩的发育和较广泛产出也是断层存在的良好直接判断依据。

6.5.3 地层标志

地层的重复与缺失是识别断层的重要依据。断层效应会造成地层的重复与缺失。

6.5.4 岩浆活动和矿化作用标志

大断层尤其是切割很深的大断裂常常是岩浆和热液运移的通道和储聚场所,因此如果岩体、矿化或硅化等热液蚀变带沿一条线断续分布,常常指示有大断层或断裂带的存在。一些放射状或环状岩墙也指示放射状断裂或环状断裂的存在。

6.5.5 岩相和厚度标志

如果一地区的沉积岩相和厚度沿一条线发生急剧变化,可能是断层活动的结果。断层引起岩相和厚度的急变有两种情况:①控制沉积盆地和沉积作用的同沉积断层的活动,引起断层两侧沉积环境的明显变化,岩相和厚度因而出现显著差异。②断层的推移,使相隔甚远的岩相带直接接触。

查明和确定断层是研究断层的基础和前提,在地质调查中,应注意观察、发现和收集指示断层存在的各种标志和迹象,结合其他地质条件和背景,加以综合分析,以便做出确切而又适当的结论。

6.5.6 遥感图像解译标志

1. 遥感图像中断层的综合解译——直接标志

(1)地层:横向错位、重复、缺失。

(2)构造:中断、产状突变、牵引剪切等。

(3)地貌:断层崖、线状沟谷、窄凹地、山脊错位、线性火山口等。

(4)岩石:断层岩、蚀变带、岩体定向排列等。

(5)植被土壤异常带。

2. 遥感图像中模糊断裂及边界的确定——间接标志

(1)成矿时期的断裂,破碎带被岩浆热液充填愈合,形态特征模糊,显示为蚀变带物征,图像上宏观特征色调明显。边界位置按色带中心或宽度确定。

(2)第四系覆盖下的隐伏断裂带,图像显示出微弱的透露信息,宏观特征明显,按色带中心确定断裂位置。

(3)走向断层(层间断层),航片可见断层三角面,边界按地形坐标确定。

(4)巨大型断带,长度、宽度很大,航片上模糊不清,不易辨认,而在1/500 000卫星图像上清晰可见,按地形水系确定边界。

3. 水系标志

水系在覆盖区和半覆盖区是构造解译的重要标志。格状水系是两组直交断裂的标志;菱形水系是两组斜交断裂的标志;平行状水系是走向断裂的标志,但应注意与层理区分;环状及放射状水系是环放断裂的标志。

6.6 断层的观测

在确定断层后,应测定断层面产状并判定两盘相对运动,以便确定断层性质(正、逆或平移断层),进而测定或分析断层规模和组合关系,分析断层在区域构造中的地位和形成机制。

调查方法:采用大、中、小构造相结合,遥感解释与实地观察相结合的方法,首先确定断层是否存在,然后进一步收集有关资料。断层的野外识别标志见表6-3。

表6-3 断层野外识别标志

识别标志	举例
①地貌标志	断层崖、断层三角面、错断的山脊、泉水的带状分布等
②构造标志	线状或面状地质体突然中断和错开、构造线不连续、岩层产状急变、节理化和劈理化窄带的突然出现、小褶皱剧增以及挤压破碎、擦痕等
③地层标志	地层的缺失或不对称重复
④岩浆活动和矿化作用	岩矿、矿化带或硅化等热液蚀变带沿一条线断续分布
⑤岩相和厚度标志	岩相和厚度的显著差异

断层野外调查内容见表6-4。

表6-4 断层野外调查内容一览表

调查内容	解释及举例
①断层两盘的地层及其产状变化	如走向断层引起的地层效应;横向断层引起的地层效应
②断层面产状	直接测量,根据断层“V”字形判定,借助伴生构造判定
③断层两盘的相对运动方向	主要根据两盘地层的新老关系、牵引褶皱、擦痕、阶步、羽状节理、两侧小褶皱、断层角砾岩等进行判断
④断层带的宽度	
⑤断层岩类型	断层从产出的构造层次上分为脆性断层和韧性断层,断层岩也相应分为碎裂岩系列和糜棱岩系列
⑥断层的组合形式	如正断层的地堑和地垒、阶梯状断层、箕状构造;逆断层的单冲型、背冲型、对冲型、楔冲型、双冲构造

6.6.1 断层面产状的测定

断层面有时显示于地表,可以直接测定,有时隐蔽,只能间接测定。如果断层规模不大,断层面比较平直,地形切割强烈且断层线出露良好,可以根据断层线的“V”字形来判定断层面的产状。

隐伏断层的产状,主要根据钻孔资料来判定,如果断层面比较平直,可用三点法予以测定;利用物探资料也可判定断层面产状。

断层的伴生和派生的小构造也有助于判定断层产状。断层派生的同斜紧闭的揉褶带、劈理化带,以及定向排列的构造透镜体带等,常与断层面成小角度相交。这些小构造的产状常常是易变且急变的,应大量测量并进行统计分析以确定代表性的产状,然后加以利用。

在确定断层面产状时,要充分考虑到断层沿走向和倾向可能发生的产状变化。许多大断层尤其是逆冲断层的断层面,常呈波状起伏或台阶式,不要简单地把局部产状作为一条较大断裂的总的产状,也不能认为某类断层一定具有某种固定形态。至于切割很深的大断裂,产状总是要变化的,例如隆起边缘的大断层,地表常为低角度逆冲断层,向深处倾角可以逐渐变大,甚至直立。伸展区大型正断层,常见上陡下缓的犁式。

6.6.2 断层两盘相对运动方向的确定

断层运动是复杂的,一定规模的断层常常经历了多次脉冲式滑动。因此,在分析并确定两盘相对运动时,应充分考虑其多变性。这种运动总会在断层面上或其两盘留下一定的痕迹,如擦痕等。这些痕迹或伴生现象又成为分析判断断层两盘相对运动的主要依据。

1. 根据两盘地层的新老关系判断

分析两盘中地层的相对新老,有助于判断两盘的相对运动。对于走向断层,上升盘一般出露老岩层,或老岩层出露盘为上升盘。但是如果地层倒转,或断层倾角小于岩层倾角,则老岩层出露盘是下降盘。如果两盘中地层变形复杂,为一套强烈压紧的褶皱,那么就不能简单地根据两盘直接接触的地层新老来判定相对运动。如果是切过褶皱横断层,对于背斜,上升盘的核部变宽,下降盘核部变窄;对于向斜,情况相反。

2. 牵引构造

断层两盘紧邻断层的岩层,常常发生明显的弧形弯曲,这种弯曲叫作牵引褶皱。一般认为这是两盘相对错动对岩层拖曳的结果,并且以褶皱的弧形弯曲的突出方向指示本盘的运动方向(图6-40)。一般来说,变形越强烈,牵引褶皱越紧闭。为了准确利用牵引褶皱,应该在平面上和剖面上同时进行观察,还要结合断层两盘相对运动的其他特征,以做出断层两盘相对滑动的较准确结论。

图6-40 断层带中的牵引及其指示的两盘滑动方向

除正常牵引构造外,还有一种逆牵引构造(或称为反牵引构造)。这种逆牵引的弯曲形态与正常牵引构造的弯曲形态相反,即弧形弯曲突出方向指示对盘运动方向。

3. 断层面上的标志

擦痕、镜面和阶步是断层两盘相对错动在断层面上因摩擦等作用而留下的痕迹。擦痕为一组比较均匀的平行细纹。在硬而脆的岩石中,擦面常被磨光,称为重结晶;有时附以铁质、硅质或碳酸盐质等薄膜,以至光滑如镜而称为摩擦镜面。镜面上常见有铁锰质、硅质、碳酸盐类物质的薄膜,其上可能出现细小的擦痕。

(1)擦痕

擦痕是断层面上因摩擦刻划形成的细小线状沟槽,平行成组分布,可与纤维状矿物共生。少数擦痕比较粗大,表现为一端粗而深,另一端细而浅的擦槽,其由深变浅或由粗变细的方向指示对盘位移的方向。如用手指顺擦痕轻轻抚摸,可以感觉到顺一个方向比较光滑,相反方向则比较粗糙,感觉光滑的方向指示对盘运动方向。

(2)阶步

在断层滑动面上常有与擦痕直交的微细陡坎,这种陡坎称为阶步(图6-41)。阶步的陡坎一般面向对盘的运动方向。在断层滑动面上,有时可以看到一片片纤维状矿物晶体,如纤维状石英、纤维状方解石及绿帘石、叶蜡石等。它们是在两盘错动过程中,在相邻两盘逐渐分开时生长的纤维状晶体,这类纤维状晶体称为擦抹晶体。许多擦痕实质上就是十分轻微的擦抹晶体。断层滑动过程中,各纤维状晶体常被横间张裂隙拉断而形成一系列微小阶梯状断口和微细陡坎(阶步),陡坎指示对盘运动方向(图6-41(a))。

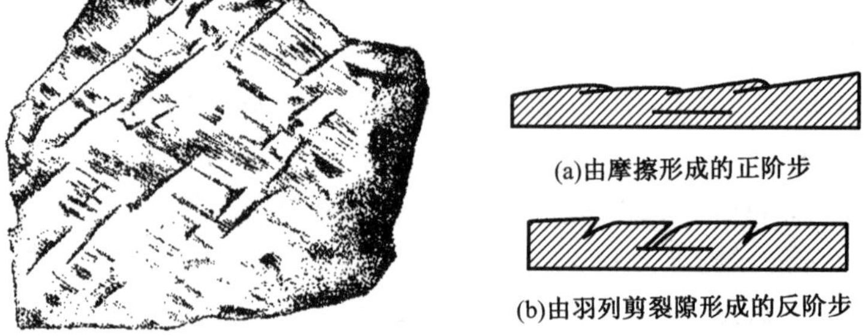

(a)由摩擦形成的正阶步

(b)由羽列剪裂隙形成的反阶步

图6-41 断层面上的阶步和反阶步

反阶步是次级剪切羽裂横断的结果(图 6 - 41(b))。一般来说,正阶步的眉峰常磨成弧形弯转,而反阶步的眉峰常常成棱角直切。要准确判断是正阶步、反阶步,还要结合其他标志分析。

必须指出,断层运动常常是长期多次活动的,即使在同一次活动中,两盘运动方向也不一定保持稳定。而晚期运动的擦痕常将早期擦痕抹去或掩盖,保留在断层面上的往往是最后一次运动造成的擦痕。所以不能仅仅以擦痕错示的方向代表总的运动方向,也不能根据断层面上有不同方向的擦痕,就轻易做出发生了两次或多次运动的结论(图 6 - 42)。

图 6 - 42 逆断层面挤压的舒缓波状凹坑和擦痕镜面、正阶步

注:甘肃省宕昌县官鹅沟地质公园(马圈沟)(作者摄)

4. 羽状节理

在断层两盘相对运动的过程中,断层一盘或两盘的岩石中常常产生羽状排列的张节理和剪节理。这些派生节理与主断层斜交,交角的大小因派生节理的力学性质不同而有差异。羽状张节理与主断层常成锐角相交,羽状张节理与主断层所交锐角指示节理所在盘的运动方向(图 6 - 43、图 6 - 44)。

断层派生的节理除羽状张节理外,还可能有两组剪节理(图 6 - 43 中 S_1、S_2),一组与断层面成小角度相交,交角一般在 45°以下,即为内摩擦角的一半;另一组与断层成大角度相交或直交。小角度相交的一组节理,与断层所交锐角指示本盘运动方向。断层派生的两组剪节理,特别是大角度相交的一组产状较不稳定,发育不好,不易用来判断断层两盘的相对运动。

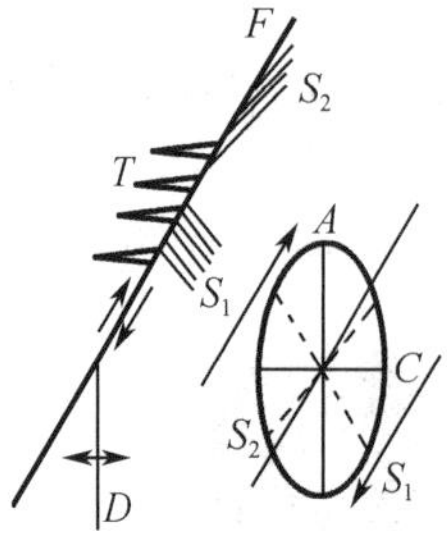

F—主断层;S_1、S_2—剪节理;T—张节理;
D—小褶皱;A—最大应变(拉伸)轴;
C—最小应变(压缩)轴。

图 6-43 断层及其派生节理、张节理和小褶皱示意图

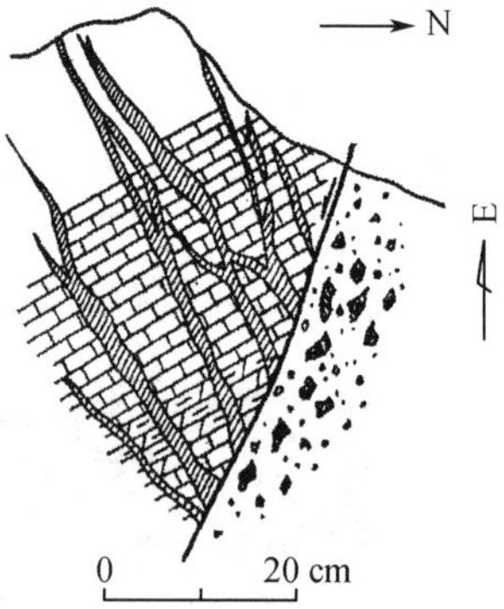

图 6-44 河南济源一条正断层上盘的羽状节理

注:节理与断层所交锐角指示本盘运动方向,即上盘(南盘)下滑。

5. 断层两侧小褶皱

由于断层两盘的相对错动,断层两侧岩层有时形成复杂紧闭的小褶皱。这些小褶皱轴面与主断层常成小角度相交,所交锐角指示对盘运动方向(图 6-43 中 D、图 6-45)。

6. 断层构造岩标志

断层构造岩泛指断层破碎带及其旁侧经受断层作用改造而形成的固结和未固结的岩石。

(1)碎裂岩系列

这种碎裂岩为脆性断层的产物。碎裂岩按颗粒大小分为断层角砾岩(以直径 >2 mm 的角砾为主)、碎粒岩(以直径为 2~0.1 mm 的颗粒为主,如含有一些较大角砾者称碎斑岩)、碎粉岩(以直径 <0.1 mm 的颗粒为主,又称超碎裂岩)、玻化岩(经强烈研磨局部熔融形成的貌似黑色玻璃质的岩石,又称假玄武玻璃)等。从断层角砾岩至玻化岩,断层泥反映原岩破碎变形程度不断强化。各种碎裂岩均可在逆、平移断层中找到,而正断层中一般只能找到断层角砾岩。

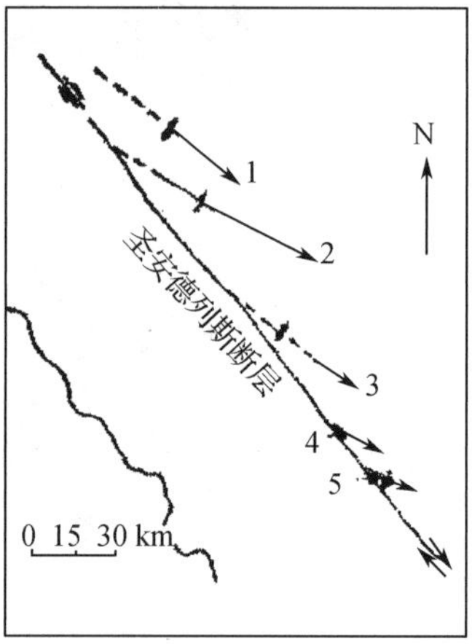

1—谢尔沃背斜;2—科林加背斜;
3—奥尔查德锦背斜;4—麦克唐纳背斜;
5—赛里克背斜。

图 6-45 圣安德列斯断层一侧派生的雁列式褶皱

(引自 E. M. 斯宾塞,1977)

正断层中的断层角砾岩常表现为角砾棱角明显,大小混杂,定向排列不明显(图 6-46(a))。逆断层中角砾岩的角砾多呈透镜状或椭圆状,定向排列,围绕角砾常有流劈理发育(图 6-46(b))。平移断层中的角砾岩,高度破碎,大小均匀,棱角被磨圆(图 6-46(c))。

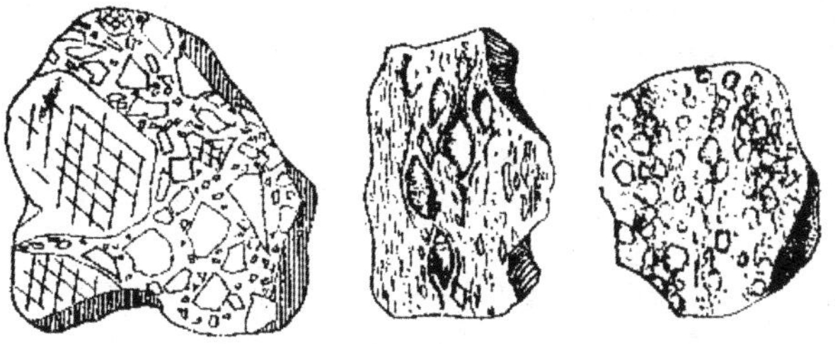

图6-46 断层角砾岩的比较

(2)糜棱岩系列

这种岩石主要是韧性断层的产物。糜棱岩的特点是颗粒极细,颗粒不是由岩石破碎而成,而是由塑性变形重结晶而成,具固态流动造成的条带状定向构造,常含原岩矿物颗粒的残屑。糜棱岩分为初糜棱岩、糜棱岩、超糜棱岩、千糜岩以及构造片岩等。从初糜棱岩至构造片岩反映糜棱岩化和重结晶形成新矿物程度逐渐增高。一般认为,糜棱岩需要在地下10~15 km深度的温、压条件下才能形成。

经断层强烈研磨而成的泥状岩粉称为断层泥,其中单个颗粒不易分辨,可见的碎粒极少,常含压溶物质。有时断层角砾呈规律性排列,这些角砾的 $x-y$ 面与断层所夹锐角指示对盘运动方向。

以上讨论了断层两盘相对运动的各种标志。需要指出的是,断层运动是复杂多变的,常常是多期次的,先期活动留下的各种现象常被后期活动所磨失、破坏、叠加、改造,最后留下的只是改造过的或最后一次活动的遗迹。因此利用上述标志时,要进行统计分析并互相印证。根据断层面产状和两盘相对滑动,可以确定断层的类型,是正断层、逆断层还是平移断层。

如果断层切割并搓碎某一标志性岩层或矿层,根据该层角砾在断层面上的分布可以推断断层两盘相对位移方向,如图6-47指示上盘上升。

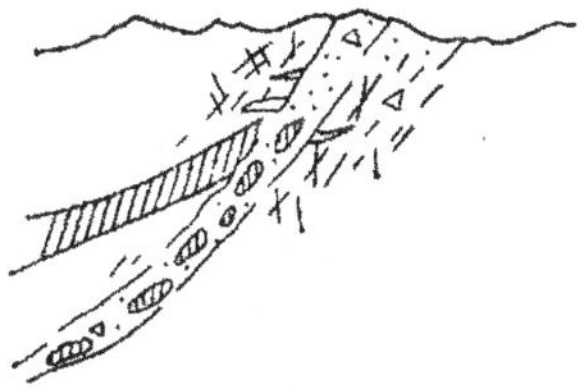

图6-47 根据断层带中标志层角砾的分布推测断层两盘相对(两次)运动

注:先逆——上盘相对上升,后正——上盘相对下降。

6.6.3 断层规模的分析和测定

在研究断层时,应注意查明和测定断层的规模,一方面要追索断层延展的长度,另一方面要尽可能查明或分析其沿倾向延伸的深度。

测定断距是研究和观察断层中一个重要而复杂的环节。对于中、小型断层,如果断层的两盘岩层产状比较稳定,可以根据标志层测定其断距。有时也可以通过作图测定。对于大断层,只能通过被错断的标志层进行对比分析,往往还要进行剖面复原,并编制平衡剖面以查明其位移距离。

断层顺走向向两端的延伸终将消失,这意味着引起断层的应力消减或应力-应变场性质的转变。中、小型断层可以表现为位移逐渐减小而消失,也可以表现为断层自然分散,转变为一系列小微断层或破裂面。对于逆冲断层,可能出现揉褶带、密集节理-劈理带等构造强化现象。对于走滑断层,可能出现与主断层成小角度相交的张剪性或压剪性雁列式或马尾丝状小断裂集合带。至于区域性大断裂,因为区域应力场的转变而形成另一套构造将断裂截断或自然转换成另一套构造。

6.7 断层作用的时间性

断层一旦形成,两盘将相对持续滑移。根据对现代地震的断层滑移的观测,以及对断层派生现象的时空分析,可以认为断层是以十分不均匀的方式活动的,表现为复杂的脉冲式,每次脉冲的速率、位移量甚至方位都不是稳定一致的。根据对大断层位移的研究和统计分析,在断层持续活动阶段,平均速度每年约 1 ~2 mm 至数毫米。从地质时标看,速度是很快的。

下面将对断层作用的时间性的几个问题进行讨论。

6.7.1 断层活动时间的确定

一般规模的断层多是在一定构造骤变阶段中形成的。对于这些基本上在一次构造骤变期形成的断层,可以利用与断层同期变形的地层和褶皱等的相互关系来确定其形成时期。如果一条断层切断一套较老的地层,而被另一套较新的地层以角度不整合所覆盖,可以确定这条断层的形成时间,在角度不整合下伏地层中,最新地层形成以后和上覆地层中最老地层形成以前,即在下伏地层强烈变形时期。

如果断层被岩墙、岩脉充填,而且岩墙、岩脉有错断迹象,则岩体侵入与断层形成或活动时期大体相当。利用放射性同位素定年测定的岩体时代,基本代表断层的形成时代或活动时代。如果断层被岩体切断,断层形成显然早于岩体时代。如果断层切割岩体,则断层活动应晚于岩体。

如果断层与被其切断的褶皱成有规律的几何关系,则很可能二者是在同一次构造运动中形成的,查明这次构造作用的时期,也就确定了断层形成时期。

此外,由重力作用引起的重力滑动断层,可以在沉积时期、成岩时期、构造运动时期或其以后的任一时期发生。这类断层的形成时期可以根据卷入断层的最新地层和未被切断的上覆最老地层来确定。

总之,断层一般形成于某一构造骤变时期,也可以与某一沉积盆地的沉积作用同时活动。而重力滑动断层可以在地质发展的任一阶段形成和发育。所以对断层的形成和发育时期,应依具体断层进行具体分析,并且与断层产出地区的构造发展演化史联系起来进行对比。

6.7.2 断层长期活动的分析

地壳上,一些区域性大断裂是长期活动的。这些断裂常常经历了一个以上的构造活动期。即使在一个多阶段的构造活动过程中,不仅在构造骤变时期活动,在相对宁静时期也在活动,也可以在活动一定时期后静止,以后又再活动。大断裂的长期多次活动主要根据断裂控制下发育的地层及其厚度和岩相的变化来确定。表现在断层两盘几个时期的地层的岩相和厚度有显著差异,从而说明这类大断裂有过长期多次活动的历史。还要指出,经历长期多阶段活动的断层,各阶段活动的强度及断层活动的性质都可能有很大变化,如前期的逆冲断层在后期会转变为正断层等。

大型走向滑动断层会引起两侧地层对应性水平错开,时代愈老的地层错移距离愈远。控制沉积盆地边缘的大型正断层,往往与盆地沉降同时活动,因此又被称为同沉积断层。

岩浆活动也是分析确定断层是否长期活动的一个依据。长期多次活动的大断裂往往成为多期岩浆活动带。由此所形成的构造岩浆岩带为分析断裂的长期多次活动提供了重要依据,其岩性也在一定程度上反映切割深度的变化。伴随长期多次的岩浆活动,会发生长期多次的成矿作用,从而形成复杂多金属成矿带。

6.7.3 同沉积断层

同沉积断层又称生长断层,主要发育于沉积盆地边缘。在沉积盆地形成发育的过程中,盆地不断沉降,沉积不断进行,盆地外侧不断隆起,这些作用都是在控制盆地边缘的断层不断活动进程中发生的。在大型盆地内部也常有次级同沉积断层出现。

同沉积断层规模以大、中型为主。我国这类断层主要发生在中、新生代,很可能与我国中、新生代断陷盆地的广泛发育有着密切的关系,也可能是由于中、新生代断层保留的同沉积特点更多更全些。

同沉积断层有以下主要特点:①同沉积断层一般为走向正断层,剖面上常呈上陡下缓的凹面向上的铲状;②上盘即下降盘地层明显增厚,这是同沉积断层最基本的特征和识别标志(图6-48(a)),同一地层下降盘与上升盘的厚度比称为生长指数,生长指数反映了同沉积断层的活动强度;③断距随深度增大,地层时代愈老断距愈大,因为断距是累积的,所以任一标志层的断距都反映了这层形成以前断层活动引起的断距之和;④上盘常发育逆牵引构造,逆牵引构造一般构成背斜,与断层走向一致延伸,背斜顶点向深部逐渐偏移,偏移的轨迹与断层面大致平行。

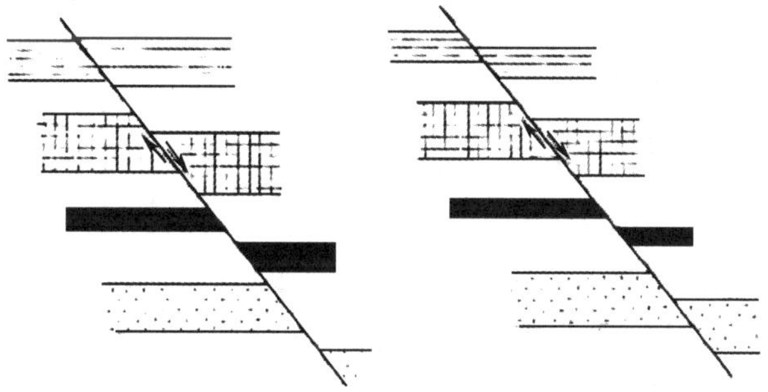

(a)同沉积断层　　(b)一般断层

图6-48 同沉积断层与一般断层两盘地层厚度变化的对比示意图

逆牵引构造在美国科罗拉多州首先发现,之后又在墨西哥湾沿岸发现。近年来,在我国中、新生代含油盆地中也发现了这类构造。逆牵引构造发育于变形轻微地区的正断层上盘,与主牵引构造比较,倾角十分平缓,规模比正牵引构造大得多,宽度达数百至一千米。对逆牵引构造的成因,一般认为断层实际是一个凹面向上的曲面,断层上盘沿断层面下滑时,由于向下倾角变小而在上部出现裂口。当出现裂口时,为了弥合这个空间,上盘下降的拖力将使上盘地层下弯,以至形成逆牵引构造(图6-49(a))。当地层脆性较高而未能塑性弯曲时,则可能形成次级反向断层(图6-49(b))。

同沉积断层一般发育于伸张断陷盆地的边缘,往往继承基底断层,重力滑动和差异压实在一定程度上促进了同沉积断层的活动。

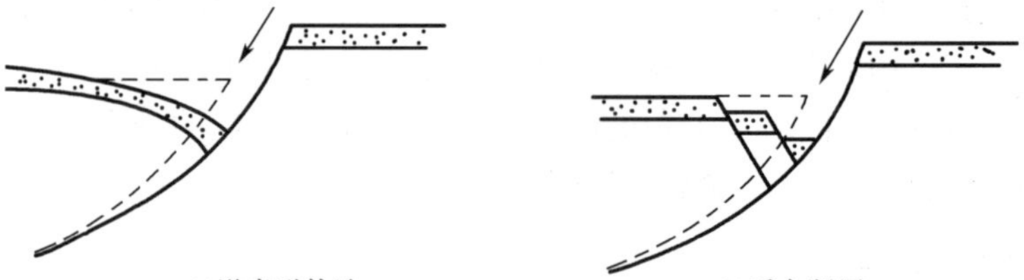

图 6－49　逆牵引构造与反向断层

（据 W. K. 汉伯林）

同沉积断层与成油盆地形成和演化、逆牵引背斜与储油具有密切的关系，因此引起了人们广泛关注和兴趣。

6.7.4　活断层

活断层是指现今仍在活动的断层。研究活断层的重要意义不仅要查明其现今仍在活动，而且要了解其在最近的过去曾活动过，在不久的将来仍可能有活动。活断层常会引发地震，给工程建筑和人民生命财产造成严重危害，在构造观察中应给予足够的重视。判定活断层的标志有：

①断层切割或控制第四纪以来（或晚第三纪以来）的堆积物（图 6－50）。如云南西北相邻的两个盆地——金官盆地和永胜盆地，其间相隔有约 5 km 的一条小的山脉。据地质资料，两者都是断陷盆地，但两者地平面的高差竟达到 600 m 左右。即两个盆地第四纪沉积界面的悬殊高差说明其间有断层，而且在第四纪时期有强烈的活动。

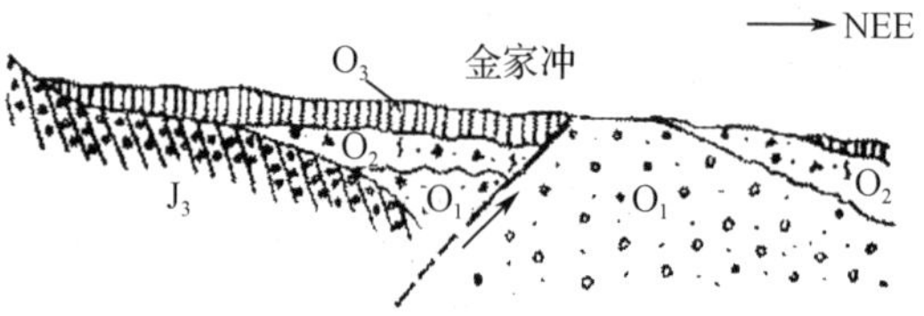

图 6－50　霍山地堑第四纪断层

（据冯文科，1980）

②断层明显地影响地形、水系的分布。例如，断层两侧的河流阶地明显有差异性的发育；断层使河流沟谷突然改向弯曲，山前线状排列分布的冲积扇被断层错开等。

③第四纪火山岩、地热点及泉点沿活断层走向呈线状分布。

④沿断裂带有引起地震的记录或错断工程建筑。

6.7.5　转换断层

转换断层貌似平移断层，但实质是不同的，它是指断裂运动方向和性质沿断裂方向发生转换的一种断裂。转换断层是板块边界的类型之一，主要于洋中脊上与洋中脊横交产生（图 6－51）。转换断层与平移断层的差异表现在以下几方面：

①转换断层错断的标志层之间的距离稳定不变，而平移断层引起的标志层间的距离却不断加大；

②转换断层的运动方向与标志层的错移方向相反，而平移断层的运动方向与标志层的错移方向一致；

③转换断层带上，只有一段（标志层间，如图 6－51(b)(c)）有剪切滑动并有地震，而平移断层的整个带上均有剪切活动；

④转换断层带上只有一侧有断层岩或动力变质,而平移断层带上两侧均有断层岩或动力变质;

⑤转换断层常单条出现,如有另一条平行产出,其位移方向可以一致也可以相反,而平移断层常由几条平行断层构成一组,各条位移方向均一致。

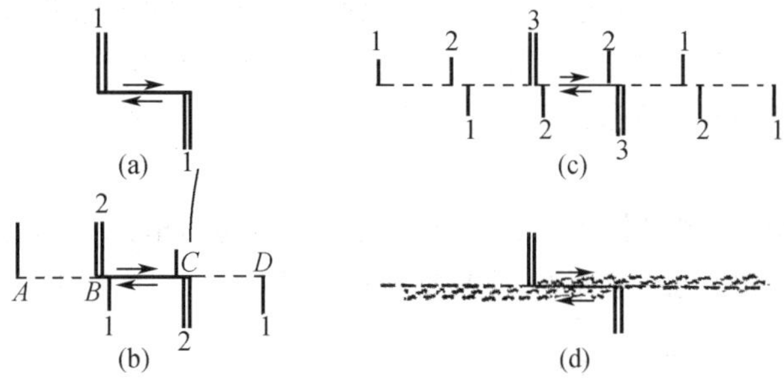

图 6-51 转换断层的发育

(据 Hobbs 等,1976)

注:(a)扩张开始;(b)磁异常带 1 裂开,背离中脊位移,在 *BC* 段发生剪切作用和地震,*AB*、*CD* 段无剪切滑动和地震;(c)继续发展;(d)断层岩只可能在一侧发育。

6.8 断层的组合类型——伸展构造、逆冲推覆构造

在地壳浅部构造层次里,发育着类型不同、样式各异的断裂构造,它们在空间组合成各种几何形态。产生这种情况的原因是多方面的,其中有些可能与岩石流变学和断裂形成时所处应力状态有关,有些则与断裂运动有关。它们与某些固体矿产、有机矿产、地震等有成因上的关系,与资源、地质灾害和国民经济可持续性发展息息相关。

6.8.1 伸展构造

伸展构造是在岩石圈水平方向拉伸及垂向薄化作用下形成的构造组合系统。伸展构造与挤压作用形成的构造是全球构造中最为醒目的两种构造类型,在时间和空间上有密切关系,而且尚有与剪切作用联合形成的压剪及张剪构造形式。重力及重力不稳定性是形成伸展构造的驱动机制之一。伸展作用又可形成不同规模和样式的重力滑动及伸展坍陷构造。

伸展构造形式——在大陆伸展地区,伸展构造多表现为正向滑动为主的断层、剪切带和拆离带组合形式,发育在岩石圈不同的层次、尺度、区域构造背景和构造演化阶段。主要构造类型有:地堑与地垒(图 6-52)、断陷盆地、裂谷、变质核杂岩、岩墙群。

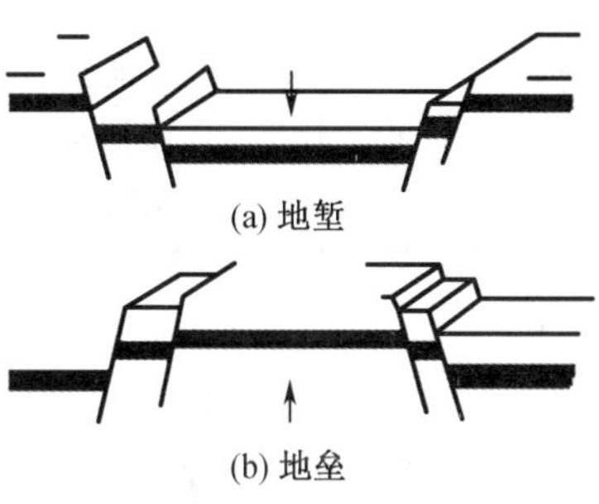

图 6-52 地堑与地垒

6.8.2 逆冲推覆构造或推覆构造

逆冲推覆构造或推覆构造是由逆冲断层及其上盘推覆体或逆冲岩席组合而成的大型挤

压构造。逆冲推覆构造主要产于挤压构造背景下的大陆造山带相邻沉积盆地的边界过渡带,主动大陆边缘弧前构造带也发育逆冲推覆构造。此外,压性沉积盆地内部也不同程度地发育逆冲推覆构造。

盆山过渡带逆冲推覆构造常与油气密切相关,逆冲推覆体之下的盆地边缘凹陷带是油气赋存的理想场所。因而,研究逆冲推覆构造具有十分重要的理论意义和实用价值。

逆冲推覆构造的组合形式——逆冲断层虽然可以单条产出,更常见的是产状相近的若干条逆冲断层成束产出,一条条产状相近并向同一方向逆冲的断层,构成叠瓦状结构(图6-53)。

叠瓦式是逆冲断层系最具代表性的组合形式。一定构造单元中的逆冲推覆构造,除了表现为向一个方向逆冲的叠瓦式逆冲外,还常常表现出背冲式(图6-54)、对冲式和楔冲式。

图6-53 叠瓦式逆冲断层系(扇)

图6-54 背冲式逆冲断层系

6.8.3 各类断层基本组合形态

断层的组合方式可分为对称式和非对称式,主要取决于一对共轭断层是否以同等程度发育。两组断层以同等程度发育时构成对称式,一组断层优先发育时构成非对称式。正断层、逆断层和平移断层及其各自的构造样式也千差万别。然而归根结底,都是由于单个断层面的产状形态差异和断层组合方式的不同而互为区分的(表6-5、图6-55和图6-56)。

表6-5 不同类型断层基本组合形态(据庄培仁、常志忠,1996)

组合方式	断面形态	断层类型		
		正断层(剖面观)	逆断层(剖面观)	走滑断层(平面观)
对称式	平面状或曲面状	地垒-地堑式	背冲式、对冲式	共轭走滑断层组(系)
非对称式	平面状	阶梯式、半地堑、书斜式(有的下伏底板断层)	单冲式	平行式、羽状、雁行式(多半下伏基底走滑断层)
	曲面状	半地堑、叠瓦式(下伏底板断层)伸展双重构造	叠瓦式(前缘和后缘逆冲系)(下伏底板断层)逆冲(缩短)双重构造	(正或负)花状构造、走滑双重构造

(a) 平行式断层 (b) 雁行式断层 (c) 帚状断层 (d) 环状断层 (e) 放射状断层 (f) 斜交式断层

图6-55 各种断层类型示意图

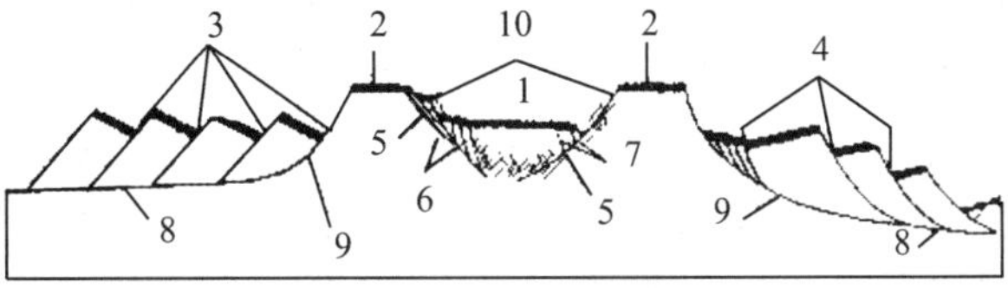

对称式:1—地堑;2—地垒;

非对称式:3—书斜式的半地堑;4—叠瓦式的半地堑;5—主断层;

6—同向断层;7—反向断层;8—拆离断层;9—铲式断层;10—共轭断层。

图6-56 对称式和非对称式断层组合综合剖面图(以正断层为例)

(据 Twiss、Moores,1992)

正断层、逆断层和走滑断层的对称组合形态分别为地堑-地垒式、背冲式-对冲式和共轭走滑系。在理想情况下,表现为地堑-地垒、背冲-对冲和两组共轭断裂各自大体上以等间距交替出现,这显然是共轭断层以同等程度发育所引起的。但是,这样的理想情形并不常见。正、逆和走滑断层的非对称式组合形态,平面状断层面组合分别为阶梯式、半地堑式及书斜式(正)、单冲式(逆)和平行式、羽状及雁行式(走滑);具曲面状断层面时分别为叠瓦式(正和逆)和正或负花状构造(走滑)。

一般情况下,在正、逆断层的非对称式组合里每种构造样式中的所有断层面倾向与同名断盘(意指或均为上盘或均为下盘)运移方向,或者共具相同优势方向(如书斜式或叠瓦式的正断面倾向与上盘滑向共具相同优势方向),或者各具相反优势方向(如单冲式或叠瓦式的逆断面倾向与上盘滑向各具相反优势方向)。至于走滑断层的非对称式组合,其断层走向和滑移方向也具优势方向。这显然都是一对共轭断层中只有一组断层优先发育所造成的。

6.8.4 双重构造

双重构造不仅常见于逆冲推覆构造中,也屡见于伸展断层系和走滑断层系中。逆冲双重构造和伸展双重构造多发育在各自主断层的断坡附近,走滑双重构造往往发育在走滑断层末端、断层错开处、弯曲段或平直段上非连续破裂部位,这些足以说明,主断层的几何形态对双重构造的形成具有直接控制作用。

逆冲双重构造和拉张(伸展)双重构造的描述都包含下述部分:顶板(逆/正)断层及底板(逆/正)断层和夹于二者之间的一套次级叠瓦式(逆/正)断层及它们围限的断夹块(图6-57)。顶板和底板断层由双重构造中次级叠瓦式断层分别向上和向下相互趋近并相连而成,二者在前峰和后缘汇合,构成一个封闭体系,从而有别于叠瓦扇(叠瓦扇缺少顶板断层)。

图6-57 南昌-宜丰双重逆冲推覆系结构示意图(据朱志澄,1991)

伸展双重构造的几何学和运动学都类似于逆冲双重构造。在正断层具有断坡－断坪形态的情形下，随着断层作用进行，断层依次切入下盘或上盘。当同一伸展幕期间，有时较晚的正断层可能截切较早的正断层，由此逐步形成伸展双重构造，图6－58为伸展双重构造扩展模式，其中(a)表示铲式正断层及发育在其上盘中的滚动背斜和断坡向斜；(b)表示随着断层作用进行，正断层依次切入下盘，形成断坡及其围限的断夹块，在近地表处形成叠瓦扇，它与相邻的共轭断层组一起构成地堑，在深部则形成双重构造；(c)表示最终形成共轭叠瓦扇以调节上盘变形。伸展双重构造底板断层是活动断层，而顶板断层则终止活动。

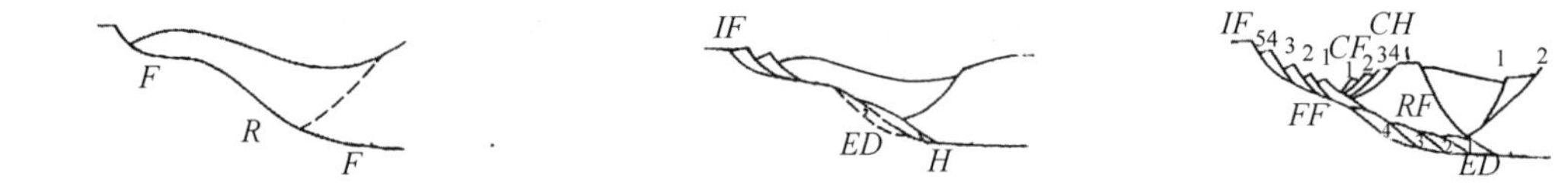

(a) 具断坡－断坪结构的铲式正断层　(b) 断层渐进扩展形成叠瓦扇和双重构造　(c) 最终形成共轭叠瓦扇

1～5—由早至晚形成的断夹块；*F*—断坪；*R*—断坡；*IF*—叠瓦扇；*ED*—伸展双重构造；*CF*—共轭叠瓦扇；*RF*—顶板断层；*FF*—底板断层；*H*—断夹块；*CH*—中央高地。

图6－58　伸展双重构造扩展模式

（据 Twiss、Moores，1992）

走滑双重构造两侧通常为两个连续的位移较大的主走滑断层带，或者两个带之间，次级雁行断层围限着断夹块，这些断层的位移往往既具有走滑分量又具有正断层或逆断层分量。每个断夹块的长度大约相当于围限双重构造的主断层间距的一半到两倍。

在理想情形下，当走滑断层沿其走向出现弯曲和错开时，沿其平直段上的纯走滑位移必然引起弯曲和错开处的重叠或松开（图6－59(a)）。在受阻弯转处可能形成收缩双重构造（图6－59(c)），在释放弯转处可能形成伸展双重构造（图6－59(b)）。当走滑断层末端出现弯曲时，可能形成收缩叠瓦扇和伸展叠瓦扇（图6－59(b)和(c)）。按照位于扇侧翼的位移较大的主断层所取指向，可以分出前缘和后缘叠瓦扇。

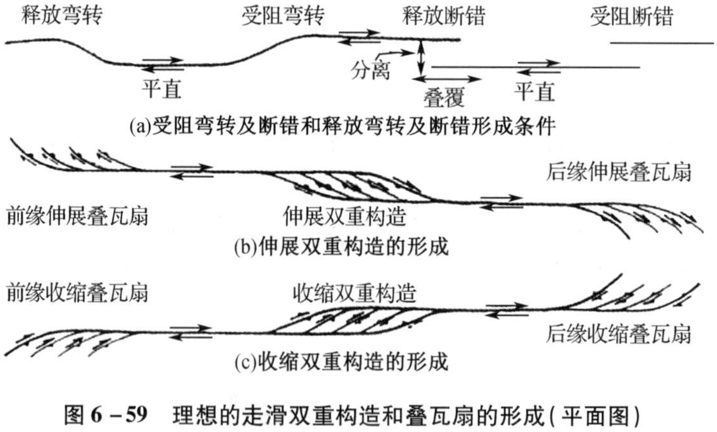

图6－59　理想的走滑双重构造和叠瓦扇的形成（平面图）

（据 Woodcock、Fischer，1986）

6.9 研究断层的实际意义

6.9.1 断层与矿产的关系

1. 成矿前、成矿期断层对矿产形成和分布起着控制作用

内生成矿物质来自地下一定的深度，断层为地下深部的矿物质提供运移的通道和良好的聚集场所，为成矿创造有利条件。外生的沉积矿床则受沉积盆地分布范围的限制，断层则常控制沉积盆地的边界，同时也控制着沉积矿床的分布范围。在找矿勘探中，查清成矿前和成矿期断层的分布规律，显然对指导找矿和勘探都具有非常重要的意义。

在内生成矿作用过程中，断层中有利于成矿的部位在某些区域性断层的附近分布的次级断裂构造常可形成矿田或矿床，区域性断层本身却很少含矿或仅见到矿化。含矿断层有利成矿的部位有：①在断层产状有变化地段常形成矿体或矿柱。断层产状沿走向和倾向都可能发生变化，在其产状转折的张裂地段可形成较宽的裂隙，有利于矿体赋存。一般是正断层倾角变陡处，逆断层的倾角变缓处，右行平移断层在右拐弯处，左行平移断层在左拐弯处，对矿体的形成较为有利（图 6－60）。②两条以上不同方向的断层，其交汇处有利富集成矿。一方面可能是多期断层活动导致多期成矿，另一方面是应力集中，岩石强烈破碎，微裂隙增加，为矿化富集提供了成矿空间（图 6－61）。也有因断层引起的拖褶皱，在其虚脱部位可以形成矿体（图 6－62）。③断层泥或断层错开不同性质岩层构成阻拦矿液扩散的条件而使之成矿（图 6－63）等。

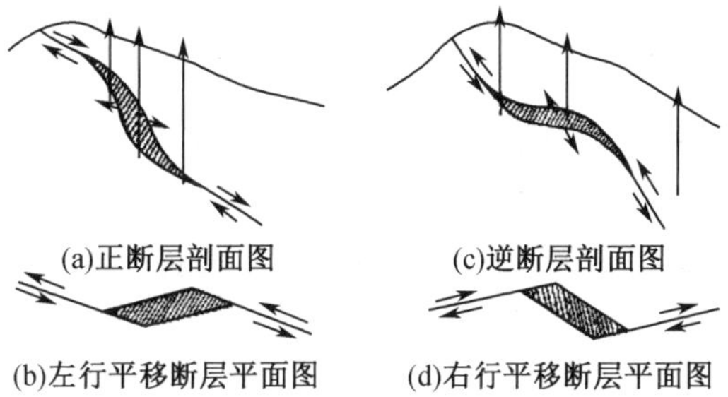

图 6－60 各类断层的产状变化及有利于成矿地段的示意图

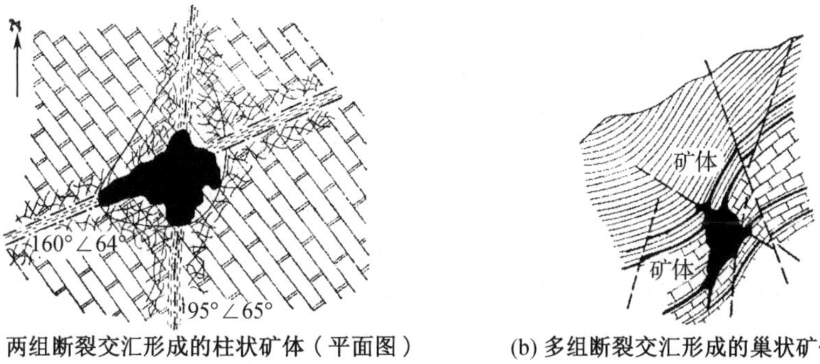

图 6－61 断裂交汇处形成的矿体示意图（据 B. M. 克列切尔，1958）

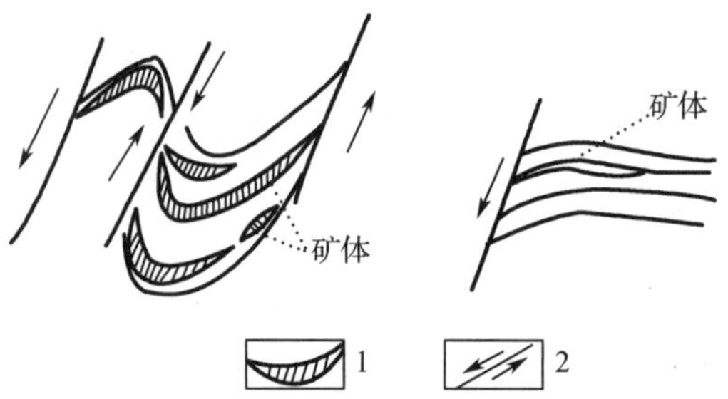

1—含金石英脉；2—断层及两壁运动方向。

图6－62　某金属矿床中由断层拖曳褶皱形成的矿体

（据陈国达，1985）

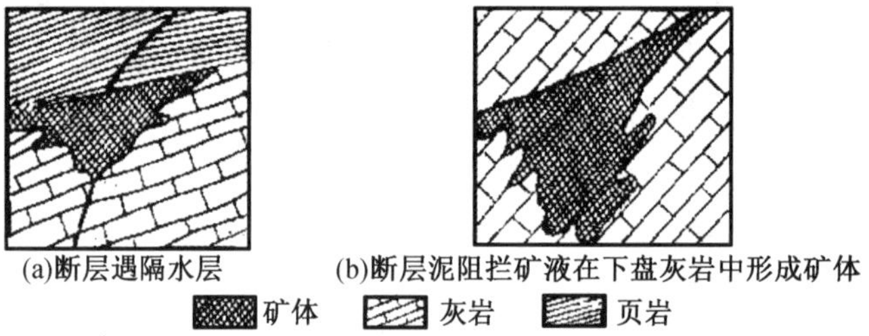

图6－63　断层遇到阻拦条件形成的矿体

（据 в. и. 斯米尔诺夫，1976，改绘）

注：(a)断层遇隔水层（页岩）阻拦矿液在灰岩中成矿体；(b)断层泥阻拦矿液在下盘灰岩中形成矿体。

2. 成矿后断层对矿体的破坏和改造

成矿后的断层可使矿体错失到深处，也可使矿体暴露于地表被剥蚀掉或使矿体支离破碎，因而增加了开采的困难，但成矿后断层亦可使矿体重复、加厚或将深部矿体推移至浅部，而便于开采利用。因此，在工作中详细查清断层对矿体的影响，是储量计算、矿山设计的重要资料和重要的工作内容。

6.9.2　断层与水文地质、工程地质的关系

断层与水文地质条件的关系，主要表现在断层对地下水形成、富集、排泄的控制影响方面。断层带岩石破碎、裂隙发育，可成为地下水的通道与储集场所。地下水还可沿断层破碎带溢出地面成泉。如果断层与地下深处温度较高的地下水相联系，还会形成温泉。

不同类型的断层，因其断裂带结构不同，它们的导水性和富水性均差别很大。正断层因角砾大小混杂，胶结疏松，孔隙、裂隙多，导水性较好，如果它与某些含水层具有联系，则此正断层破碎带就可能是一个富水地带，是开采地下水的有利地段。例如，山东省肥城市雨前村的大口井，井位就在断层破碎带上，日出水量达1 200 t（图6－64）。

逆断层因岩石挤压破碎后常被胶结得比较紧密，孔隙、裂隙较少，具封闭性，断层破碎带导水性、富水性均较差，但它又常将含水层中的地下水阻隔于一侧或两侧，有利于地下水的贮存，甚至形成承压水。在断层旁侧布置钻孔揭穿含水层时，常可得到涌水量大的承压水。

平移断层破碎带结构常与逆断层的相似，其导水性、富水性也常与逆断层相似。

断层与工程地质条件的关系，主要表现在断层对工程建筑的不良影响方面。断层破碎带孔隙、裂隙发育，大大降低了岩石的强度和地基的稳定性，不仅给采矿、打隧洞等施工造成困难，而且直接威胁工程建筑的稳固与安全。断层泥的存在一方面会引起建筑物不均匀沉陷，另一方面又增加了地基滑移的可能性，尤其是断层含水性较好时，地基的稳定性更无保障。对于水利工程建筑来说，断层破碎带还会引起水库坝下渗漏和绕坝渗漏，危及大坝安全并影响水库正常效益的发挥。

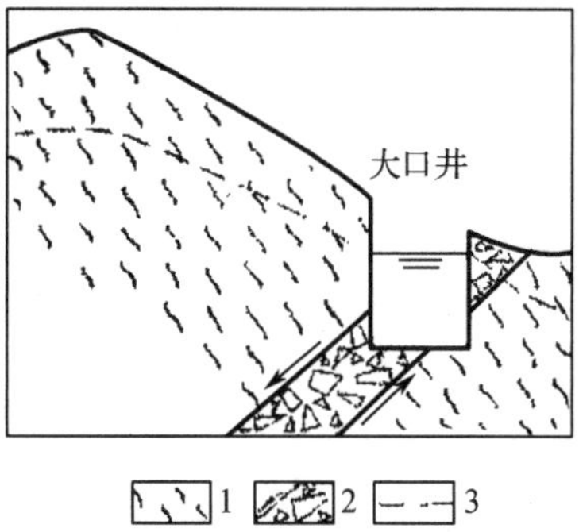

1—片麻岩；2—断层破碎带；3—地下水水位。

图 6－64 山东省肥城市雨前村的大口井

（据《怎样找地下水》，1975）

复习思考题

1. 在野外如何识别断层的存在，如何判断其性质？
2. 正断层、逆断层和平移断层分别形成于何种构造环境？
3. 牵引构造与逆牵引构造有何不同？
4. 怎样确定断层发生的时间？
5. 同沉积断层有何特点？
6. 伸展构造主要有哪些表现形式？
7. 伸展构造的形成机制主要有哪些？
8. 伸展构造与挤压构造有哪些主要的差别？
9. 逆冲推覆构造有哪几种组合形式？
10. 什么是双重逆冲构造？
11. 什么是反冲断层与构造三角带？
12. 逆冲推覆构造沿冲断方向可以分成哪几个带？
13. 断层作用与褶皱作用有何联系？
14. 如何区别挤压推覆与重力滑覆？
15. 新构造运动的含义是什么，有何特点？
16. 新构造主要有哪些类型？
17. 如何应用地貌法判断新构造的升降运动？
18. 城市的地面沉降、地裂缝可能是由哪些因素造成的？
19. 举例说明新构造运动对工程建设有何影响。

第7章 劈理和线理

7.1 劈　　理

7.1.1 概述

各类地质构造都可以概括为面状构造和线状构造。如岩层层面、节理面、断层面,褶皱的轴面、片理、片麻理等都属于面状构造(或称为面理),褶皱枢纽、断层擦痕、柱状矿物的定向排列以及不同面状构造的交线等都属于线状构造(或称为线理)。

劈理是指变形岩石中能沿次生的密集平行排列的裂面或潜在裂面将岩石分割成无数薄板(片)的面状构造。这些密集的裂面或潜在易劈面称为劈理域,劈理域间的岩石薄片叫微劈石(图7-1)。其发育程度与岩石中所含片状矿物的多少及其定向性有关。劈理不如节理分布广泛,但在变形强烈的岩石中或变质岩中较为常见,劈理面的产状可与层理一致或斜交,其测量与其他面状构造产状的测量方法相同。

图7-1　劈理中的劈理域(深色带)和微劈石域(浅色带)

注:注意两者结构的差异。

1. 劈理域的形态及排布

(1)劈理的平面度

劈理的延展能力取决于岩石的性质及劈理化的程度。不同劈理化岩石中劈理域的形态各异。按劈理域垂直断面上形态的平直程度,平面度可分为四种:平直的、粗糙的、锯齿状的和缝合线状的(图7-2)。

(a)平直的　(b)粗糙的　(c)锯齿状的　(d)缝合线状的

图7-2　劈理的平面度(据G. J. Borradaile,1982)

一般来说,在均匀泥质岩中,劈理多是平直的,常常将岩石分裂成平行板状;在变质砂岩或其他粒状组分构成的岩石中,劈理多稀疏分布;发育于大理岩、石英岩等单矿物岩中的劈理间隔很宽,可呈缝合线状或锯齿状。

（2）劈理的排布格式

劈理域在空间有不同的排布格式，反映着劈理域和微劈石域之间的相互关系。劈理可以分为两类：一类是劈理域沿某一方向平行或近于平行展布的平列劈理；另一类是劈理域沿两个方向或两个以上方向展布，相互交织成网状的交织劈理。其间的微劈石也相应呈平行板状或透镜状（图7－3）。

图7－3　常见的劈理排布格式（据 G. J. Borradaile，1982）

劈理排布格式的描述同观测尺度密切相关，板岩劈理在宏观上多呈平直的平行板状，一般多被描述成平列劈理，但在显微镜下，劈理域之间的排布却是交织状的。

2. 微劈石的结构

微劈石是劈理化岩石中劈理域之间的部分，组构上不具定向或定向不良。微劈石一般存在两种形式，一种由粒状矿物组成，组构比较紊乱，没有明显的优选方位；另一种微劈石内部常保存有先存板岩和千枚岩的面理，具一定的优选方法。这种先存的面理，也可在后继劈理化过程中发生细微褶皱。

3. 劈理的间隔

劈理间隔是指两劈理面在垂直方向上的距离，即垂直劈理断面上劈理域与微劈石域的宽度之和。劈理间隔随岩性和劈理类型不同而不同（图7－4），一般砂质岩石中的劈理间隔宽，泥质岩石中的间隔窄。

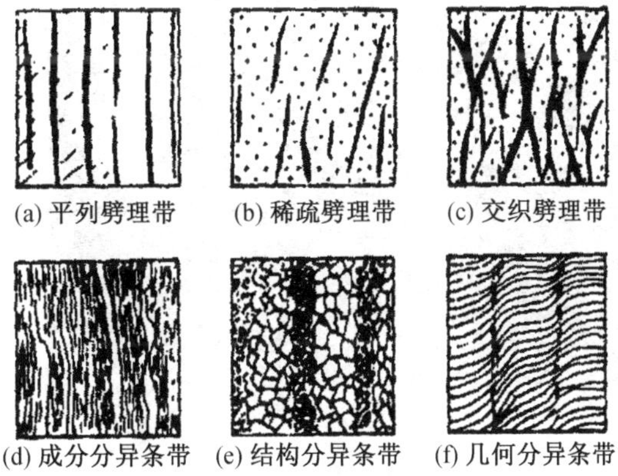

图7－4　劈理带的常见形式

4. 劈理域的相对宽度

劈理域的相对宽度一般用劈理域宽度与微劈石宽度之比，或劈理域宽度的总量在岩石测线总长中所占百分比来计量。劈理域的相对宽度是研究劈理样式的重要参数。如果劈理域相对宽度窄，劈理岩石就会显示出面状分割的特点；如果劈理域相对宽度大，则在岩石中构成劈理化带。

7.1.2　劈理的类型和特征

1. 传统分类

（1）流劈理

流劈理是指岩石在变形和变质过程中，片状、板状、扁圆状矿物或其集合体趋于平行排列使岩石分裂成许多薄片的面状构造。一般认为，岩石在剪切或挤压作用下产生塑性流动变形过程中，其矿物组分发生压扁、拉长以至转动和轻微重结晶现象，而引起岩石中板状、片状、柱状矿物在垂直于主压应力方向上或近于平行剪应力方向上定向排列，产生易于劈开的软弱面形成流劈理（图7－5）。当劈理面上矿物重结晶明显，出现肉眼可辨认的片状矿物时，则称为片理或片麻理，但越来越多的人认为，板劈理、片理、片麻理是不同变质岩类中流劈理的不同表现形式。

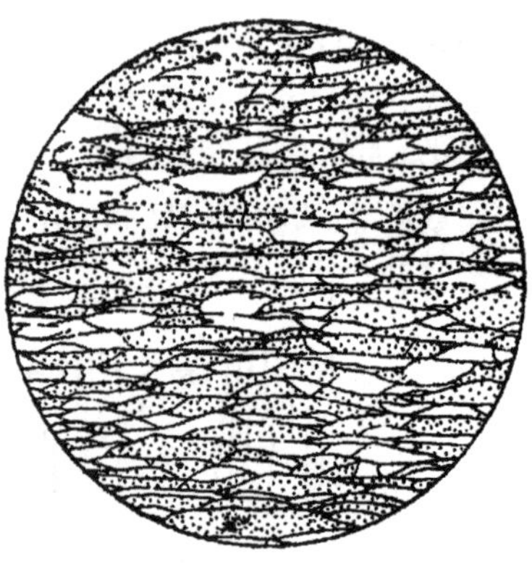

图7－5　大理岩中的流劈理（连续的）

（2）破劈理

破劈理是指岩石中一组密集的剪切裂面。其与流劈理的区别是裂面与岩石中矿物的定向排列无关。破劈理的间隔一般为数毫米到数厘米不等（图7－6）。其与剪节理的主要区别在于裂面发育的密集程度和分布的均匀性不同。破劈理多发育在轻微变质或未变质的脆性岩石中。

（3）滑劈理

滑劈理也称褶劈理，其形成与岩石中的剪切滑动有关。其特征是通过密集的剪切滑动面，在先期形成的微劈石中呈现不同形态的小褶皱（图7－7）。

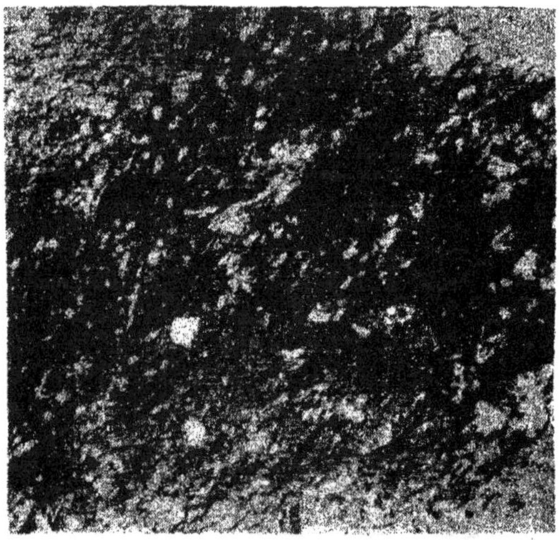

图7－6　沂沭断裂带中的角砾岩及其节理密集化带（破劈理，山东昌邑）

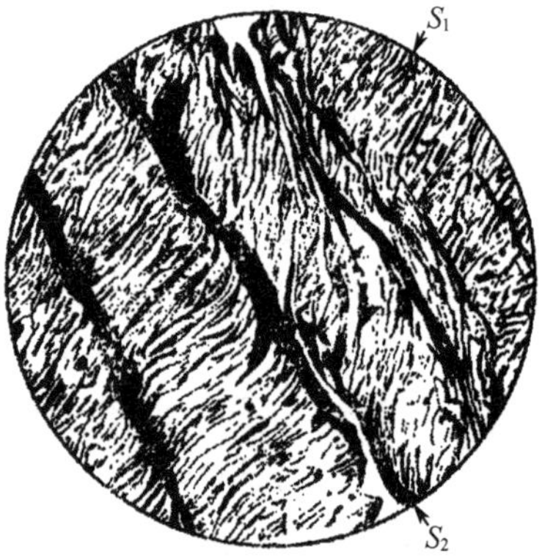

图7－7　北京京大灰厂石炭系板岩中的滑劈理

（据宋鸿林薄片照片素描）

注：早期流劈理 S_1，因剪切滑动而成S形弯曲，近劈理面的矿物拉扭得与滑劈理面 S_2 近于平行。

滑劈理的劈理面上可形成与其平行的重结晶微晶矿物，它们可以是原有的片状矿物被剪切拖曳到平行于滑劈理面的位置上，也可以是重结晶形成的新矿物沿滑劈理面呈定向排列。一般认为，滑劈理是一组与主应力轴斜交的切过早期面理的剪切面，随着应力的持续作用和微劈石不断被压扁，使劈理面旋转并引起劈理面间距缩短，沿劈理滑动的同时，早期面理被揉皱，直到劈理面与主压应力方向垂直（图7－8）。

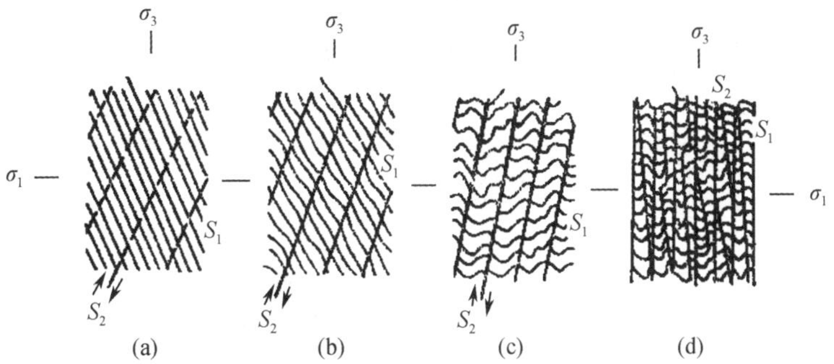

图 7－8 滑劈理形成过程示意图(引自徐开礼、朱志澄主编的《构造地质学》,1989)

注:应变滑劈理 S_2 切割早期面理 S_1 的连续演化阶段。

2. 劈理的结构分类

根据 C. E. 鲍雷达尔和 G. H. 戴维斯等的方案,依据劈理岩石内部的组构和能识别的尺度,把劈理分为连续劈理和不连续劈理。凡岩石中矿物均匀分布,全部定向,或劈理域间隔极小,以至只能在显微镜下才能分辨劈理域和微劈石的劈理,均称为连续劈理。反之,劈理域在岩石中具有明显间隔,劈理域及微劈石域在肉眼尺度下就能分辨者,则称为不连续劈理。

(1)连续劈理

连续劈理发育于变质岩石中,按其变形特征及其重结晶的状况,可分为板劈理、千枚理、片理和片麻理。

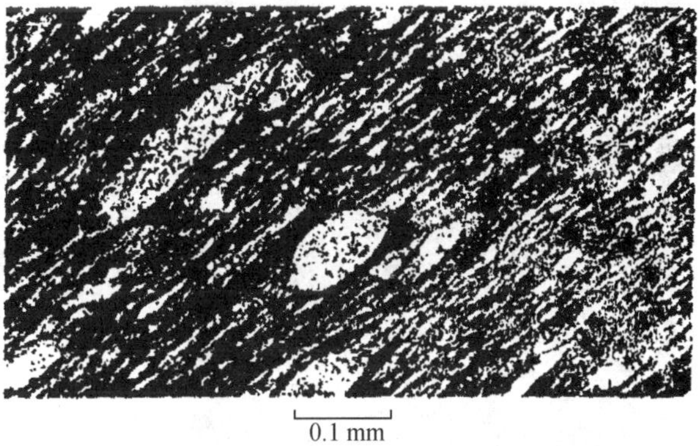

图 7－9 板劈理的显微构造(据 R. E. Hobbs 等,1976)

①板劈理。板劈理主要发育于富泥质的低级变质岩中,岩石内部颗粒很细。发育良好的板劈理有良好的可劈性,使岩石劈裂成十分平整的石板。但是,在显微尺度下,板劈理的劈理域却是呈交织状排布的,表现为富云母层状硅酸盐域和富石英长石的透镜状域。从图 7－9 中可以看出,在微劈石内,主要组成为粒状矿物或其集合体,缺乏明显的优选方位。相反在劈理域内,原岩的组构几乎完全转化为强烈定向的层状硅酸盐矿物条带。

板岩中原岩的矿物晶粒、碎屑、结核、化石、斑点等均发生变形,成为良好的应变标志。当包体与基质之间韧性差小时,包体随基质一道发生类同的应变;当包体与基质之间韧性差较大时,就会导致绿泥石和石英一类增生矿物出现,沿着劈理面在低压空间生长,造成压力影构造。增生石英呈竹节式纤维生长,可指示不同发展阶段中的运动方向(图 7－10)。

②千枚理和片理,千枚岩和片岩以其结晶矿物较大、肉眼可见与板劈理相区别。根据岩石中层状硅酸岩矿物的多少,可以分为三类不同的千枚理和片理,一种是富层状硅酸岩岩石中的千枚理和片理,这种岩石中的云母类矿物沿面理平行排列,层状硅酸盐域几乎遍布整个岩石,构成所谓“千枚状构造”(图 7－11);另一种是复矿物岩中的片理,这种片理的域组构

特征十分明显，层状硅酸盐域呈交织状绕透镜状长英质域分布，无论劈理域或微劈石域都卷入变形和重结晶作用，并以其重结晶显著而显示其特色；第三类片理发育于粒状单矿物岩中，层状硅酸盐呈稀疏分布，片理主要是依靠拉长、压扁的粒状矿物的连续排列而显示出来的（图7－12）。

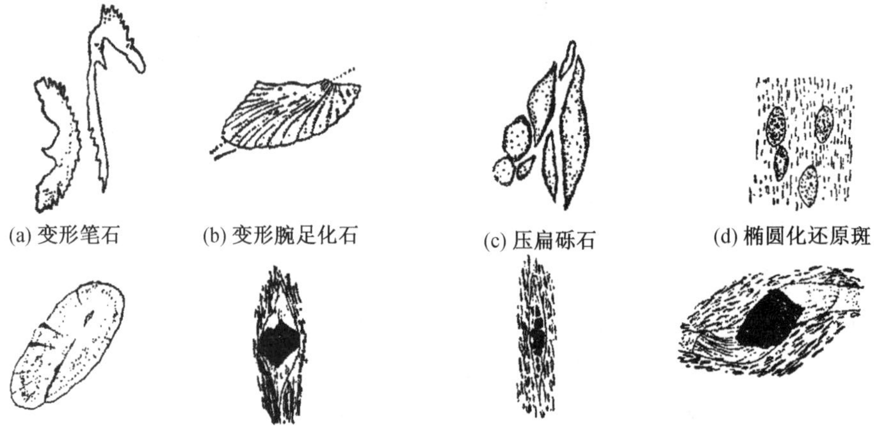

(a) 变形笔石　(b) 变形腕足化石　(c) 压扁砾石　(d) 椭圆化还原斑

(e) 变形鲕粒　(f) 非旋转黄铁矿压力影　(g) 压碎黄铁矿压力影　(h) 旋转黄铁矿压力影

图7－10　与板劈理有关的变形包体

图7－11　云母片岩中的片理

（据B. E. Hobbs等，1976）

注：云母呈明显的连续均匀分布优选定向。

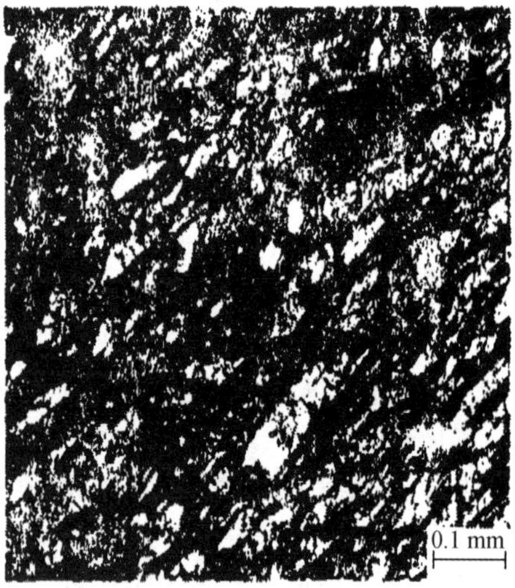

图7－12　云母石英片岩域式片理

（据B. E. Hobbs等，1976）

注：薄膜状云母域呈交织状围绕石英颗粒为主的集合体。

③片麻理。片麻理是深度变质岩区广泛存在的另一种连续面理。它是劈理岩石高度重结晶的产物，由深浅两色矿物条带构成（图7－13）。单矿物角闪石岩、辉石岩和斜长石岩也发育有片麻理，它由柱状或板状矿物晶体平行排列而成。片麻理在深变质岩区多成层展布，其中早期构造变形的形迹多已消失，构成新生的区域性地质面。

(2)不连续劈理

不连续劈理域之间的间隔可以在肉眼尺度下加以确定,在露头或手标本上就可显示其不连续的构造特征。不连续劈理按微劈石域的结构,可分为间隔劈理和褶劈理。

①间隔劈理。在显微尺度下观察,劈理域的主要成分是黏土质和碳质等不溶残余物。

②褶劈理。褶劈理以一定可见的间隔切过先有连续劈理为特色,间隔大小 0.1 mm ~ 1 cm。早期连续劈理发生挠曲或微细褶皱。

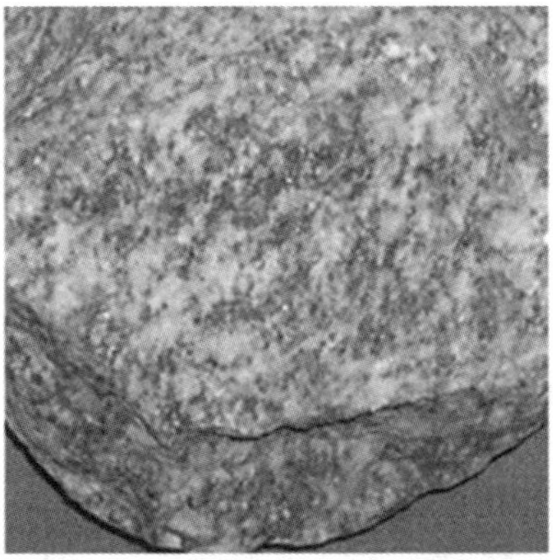

图 7 – 13　花岗片麻岩中的片麻理

7.1.3　与褶皱、断层有关的劈理

劈理作为大型构造的从属构造,与褶皱、断层和区域性流变构造在几何上和成因上都有着密切的关系。研究它们之间的关系,对查明大型构造的形态和形成机制也十分有益,并且可以根据劈理化岩石的应变表现,来阐明大型构造变形环境。

1. 与褶皱有关的轴面劈理

(1)层间劈理与顺层劈理

层间劈理是一种受岩性及层面控制且与层面斜交的劈理,多与褶皱的形成有关,常发育在褶皱的两翼(图 7 – 14)。在不同岩层内,劈理的类型、间隔、产状各不相同。在相对坚硬的岩层中,劈理的间隔大,与层理的夹角大,多为破劈理;在相对柔软的岩层中,劈理的流变特征较为明显,劈理间隔小,与层理夹角相对较小,多为流劈理。在相对硬、软岩层的互层中形成的层间劈理,在不同岩性界面处的产状常出现“折射”现象(图 7 – 15)。

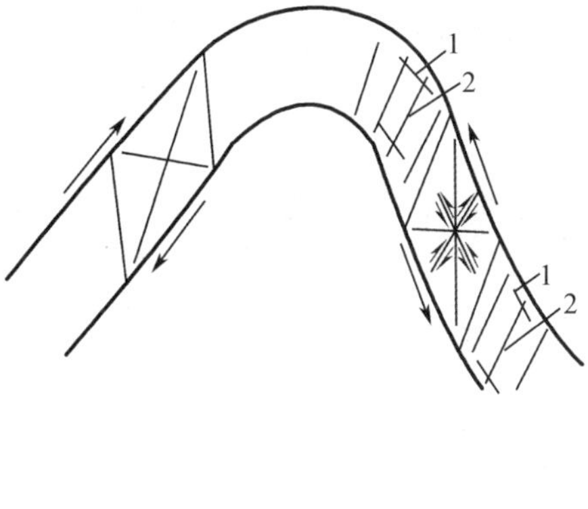

1—顺层劈理;2—层间劈理。

图 7 – 14　因褶皱的层间滑动形成的劈理示意图

(据 г.д · 阿尔日吉烈,1956)

图 7 – 15　奥陶系白云岩(放置铅笔的一层)和其下伏的灰岩互层中劈理的“折射”现象的素描图

(引自徐开礼、朱志澄主编的《构造地质学》,1989)

注:剪节理稀疏,倾角陡,流劈理密集,倾角缓,两者都指示岩层发生过逆时针的层间滑动。

层间劈理的形成,多认为与褶皱形成中的层间滑动和岩石的不同变形异性有关。在弯滑褶皱作用过程中,褶皱的两翼因层间滑动诱导出两组剪切面,一组与层理斜交并将岩层切成密集的破裂面,即形成层间劈理;另一组近于平行层面,可发育成顺层劈理。顺层劈理可以是破劈理,但大多是由塑性较强的岩石形成的流劈理(图7-16)。

(2)轴面劈理

所谓轴面劈理,是指其产状平行于或大致平行于褶皱轴面的劈理。这类劈理主要发育在强烈褶皱的岩层里(图7-17)。

图7-16 西藏日喀则市日喀则砂岩与板岩互层中的剪节理和流劈理(层间劈理)

(据《珠穆朗玛峰地区科学考察报告》,1979)

图7-17 西藏日喀则市日喀则群砂质板岩斜歪背斜中的轴面劈理

(郭铁鹰摄,宋姚生素描)

轴面劈理和轴面片理的产状与褶皱轴面的关系,取决于组成褶皱岩石的韧性、均一性和褶皱的形态。在岩性均一、平均韧性高、韧性差小的岩系里,轴面劈理与轴面的平行性也愈高。在较强岩层组成的背斜中,轴面劈理向背斜核部呈正扇形散开;在较弱岩层组成的背斜里,劈理则呈反扇形向上聚敛(图7-18)。

图7-18 背斜中发育的正、倒扇形轴面劈理组合(辽宁大连金石滩南秀园,震旦系兴民村组)

(据武汉地质学院区地教研室著的《地质构造形迹图册》)

注:在强弱相互成层的岩层中,褶皱核部的软弱岩层中的劈理呈倒扇形分布,而强岩层中劈理呈正扇形分布,联合而成三角形劈理,其中心部分为弱应变区。

轴面劈理中以流劈理居多,但也有破劈理。轴面劈理形成于褶皱作用的晚期,是典型的挤压应变面,与最大主压应力方向垂直,是褶皱经受压扁和压溶作用的结果。

2. 与断层有关的劈理——邻断层劈理

邻断层劈理包括断裂带内及其两盘岩石中发育的破劈理或流劈理,这类劈理是在断层的形成过程产生的。其产状与断层面斜交或近于平行。有些断裂带就是由一束束劈理带构成的,既可由破劈理构成剪切带,也可由流劈理构成挤压带。挤压带内流劈理的产状与断层的产状近于一致,可用来判断断层面的产状(图 7-19)。

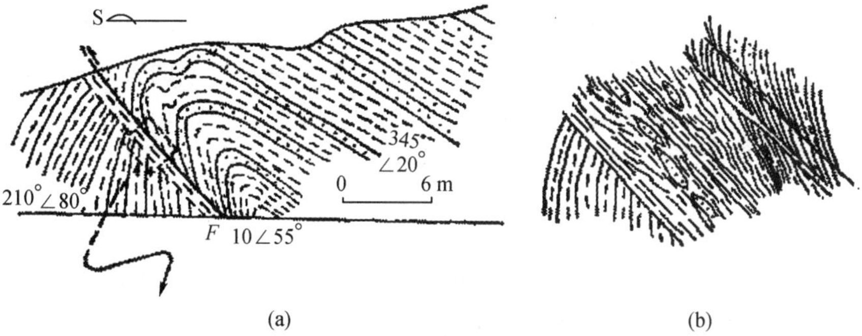

图 7-19 四川开江卢家坝北由逆断层形成的断层带中劈理(劈理与断层面产状近于一致)
(据成都地院编的《构造地质学》,1977)

3. 区域性劈理

多指在一些变质岩区发育的,其产状与个别构造、岩层产状和岩性变化无关,而是以其稳定的区域性产状叠加在前期褶皱、断裂或岩体之上的劈理。区域性劈理一般是在岩石变质、变形的后期,在区域性应力作用下形成的,也可以是另一期构造作用的产物,通常为流劈理或褶劈理(图 7-20)。

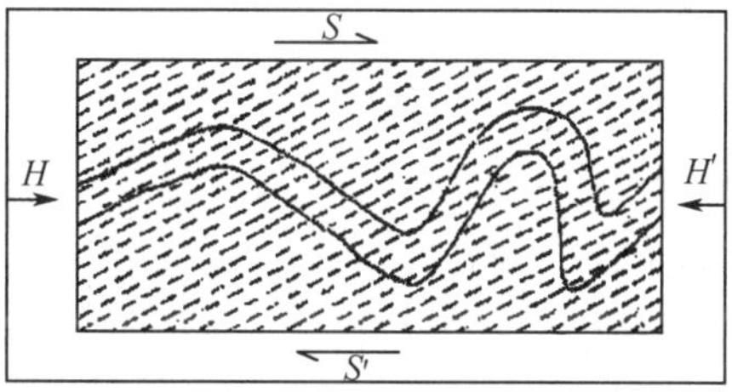

图 7-20 区域性劈理示意图
(据 M. P. 毕令斯,1956)

7.1.4 劈理的研究与应用

1. 劈理的野外观察

(1)区分劈理和层理

在劈理发育地区,劈理常将层理掩蔽起来,在这种情况下,要注意观察平行的面状构造中是否存在原生沉积标志,并要努力寻找和追索具有特征的岩性和结构、构造的标志层。通过较大范围的追索和观察,区分出层理和劈理,进而查明两者之间的几何关系和空间展布规律。

(2)确定劈理类型

在观察中要注意区分是剪切破裂变形形成的破劈理,还是压扁和次生流变形成的流劈理。但有时在同一地段内可见到几种劈理类型的过渡关系,甚至在同一构造的不同岩性层中出现不同类型的劈理。

(3)收集有关劈理的资料

在确定劈理类型之后,首先要观察确定劈理面的间距及其所在的岩石类型、劈理面的延伸情况等。其次是观察微劈石的特征,包括其形态、厚度等,如在微劈石间出现剪切错位,或在微劈石上出现小褶皱,说明劈理存在剪切运动和被进一步压缩的情况。最后是系统测量不同区段和岩性中劈理的产状及其与层理间的夹角,劈理面和层面交线的产状和与劈理相关构造的各种要素的产状。还应采集定向标本,以供室内进一步研究。

2. 劈理在地质构造研究中的应用

(1)确定岩层层序

据弯滑褶皱形成的层间劈理可知,劈理与层理所交的锐角指示相邻岩层的滑动方向。其中相邻上层面的锐角指示相邻层是向背斜顶部滑动,相邻下层面的锐角指示相邻层是向向斜顶部滑动,据此可知,如劈理倾向和岩层倾向相反,或两者倾向虽相同,但劈理的倾角大于岩层的倾角,则岩层层序是正常的(图 7-21(a)(b))。如果两者倾向一致,岩层倾角大于劈理的倾角,则岩层层序是倒转的(图 7-21(c))。

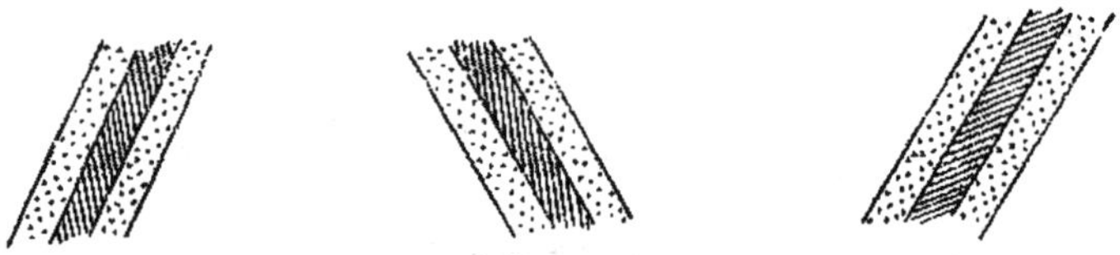

(a) 层序正常,背斜在右　(b) 层序正常,背斜在左　(c) 层序倒转,背斜在左

图 7-21　利用劈理确定岩层层序及背、向斜的位置

(据徐开礼、朱志澄主编的《构造地质学》,1989)

(2)恢复褶皱形态

①确定背、向斜位置。在剖面上确定了岩层层序之后,结合岩层的产状可进一步确定背、向斜位置。如图 7-21(a)(b)所示,岩层向左倾斜、层序正常,该套岩层应属于向斜的右翼或背斜的左翼。在图 7-21(c)中,岩层也向左倾斜,但属倒转层序,故应属背斜的右倒转翼,或向斜的左倒转翼,据此可以确定背、向斜位置。

②确定轴面的产状。据轴面劈理大都平行于褶皱轴面的特征,可以利用测量轴面劈理的产状来确定褶皱轴面的产状,以确定褶皱的形态类型。如轴面劈理直立,可能存在直立褶皱;如轴面劈理倾斜,则可能存在歪斜或倒转褶皱。

③确定枢纽的产状。在平面上观察,如果见到轴面劈理走向和岩层层理的走向近于平行,则表明该区段内褶皱的枢纽处于水平产状;若两者相交,则枢纽是倾伏的。劈理切穿岩层层理时,有可能确定褶皱的倾伏方向和倾伏角(图 7-22)。在背、向斜已经确定的情况下,在平面上观察,劈理与褶皱中某一岩层顶面相交锐角的指向就是枢纽的倾伏方向(图 7-23)。

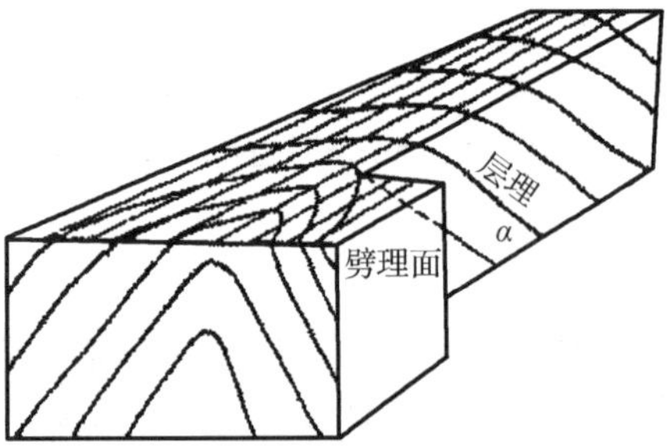

图 7-22　根据劈理上层理的迹线确定褶皱枢纽产状的示意图

(据 г. д. 阿日吉列,1956)

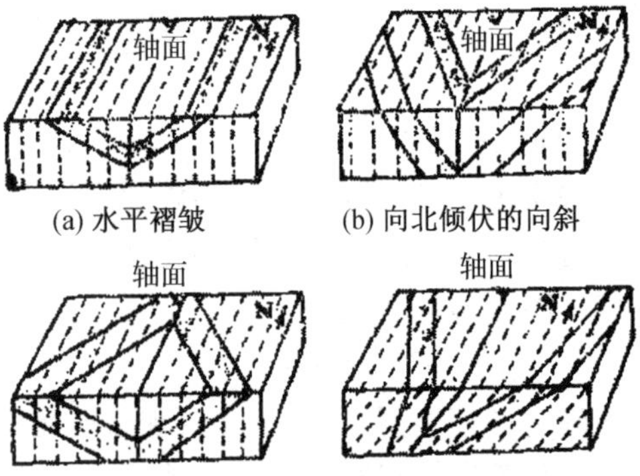

(a) 水平褶皱　(b) 向北倾伏的向斜

(c) 向南倾伏的向斜　(d) 向北倾伏的倒转向斜

图 7-23　根据劈理和层面交角的指向确定枢纽的倾伏方向(据 M. P. 毕令斯,1956)

7.2 线　　理

7.2.1 概述

线理是岩石中或其表面上出现的小型或微型的相互平行的次生线状构造，它们总是和有关的构造成因相联系。观察、研究线理已成为解决有关构造中某些问题的手段之一。例如，小型层间褶皱的枢纽和与其有关的较大型的褶皱枢纽产状一致，滑动面上的擦痕可以用来判定断层的相对滑动方向等。有些和褶皱、断裂形成有关的次生构造规模可能略大，但由于它们的长轴在层面或面理上也呈现一定规律的平行线状排列，因此也将它们列入线理，称为粗大线理。

桑德尔(1926)采用一套正交坐标系来定向描述岩石变形中物质运动的方向和对称面的位置等（图 7－24）。在这一坐标系里，a 定义为物质运动方向，b 和 a 垂直并在滑动面上，它可以作为旋转、剪切或圆柱状褶皱的轴，c 垂直于 ab 面。例如，擦痕、拉长砾石的长轴方向等属于 a 轴线理，小褶皱的枢纽线等属于 b 轴线理。

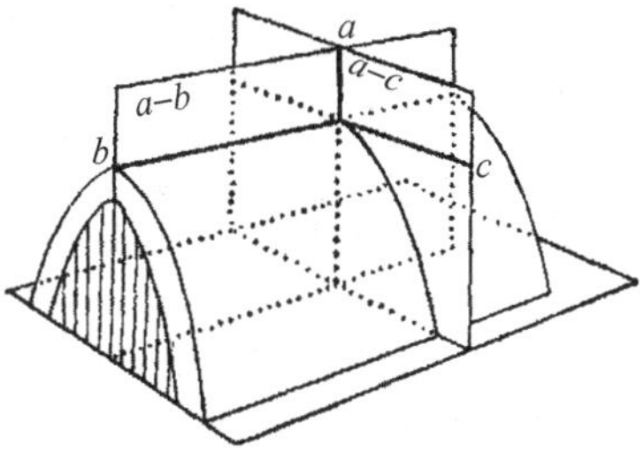

a—在运动面 ab 上，垂直于 b 轴；
b—褶皱轴；c—垂直于 ab 面。

图 7－24　桑德尔坐标系统

7.2.2 线理的类型

1. 拉伸线理

拉伸线理是由拉长的砾石、鲕粒、岩屑、矿物颗粒或矿物集合体等的平行定向排列构成的线状构造(图 7－25(a))。拉伸线理的组分虽都呈长条状，但却有两种完全不同的形成方式。一种拉伸线理是在物质塑性流动过程中产生的伸长变形，它位于运动面(ab 面)之上，指示变形中物质运动的方向，代表应变椭球体的长轴方向，属于 a 轴线理。另一类拉伸线理是辗滚而成的，如搓辗柔软的塑性黏土一样，使物质在垂直于力偶作用的方向拉伸，这种拉伸线理常与褶皱的枢纽平行，属于 b 轴线理(图 7－26)。

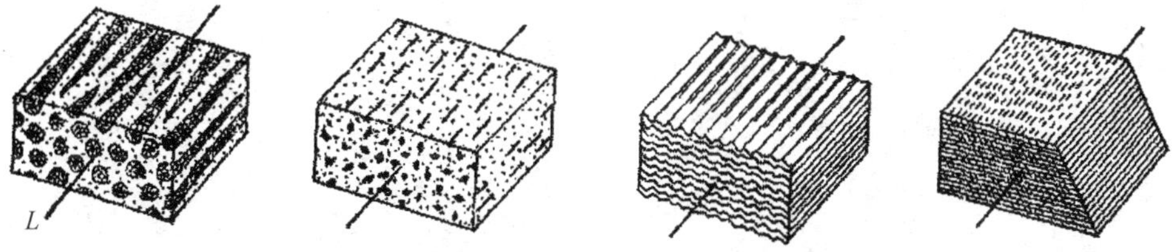

(a) 等轴颗粒拉长构成的线理　(b) 柱状矿物呈定向排列构成的线理　(c) 面理小皱纹的枢纽构成的线理　(d) 交面线理

图 7－25　几种主要小型线理的类型(据 E. J. 特纳、L. E. 韦斯，1988)

2. 矿物生长线理

矿物生长线理主要由针状、柱状等矿物的定向排列构成(图 7－25(b))。它们都是岩石变形和变质过程中压溶和重结晶作用的产物，放长轴方向反映矿物重结晶流动方向。在动力变质带中，强的应力作用使矿物生长往往不依其结晶习性，却屈从于应力而拉长，甚至使原来的短柱状或等轴状晶体的矿物出现纤维状结晶。例如，在断层擦痕上常看到的纤维状石英、方解石及纤闪石一类的擦抹晶体等，都属于 a 轴线理（图7－27）。

图7－26　拉伸线理（河南桐柏固庙，早元古界桐柏群）（据宋鸿林）

注：黑云母二长片麻岩的面理上可见平行的线纹，它代表拉伸的方向，属于 b 轴线理。

图7－27　拉伸线理与皱纹线理（辽宁大连金石滩玫瑰园，震旦系马家屯组）

（据武汉地质学院区地教研室著的《地质构造形迹图册》）

注：碳酸盐矿物优选定向结晶生长，构成代表拉伸方向的矿物线理，而且这种矿物薄膜微褶成平行的脊、槽，构成皱纹线理。

3. 皱纹线理

皱纹线理主要出现在具有先存鳞片变晶结构的岩石中，由早期劈理或片理揉皱成平行定向构造（图7－25(c)）。它们可以是连续的小褶皱，有时与褶劈理有关，因而皱纹的延伸与褶劈理一致，属 b 轴线理（图7－28、图7－29）。

图7－28　辽宁海城千枚岩中两组重叠的皱纹线理

（据武汉地质学院区地教研室著的《地质构造形迹图册》）

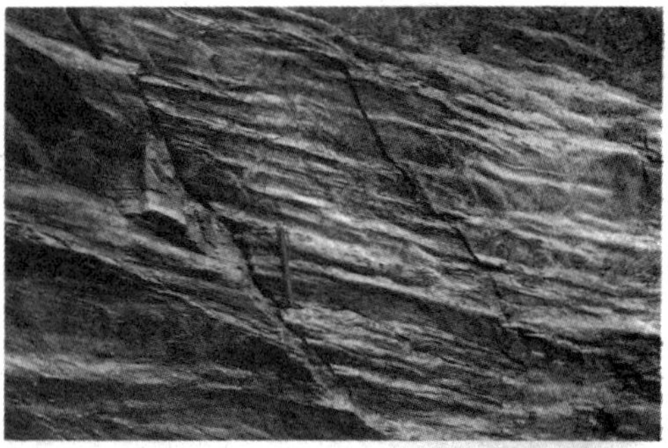

图7－29　江西宜丰九岭前缘，前震旦系双桥山组千枚岩皱纹线理（据周建勋）

注：细小密集褶皱的枢纽突起成线纹，彼此平行，当褶皱幅度变大时皱纹稀少（左侧）。

4. 交面纹理

劈理与层理或其他面理的交切线叫交面线理(图7－25(d))。如果劈理与褶皱有成因联系,则该交面线理与褶皱枢纽平行,属 b 轴线理(图7－30)。

5. 石香肠构造

石香肠构造也称布丁构造,它是在脆性和塑性岩石相间成层,互相之间具有明显韧性差的条件下,当岩层受到垂直层面的挤压时,软弱岩层会被压扁并向两侧塑性流动,夹在其间的强硬岩层,在软弱岩层顺层拖动引起的摩擦力的拉伸下,如超过其强度极限,先因中性细颈现象而变细,甚至被裂开、滚动,其两侧软弱岩层或呈褶皱形式楔入,或被变形岩层所析出的物质充填,以致形成断面上形态各异、平面上呈平行排列的长条状块段,因形似香肠,故取名石香肠(图7－31)。因此,石香肠构造是各种断块、断裂与各种楔入体的构造组合。按其成因,石香肠可分为张裂型、剪裂型、黏滞型和褶皱型石香肠等(图7－32)。

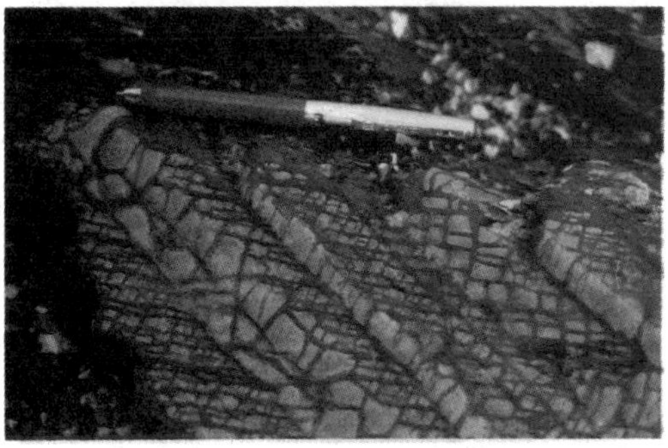

图7－30　两组交面线理交织成网格
(辽宁大连金石滩南秀园,震旦系兴民村组)

注:在薄层灰岩中发育两组间隔劈理,劈理张口被深色灰泥物质充填,它们都与层理面相交成交面线,两组交面线理在层面上构成美丽的网格。

图7－31　北京京大灰厂奥陶系白云岩中的藕结形香肠构造

(据武汉地院著的《地质构造形迹图册》,1978)

注:白云岩受拉伸先产生细颈现象而变细,后再断裂,并充填了方解石;其上下的深灰色纹带灰岩随着石香肠体的细颈化及断裂的过程发生弯流褶皱楔入其中。

石香肠构造的发育与褶皱作用后期阶段有密切联系。在纵弯褶皱中,当褶皱两翼岩层弯曲到与轴面呈低角度斜交时,近于垂直层面的挤压作用就可以导致石香肠构造的产生,形成这种长轴平行于褶皱枢纽的大型线理。因此,在圆柱状褶皱中,它指示中间应变轴的方向,其断面上的宽度和厚度则反映石香肠的拉伸和所断的应变情况。石香肠构造的测量和描述的几个要素如图7－33所示。

在逆冲断层和挤压带中可以出现石香肠构造,其显然是受到垂直于断层或挤压带方向的挤压和平行于断层走向的拉伸形成的(图7－34)。其长轴平行于断层的运动方向,应属于 a 轴线理。

6. 窗棂构造

窗棂构造是发育在强烈褶皱岩层中的一种大型线理。外形像一系列圆柱体或呈波状起伏的浑圆棂柱(图7－35),其表面桩磨光并蒙覆一层矿物外膜。有时亦可呈单个浑圆柱体出现(图7－36)。

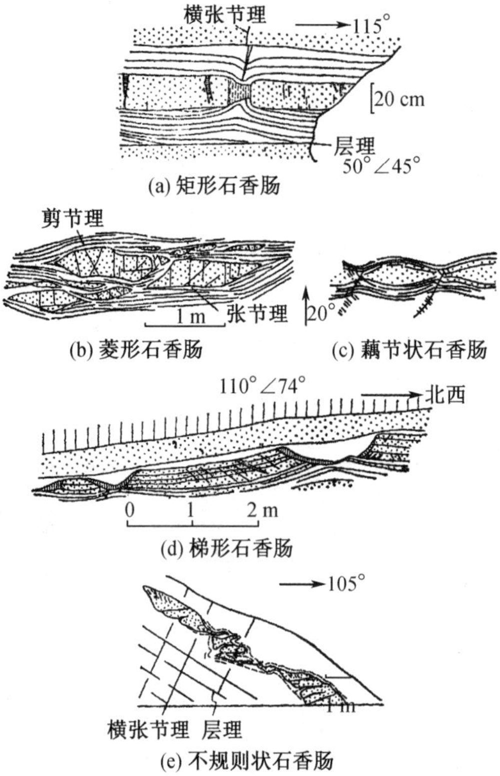

图7－32　北京西山的各种石香肠断面形态
(据马杏垣,1965)

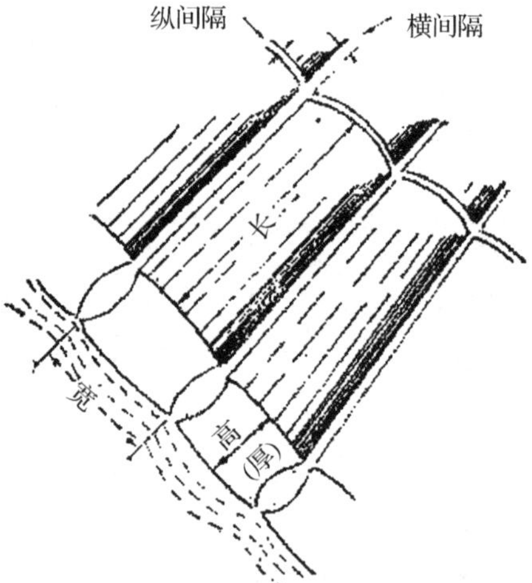

图7－33　纵弯褶皱中石香肠构造的要素及应力系统(据马杏垣,1965)

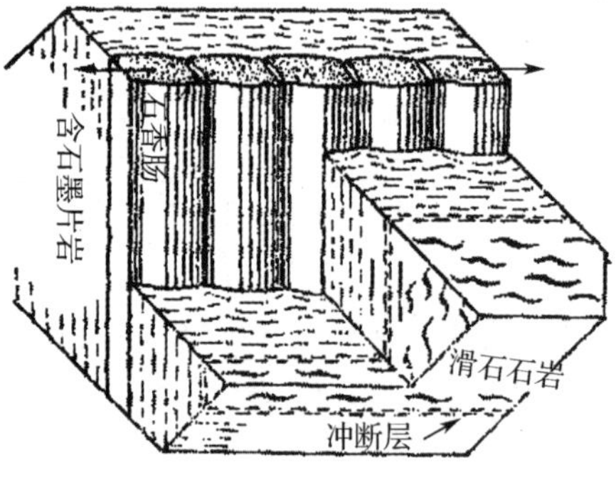

图7－34　平行于逆冲断带运动方向的石香肠
(据G.威尔逊、J.W.科斯格洛夫,1982)

图7－35　圆拱形肿缩式窗棂构造(辽宁大连金石滩玫瑰园,震旦系兴民村组)

注:强岩层与弱岩层接触的应变带上,弱岩层在褶皱过程中以尖而窄的向形嵌入强岩层,因而在强岩层表面出现圆拱形的肿缩式窗棂构造。

7. 杆状构造

杆状构造是由石英、方解石或其他成分单一的强硬岩石所构成的杆状体，成带或成束地出现在变质岩石中(图 7 - 37)。它和窗棂构造主要区别在于，杆状体由变质作用中产生的析离物质组成，析离物在未被分裂或辗滚成棒体以前，一般呈囊状、透镜状或似层状分布在面理之间。如在含硅质岩石的褶皱转折端附近的低压带中分泌成杆状脉体，多为石英。在碳酸盐类岩石中多为方解石、白云石。杆状构造的形成可以是早已存在的石英脉经褶皱或断裂作用而被辗成杆状，更多的是在变质、变形过程中，边分凝边旋转而成。因此杆状体多与褶皱枢纽平行，属于 b 轴线理。

图 7 - 36　椭圆形褶皱式窗棂构造(辽宁大连金石滩南秀园，震旦系兴民村组)

注：发育于平卧的褶曲轴部，断面椭圆，纵向直线形，是强烈变形的产物。

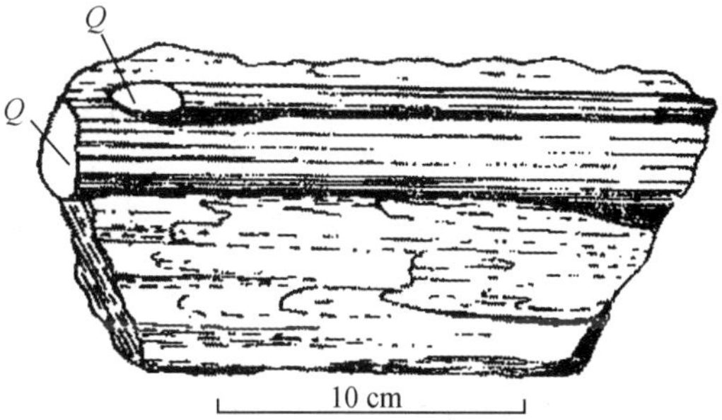

图 7 - 37　硅质片岩中未被变形的石英杆(Q)

(据 G. 威尔逊、J. W. 科斯格洛夫，1982)

7.2.3　研究线理的意义及线理的观测

1. 研究线理的意义

线理是反映岩石变质、变形过程中物质运动方向的良好标志，由于它总是位于运动面之上并和运动方向平行或垂直，故可用来指示主要运动方向和变形主轴的方位。通过大量线理的鉴别和测定，有助于分析该地区大型构造的形成方式和过程。例如，由矿物生长形成的 a 轴线理，其排列延伸方向和主压应力方向垂直，指示了岩石变形时主压应力轴的方位。b 轴线理与中间应变轴 B 方位一致。在强烈褶皱区，大量测量 b 轴线理，就有可能确定有关的大型褶皱枢纽的产状。石香肠构造的厚、宽、长三个方位(图 7 - 38)，分别代表压应力、张应力和中间应力轴的方位。

由原始形态规则的如鲕粒、海百合茎化石、浑圆状砾石等形体，经变形呈定向排列所构成的线理，不仅其方位可以帮助确定各局部地段应变椭球体的方位，还可以定量地测量岩石所受塑性变形量的大小。

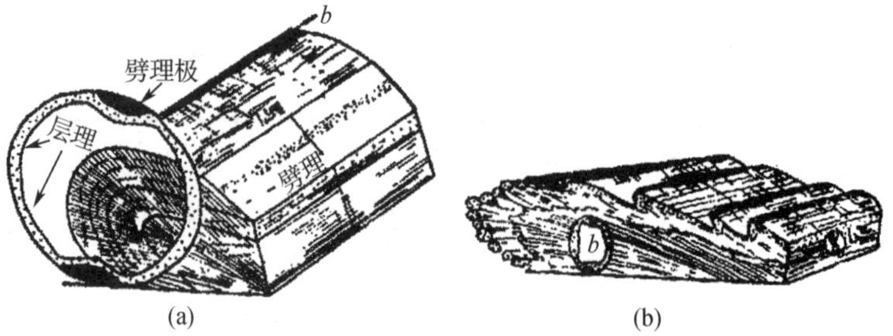

图7-38　与圆柱状褶皱有关的 *b* 轴线理(据 E. Cloos,1946)

注:(a)具扇状劈理的褶皱,劈理与层理交迹为 *b* 轴线理,组构图解示层理和劈理法线极点的等值线;(b)在倒转褶皱中,由于翼部牵引而产生的从属小褶皱及辗滚成的杆状构造。

在受到多期变形的地区,线理的再次变形,如线理弯曲成的交切现象等,往往说明该区遭受两期以上的构造变形。查明不同构造变形时期形成的线理类型、产状特征及其相互关系,有助于认识构造的叠加情况,了解分析区域构造特征和变形的历史。

2. 线理的观测

线理的观察与面理以及小型构造的研究是同时进行的。在线理发育地区进行地质测图时,应标出各类线理的类型和产状,有时还需按一定区段进行线理的统计研究。线理观测的基本要点是:

(1)区分原生与次生线理,实测产状数据。因此,除在单个露头上注意观察研究线理外,还需要在更大范围内研究它们的展布及其与其他地质体的关系,以便将原生和次生的线理区分开来。确定了次生线理之后,还要划分其类型,要搞清哪些是拉伸成因的,哪些是剪切或辗滚成因的,并分别进行描述。应在现场测量产状,包括倾伏和侧伏等,一定要在运动面上找出线理的真实形迹,才能测到线理的真正产状。如图 7-39 所示,在 S_1 劈理面上看到的砾石长轴才是真正的长轴。

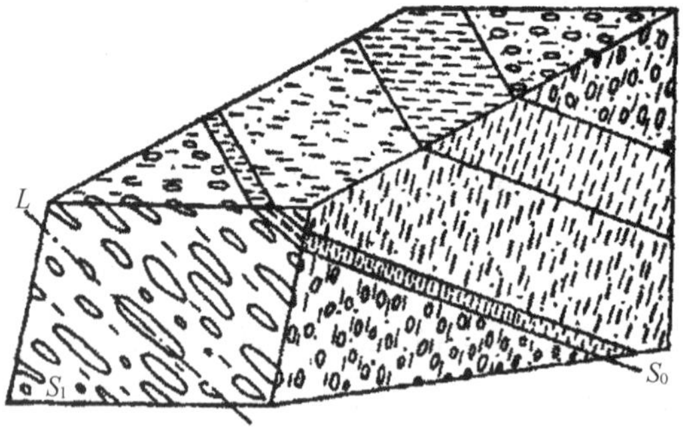

图7-39　拉长砾石及矿物线理在不同切面上显示的迹线(据 E. Cloos,改编)

注:立体图正面为 S_1 面。

(2)正确判定线理类型并观察描述各类线理的形态特征和物质组成。粗大线理则要测量其各要素的数据,并对其他特征进行观察和描述。

(3)在发育有轴面劈理的褶皱中,要特别注意拉伸线理在轴面劈理上的展布。用来查明不同变形环境中物质运动方向。通常,在地壳浅部,拉伸线理多与褶皱的枢纽垂直;在地壳深部,拉伸线理可与小型褶皱的枢纽平行。

(4)划分线理的期次。在线理的观察研究中,分析线理间的叠加关系。线理的叠加主要表现为早期线理的被改造和晚期线理的出现并常掩蔽早期线理。有时两组线理交切,反映两次不同轴向的变形。在野外工作中经常用“L_1^2”符号表示线理,下标以1,2,3等数字代表不同的期次,上标为类型符号。将线理的符号及时地标在构造图上,以供研究线理在区内的分布规律之用。

(5)在线理的观测中,随时随处都必须与有关的褶皱、断裂结合起来进行,以便了解其间的关系(图7-40)。

(6)要在线理观测点上采集定向标本,以供室内显微镜下的观察和研究。

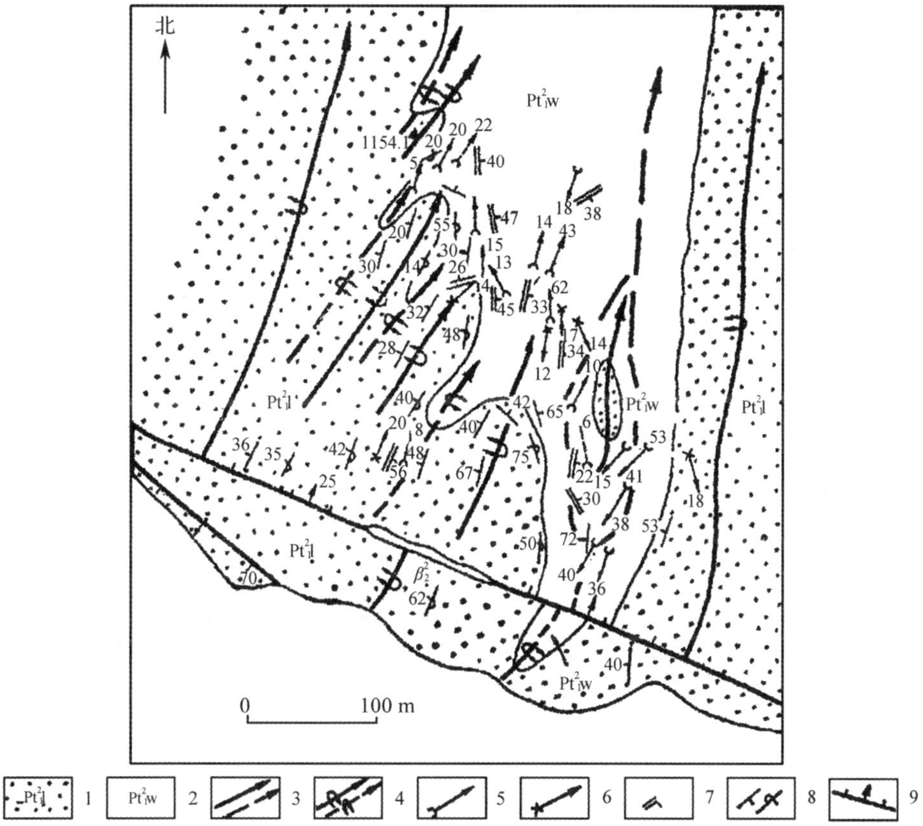

1—嵩山群罗汉洞组;2—嵩山群五指岭组;3—正常褶皱轴迹;4—倒转褶皱轴迹;5—小褶皱枢纽;6—交面线理;7—褶劈理;8—岩层产状;9—断层。

图7-40 河南登封老窝沟复式向斜地质构造图

3. 认识线理与大型构造的关系,为区域构造分析提供依据

作为强烈变形产物的线理,与同期生成的大型褶皱或断层具有一定的几何关系,在褶皱造山带里,最主要的运动是与褶皱轴相垂直的运动,因而在构造形成的过程中,必然铸成如下几何关系。

(1)如果大型褶皱为弯滑褶皱,则层间滑动产生的摩擦线理可以指示相邻岩层的运动

方向。当摩擦线理与层面走向直交时,指示褶皱枢纽是水平的。当摩擦线理与层面走向斜交时,则指示大型褶皱的枢纽是倾伏的。同样,断层面上的擦痕(摩擦线理)也是确定断层运动的主要标志之一。

(2)如果大型褶皱发育了轴面劈理,则应注意平行褶皱轴的各种交面线理、寄生褶皱以及其他大型线理(图7-41)的构造表现及组构格式。

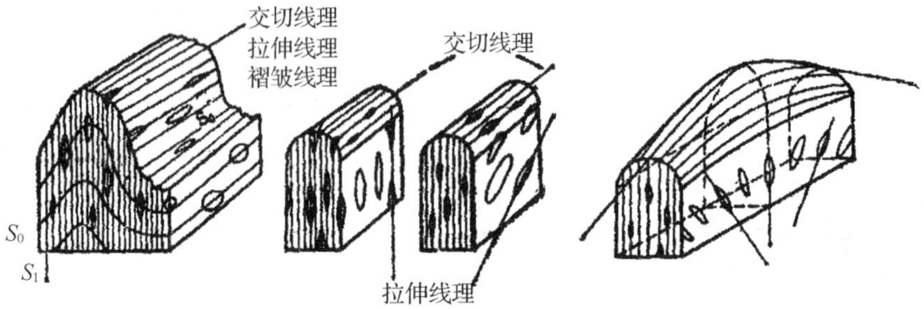

S_0—层理;S_1—劈理。

图7-41 褶皱不同位置上的拉伸线理(据M. Mattauer,1980)

(3)在发育轴面劈理的褶皱中,要特别注意拉伸线理在轴面上的展布,用以指示不同变形环境中物质运动的方向。拉伸线理可以出现在褶皱的不同位置上,在不同类型的褶皱中,它的位置是不同的。通常,在地壳深部,拉伸线理多与褶皱枢纽平行(图7-42(a)),具有这种线理的褶皱,称为A型褶皱;在地壳浅部,拉伸线理转为与褶皱枢纽垂直(图7-42(b)),具有这种线理的褶皱,称为B型褶皱。A型褶皱是岩石强烈韧性剪切变形的产物,其运动形式与冰川运动类似,枢纽极端弯曲的结果就形成了鞘褶皱。

(a)A 型褶皱　　(b)B 型褶皱

图7-42 不同类型褶皱中拉伸线理和物质流动方向之间的关系(据E. Closs,1946,重新解释)

注:在A型褶皱中,线理在褶皱中顺枢纽拉伸,鲕粒长轴平行于枢纽;在B型褶皱中,流动方向与枢纽垂直,黑色代表拉长的卵石或鲕粒。云母图解构成围绕 a 轴的线理环带。

(4)在断裂带里的断层滑动面上,摩擦成因的线理往往指示断层运动的方向,而剪切、辗滚成因的线理则代表断层系统的中间应变轴,它指示断层在三维空间的真实延伸方向,当这类线理水平时,延伸才与断层走向完全一致。所以在实际工作中,必须严格区分断层运动方向、断层延伸方向以及断层走向这三个完全不同的概念。

总之,在变质岩和构造变形强烈的地区工作时,必须充分考虑面理、线理等小型构造与大型构造之间的关系(图7-43)。

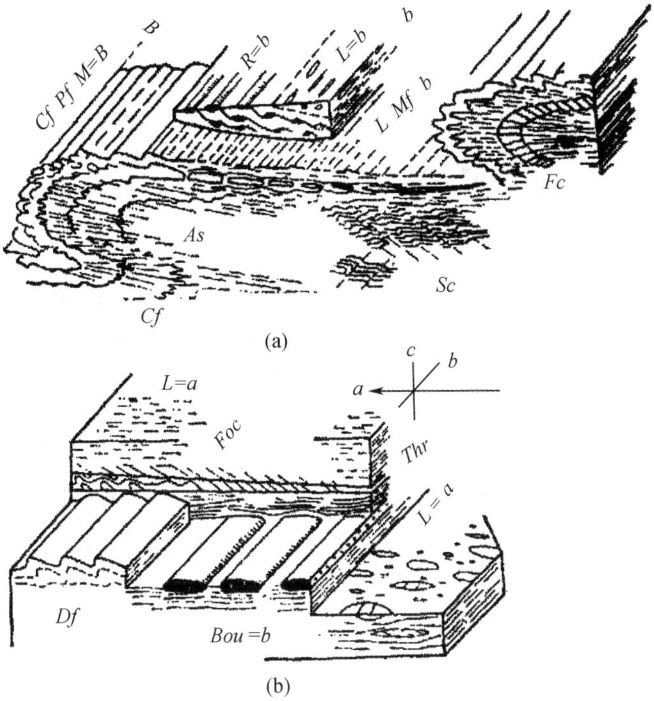

As—轴面片理；*Sc*—褶劈理；*Fc*—间隔劈理；*Foc*—断层劈理；*Cf*—细褶皱，锯齿状褶皱；*Pf*—与大褶皱轴面劈理大致平行的强岩层小褶皱；*Df*—牵引褶皱；*Mf*—平行 *b* 轴的小褶皱；*Bou*—石香肠构造；*M*—窗棂构造；*R*—杆状构造；*L*—拉长砾石、拉长火山弹及其他拉长线理。

图7－43 变质岩中小型构造与大型构造的关系（据 C. Wilson，1961）

注：(a)根据苏格兰萨德兰北部阿莫音见到的构造绘制的平卧褶皱构造；(b)根据康沃耳郡亭塔盖尔地区小构造绘制的平缓逆掩断层。

复习思考题

1. 什么是劈理？劈理按照传统分类、结构分类各有哪些类型？

2. 怎样利用层间劈理确定褶皱构造岩层的顶、底面？怎样应用层间劈理恢复残破褶皱构造？

3. 线理有哪些基本类型？

4. 在主控构造褶皱、断层研究及其区域变质相带研究中，劈理、线理有何应用？

第8章　岩浆岩构造

岩浆岩体构造包括岩浆岩体形成过程中所产生的各种构造，以及岩体形成后的各种构造，有时也包括在岩浆岩体形成过程中对围岩作用所引起的构造。岩浆岩体构造的特点主要表现在以下三方面：

①岩浆活动是构造运动的一种表现形式，岩浆岩体的分布和产状不仅受早期构造的控制，而且还受构造运动的影响；

②侵入岩体和喷出岩体常具有独特的原生流动构造和原生破裂构造；

③岩浆岩体在变形过程中，还形成某些特殊的褶皱构造和断裂构造。

本章着重讨论岩浆岩体的构造特征，以及如何对侵入岩体和喷出岩体的构造进行观察和研究等问题。

8.1　岩浆岩体的产状及其构造控制

8.1.1　岩浆岩的产状

岩浆岩体的产状主要是指岩浆岩体的形态、大小及其与围岩的关系。在地壳中，岩浆岩体的产状是多种多样的、复杂的。它主要取决于两方面的因素：一方面取决于岩浆本身的物理化学性质，诸如酸性或基性、挥发组分含量的多少、温度的高低以及压力的大小等；另一方面取决于岩浆岩体形成前的区域构造环境、形成时的构造运动状况、形成的深度和围岩的性质等（图8－1）。

1. 侵入岩体产状

根据侵入岩体与围岩的接触关系，可将侵入岩体的产状大致划分为协调侵入岩体和不协调侵入岩体两大类。

（1）协调侵入岩体

协调侵入岩体又称整合侵入岩体，其特点是侵入岩体的边界面（接触面）与围岩层理、片理平行或大致平行。它是岩浆受到机械力的作用，沿着层理面或片理面侵入而成的，依据侵入岩体的规模和形态，协调侵入岩体大致可分为岩床、岩盘（岩盖）、岩盆、岩鞍（产于褶皱转折端的鞍状小岩体）等。

（2）不协调侵入岩体

不协调侵入岩体是岩浆受到机械力的作用，切穿层理面或片理面沿已有构造侵入而成的，包括岩基、岩株、岩墙和岩脉等。

2. 喷出岩体产状

按喷出活动类型和喷发物质性质，喷出岩体产状可分为熔岩被、熔岩流、火山锥等。

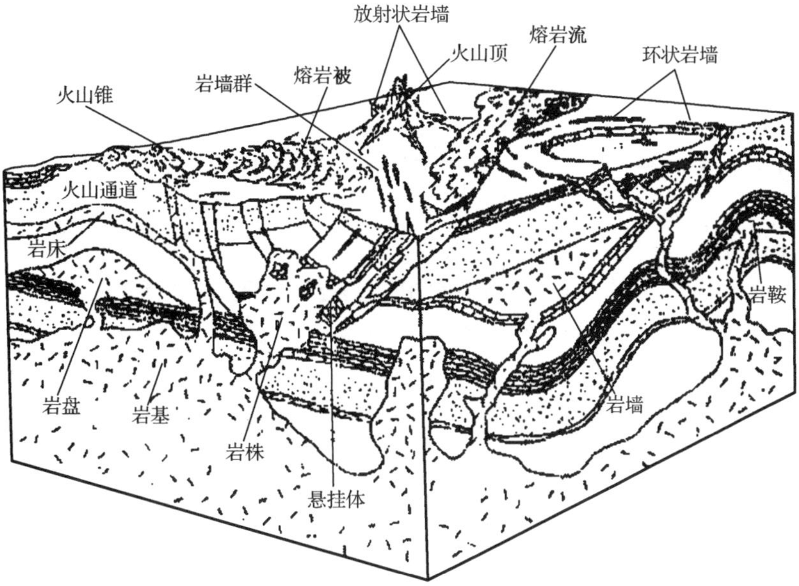

图8－1 岩浆岩体产状类型立体示意图

（据朱志澄、宋鸿林主编的《构造地质学》，1994）

8.1.2 岩浆岩的岩相带

岩浆侵入或喷出冷凝成岩过程中，因不同部位形成环境的温度、压力、流动速度、冷凝速度的不同，以及周围地质条件的差异，形成的岩石在特征上有所不同，从而构成不同岩相带。

1. 侵入岩的岩相带

从侵入岩体边缘到岩体中心，按岩石的矿物成分、结构、构造、岩石性质等一般可划分为三个岩相带（图8－2）。

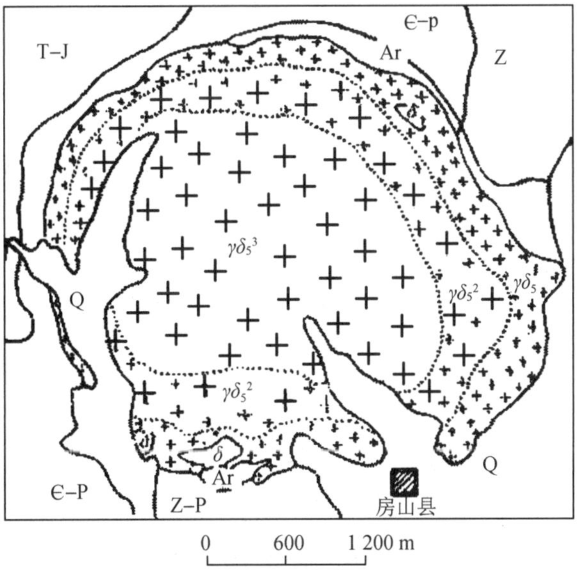

δ—闪长岩；$\gamma\delta_5^1$—花岗闪长岩边缘相；$\gamma\delta_5^2$—花岗闪长岩过渡相；$\gamma\delta_5^3$—花岗闪长岩中央相。

图8－2 北京周口店房山花岗闪长岩地质简图

（据武汉地质学院岩石教研室，1980）

(1)边缘相带

边缘相带位于岩体边缘,岩石颗粒较细,原生构造比较发育,常有围岩的捕虏体。边缘相带在同一岩体不同部位展布宽度不同,一般是上宽下窄,边界线缓倾处宽,陡倾处窄。

(2)内部相带

内部相带位于岩体中部,又称中心相,是岩体的主要相带。岩石颗粒较粗,结晶程度高并常为自形晶,原生构造不发育,岩性较均一。

(3)过渡相带

过渡相带位于前两相带之间,又称中间相带。岩石粒度和自形程度、原生构造发育程度以及岩性变化等介于两带之间。

上述三个岩相带之间并无明显突变的界面,由表至里是呈渐变过渡的,而且并不是每个岩体都能划分出岩相带。由于影响岩相带发育的因素很多,所以岩体的岩相带可以变化很大。

2. 火山岩的岩相

根据火山喷发活动类型、火山物质搬运方式、成岩环境及岩体产状等,可将火山岩相划分为以下几种。

(1)爆发相

爆发相由猛烈爆发堆积于火山口附近地表的喷发物构成。岩石以正常火山碎屑岩为主,含火山弹,很少成层,一般呈火山锥产出,堆积厚度和碎屑粒径由中心向外随距离增大而迅速变小。

(2)喷溢相

喷溢相由较宁静喷发时堆积于地表的岩浆喷溢物构成。岩石以各种熔岩为主,一般成层产出,内部柱状节理及原生流动构造发育。其产状为熔岩锥、熔岩流或熔岩被。

(3)喷发-沉积相

喷发-沉积相由火山喷发物从空中飘落于水体中,或火山堆积物经风化剥蚀搬运到水体中沉积而成。岩石以火山碎屑沉积岩为主,层理清晰,远离火山口分布。

(4)火山通道相

火山通道相由火山通道内的充填物构成。呈岩筒产出,其中环状、放射状节理发育。

(5)侵出相

侵出相由黏性较大的岩浆从火山通道上部或从火山口附近裂隙中缓慢涌出地表冷凝而成。其产状多为岩钟(熔岩穹丘)或岩针(尖顶熔岩)。

(6)次火山相

次火山相又称潜火山相,由沿火山主通道附近的分支裂隙上升的岩浆,未能冲出地面而在近地表处冷凝成岩构成。其产状一般呈岩脉、岩墙、岩床、岩盘等。

8.1.3 侵入岩体与围岩的接触关系

侵入岩体与围岩的接触关系按其成因不同,可分为三种类型(图8-3)。

1. 侵入接触

侵入接触是指岩浆侵入围岩而形成的一种接触关系。这种接触关系表明岩体形成晚于围岩。主要标志有:

(1)岩体边部出现冷凝边或边缘相带,带内可有混染同化现象、矿化现象;岩体边部有边缘带和冷凝边。

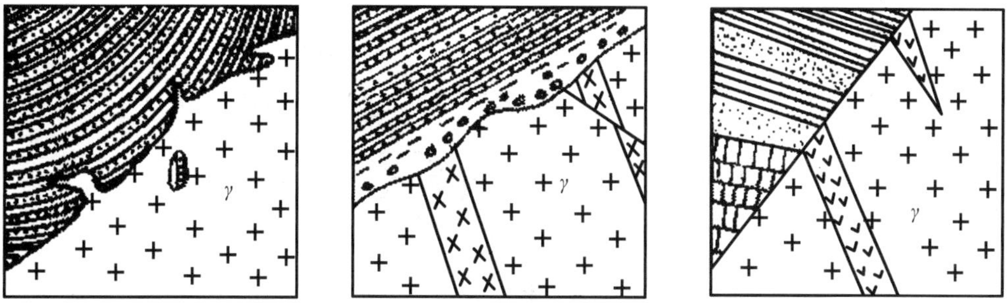

(a)侵入接触　(b)沉积接触　(c)断层接触

图8-3　侵入岩体与围岩的三种接触关系示意图

(2)岩体及其分支穿插切割围岩,在围岩中有自岩体延伸的岩枝或岩脉。

(3)岩体内原生构造较发育,有围岩的捕虏体;捕虏体边缘,有与接触面大体平行的原生流动构造。

(4)环绕岩体的围岩有接触变质现象,并呈带状分布,其变质程度离岩体越远越弱,这种关系,反映出岩体的侵入时代晚于围岩。

岩浆侵入围岩,就接触面形态而言,有平直的、波状的、港湾状的、锯齿状的、枝杈状的、顺层贯入的等(图8-4)。对于平直的和波状的接触面,可在露头上直接测量其产状。其他形状的接触面往往难以直接测量,需要在一定距离内估计其总产状,或选择代表性地段进行测量。

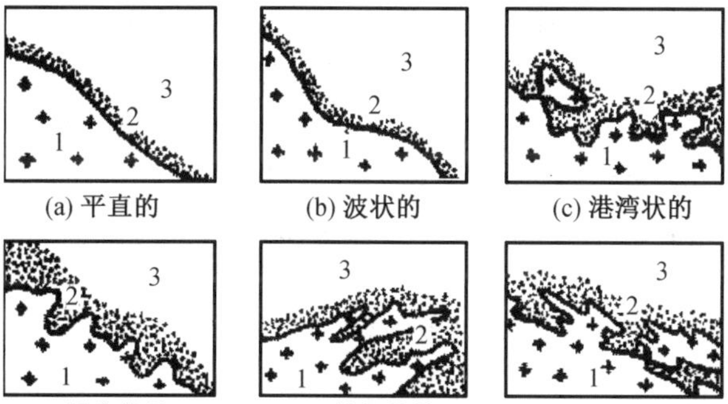

(a) 平直的　(b) 波状的　(c) 港湾状的

(d) 锯齿状的　(e) 枝杈状的　(f) 顺层贯入的

1—花岗岩;2—接触变质岩石;3—围岩。

图8-4　侵入接触面的性质(据苏联1:50 000区测方法,1974)

2. 沉积接触

沉积接触又称冷接触,岩体形成之后,因风化剥蚀暴露于地面,其上又被新的沉积物所覆盖,这种接触关系即为沉积接触。沉积接触是岩体遭受风化剥蚀后又被新的沉积物所覆盖的一种接触关系(图8-5)。沉积接触关系说明侵入岩体形成时代早于上覆地层。其主要标志是:

(1)岩体的岩相带和岩体的原生构造或岩脉分枝被接触面所切割,在接触面下,岩体顶部常有不平整的侵蚀面和古风化壳等风化剥蚀现象。

(2)接触面为一古风化剥蚀面,面上有底砾岩,其底部常含有下伏岩体的岩屑、砾石或矿物碎屑。

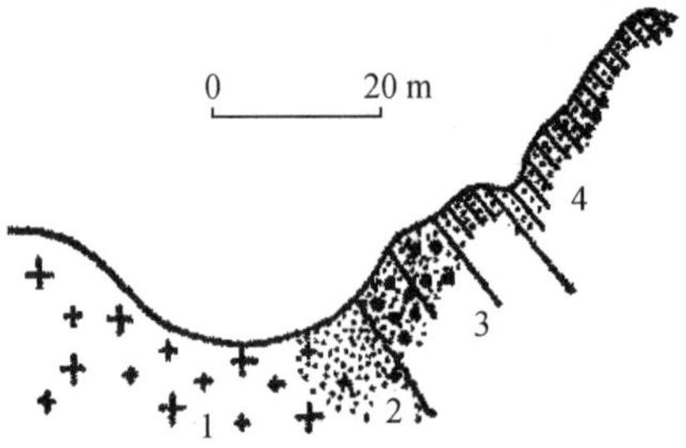

1—斑状花岗岩;2—风化蚀变花岗岩;3—含砾花岗质碎屑岩;4—砂岩。

图8-5　皖南休宁花岗岩体与上震旦统休宁组砂岩沉积不整合接触（据李应运）

(3)围岩中无热接触变质现象,围岩的层面与接触面平行。

(4)其特点是与围岩接触处一般没有冷凝边,其上覆围岩无热液蚀变现象。

(5)当围岩为沉积岩时,则层理与接触面往往平行,且接触面大都较平整。

3. 断层接触

断层接触是一种构造接触,即侵入岩体与围岩间的界面就是断层面或断层带(图8-6)。该断裂带常伴有动力变质现象,根据断层接触关系可以初步确定岩体是在断层之前形成的。近年来发现一些岩体是无根的,它可能是逆冲断层造成的。因此,岩体构成飞来峰,如四川省彭州市小鱼洞地区一些飞来峰就是由岩体构成的。

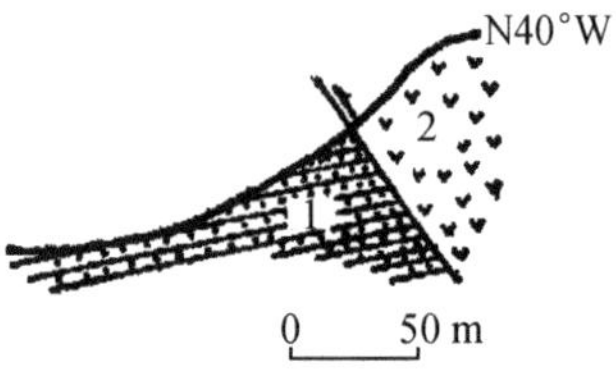

1—第三系砂砾岩;2—超基性岩。

图8-6　内蒙古西部某铬铁矿区超基性岩和第三系砂砾岩的断层接触关系剖面图（据翁礼巽）

断层接触可见有明显的断层标志,这种接触关系仅反映岩体、围岩形成早于断层。

侵入接触、沉积接触和断层接触这三种类型,可以是不同岩体与围岩的不同接触关系,也可以是在同一岩体与围岩接触的不同部位同时出现。

8.2　喷出岩体及其原生构造

8.2.1　喷出岩体产状类型

喷出岩体产状有三种基本类型:熔岩被、熔岩流和火山锥。它们的出现受岩浆喷出方式、熔岩性质和熔岩构造形态的差别控制。

熔岩被是指规模巨大、范围广泛,但厚度与成分相对稳定且产状平缓的喷出岩体。其覆盖面积达到数千至数十万平方千米,厚度可以达到数千米。熔岩被形成方式主要是镁铁质玄武岩的裂隙式喷发。如峨眉山玄武岩,其覆盖面积可以达十几万平方千米,遍布四川、云南、贵州等省。

熔岩流是一种呈带状或舌状展布、多局限于宽阔的河谷或低洼地带的熔岩体。熔岩流一般规模小,长度、宽度与厚度变化都很大,而且产状也常有一定变化,受局部地形影响显著。熔岩流是由中心式喷发形成的岩体。

围绕火山口呈锥状堆积着的火山喷发物为火山堆。火山锥的形态与规模决定于火山喷发的规模、强度与熔岩的物理性质。火山锥是典型中心式喷发的产物。根据火山喷发的组成与性质,火山锥包括火山渣锥、火山碎屑锥、熔岩锥和复合锥四种基本类型。

在喷出岩体形成过程中,岩浆由液态熔浆冷凝固结形成喷出岩,并形成一些喷出岩体特有的构造形式,这些构造称为原生构造。喷出岩体的原生构造是以岩浆喷出地面到岩浆冷凝所形成的各种构造,其广泛应用于确定岩层的顶底面、确定熔岩流动方向、恢复火山机构等方面研究。

喷出岩的原生流动构造有如下几种。

1. 流线和流面构造

火山岩体的流线和流面构造与侵入岩体流线和流面的成因类似。流线由针状、柱状矿物及长条状火山碎屑定向排列形成。它可以指示熔岩流的相对流动方向。流面是由片状、板状矿物以及扁平状火山碎屑定向排列形成的。流面大致与火山熔岩流底面平行。

2. 流纹构造

流纹构造是由于熔浆流动而形成的,是由不同颜色的条带或矿物以及拉长的气孔等呈平行排列的一种构造。流纹构造可以指示熔岩的流动面产状,它主要发育在流纹岩等酸性或碱性火山熔岩中。

3. 气孔构造和杏仁构造

岩浆从火山口溢出时,由于温度降低,岩浆中的挥发分向外逸出,有的被存留在冷凝的火山岩中,形成圆形、串珠状、管状及不规则形状的气孔,把这种气孔叫气孔构造;如果气孔构造内被方解石、沸石等矿物充填,就成为杏仁构造。气孔构造和杏仁构造多分布在火山岩层的顶部且平行底层面(图8-7)。

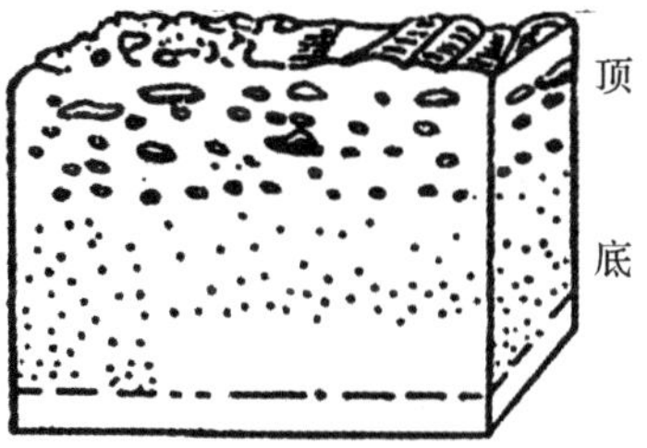

(a) 熔岩中气孔形态、分布与岩层顶底关系(据 E.S.Hills,1972)

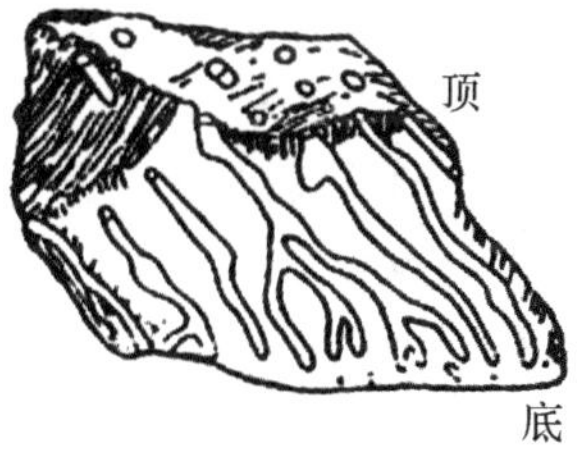

(b) 管状气孔分叉指向岩层底面(据 R.R.Schrock,1948)

图8-7 气孔构造及杏仁构造

4. 绳状构造

熔岩流的表面外壳受其下流动着的熔岩流影响形成的绳状卷曲构造叫绳状构造。它代表了熔岩的顶面。

5. 枕状构造

枕状构造是海底火山喷发形成的一种构造。特点为顶部是椭圆形的凸形表面,而底面是平坦的。枕状构造由玻璃质的外壳和显晶质的内核组成,其内部有气孔构造和放射节理。气孔构造主要在枕状构造的边缘部位。

8.2.2 火山岩体的原生破裂构造

熔岩流在冷凝收缩过程中形成垂直于熔岩流表面的破裂构造，并把熔岩分割成多边形柱状体，称其为柱状节理。有些柱状体的长轴呈环状、半环状或放射状排列。

8.3 侵入岩体及其原生构造

深源岩浆侵入到地壳深部，但未出露于地表而形成侵入岩体。侵入岩体的产状、构造及内部构造特点，不仅与岩浆自身特点有关，而且与岩浆就位的深度、环境、围岩的构造等有着密切的联系。

依据侵入岩体与围岩的产状关系特点，可以识别出两种产状的基本形式。整合侵入体，其形态产状与围岩层理或片理具有协和性；而不整合侵入岩体，其边界往往切穿围岩的面状构造。它们的出现直接受岩浆岩体上侵过程中产生的局部应力场制约。

侵入岩体是一种特殊的地质体，其特殊性在于岩体侵位与变形改造作用的复杂性。岩浆从炽热的熔浆逐渐冷凝、结晶形成侵入岩体。在此过程中岩体经历了一种降温过程，而围岩则经历了升温→降温过程。而且，在侵位过程中，岩体自身、围岩都具有显著的力学性质变化与变形机制转变（岩体由流动变形经塑性变形过渡到脆性变形），并形成了相应的构造形式与构造组合。岩浆岩体侵位与冷凝过程中形成的构造形式称为原生构造，包括原生流动构造、原生破裂构造与塑性变形构造。

8.3.1 侵入岩体的原生流动构造

由于岩浆向上运移以及岩浆活动时与围岩的摩擦作用，引起岩浆各部分流速发生变化，导致早期结晶的柱状矿物、片状矿物、析离体和捕虏体定向排列，形成两种主要的流动构造：线状流动构造和面状流动构造。

1. 线状流动构造

线状流动构造简称流线。针状、柱状、长条状矿物（角闪石、辉石、长石等）、长条状析离体和捕虏体等长轴呈定向平行排列称为流线。岩浆早期流动过程中，早期结晶的矿物、析离体和捕虏体，悬浮在未冷凝的岩浆中。由于岩浆流速的变化，使不同方向分布的早期晶出矿物、析离体和捕虏体趋近定向平行排列，好像漂浮在河流中的木材顺流而下的情景，河流中部流速大于靠近岸边的流速，导致不同方向的木材定向排列（图8－8）。流线一般平行岩浆流动的方向。反映岩浆的流动状态，但不能反映出岩浆流动指向。

2. 面状流动构造

面状流动构造简称流面，主要由岩浆结晶出的片状、板状矿物（云母、长石等）、扁平状的析离体和捕虏体，在流动时平行阻力最大的围岩接触面方向排列而形成。面状流动构造有时是由不同成分的矿物相对集中而成层状或带状，所以又叫流层（图8－9）。

流面的形成与岩浆流动有关。由于岩浆运移过程中与围岩的摩擦作用以及向外挤压作用，使已冷凝结晶的片状、板状矿物及其析离体和捕虏体平行围岩接触面排列。所以面状流动构造常发育在侵入岩体的边部和顶部。

图 8-8 花岗岩中由微斜长石构成的流线
（会理摩挲营西河边，1984）

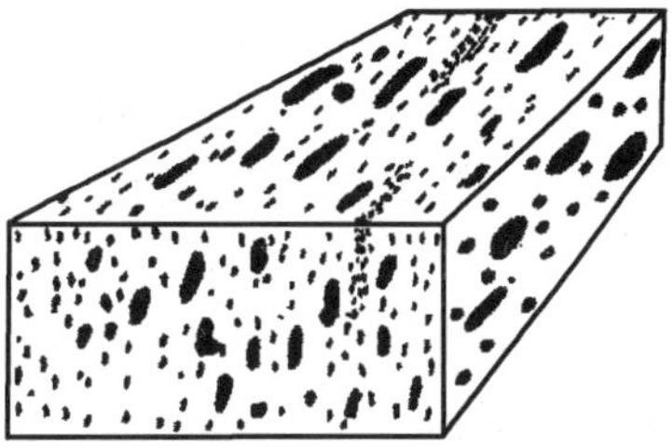

图 8-9 侵入岩体中线状流动构造和面状流动构造示意图（据 M. P. 毕令斯，1972）

注：黑块示捕虏体；密集短线示析离体；短粗线示板状矿物。

在侵入岩体中的流动构造发育程度是不同的，它受很多因素的影响。如岩浆组成成分的不同反映出的黏度和流速的不同、结晶分异的程度不同、接触面形态和位置不同、侵入岩体的大小和深浅不同，流动构造发育的程度和明显的程度也就不同。所以，有的岩体流动构造较发育，而有的岩体则不发育；有的岩体流线发育且明显，有的岩体流面发育。流线代表岩浆流动的总趋势，但它不能表明围岩接触面的产状位置。流面则能表明围岩接触面的产状位置，但不能指示相对流动的趋势。如果侵入岩体中的流线和流面都发育时，流线常包含在流面之内。观测时应先找流面，在流面上找流线。流面平行围岩接触面，所以利用它可恢复岩体的形状（图 8-10、图 8-11）。

(a)在层流内平行于接触面的流面　(b)侵入岩体顶部垂直于压力的流面

图 8-10 侵入岩体流面方位
（据 E. S. Hills，1972）

8.3.2 侵入岩体内部的塑性变形构造

侵入岩体内部的流动构造是由熔浆中早期结晶的板状、柱状晶体受流动应力影响平行定向排列而产生的基本流动构造形式。其主要成因为岩体由黏稠的熔浆向固态岩浆岩的转变引起岩石中先期结晶矿物定向机理的转变。

同构造片麻岩或就位片麻岩就是过渡转变阶段形成的一种典型岩石类型。岩石的基本特点是：片麻理和构造变形带发育在岩体边部，但都不进入附近的围岩里；边缘片麻岩与岩体内部为渐变过渡关系，片麻状构造由边部向中心逐渐消失；接触变质晕围岩发生了片理化。岩体的片麻理和围岩的片理都平行于岩体接触面，构成一种整合协调关系（图 8-12），具有花岗结构或花岗变晶结构。

8.3.3 侵入岩的原生破裂构造

岩浆冷却是个缓慢的过程，不论岩浆体大小，总是由边缘向内部逐渐冷凝。开始在接触围岩附近先冷凝成硬壳，由于冷凝层的收缩，硬壳内开始发育有规律排列的破裂构造称为原生破裂构造。原生破裂构造划分为下列几种。

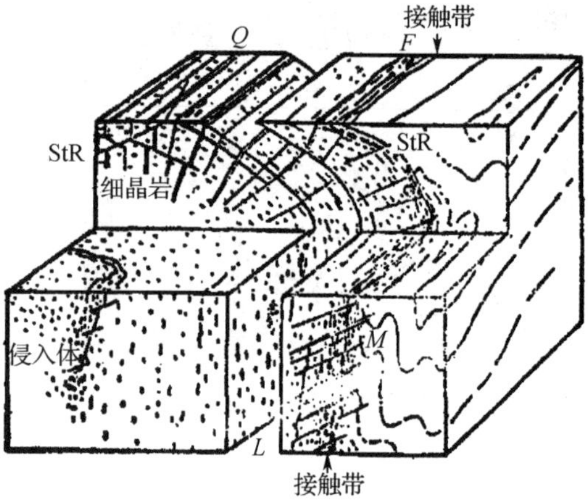

M—边缘逆断层，有的含有细晶岩；*F*—流面；*L*—流线；*Q*—横节理，有的贯入细晶岩；StR—斜节理，围岩中发育有平行岩体接触面的片理。

图8－11 沿侵入体边缘流面方向剖开的块断图

（引自 E. S. Hills，1972）

1. 横节理（*Q* 节理）

横节理的节理面与流线相垂直（图8－13）。其产状较陡，节理面粗糙，没有擦痕面，可能是由于未冷凝的岩浆向上挤压作用产生的侧向水平拉伸作用形成的，属于张节理性质。横节理常被残余岩浆和岩浆期后热液物质充填。

2. 纵节理（*S* 节理）

纵节理面平行流线而垂直流面。其节理产状较陡，节理面也较粗糙并不显擦痕，它可能是岩浆上冲，岩体产生的拉伸作用形成的。其性质也是张节理，但不如横节理发育，节理内可充填残余岩浆和岩浆期后热液物质。

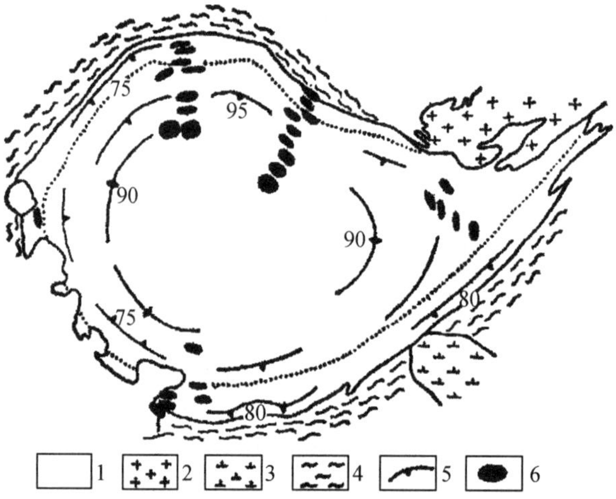

1—阿达拉花岗闪长岩，点线以外为闪长岩；2—花岗岩；3—闪长岩；4—围岩泥质变质岩系；5—面理及其产状；6—捕虏体及变形。

图8－12 阿达拉岩体及其面理和捕虏体分布略图

（据 W. S. Pitcher，1983）

3. 层节理（*L* 节理）

层节理面平行流面和流线，节理面产状平缓，多发育在岩体的顶部并与接触面平行。它可能是由于岩浆在垂直围岩接触面冷却收缩而产生的破裂构造，所以也是张节理性质。常被细晶岩或伟晶岩脉充填。

4. 斜节理(*D* 节理)

斜节理面与流线和流面都斜交,是两组共轭的"X"形节理。其节理面光滑,常见错动,节理面上擦痕和镜面发育。斜节理常发育在岩体顶部,可能是由于挤压作用导致的共轭剪切作用形成的,所以斜节理属剪节理性质。节理内常被岩脉和矿脉充填。

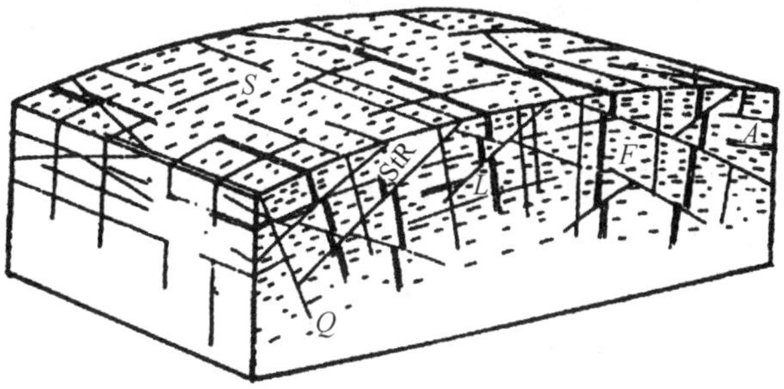

F—流线;*L*—层节理;*S*—纵节理;*Q*—横节理;
A—细晶岩脉;StR—斜节理或平缓正断层。

图 8－13　岩浆岩体中的原生节理(据 Cloos,1922)

5. 边缘张节理

在侵入岩体陡倾的边缘接触带内发育一组向岩体中心倾斜的斜列式的张节理称为边缘张节理。这种张节理的形成是由于未冷凝的岩浆向上运动而对已凝固的岩体边缘产生差异运动所致。边缘张节理可延伸到围岩中并被岩脉和矿脉充填。

6. 边缘逆断层

在深成侵入岩体陡倾斜侧出现的逆断层叫边缘逆断层。它是岩浆上升过程中,岩体边缘形成的剪切破裂面发育而成。沿边缘逆断层本身还可能产生次一级的羽状剪节理。此外,在岩体顶部由于侧向拉伸而形成顶部平缓正断层。

8.3.4　花岗岩体构造与侵位机制

随着花岗岩区区域地质填图的发展,花岗岩体侵位机制研究已从单纯的花岗岩岩石学的研究向着花岗岩体岩石学、地球化学、岩体构造与侵位机制的综合研究方面逐步深入。1986 年到 1990 年间原地质矿产部组织完成了"花岗岩类区 1∶50 000 区域地质填图方法"的研究工作,并继之开展了新一轮的花岗岩区 1∶50 000 区域地质调查工作,为推动我国在侵入体构造与侵位机制方面的研究工作奠定了基础。

对于侵入岩体的侵位机制概括为隆起作用、底辟作用、气球膨胀作用、顶蚀作用、火山口沉陷作用与岩墙扩展作用。

关于深成岩体的侵位机制,又归纳为三种基本类型,即主动侵位作用、被动侵位作用与诱发侵位作用。在这几种侵位机制中,岩浆是以本身巨大的能量来开辟占据空间的。

1. 主动侵位作用

主动侵位作用包括隆起作用、底辟作用和气球膨胀作用。

(1)隆起作用

由于炽热的熔浆与冷的上覆围岩之间具有显著的密度差而致使出现重力失稳,造成岩浆上拱而上覆围岩发生褶皱形成穹隆。在隆起作用过程中,有密度差造成的重力失稳是其主要动力来源之一,但是常常相伴出现的区域构造应力场也具有积极作用,在背斜核部形成穹隆,而在向斜核部产生凹陷。

(2)底辟作用

下部岩浆熔体向上顶托、穿刺围岩并形成具有倒水滴状侵入体的作用过程称为底辟作用。倒水滴状底辟构造与边缘向斜是底辟作用的典型构造形式。另外,底辟岩体周围早期向外陡倾的岩层,其褶皱的轴面比岩层面或岩层包络面陡;底辟岩体顶部的岩层为压扁型应变，但岩体与两侧围岩之间为剪切应变，具有拉伸线理、鞘褶皱和拉伸岩墙布丁构造等。

(3)气球膨胀作用

侵入岩浆的膨胀或横向拓宽使围岩压扁、缩短而扩大岩体占据的空间。一般认为，岩浆初始侵位时，只占现有体积的30% ~40%，而现有体积的大部分是由脉动上升的岩浆对先期固结的岩浆物质向四周推挤获得的。气球膨胀作用产生的岩体、构造特点与底辟岩体具有显著的差异，合理地解释了大规模岩体或岩基的就位空间问题。

①岩体的平面形态多为圆形和椭圆形，立体形态多为蘑菇状或漏斗状。

②岩体发生横向拓宽，而围岩则发生整体压扁收缩。岩体横向拓宽的体积比初始体积大1 ~2 倍以上。

③岩体周围围岩发生明显变形，围岩中具有平行于接触面的面状组构，面状组构的发育程度由接触面向外逐渐减弱，在接触面附近往往构成了片理级的面状组构。

④岩体内部具有平行接触面的面状组构，面状组构的发育程度由接触面向岩体中心递减，在岩体的边缘带发育最强，往往构成片麻状叶理。

⑤岩体内部的岩石类型呈同心环带或分带展布。分布在边缘的岩石，时代最老，成分偏于镁铁质，而中心带的岩石时代最年轻，成分偏于长英质。

⑥如果没有后期构造改造，岩体和围岩的应变形式都属整体压扁型；Flinn 参数 $1 \geqslant K \geqslant 0$；叶理和片理面上都没有拉伸线理；岩体内的应变强度由边部向中心递减。

⑦在岩体的边部发育了被细晶岩、伟晶岩等岩石充填的径向、环状和锥状的侵位裂隙。

⑧接触变质晕中的变斑晶与叶理为同构造生长。

穹隆构造、底辟构造与气球膨胀岩体构造实际上是岩体侵位不同演化阶段，由于不同侵位机制及其转变形成一系列侵位构造形式。它们之间具有密切的成因联系。

2. 被动侵位作用

被动侵位作用包括岩墙扩展作用、顶蚀作用和火山口沉陷作用，岩浆是沿先存断裂或构造缺陷，或是在区域性伸展作用下被动式侵位的。

(1)岩墙扩展作用

深部岩浆沿着断裂上升至地表浅部，在岩浆上升过程中岩浆运移的断裂或通道不断扩展、加宽，上升岩浆在浅部聚集形成大规模深成岩体。

①平面形状为不规则状。

②一般没有内部构造。

③在侵位过程中，围岩的作用是被动的。侵入作用以前的围岩在接触面附近并未被扰动。

④接触面弯曲，往往与围岩互相穿插。

⑤在岩体边缘常见一些小规模顶蚀作用。

岩墙扩展机制是大陆伸展构造环境中岩浆上升侵位的重要机制。岩浆沿着由应力各向异性产生的张性断裂上升。张性断裂切割深度可以很大(达40 km)，并达到深部岩浆房。

(2)顶蚀作用

由热的岩浆在周围引起的热至爆裂及岩浆的裂块下沉的同时向裂隙中的侵入作用为顶蚀作用，其发育常常局限于不整合侵入岩体的边缘带附近。

顶蚀作用形成的岩体，在内接触带常有不规则状、棱角状且规模不等的捕虏体，捕虏体与岩浆之间的反应引起同化和混染现象。顶蚀岩体与围岩的接触面常常呈凹凸不平状，一般不发育由侵位产生的定向组构。

(3)火山口沉陷作用

火山口沉陷作用是基性深成岩体的典型侵位机制,指岩浆房顶盖塌陷而形成环状或锅状沉陷的岩浆侵位机制。岩体受伸展环境中的张性断裂控制,基性岩浆沿断裂上升定位于断裂的潜在空位中,基性岩浆冷却后形成环状断裂将岩体分割成环状断块。

3. 诱发侵位作用

诱发侵位作用是岩浆沿低角度张性断层带注入侵位的。

8.4 岩浆岩体的次生构造

岩浆岩体形成后,由于地壳运动使岩浆岩体形态和产状发生变化,引起新的构造变形,从而形成岩浆岩体的次生构造。由于岩体一般不具有层理,所以其次生构造较难识别。

8.4.1 岩浆岩体的褶皱构造

岩体形成后,由于应力的作用,可引起岩体和围岩一起褶皱,岩体内的褶皱是通过岩体内的流面和破裂面的弯曲而呈现的。这些构造面及其所划分的"层"并不具有新老层序关系,所以它们形成的褶皱就不能称为背斜和向斜,应称为背形和向形。通常这些背形和向形规模较小,其形态较开阔。例如,山东玲珑花岗岩体中发育一系列斜列式小型褶皱,该褶皱是以剪节理面为褶皱面而呈现出来的,故称"节理褶皱"。这些褶皱可能是在力偶作用下,岩体发生弹塑性弯曲变形的结果。

有些岩体界面与围岩层理是平行的,例如岩床受到后期构造运动,就会与周围的沉积岩或喷出岩一起褶皱,这类褶皱经常是通过岩体与围岩接触面的弯曲而显示出来。它们反映区域构造特征。当喷出岩体与围岩一起褶皱时,其特征与沉积岩层褶皱完全相似。例如,云、贵、川等地广泛分布的峨眉山玄武岩组成的褶皱与上、下沉积岩层褶皱形态就是完全相似的。

8.4.2 岩浆岩体的次生断裂构造

岩浆岩体形成后,在应力作用下形成的断裂称为岩浆岩体的次生断裂构造,它包括次生节理和次生断层。其特征和识别标志与一般节理和断层的特征及识别标志基本相同。但是,由于岩浆岩的岩石物理力学性质与沉积岩不同,因此它们具有如下特征。

(1)岩浆岩体的岩性均一,缺乏沉积岩中的断裂所具有的那些明显的标志,难以看出岩层的错动、重复、缺失等现象。在地质填图过程中如不注意常被遗漏,给人以岩浆岩体内构造较简单的假象。实际上岩浆岩体中的断裂构造也是很发育的。断距和滑距则可以通过被错断的岩脉、相带等来确定。

(2)岩体在受强烈应力作用发生错动时,很容易使岩体破碎和发生动力变质。另外由于断裂面引起岩体破碎变形和产生重结晶作用,从而造成各种类型的断层岩和变质岩条带,有时还产生低温变质应力矿物,如绿泥石、叶蜡石、绢云母、滑石等。例如,大别山某地蛇纹石化橄榄岩体中的一条断裂带就是一条宽几十厘米的绿泥石片岩。

(3)岩体受力后,由于矿物变形而出现光性异常现象。如果矿物的变形呈带状分布,或因细粒化而形成糜棱岩带,则指示有断裂存在。这种断裂的破裂面一般很不明显,且具有韧性剪切带特征。韧性剪切带是岩体内发育得较普遍的一种次生断裂构造，对它的研究有助于揭示岩体的构造变形特征。

(4)岩浆岩体，特别是花岗岩体是比较均一的、连续的、坚硬的块状地质体。因此，形成的断裂面往往很平直，无论是走向上或倾向上变化都不大，常由两组或多组断裂组合成网格状（图 8－14）。

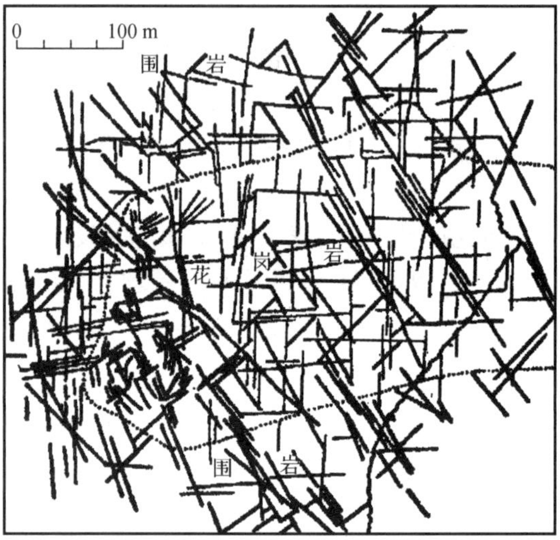

图 8－14　花岗岩体中的网格状断裂构造

（据 г. Посдепову，1942）

8.5　岩浆岩体构造的观测和研究

岩浆岩体构造的观测和研究的主要内容包括：岩体产状的恢复；岩体原生构造和次生构造的观察；岩体与围岩接触关系的研究；岩体形成时代的确定；岩体相带的划分和剥蚀深度的确定；岩体构造与矿产分布关系等方面。研究岩体构造的目的在于阐明岩体形成时的物理化学环境和岩体变形特征，进而说明岩体形成的机理和侵位特点。研究岩体构造最基本的方法是地质填图，通过大量野外观察和适量室内工作，使重要地质问题能在野外得到解决。

8.5.1　岩体产状的恢复

岩体产状包括岩体的形态、规模及其与围岩的关系。岩体规模可在野外实际测量，或填图后在图上量得。岩体与围岩关系，可通过野外观察弄清是协调的，还是不协调的。

1. 岩体接触面产状的观测

当找到岩体与围岩接触面露头时，可用地质罗盘直接测量其产状。当找不到接触面露头，可根据流线、流面或层节理产状推测接触面产状。根据所测量接触面的产状，结合深部资料，就可以确定岩体形态。

例如，在我国某地金刚石矿床的勘探过程中，通过对橄榄石流线方位的统计测量，发现有的地段流线比较平缓，有的地段流线则较陡峻，而且在流线平缓处岩体厚度不大，在流线陡峻处钻探证实岩体很深,厚度很大。经研究查明,陡倾流线所在处岩体与围岩接触面较陡峻,系岩浆上升的通道。而缓倾斜流线所在处的接触面也较平缓,按照这两种产状的流线分布地段,恢复出岩体的形态及其产状,从而确定了金伯利岩岩筒的可能位置(图 8－15)。

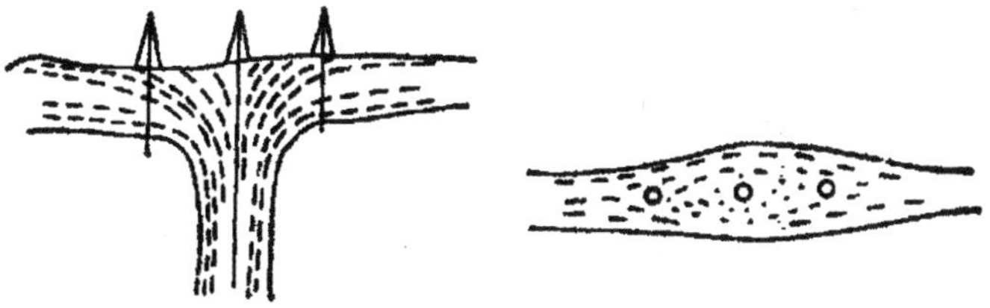

(a)示意剖面　　(b)示意平面

图 8－15　某地金伯利岩流线构造示意图(据武汉地质学院)

2. 岩体相带的划分

岩体在形成和冷凝过程中,由于不同部位的温度和压力的不同,会形成不同特征的岩相带。地质学家常根据岩相带的分布规律来恢复岩体形态及其形成时的物理化学环境。所以,岩相带是岩浆岩体形成环境的反映。

侵入岩体,特别是中酸性岩体,一般从岩体的边部到中心,根据岩石成分、结构、构造和原生构造等,可划分为边缘相带、内部相带和过渡相带三个相带。

(1)边缘相带

边缘相带位于岩体边缘,岩石常呈细粒斑状结构,原生流动构造和原生破裂构造明显,并存在大量捕虏体。边缘相带岩石成分和酸度,不仅与岩浆结晶分异作用有关,而且与围岩岩性有关。围岩为硅质岩石时,边缘相带岩石的酸度会相对提高;围岩为石灰质岩石,酸度会相对降低;围岩为页岩等,边缘相带氧化铝的含量增高。同一岩体边缘相的宽窄与围岩吸热性强弱、接触面倾斜的陡缓以及岩体深度均有关系。

(2)内部相带

内部相带又称中央相带,位于岩体内部,它是侵入岩体的主要相带。该带温度压力相对较高,散热慢,结晶速度慢,结晶程度较高,常为自形、半自形粗粒结构或似斑状结构,原生流动构造不发育,捕虏体小而少,甚至没有,岩性较均一,与边缘相带的成分比较要偏酸性些。

(3)过渡相带

过渡相带位于边缘相带与内部相带之间。其岩性、结晶程度、原生构造发育情况等均介于内部相带和边缘相带之间。岩石多呈细粒斑状或中粒、中粗粒似斑状结构,原生构造较发育。过渡相带一般比边缘相带宽些。

三个相带在岩性、结构构造、原生构造等方面的差别具有渐变过渡的特点,一般没有明显的突变界线。从许多研究结果来看,同一岩体由于剥蚀深度不等,往往不能同时出露三个完整的相带,何况某些岩体本身就不一定都发育有三个相带。此外,在划分岩体相带时,必须注意区别多次侵入造成的岩相带的相互叠加。先后两次侵入的岩体,它们的岩相带、原生构造是互不协调的,后期侵入岩体的岩相带及其流动构造必然要切割早期岩体的岩相带、流动构造和节理。前者含有后者的捕虏体,并有细脉贯入后者之中。据此,可以把后期侵入岩体区分开来。

一个岩体内相带的分布,能概括指示岩体的形态及其接触面的产状。如相带呈长带状分布,岩体是长条形延伸的;岩相带重复出现,则表示岩体顶部接触面产状可能是呈波状起伏的。

喷出岩体与侵入岩体一样,可根据成分、结构、构造等标志,将喷出岩体划分为表皮相带、底板相带和喉管相带。

8.5.2 岩体原生构造和次生构造的观察及研究

研究岩浆岩体形成前和形成时的构造控制、岩体形成后的构造改造,对于剖析岩体的分布规律、了解岩体接触面的产状、恢复岩体形态,以及揭示区域构造变形史和寻找矿床均有重大意义。

1. 对岩体形成前的构造观察

对岩体形成前的构造观察主要包括以下内容:岩体与围岩层理、片理的关系;岩体所在的区域构造部位;岩体与褶皱的关系;岩体与先存断裂构造的关系,即是否沿断裂贯入或喷出,通过观察和研究,弄清控制岩体分布和产状的构造因素。

喷出岩体中无论是中心式喷发,还是裂隙式喷发,均与长期发育的区域断裂构造有关。断裂提供了熔浆向上喷出的通道,中心式喷发往往发生在两组断裂交会处。例如,中国东部中生代的中、酸性喷出岩和新生代基性喷出岩,主要是受北北东向区域断裂与北西向或近东西向断裂交会所控制。裂隙式喷发受区域断裂构造控制更明显。如张家口汉诺坝一带第三纪玄武岩就是沿东西向断裂分布的。

2. 对岩体形成时的构造研究

(1)对原生流动构造的研究

原生流动构造多发育在岩体边缘,故应着重研究岩体的边缘部分,一般来说,线状流动构造在斑状岩石中,表现为斑晶呈线状平行排列。在块状岩石中,常表现为针状、板状、柱状矿物呈线状平行排列。面状流动构造可根据某些矿物,特别是云母、角闪石、长石的面状平行排列来确定。

野外工作中,对原生流动构造进行观测的一个重要手段就是系统测量和记录流动构造的产状,并将测量数据加以整理,标绘在岩体构造图中(图8-16)。此外,应进行构造素描和照相,采集定向标本,研究岩石中的显微定向组构与流动构造的关系。

(2)对原生破裂构造的研究

观察和研究岩体原生破裂构造一般包括以下几方面的内容。

①确定原生破裂构造与流动构造的关系,划分原生破裂构造类型,并按一定构造部位和间距进行观察、测量和记录。注意节理的性质、产状、频度等自岩体中心到边缘的变化情况,最后将测量得到的有关数据进行整理,标绘在构造图上。必要时可编制原生节理图。

②注意区分原生节理和次生节理。必须详细测量岩体内和岩体外的节理,加以对比。岩体内的次生节理通常是区域性的,它们往往伸入围岩,其性质、方向、分布与围岩同期的节理相似,并可以用统一的应力场来解释。如果节理仅发育在岩体内部,则很可能是原生节理。

③要研究原生节理中的充填物的成分、结构、构造,并统计被充填的节理占全部同类型节理总数的百分比,用不同符号分别标绘在构造图上,以利进一步的构造分析和找矿。

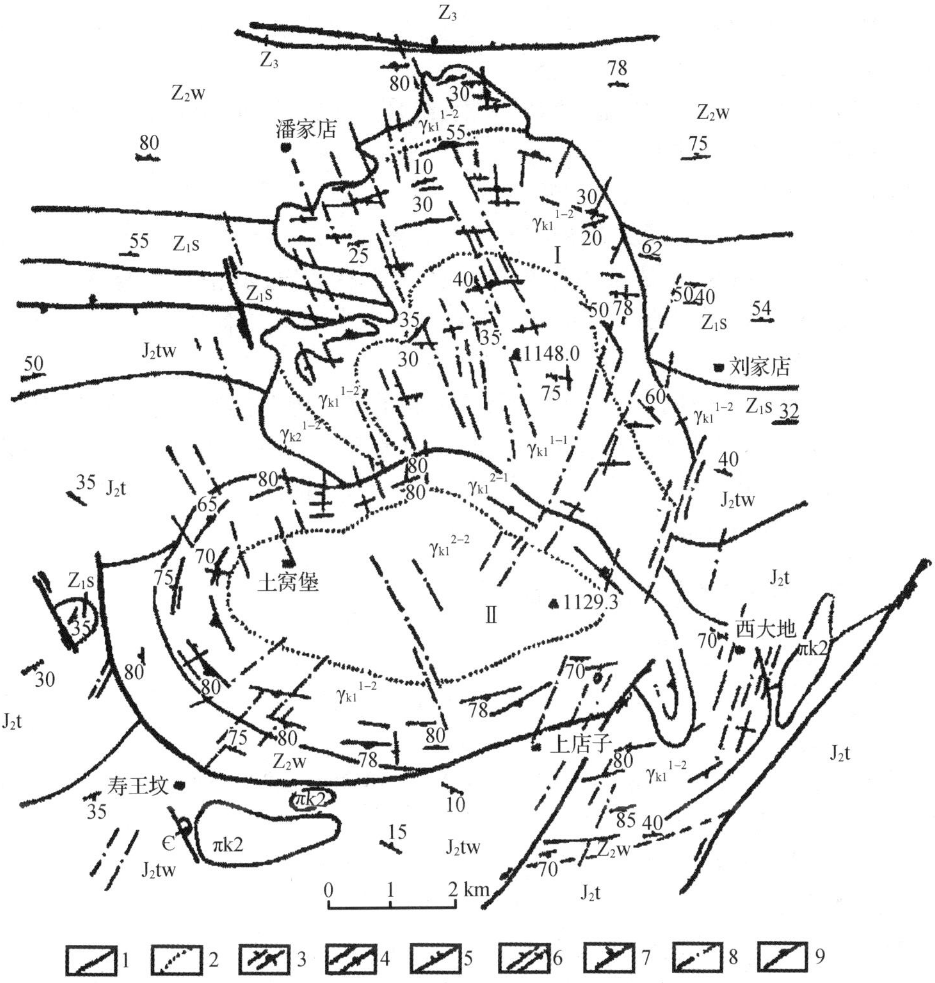

πk2—斑岩早白垩纪寿王坟侵入岩体；γ_{k1}^{1-1}—细粒闪长岩相；γ_{k1}^{1-2}—似斑状粗粒二长岩相；γ_{k1}^{2-1}—花岗闪长岩相；γ_{k1}^{2-2}—花岗岩相；Ⅰ—吴哨沟岩体；Ⅱ—上窝堡岩体；1—地质界线；2—岩相带界线；3—岩层产状；4—流面产状；5—层节理产状；6—横节理和纵节理产状；7—断层；8—被岩墙充填的次生节理；9—岩体接触面产状。

图 8－16 河北寿王坟侵入岩体构造略图(晚白垩纪侵入岩体)(据武汉地质学院)

④要注意不同期或不同类型节理之间的穿插切割关系。为此，应注意研究不同岩脉间的穿插切割关系。弄清这种关系，可以帮助我们了解不同类型节理形成的先后次序，如果事先已发现某些类型节理被矿脉填充，这一工作就更显得必要了。

(3)观察岩体的形成对围岩构造的影响

岩浆岩体形成过程中，必然对围岩产生影响，就构造而言表现在两个方面：一方面是对围岩原有构造的破坏，改变其产状；另一方面是形成新的褶皱和断裂(如放射状断裂和环状断裂等)，这些断裂往往被晚期岩浆所充填。因此，在进行野外地质调查时，应注意收集这些方面的资料。

3. 对岩体次生构造研究

岩体形成后,由于构造运动的影响,同样会形成各式各样的构造形态,并改造原有构造,从而使岩体构造的研究更加困难和复杂。

应注意研究岩体内褶皱的形态、类型、规模、组合方式、褶皱面的性质和形成方式等,并研究岩体褶皱与区域构造的关系。

岩体内规模较大的断层常是次生断层,其识别标志有:

①切割或错开原生构造以及岩体相带;

②伴有动力变质现象,形成某些新生的变质矿物和构造岩,如角砾岩、糜棱岩、糜棱片岩等,它们常呈带状分布,形成动力变质带,同时延伸到围岩中,其方向较稳定;

③岩脉定向分布的地带,可能指示断层的存在。

受区域变质的侵入岩体和喷出岩体所形成矿物的次生定向排列构造,虽然类似原生流动构造,但二者还是可以区别的。因为,这种构造具有分布范围大,矿物的次生排列方向不受岩体形态和接触面产状的限制,相反还使岩体中的原有结构和构造发生新的变化,如粒状花岗岩常变成片麻状或眼球状花岗岩等。

8.5.3 岩体接触关系和形成时代的确定

1. 根据接触关系确定时代

侵入岩体与围岩的接触关系,从成因上可分为侵入接触、沉积接触和断层接触三种。

(1)侵入接触

侵入接触是指岩浆侵入围岩(包括先存岩浆岩体)而形成的一种接触关系。这种接触关系表明岩体形成晚于围岩。当岩体与围岩为侵入接触时,岩体形成晚于围岩。被岩体侵入的最新地层时代,即为岩体形成时代的下限。

(2)沉积接触

岩体形成之后,因风化剥蚀暴露于地面,其上又被新的沉积物所覆盖,二者为沉积接触关系。它表明岩体形成早于上覆的沉积岩。这时上覆围岩的最老地层时代,即为岩体形成时代的上限。

对于某一侵入岩体,若找到了侵入接触的地层,又找到了沉积接触的地层,则岩体形成时代应介于与岩体呈侵入接触的最新地层之后,与岩体呈沉积接触的最老地层之前。

(3)断层接触

侵入岩体与围岩之间可见有明显的断层标志,二者呈断层接触关系。通过这种断层接触关系,可判断岩体、围岩形成早于断层。其仅反映岩体的形成时代应早于断层。

2. 岩体形成时代的确定

确定岩体形成时代对于指导普查找矿和鉴别构造运动期次有重要意义。当前常用的确定岩体时代的主要方法有同位素年龄法和地质年代法,这里仅介绍后者。

(1)根据接触关系确定时代

如前所述,当岩体与围岩为侵入接触时,则岩体形成晚于围岩。被岩体侵入的最新地层时代,即为岩体形成时代的下限。当二者为沉积接触时,则岩体形成时间早于围岩。这时上覆围岩的最老地层时代,即为岩体形成时代的上限。对于某一侵入岩体,若找到了侵入接触的地层,又找到了沉积接触的地层,则岩体形成时代应介于与岩体呈侵入接触的最新地层之后,与岩体呈沉积接触的最老地层之前。如二者呈断层接触时,则岩体的形成时代应早于断层。

(2)根据岩体特性对比

岩体侵入某些地质时代不明的地层或侵入于古老变岩系中,或者接触关系极不明显,或者上覆沉积接触地层被剥蚀殆尽,在这些情况下就无法利用接 触关系去确定岩体地质年代。这时,就只能与本区或邻区某些已知时代的岩体进行对比来推定岩体时代。对比内容通常包括岩石的结构、构造、矿物成分、有用矿产、副矿物及其组合、化学成分、微量元素及其组合等等。一般地况同期又同源岩体之间共性是主要的,若共同特征显著,则应是同一时代的产物。例如,对赣南安福墟花岗岩体,就上述诸方面与赣南西华山岩体对比后,发现其共性甚多,从而确定它们同属于燕山期岩体。

(3)根据与区域构造运动的关系确定岩体时代

岩浆作用总是伴随某一时代的构造运动而产生的,如果控制岩体形成的地质构造的时代搞清了,则岩体形成时代也就基本确定了。例如,某地区燕山运动为区内唯一的强烈构造运动期,结合其他标志,则该区广泛发育的岩体,多数是燕山期的产物。

在野外研究时,应注意岩体与构造的空间关系和相互切割关系,据此可以较准确地确定岩体形成时代。例如,某些侵入岩体位于背斜核部或转折端,或延伸方向与褶皱枢纽大致平行,则表明岩体与褶皱同时形成或比褶皱形成时期稍晚。又如岩体被断层错断,说明岩体时代早于断层形成时代。当未被断层破坏而沿断层带呈长条形分布的侵入岩体,其形成时代大体上应与断层活动时代相当,或者晚于断层活动的时代。

(4)岩体相互穿插关系

岩体广泛分布区,往往是多期侵入的复式杂岩体,有些形成较早,另一些形成较晚。野外常用的确定相邻两期岩体相对生成顺序的标志有:

①具有冷凝边的岩体为晚期岩体,具有烘烤边或接触变质的岩体为早期岩体;

②两个岩体相接触时,被切割的岩体为早期岩体(图 8－17);

③具有平行于两岩体接触面的流动构造的岩体,为较晚时期形成的岩体;

④具有另一岩体成分的捕虏体的岩体其形成的时代应晚于另一岩体。

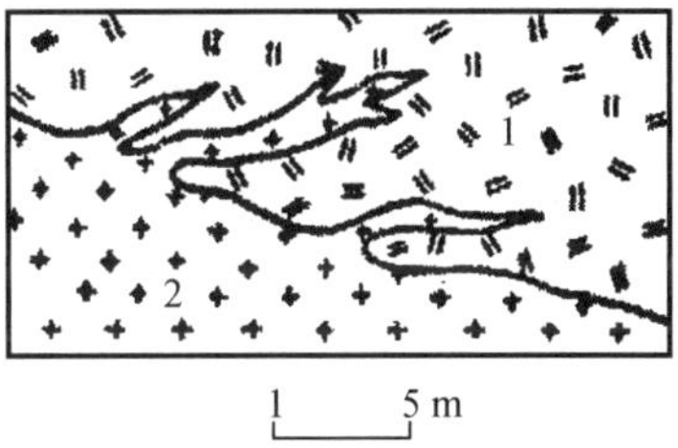

1—斑状石英二长岩体(形成较早);
2—细粒花岗岩体(形成较晚)。

图 8－17　涞源某地岩体穿插关系素描图
(据北大地质系)

(5)根据次生构造的差别

经历构造变形期次多的早期岩体比相对经历变形期次少的晚期岩体的次生构造更发育,而且早期岩体中的早期的次生构造不延伸到晚期形成的岩体中,但晚期岩体的次生构造可以延伸到早期岩体中。据此,可以判断岩体形成的先后关系。

研究岩体间生成顺序,对了解一个地区岩浆活动史和构造变形史,以及有针对性的找矿等都有重要意义。

8.5.4　岩体与区域构造关系的野外调查

1. 侵入体与断裂构造的关系

岩浆作用与地质构造有密切关系。断裂构造往往是岩浆上升的通道,也可以是岩浆侵位或赋存的空间。例如,侵入体沿断裂分布或在断裂交汇处出现并膨大,侵入体在主断裂两侧的羽状裂隙中发育等,表明岩体的形成受断裂控制,且岩体形成晚于断裂。当岩体周围出现环状或放射状裂隙时,一种可能是这些断裂是由岩体侵位时的挤压力形成的,那么岩体形成应晚于这些断裂。然而,因为不同岩体侵位深度、侵位方式等有差别,在判断和确定岩体与构造的关系时,切忌简单了事。特别是当岩体周围或附近有一些很特殊的裂隙(或断裂)发育时,应对这些裂隙(或断裂)的发育情况和分布特征做详细深入的调查和记录。

2. 侵入体与褶皱构造的关系

侵入体与褶皱构造的关系可分为三种:①岩体形成于褶皱之前,通常岩体应与围岩一起发生褶皱,在岩体中应见到碎裂、重结晶、片理化等现象,但岩体中流动构造与围岩构造线无关。②同褶皱的侵入体,岩体沿主构造线方向拉长,并与褶皱形态一致。岩体中的片理与围岩中的片理方向完全一致。③褶皱后侵入体中的原生流面构造与围岩一致,但与围岩的构造流线无关。

复习思考题

1. 岩浆岩体构造包括哪几方面?
2. 侵入岩体的原生流动构造、原生塑变构造和原生破裂构造有哪些类型,各有何特点?
3. 侵入岩体的次生构造如何形成,以何种类型常见?
4. 主动侵位和被动侵位有哪些类型,两者之间有何区别?
5. 侵入岩体与围岩的接触关系有哪些类型,各有何种识别标志?如何利用侵入岩体与围岩的接触关系判断其形成时代?
6. 火山机构有哪几部分组成?如何恢复古火山机构?
7. 火山岩的原生构造有哪些类型,各有何特点?
8. 实际工作中,确定火山岩地层的时代,从哪两方面进行?

第9章　变质岩区构造

变质岩主要分布于前寒武纪克拉通、造山带及动力变质带中，是在地壳深部温度较高、压力较大的特殊环境中，经历复杂变形－变质作用后，由地壳隆升作用而抬升到地表的特殊地质体。变质岩区构造，就是指这一特殊地质体在特殊的环境中所形成的构造特点。对变质岩区构造的研究，将会促进对下地壳构造特征、变形机制、下地壳，甚至壳、幔运动规律的认识。它也是充分认识前寒武纪构造演化的重要途径。尤其重要的是，在变质岩区，蕴藏着丰富的矿产资源，如金、铁、铜、磷等多种矿产，查明变质岩区构造特征是正确评价矿产赋存规律的前提。

9.1　变质岩区的构造特征

对变质岩区构造的认识存在着两种观点。一种观点认为，变质岩区，特别是古老的深变质岩区的构造，比沉积岩及火山岩区的构造简单得多，多呈平缓褶皱，或是巨型单斜构造。另一种观点则认为，变质岩区的构造不仅形态和方位极其多样，而且往往是多期变形的产物，它的形成和演化比沉积岩和岩浆岩区的构造复杂得多。变质岩区构造之所以比沉积岩、火山岩区的构造复杂，主要是因为它的形成和演化，总是同地壳中各种构造－热事件密切地联系在一起，并在构造－热事件过程中产生了一系列新生的与变质作用有关的构造。

9.1.1　区域变质期构造是深构造层次的产物

变质岩区的区域变质构造主要是深构造层次的变形。所谓构造层次是指特定变形幕中，由于构造环境的差异，导致岩石变形具有一定的相对层次性（图9－1）。不同的构造层次分别显示不同的主导变形机制。其中，深层次的构造出现于流劈理上限界面以下。在该处，由于地壳位于高温、高压环境，岩石的韧性已大大提高并处于固态流变状态。这时岩层层理将随构造层次的加深愈来愈丧失其主运动面的地位，引起广泛的被动褶皱作用和准弯曲褶皱作用。

就是先存的强硬岩层，在平均韧性全面提高的条件下，也会发生强烈的弯曲，构成复杂的紧闭褶皱，甚至形成两翼紧贴的平卧褶皱，在整个变质岩系中构成“褶叠层”（图9－2）。

随着岩石进入更深层次，岩石的变形也与中高级变质作用、混合岩化及深熔作用交织在一起。结果，不仅形成了区域性片麻理，而且产生大量的混合脉岩构成各式各样的肠状褶皱（图9－3）。变质岩区韧性变形表现在断裂上，即形成韧性断层。这种变形引起变质岩区出现狭窄的片理带、变晶糜棱岩化带（图9－3(a)）、顺层韧性剪切带（图9－3(b)）、两种截然不同变质相带的接触带（图9－3(c)）以及狭窄的高于正常的混合岩化带（图9－3(d)）等。当然，在变质岩区漫长的构造发展历史中，同一变形变质体在各次变形幕中所处的构造层次是各不相同的，因而在同一地质体当中，必然会出现多层次的构造特征，表现为多种变形机制形成的构造叠加和多种环境下产生的构造形迹的多相共存。当先存的深层次变质构造进入地壳浅部构造层次以后，构造环境发生了变化，温度、压力相应降低，构造变动也相应转为以弯流褶皱为主。如果进入浅层次，则出现大量脆性断裂。变质岩层从深构造层次到浅构造层次，构造变形大都会具有塑性递降的规律。

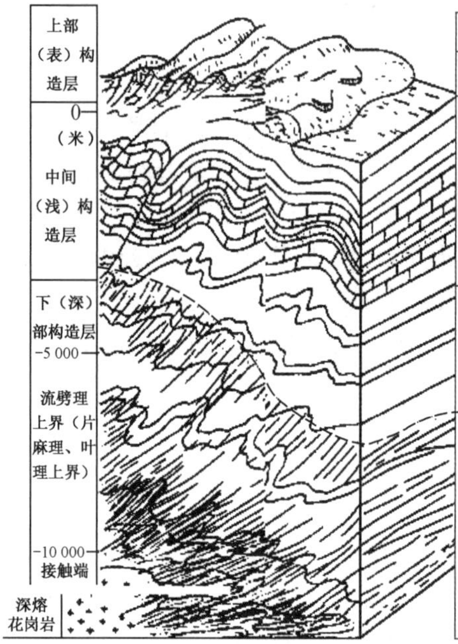

主导变形机制	构造特点	影响构造层次因素
碎性断层	剪切作用，破裂断层构造，无皱褶构造	构造层次的位置、厚度受热梯度构造梯度的明显影响。构造层次分界面是不规则的也不是水平的，一般背斜形态，热梯度下岩石变得具有韧性比低梯度下的岩石更快达到熔点，使各构造层次厚度减小。构造应力发生变化时，构造层的形态势必会出现变化，一般压力增高会引起构造层次上升。也从出现直立劈岩前锋面，岩性也对劈力前锋面有影响，泥灰岩前峰面就会升高，而花岗岩难于压扁，劈力前锋面就会降低
挠曲	塑性变形为主，产生等厚褶曲（同心皱褶）	
塑性压扁作用，韧性剪切变形	上部广泛发生及劈理不等厚褶曲。结晶作用愈加明显，水平挤压逐渐转变为岩层，地质体上升重力扩张，岩层在边缘重力滑动和造成多层褶叠多盘叠复的褶叠层（变质高可称褶变层）。变质顺层固态流变，流动构造群落，愈向深部愈进入热环境，重结晶作用明显	
塑性流动构造，深熔作用流状褶曲	劈理消失，物质熔化呈液体状态。温度、压力已达到相当高的境界（围压），变形多体现为中、深变质作用。混合岩化及深溶作用相交织的图像，岩性均一	

图9-1　地壳构造层次理想图

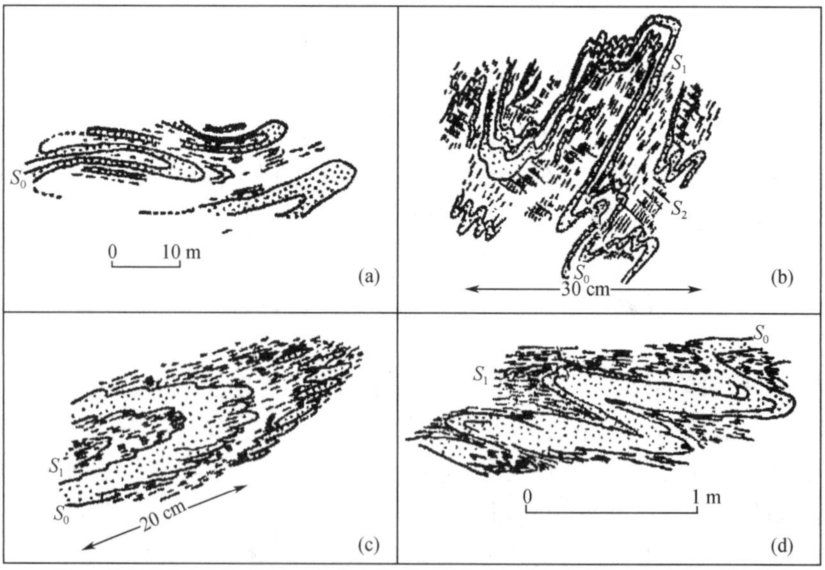

图9-2　河南登封嵩山群薄层石英岩及千枚岩互层岩系中各种紧闭褶皱及其相关构造（据马杏垣等，1981）

注：(a)等斜平卧褶皱组成的折叠层；(b)褶皱转折端被小褶皱复杂化，构成褶皱的多级组合；(c)褶皱转折端的透镜化和锯齿化；(d)褶皱呈寄生褶皱，石英岩层也都出现“火焰状”和锯齿化，翼部变薄。

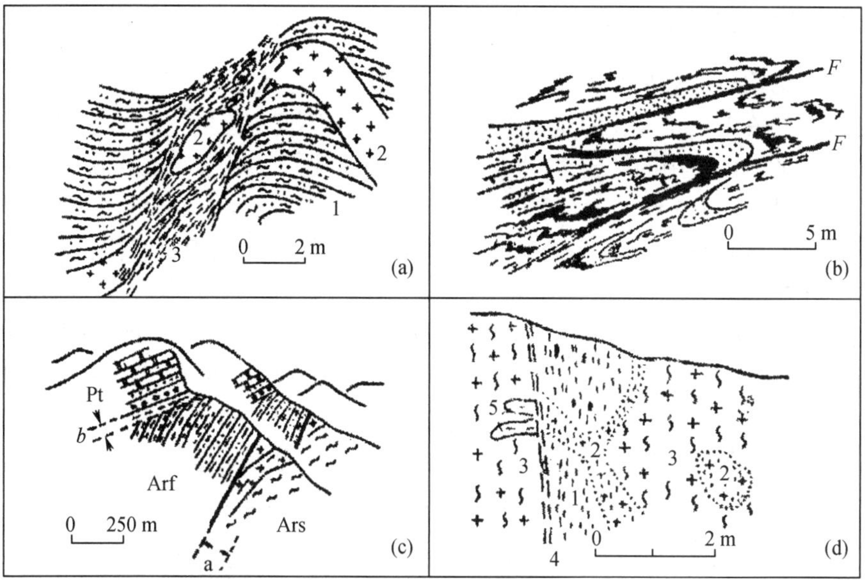

图 9-3 河北省东部太古代迁西群中各种形式的古断裂

注:(a)横切伟晶岩脉的弱片理化带:1—黑云角闪片麻岩;2—混合花岗岩脉;3—构造片岩(遵化光棍山)。

(b)磁铁石英岩层中顺层韧性剪切带(F)(迁安北山采矿场)。

(c)迁西群水厂组(Ars)麻粒岩相混合片麻岩系与滦县群佛峪院组(Arf)角闪岩相长英变粒岩系的截然接触带,a,b 为具古断裂性质的渐变过渡带(迁安四角山)。

(d)混合岩化古糜棱岩带(迁安松汀):1—古糜棱质千枚岩残留体;2—钾长石化古糜棱岩。3—混合片麻岩;4—新生破碎带;5—伟晶岩脉。

9.1.2 广泛出现新生的变质构造

在构造-热事件过程中,由于变质和变形的共同作用,强烈地改造了原岩的构造面貌,并在变质、固态流动的过程中产生一系列新生的面状和线状构造,如劈理、片理和线理等。因而在变质岩石中出现残余构造和新生构造的共存和组合。所谓残余构造,是指原生或前期构造经变形和变质作用改造仍然残存其原来特征的构造;新生构造,是岩石变质变形作用的产物,它具有如下两方面的特点。

1. 排列和分布上的规律性

新生构造作为一种强烈应变的产物,其空间排列和分布的规律性往往比原生构造的规律性更明显,因而在一定区段内具有统计上均匀分布的优选方位。

2. 与变形岩石矿物内部粒子排列的一致性

新生构造不仅改变了岩石的外貌,而且影响到岩石和矿物内部,使变质岩石内部的组成和组构发生明显的变化,造成了新生面状和线状构造与变形矿物内部粒子排列的一致性;同时,也造成了新生面状和线状构造与其同期形成或紧跟着形成的矿物共生组合之间存在着变质与变形的依存关系。

9.1.3 多期变形变质作用的改造

变质岩区的构造一般都经历过多期变形和变质。前寒武纪的古老变质岩,至今已经历了十几亿以至二三十亿年漫长的地质历史,经受到多次不同程度的变形和变质作用的改造。即使在较年轻的造山带中的变质岩,也常因在一个大的构造旋回中受到多次变形的影响,结果不同世代、不同格局和不同样式的构造相互叠加,造成复杂的交叉干扰图像。

图9-4是一幅两期变形作用的变质岩区构造图。轴向北西的一套褶皱叠加在轴向北东的一套紧闭褶皱之上。在图的东北部,乍看似乎是一套走向北西的单斜岩层,但详细研究工作后确定,其实质是晚期北西向褶皱的片理掩蔽了早期北东向褶皱,西部的晚期构造不太强烈,所以仍基本保持构造的原来形象。此外,构造叠加现象也表现在断裂的弯曲和沿断裂面的多次多期活动,有时还与混合岩化、脉岩活动等现象交织在一起,使变质岩区早期断裂很难识别。所以,多期构造叠加使变质岩区的构造变得十分复杂,难以研究。

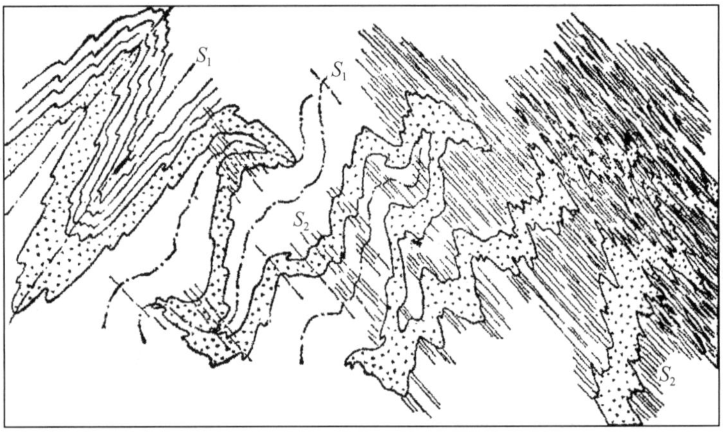

S_1—早期褶皱的轴面及轴面片理;S_2—为晚期褶皱的轴面片理。

图9-4 两期变形叠加的地质构造示意图(据P. J. Tamer、L. E. Weiss,1963简化)

9.1.4 具有特殊的区域构造形式并且与变形时代关系密切

变质岩区大型构造的形式同地壳演化进程是分不开的,不同地壳发展阶段的变质岩构造常常各具独特的构造样式。

一般说来,太古代深变质岩系的主要构造形式是花岗片麻岩穹窿或片麻岩穹窿。不少人认为这种构造是地壳内大量深源物质的上升引起的,与太古代时期构造环境(地壳薄、地温高、地热梯度大)密切相关。这种大规模的复杂窿起在古老地盾中往往成群分布(图9-5)。它们的平面形态常呈浑圆形或长圆形,有时也呈所谓"变形虫"状。直径常达几千米、几十千米乃至上百千米。两翼一般平缓,也可能陡倾,在外缘部位甚至向内倒转,使穹窿拱起如扇形。然而,就在这种看来似乎简单的穹窿区内,却隐藏着十分复杂的多期构造。特别是在穹窿的外缘部分和穹窿之间部分,一系列紧密的同斜倒转褶皱环绕着穹窿展布,使古老地盾内部呈现出穹窿与变质褶皱带间列的构造格局。

但是,在一些元古代及以后的造山带里的构造,却以狭长的浅变质褶皱带为主。在这种强应力作用的构造带里,构造作用往往先于变质作用。尽管构造形态和方位有时也很复杂,但在排除了构造的叠加干扰之后，就立刻可以看到，同一次构造应力场形成的褶皱及其伴生的面理和线理，在形态和方位上都具有明显的规律性。例如对河南登封嵩山群及北京西山浅变质岩褶皱带的研究表明，不论组成某一世代的 b 线理的构造类型和大小如何，它们在一定区域内都具有一定的优选方位，并且与同期的圆柱状褶皱系或平行逆冲断裂组合相平行。

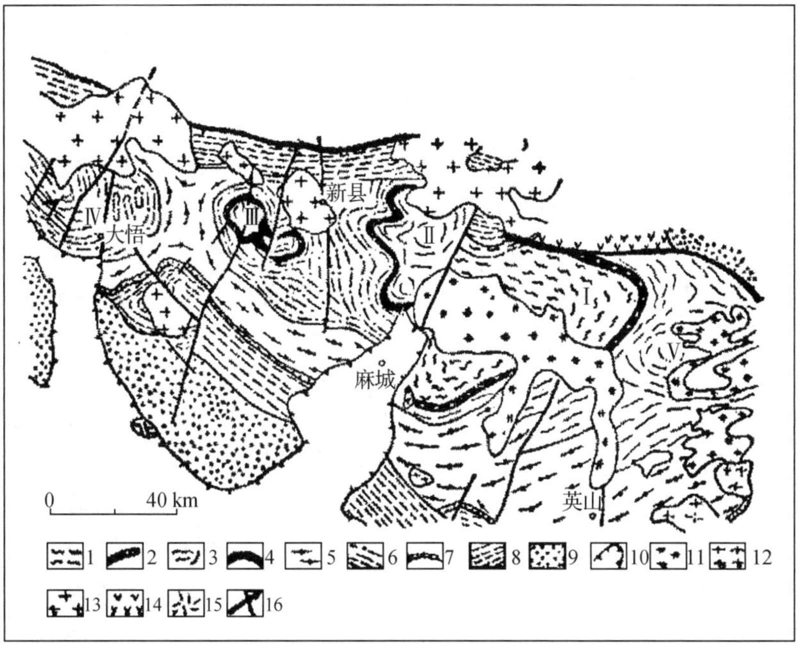

Ⅰ～Ⅳ—片麻岩穹窿；Ⅴ—古构造盆地；1～3—大别群；4～6—红安群；7～8—高桥河群（北）、苏家河群（南）；9—应山群（南）和佛子岭群（北）；10—红色盆地；11—新县期混合花岗岩；12—大别期变斑状花岗岩；13—燕山期花岗岩；14—侏罗系火山岩；15—第三系玄武岩；16—深断裂及大断裂。

图9－5 大别山太古界串珠状穹窿群构造略图（据蔡学林，1979 适当简化）

总之，研究变质岩区的构造必须与变质作用、混合岩化作用、变质相和变质带的研究紧密结合。关于这一点，在深成变质岩及混合岩化区更应该特别注意。

9.1.5 变质岩区地层系统的双重概念

所谓地层系统，原是指成层岩系的生成顺序，但在变质岩发育区，由于原生地层在区域变质过程中遭受过固态流变作用的改造，因而在建立地层系统上，与沉积岩区地层学的概念不同。工作时应根据构造置换的程度，把地层系统明确区分为沉积褶叠地层系统和褶皱变质－混合杂岩地层系统两个不同的范畴。

1. 沉积褶叠地层系统

沉积褶叠地层系统主要是指一套基本上能按时代的新老划分大套层序，而在本质上又是一套经历过一定程度变质固态流变改造的新的构造——地层单元。这种地层系统，一般只能在构造置换不太强烈的地区才能建立。

一般来说，在浅变质岩系里，原生层状构造保存较好，虽然新生的面状构造已经产生，也局部地置换了原生层理，但原生成层岩层仍在一定程度上保持其连续性。特别是一些岩性强硬的标志层，虽经变质和变形，仍能作为划分地层的基础。至于地层层序的正倒，虽然多数地区没有化石依据，仍然可以通过某些残余的原生构造和次生构造予以确定。因此，凡原生成层构造保存完好或较为完好的地区，都要力求建立原生沉积地层系统，并按所划分的地层单位制图。以 S_0 作为构造研究的起点，以层理为界面，测绘出它们复杂多变的图形。

但是必须指出，在变质岩区建立起来的这种地层系统，毕竟是经过一定程度变质固态流动改造过的地层系统。其组成岩层的外部形态，内部构造，或是其厚度和相变，都与未变质、变形前的地层系统有很大不同。

2. 褶皱变质 - 混合杂岩地层系统

在变质程度深和混合岩化变质杂岩里，由于构造的彻底置换和岩石的变质重建，原生层理已经全被破坏。因此，只能按新生成层构造所分割的不同构造、岩性单元来组建地层。

组成新生褶皱变质 - 混合杂岩地层系统的各套构造——岩性单元，虽然也沿用地层学中群、组、段等地层单位术语，但实际上是指一定的构造岩石组合的岩层在构造 - 热事件之后重新建造的地质实体，其中每一“套”都包含着复杂的组分。它的原岩既可以是不同时代的沉积岩和火山岩，也可以是早期侵入岩和各种混合岩。因此，由这种地层单元所圈定出来的构造形象，一般都会出现别具一格的样式。严格说来，所谓褶皱变质 - 混合杂岩地层系统并不具有地层学的生成先后概念，而只说明它们在某地区的片理或片麻理褶皱中的上、下关系。

研究变质岩区的构造，必须正确认识变质岩层成层构造的性质。如果不加区别地把新生的片理、片麻理等同于层理，势必把复杂的事物简单化。但是，当变质岩层的原生构造已经不占主导地位，甚至消灭殆尽，一定要用常规方法去追寻原始地层的空间展布和建立原始沉积时的新老顺序，将是徒劳的，甚至使工作陷入盲目性。建立变质岩区地层系统的双重概念，有利于不同变质岩区构造特征的对比。

9.2 变质岩区的构造研究

9.2.1 变质岩层的成层构造

1. 对变质岩成层构造的认识

变质岩系中的板劈理、片理和片麻理，究竟是继承原生层理发育起来的，还是通过构造的置换而新生的，这是变质岩成层构造认识上的分歧。

继承观点的人认为，具有层状构造的面理是原生沉积岩层或火山岩层，在上覆岩层铅直载荷的作用下，在变质作用过程中顺原生层理拟态重结晶形成的。因而这种面理与层理一致，称为顺层面理。并且有人认为，黏土在上覆岩系载荷下压紧、脱水形成页岩时，黏土矿物则顺层排列，本身已经具有水平的劈裂性。后来岩石随温度、压力增高发生变质时，一种类似层面的片理就顺层产生。

置换观点的人则认为，在具有成层构造的变质岩层里，顺层掩卧褶皱及其轴面劈理、片理和变质分集条带的广泛发育，顺层韧性剪切带的普遍存在，以及石香肠构造、构造透镜体、窗棂构造和杆状构造等说明，变质岩层构造的形成是构造 - 热事件的产物。所谓顺层面理，实质上可能是早期紧闭褶皱的轴面面理，是先存层理或面理在强烈褶皱过程中发生构造置换的结果。

广泛发育在变质岩区的层状构造通常表现为由矿物或矿物集合体连续或非连续定向排

列的形式表现出来,或由平行或似平行状叶理分割的岩石条带以及不同类型岩层相间展布形式呈现出来。对变质岩中这种成层性的正确认识,直接关系到对变质岩区地质历史的正确建立。

2. 变质岩区的层状构造类型

按照形成方式不同可以识别出几种不同类型,如变余层状构造、置换层状构造、分异层状构造和复合层状构造等。

(1)变余层状构造

沉积－火山沉积形成的层理在遭受浅或中浅变质－变形作用中,原始层理基本上未被改造而保存较好的一种层状构造,即变余层状构造。新生顺层叶理或轴面叶理并未造成原始层理的显著改造。

(2)置换层状构造

早期层状构造(包括原始层理或变形－变质作用形成的叶理),在一幕递进变形作用中,被晚期叶理强烈改造而形成的一种次生层状构造,即置换层状构造。这种由于强烈构造置换作用所形成的层状构造常常形成新的岩性层。

(3)分异层状构造

变质岩区具有粒状组构特征的块状或巨厚的层状岩石在经过变质－变形作用中,由构造加热升温导致岩石中发生变质分异作用形成层状构造岩,即分异层状构造。韧性断裂带内的重要岩石类型——糜棱岩是典型的分异层状构造岩,特别在一些规模巨大的韧性剪切带中,由于糜棱岩化的强弱不同,形成具不同岩貌的变质构造岩带。在中深变质杂岩区分布甚广的片麻状和条纹条带状长英质－镁铁质片麻岩,是一种更为重要的分异层状构造岩。由于岩石缺少或没有发现变形组构,都曾将其归为混合岩化作用的产物。实际上,它们是块状岩体经变质构造的分异作用形成的层状构造岩。它们的结构、构造是过渡渐变的(图9－6),是花岗岩中由变质－变形分异作用形成,由块状构造、片麻状构造、条纹、条带状构造连续演变形成的具有不同组构的层状变质岩。

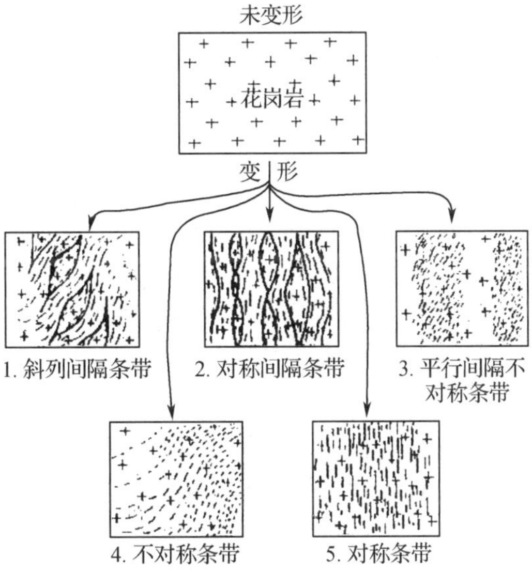

图9－6 块状(花岗岩)岩石经变形作用形成的不同样式的分异条带

(4)复合层状构造

复合层状构造为变质岩区组成复杂、成因复杂的一种层状构造。其可分为三个亚类:

①层状＋块状岩石构成的复合层状构造(图9－7(a)),主要表现为块状结晶岩石中的层状包体受变形改造形成的层状构造。

②块状＋块状岩石构成的复合层状体(图9－7(b)),主要是两种或两种以上的侵入岩经变形作用而改造成的层状构造。

③层状＋脉体构成的复合层状体(图9－7(c)),是上述各种类型层状体在经后期构

造－岩浆作用贯入的不同类型脉体再遭受变形所显示出来的复合层状构造。

9.2.2 构造置换作用

构造置换作用是在递进变形作用过程中一种构造被另一种构造改造并取代的过程。在变形地质体演化过程中，最常见和最重要的是叶理或面理置换。

1. 叶理置换

叶理置换过程不仅是递进变形过程中先存叶理受褶皱作用而旋转到与褶皱轴面近于平行，还包含了新生叶理的形成及对先存叶理的改造时，先存叶理的方位改变与相应矿物成分和化学成分的重新调整，形成分异层理或成分层。

叶理置换的最简单方式以物理换位为主，基本过程分为四阶段：

①层理(S_0)发生相似褶皱变形(图9－8(a))，包络面代表层理的总方位。

②褶皱越来越紧闭，不对称性增强，陡翼减薄。弱岩层劈理化，新岩层局部置换原生层理(图9－8(b))。

③变薄的褶皱翼明显石香肠化，新生叶理不同程度地透入整个褶皱。原有的褶皱样式已明显改造，褶皱多呈残片或呈新生叶理内的片内褶皱，但通过残片还大致可以建立原有褶皱的形象(图9－8(c))。

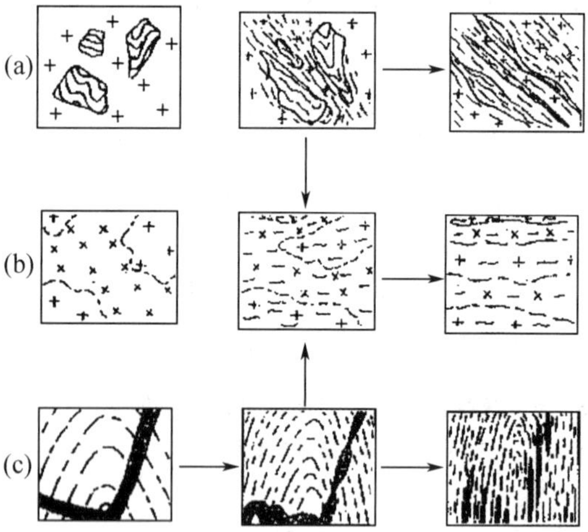

图9－7 三种类型不同组合岩石的复合层状构造形成示意图

注：(a)花岗岩及其中的变形层状岩石包体变形形成的层状构造；(b)花岗岩与基性岩的变形形成间隔性层状构造；(c)层状岩石与脉体变形形成的层状构造。

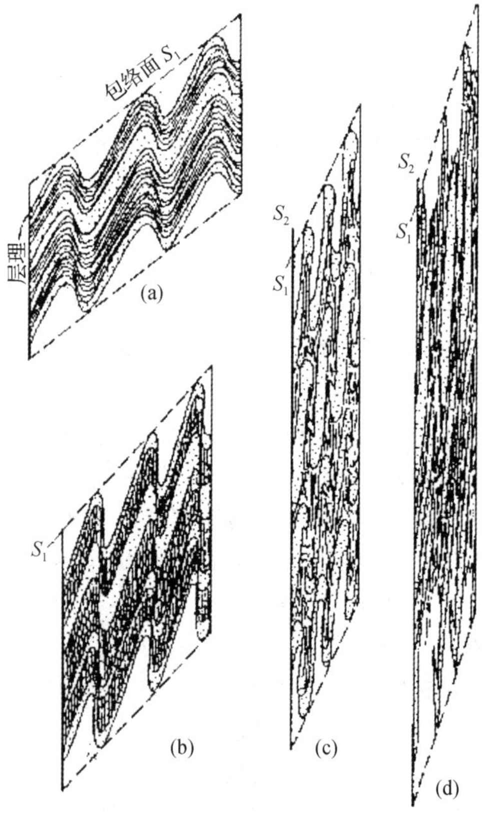

图9－8 层理(S_0)被新生叶理(S_1)置换的过程示意图(据 Turner、Weiss，1963)

④被叶理分割的褶皱残片进一步压缩成透镜状，非强干层中的先存层理几乎平行新生叶理，构成岩性似层理(图9－8(d))。这一置换过程也适合各种次生叶理被置换的情况，反映了置换作用程度的变化。杨振升把这一置换过程定为“W”形、“N”形和“I”形置换(图9－9)。

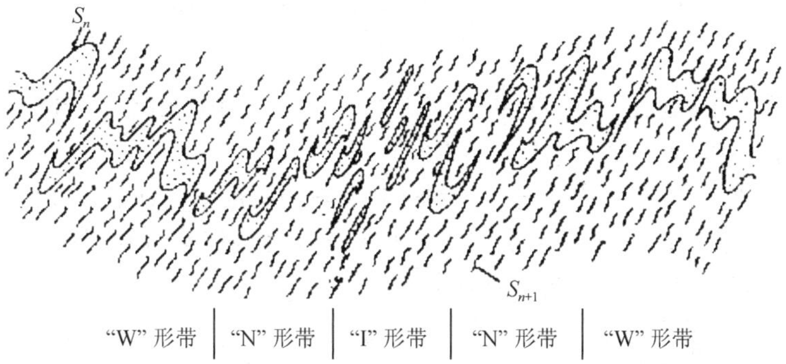

图9－9 面构造置换样式类型分布图(据杨振升，1983)

叶理置换的另一种形式是在折劈理的形成和演化过程中，先存叶理不仅发生方位的转换而且还发生矿物成分和化学成分的重新调整，总体上通过矿物的旋转、溶解迁移、重结晶作用和矿物颗粒的生长等多种因素而达到先存叶理逐渐消失，新生叶理完全置换先存叶理的结果(图9－10)。

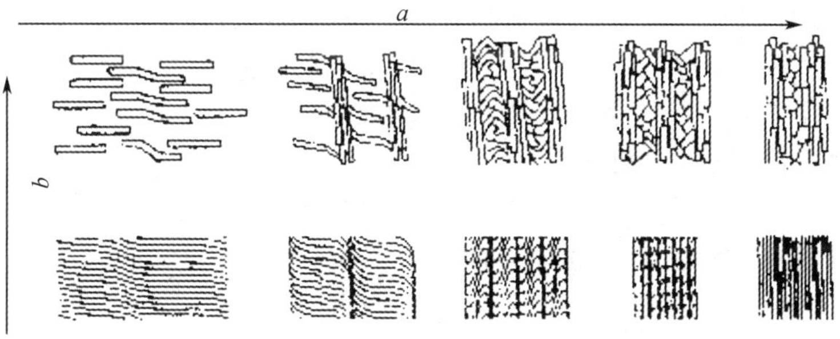

图9－10 折劈理形成和演化过程示意图(据Passchier等，1996)

构造置换分为两类——纵向构造置换和横向构造置换。前者是在地壳收缩构造体制下发生的，其机制一般与纵弯作用和压扁、压溶作用下轴面劈理的发育过程相联系，后者是伴随地壳伸展而发生的，以水平韧性剪切带运动形成的叶理置换，多形成顺层叶理。

2. 岩石再造作用问题

岩石再造作用是变形－变质作用过程中不同程度的流体(主要是H_2O)渗入增加了岩石韧性，导致岩石成分及结构构造的转变，形成了同岩异化的岩石类型呈有规律地展布。它与不同构造层次的韧性变形－变质作用有密切关系。岩石再造作用最典型的实例是地壳中浅构造层中花岗质岩石发生脆－韧性和韧性剪切变形形成各类构造岩。由于强烈的变形，块状岩石逐渐转变为叶理十分发育的糜棱岩或构造片岩。随着变形强度的不同，不仅岩石结构、构造发生了变化，岩石总化学成分和矿物成分也发生一定的转变。尤其是构造片岩，由于变形过程中大量流体的加入，使原来由粒状、柱状矿物为主的岩石转变成以片状矿物为主的岩石。

①岩石再造作用常常以一个具有相当规模的线性退变质带形式表现出来。

②线性带内早期岩石的结构和构造受到显著改造，新生条带状构造和同构造生长的矿物线理普遍发育，岩石中的矿物成分也发生一定变化。由于再造作用的不均匀性，空间上出现线性带与未改造或弱改造的残余地块相间排列，二者之间从粒度、成分、结构、构造之间都呈有规律的渐变关系。

③在规模较大的线性带中，岩石再造作用不仅在中浅构造相（角闪岩相、绿片岩相），而且在深部构造相环境（麻粒岩相）中也非常发育。

④由于再造作用，片麻岩中的包体、岩脉、岩墙在一定范围内，随着片麻岩的变形增强而相应发生变形，从原来不协调、甚至是切割关系最终变为构造整合化或构造平行化，产生了假层状构造的岩貌，称复合层状构造或复合条带状构造。

⑤大规模岩石再造作用带实质上是地壳构造薄弱带，可为不同时期的岩浆活动和侵入提供有利空间，因此经常伴有一定规模的岩浆岩或岩浆杂岩呈线性分布，或有密集岩墙群分布。

9.2.3 叠加褶皱

1. 变质岩区褶皱的基本特征

变质岩区褶皱在很多方面不同于未变质沉积岩及火山岩层中的褶皱。

(1)新生叶理伴随褶皱形成

褶皱通常形成于地壳中、下部，形成的温度－压力条件较高。因此，在岩石塑性变形过程中，普遍有一组新生叶理平行轴面或以相对轴面呈规律的分布方式形成，并且随着岩石的递进变形，新生叶理逐渐发育，并破坏改造了褶皱。

(2)褶皱样式的复杂多变性

岩石变形时的固态流变特征十分显著，从而使形成的褶皱样式十分复杂。多级褶皱共同产出，褶皱要素产状变化较大（图9－11），褶皱的不协调性显著。

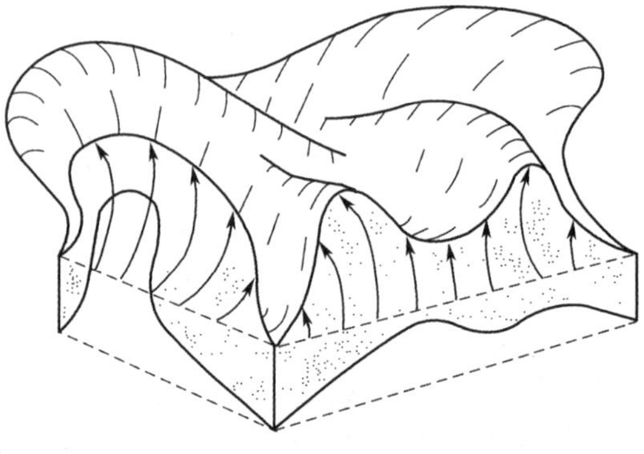

图9－11　固态非层状塑性流变所形成的褶皱样式

（据 Mattauer，1980）

(3)褶皱面的种类繁多

褶皱面类型繁多是变质岩区褶皱的基本特征，可以是原生的面状构造，也可以是各种次生叶理。此外，不整合界面、断层面、韧性剪切带、各种脉岩等都可以形成褶皱。多种不同性质、产状各异的变形面同时卷入同一褶皱构造系统是普遍现象。

(4)叠加褶皱广泛发育

叠加褶皱的广泛发育是变质岩区褶皱构造的普遍特征，而叠加形式的复杂性也远远出乎意料。

(5)褶皱形成机制的复杂性

变质岩区褶皱构造形成机制的复杂性，随着对变质岩区构造研究的深入逐渐被认识。变质岩区相似或顶厚褶皱形成时滑褶皱作用的地位受到质疑，纵弯褶皱作用、强烈压扁作用、韧性剪切带中简单剪切或顺层剪切褶皱作用以及顺层流褶层的意义得到了充分肯定。在多期变形－变质岩区，多种成因机制形成的褶皱共存现象普遍。

2. 变质岩区的褶皱样式及分类

(1)变质岩区的褶皱分类

①根据构造层次划分褶皱。构造层次对变质和变形作用的控制也逐渐为人们所认识。随着构造层次的变深，温压条件逐渐升高，岩石的韧性行为增强，对变形的反映也不同。下部构造层次以流动褶皱和压扁褶皱为特征；中部构造层次以等厚褶皱为特征的划分对比。变质岩区常见的褶皱类型为纵向弯曲褶皱和层流褶皱。

②根据褶皱面性质、褶皱内部构造特征、变形机制和变形相、变质相的特征划分褶皱，将变质岩层中的褶皱划分为三个基本类型：a. 顺层掩卧褶皱，产于不同尺度的顺层剪切带内，褶皱面为原生层理，其原始轴面产状多近水平，有共同倒伏方向。褶皱限于某一特定的层内，可见顺层拉伸的石香肠构造、窗棂构造、杆状构造与之共生。b. 紧密压扁褶皱，出现在许多造山带的褶皱，是压扁作用的产物。褶皱面可以是新生叶理或变质条带，或者是早期构造的滑断面，褶皱可以是对称的，也可以是不对称的。c. 深熔揉流褶皱，主要发育于高级变质岩区，规模不大，构造方位不稳定，通常与高级变质条件下的韧性剪切变形作用相关。

③根据褶皱枢纽与运动方向的关系划分褶皱。通常用于简单剪切作用机制所形成褶皱的划分或描述。一般将枢纽平行简单剪切方向的褶皱称为 a 型褶皱。这类褶皱的枢纽常常与拉伸线理或矿物线理平行；反之，枢纽与拉伸线理垂直的褶皱称为 b 型褶皱。

对变质岩区的褶皱类型进行划分，既要注意变质岩区褶皱的特殊性和复杂性，又要从褶皱成因机制、构造层次、变形面特征等多方面考虑。

(2)变质岩区的基本褶皱样式

①卵形构造或片麻岩穹隆。卵形构造或片麻岩穹隆是变质岩区的一种经典褶皱样式，主要包括由花岗质混合岩或片麻岩组成的核，其上覆盖了变质沉积岩或变质火山岩的盖层。核部岩石的中心部位具岩浆结晶结构，接近接触带叶理渐趋发育，岩体叶理构造与盖层中的叶理及二者之间的接触面彼此平行。并且其一般从片麻岩核向外倾斜，构成穹隆构造。

片麻岩穹隆主要发育于太古宙克拉通地区，尤其是变质深成岩发育的高级变质地区。主要表现为由片麻理、条带状构造、表壳岩包体的长轴及各种脉体呈有规律的空间排列而显示出环形构造，在平面上多呈椭圆形或卵形构造，并且多构成卵形构造群，或卵形构造区。在一些造山带中，或者孤立地产出，或者由多个呈线性排列分布。其地质特点与太古宙克拉通的卵形构造也有一定的区别。

不同片麻岩穹隆的内部构造和成分组成等特征具有很大的变化，成因也有所不同。主要包括两种基本类型：a. 叠加褶皱片麻岩穹隆，由两期大型褶皱干扰产生类似扁平状圆柱体的穹隆和盆地构造。b. 以岩浆底辟为主导机制所形成的片麻岩穹隆与盐丘构造相近，塑性或近熔融状花岗质岩石，由于比上覆变质上壳岩密度低，造成重力失稳，从而导致花岗质岩石上拱，形成片麻岩穹隆，分熔岩浆上浮和岩浆的"气球膨胀式"侵位。

造山带中的片麻岩穹隆是造山运动或叠加造山运动的产物。近期研究发现，有些造山带内的片麻岩穹隆实际上是前造山期伸展体制下形成的，作为该体制下所形成的隆滑构造的内核或岩浆核杂岩。由于后期收缩体制下的变形，而使该片麻岩穹隆特征复杂化。

②纵弯褶皱。由纵弯褶皱作用形成的褶皱，经高温、高压条件下褶皱岩层的压扁作用，使岩层厚度发生巨大变化而形成不等厚褶皱，称为压扁褶皱。各种不同级别、不同序次的复

式褶皱群是这种褶皱的典型形式,表现为一系列复背斜和复向斜及其中的大量次级构造形式,包括轴面叶理等次生叶理和各种逆冲滑脱构造。这种褶皱构造是地壳收缩变形的产物,在很多造山带内,如美国宾夕法尼亚州及邻区的阿巴拉契亚褶皱带,我国的秦岭、大别山、天山、阿尔泰等造山带普遍发育。

③剪切褶皱。以简单剪切为主要机制的褶皱,包括滑褶皱作用形成的褶皱和顺层剪切褶皱作用形成的褶皱。所谓顺层简单剪切褶皱作用指平行先存叶理面简单剪切作用形成的褶皱。

a. 基本褶皱形式为 b 型不对称非圆柱状褶皱和鞘褶皱;

b. 褶皱限定于某一特定的层内,尤其是近水平分层顺层剪切系统内,包括"褶叠层"和"流褶层"。

c. 褶皱样式十分复杂,往往表现为三维空间内褶皱要素的强烈可变性和褶皱内各叶理面之间的不协调性,褶皱样式往往受构造层次、岩性组合特征、变形强度等因素的控制。

d. 褶皱的规模变化很大,大小褶皱无规律地组合在一起。

e. 褶皱的变形面类型较多,其可以是板理面、千枚面、片理、片麻理、条带状构造,也可以是原生层理,还可以是各种岩脉。尤其是伸展构造体制下变质沉积岩层内的"流褶层",由顺层递进剪切作用导致单一流褶层内同时含有原生层理和次生板劈理作为变形面的褶皱。

9.3 韧性断层(韧性剪切带)

9.3.1 韧性断层的特点

韧性断层又称韧性剪切带,它是岩石在塑性状态下剪切作用形成的强烈变形带(图 9-12)。韧性断层的特点是在剪切带分别沿无数微细滑动面做微小滑移,从而引起韧性断层两侧岩块的错位。所以韧性断层好像断而未破,错而似连,在正常温压条件下,长英质岩石于地下 10~15 km、温度约 300 ℃(即低级绿片岩变质相的最低温度界线)时,岩石转变为塑性,由于温压条件的变化、岩石性质的差异、应力状态的不同等有时在较浅层次也会出现规模不大的韧性断层。而脆性断层的特点是断层面明显,两盘相对滑动集中于个别断裂面上位移显著。

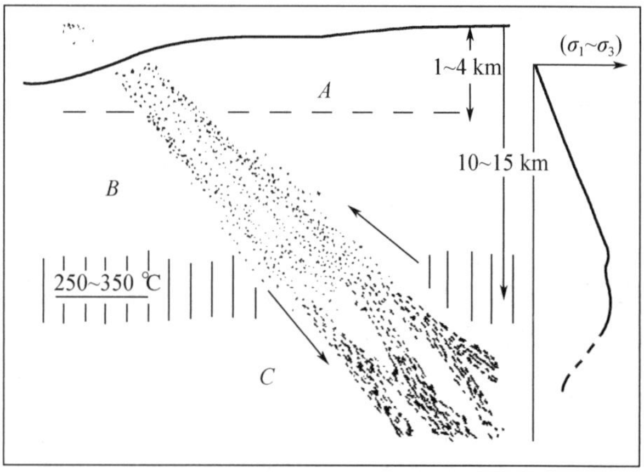

A—未胶结的断层泥和角砾;*B*—碎裂岩系列;
C—糜棱岩系列。

图 9-12 浅层的脆性断层向深层转变为韧性断层

(据 R. H. Sibson,1977)

一条向下深切的大断裂,不论是压缩形成的逆冲断层还是拉伸形成的正断层,在盖层中表现为脆性断层,在进入基底时一般均逐渐转变为韧性断层(图 9-13)。而且,随着断层切割加深,变形方式和变形产物也相应发生变化(图 9-14)。

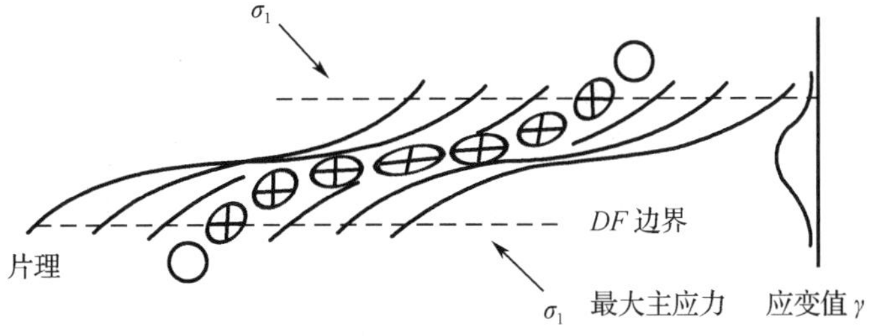

图 9－13　韧性断层内部面理的 S 型展布及其反映的应变变化

韧性断层主要产出于变质岩系中，如古老地台的基底和褶皱造山带核部。韧性断层更易于发育在相对均匀的岩系中，即被置换、变质改造或混合岩化而相对均一的变质岩系或侵入岩体之中。我国冀东太古界片麻岩即发现有相当规模的韧性断层；江西元古界组成的九岭隆起南缘也是一条规模巨大的韧性断层，这条断层顺北北东向延伸到赣东北；北京周口店侵入体西部边缘也有韧性断层发育。

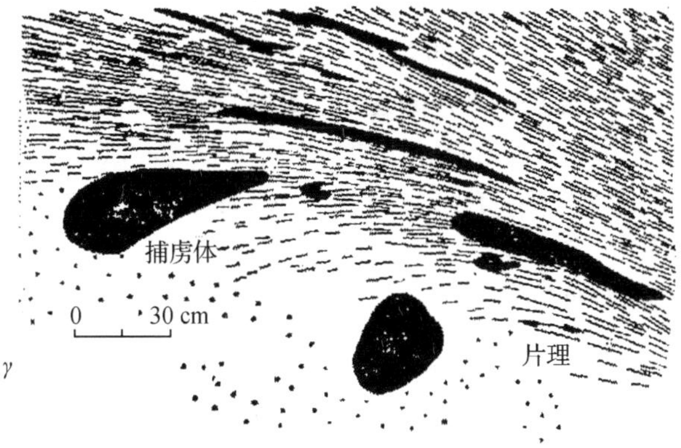

图 9－14　卷入韧性断层中岩层的拉长变薄现象

9.3.2　韧性断层内的变形变质特征

韧性断层带中除面理外，还常常发育 A 型褶皱或鞘褶皱以及拉伸线理。所以糜棱面理、鞘褶皱和拉伸线理是韧性断层带中的标志性构造。

A 型褶皱是褶皱轴与拉伸线理平行的褶皱。鞘褶皱是 A 型褶皱的一种特殊类型，形似刀鞘，常成扁圆状或舌状，甚至成圆筒状（图 9－15）。鞘褶皱是岩石在塑性状态下剪切作用形成的褶皱，为被动式剪切褶皱。如褶皱以 x、y、z 定位，则垂直 x 轴剖面常呈眼球状、透镜状；垂直 y 轴剖面呈不对称的平卧褶皱；垂直 z 轴剖面上常出现拉伸线理。

(a) 单剪作用下鞘褶皱的形成和发展　　(b) 天然小型鞘褶皱素描

图 9－15　鞘褶皱（据 J. G. Ramsay，1980）

韧性断层内岩石的变形量比两盘岩石的变形量大得多。如图 9 – 16 所示，在韧性断层带（L）内，剪应变（γ）是变化的，其总位移（S）等于所有小单元中在距离（X）相当于剪切带范围内各微量位移（σ_s）的总和，AA'以外为未卷入韧性断层的两盘。

韧性断层在某些高级变质岩区往往是一条退化变质带，如斜长片麻岩退变成绢云母绿泥石石英糜棱岩，斜长角闪岩退变成角闪糜棱片岩等。

韧性剪切带中的岩石，自边界向中心矿物粒径常常有规律的递减。在显微组构上，可出现波状消光、机械双晶、变形纹、变形带、带状石英、核幔构造等。在低级动力变质岩相岩石（如绿片岩）中，矿物粒径可以自边界向中心增大。

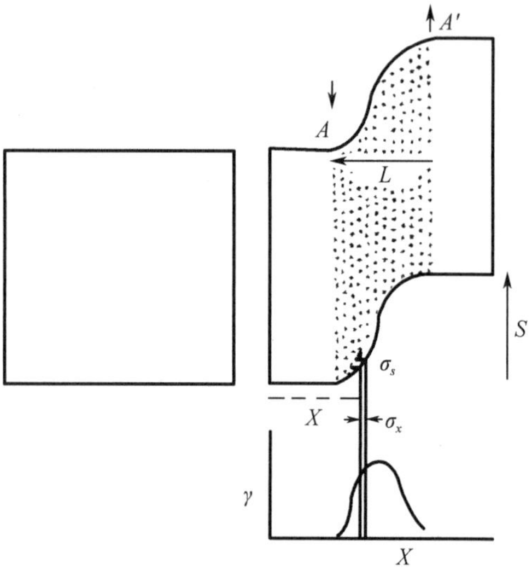

图 9 – 16　韧性断层形成方式及位移量示意图

（据 J. G. Ramsay 和 R. H. Craham，1970）

注：左图为未变形，右图为变形后情况。

9.3.3　野外观测

根据退化变质带或新生面理带、糜棱岩带、鞘褶皱及其伴生的拉伸线理等构造，可以确定韧性断层。与区域片理交切的狭窄的新生片理带，常常是韧性断层存在的良好标志。

对于区域性韧性断层，应通过区域地质制图，结合航卫片解译等，借以查明其延伸和产状。对中小型韧性断层，主要是通过地质制图和精细观测来确定。在测量韧性断层的产状和规模时应注意查明其地质背景。

在观测中应注意观察韧性断层中各种标志性构造，并进行测量；查明其空间变化规律，如面理的性质、产状及其空间变化，尤其要测量面理与边界面的交角（θ）及其变化。观察鞘褶皱的几何形态、大小、方位以及反映剪切运动方向的鞘褶皱枢纽；观测线理类型、产状及其与大构造的关系；观察反映变质作用的新生矿物组成和结构构造变化等。

应采取定向标本以便在室内进行微观或超微观构造的研究和测试。至于位移量，除通过标志层的错移测量外，还可通过计算求得。

韧性断层的研究对于认识前寒武纪地壳的结构和变形史，研究造山带的演化史和动力学状态，以及研究不同构造层次断裂变形的几何学、运动学和动力学等方面均具有重要意义。

9.3.4　断层糜棱岩系列

1. 断层岩的分类

断层岩是断层带中或断层两盘岩石在断层作用中被改造形成的，是具有特征性结构、构造和矿物成分的岩石。

近年来断层岩研究的一大重要进展就是将断层岩划分为两大系列。对于碎裂岩系列，细粒化程度决定于脆性变形下岩石破碎的程度；对于糜棱岩系列，细粒化取决于塑性变形状态和重结晶程度。断层岩的分类方案以宋鸿林、西布森的分类方案为基础，适当修改和简化提出如表 9 - 1 的分类。

表 9 - 1 断层岩的分类方案

固结程度	结构及其定向性	主导作用	基质含量与多数颗粒粒径		岩石名称
未固结	紊乱结构	碎裂作用	可见碎块 > 30%		断层角砾
			可见碎块 < 30%		断层泥
固结的		玻璃化或部分脱玻化			假玄武玻璃
		碎裂作用	< 50%	2 mm	断层角砾岩
			50% ~ 90%	0.1 ~ 2 mm	碎粒岩
			> 90%	< 0.1 mm	碎粉岩(超碎裂岩)
	流动结构	糜棱岩化	< 50%		初糜棱岩
			50% ~ 90%		糜棱岩
			> 90%		超糜棱岩
	变晶结构面状定向	重结晶及新矿物生长	—		千糜岩
			—		构造片岩
			—		构造片麻岩

断层岩的研究是研究断层的一个重要方面。

第一,断层岩是断层存在的良好标志;

第二,断层岩的属性是碎裂岩系还是糜棱岩系,可以指示断层的属性(是脆性断层还是韧性断层);

第三,利用断层岩可以测定断层形成时的温度和压力条件,为分析断层形成深度和形成环境的温压状态提供基本依据;

第四,断层岩发育程度和展布状况以及各类断层岩的交织、叠加和改造情况,可以提供有关断层规模、活动史、活动深度的变化等有关信息;

第五,断层岩的结构可以为分析研究断层两盘的相对运动方向提供依据。

断层从产出的构造层次上分为脆性断层和韧性断层,断层岩也相应地分为与浅层次脆性断层伴生的碎裂岩系列,以及与深层次或者中深层次韧性断层伴生的糜棱岩系列。对于长英质岩石,糜棱岩形成深度为 10 ~ 15 km,相当于低级绿片岩相的温压条件。

2. 糜棱岩系列

糜棱岩的特点是颗粒细小,具有固态流动造成的条带状定向构造(图 9 - 17 ~ 图 9 - 20),空间产状上位于一个窄带。糜棱岩的细粒化不是研磨成的,是塑性变形动态重结晶的结果,是原岩中初始大颗粒细粒化变成许多亚颗粒和新生颗粒的集合体。糜棱岩也可含有一定量的塑 - 脆性变形的残斑矿物和新生重结晶矿物。糜棱岩中矿物和颗粒常具有波状消光、膝折、变形纹等,还具有拔丝构造、核幔构造等。

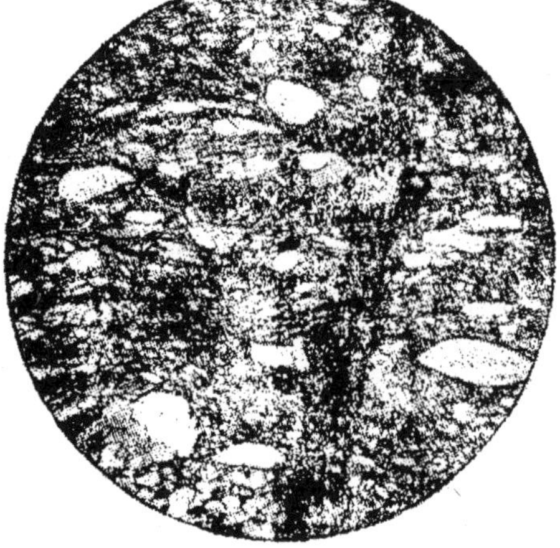

图 9－17　江西定南糜棱岩显微照片（正交×170）(据孙岩、韩克从)

注:原岩为砂岩,眼球状颗粒为石英,石英被更细的糜棱物质(小于 0.02 mm)包围,黑域为再次糜棱岩化作用的产物。

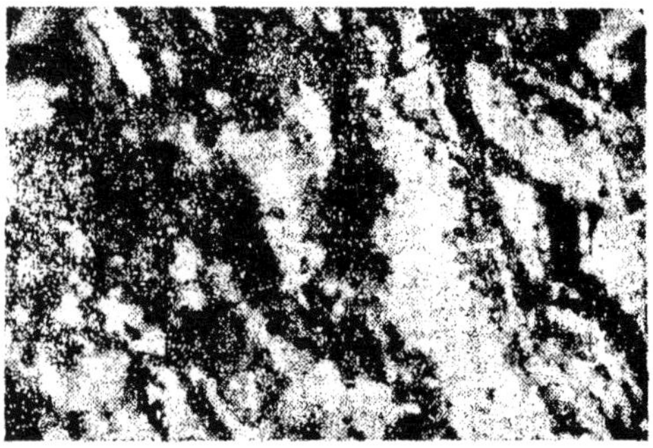

图 9－18　花岗岩质初糜棱岩(一)(据郭宝罗)

注:具“核幔结构”、亚颗粒(亚晶)、新颗粒、拉长石英等现象(正交偏光,湖南桃林)。

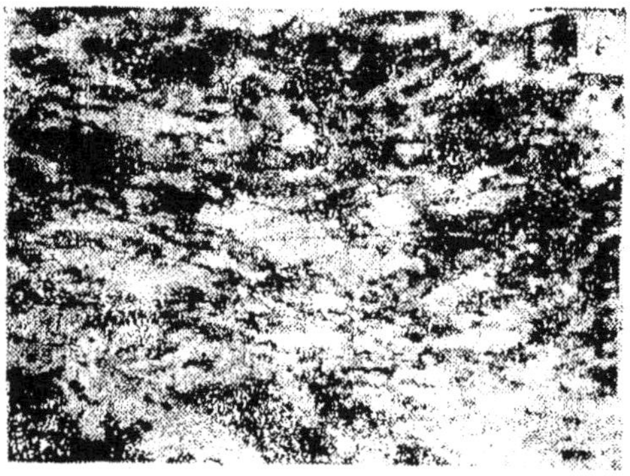

图 9－19　花岗岩质初糜棱岩(二)(据郭宝罗)

注:具“核幔构造”、亚颗粒、新颗粒等现象(湖南桃林)。

图 9－20　千糜岩(据郭宝罗)

注:岩石残斑已消失,重结晶显著。左上角为次生石英(湖南桃林)。

(1)波状消光

波状消光是最常见的粒内变形效应,一般在塑性变形即将开始或刚刚开始时即会发生,并随塑性增强而减弱以至消失。

(2)变形带

变形带是晶粒内界面清晰的带状消光带,以具有明显界面与波状消光相区分。膝折是变形带的一种特殊形式,以相邻带间的突变为特色。

(3)变形纹

变形纹是一组平直的微细薄纹层,变形纹与主晶消光位有轻微差异(1°至几度)。

(4)带状石英

带状石英是石英晶粒构成的带状、集合体或均匀条带,条带由长条形或等轴状重结晶新生晶粒组成。条带常围绕残斑弯曲延伸。条带长宽比可达1:30以上,拉伸特长的可称拔丝构造。

(5)核幔构造

核幔构造是变形晶粒被细小的亚颗粒(亚晶)和重结晶新颗粒环绕组成的构造(图9-21)。核幔构造是糜棱岩中常见的一种构造,是动态重结晶作用的结果。

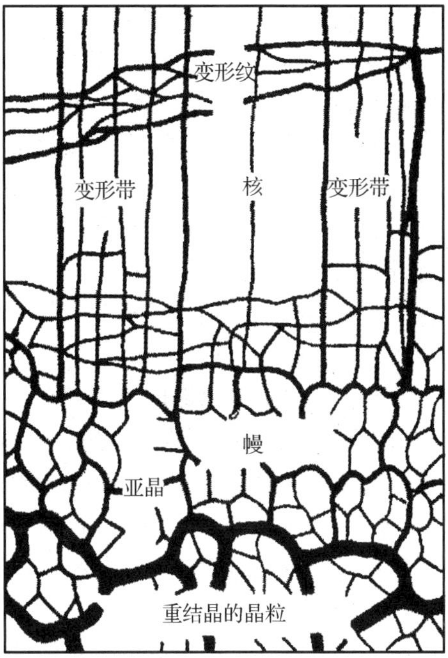

图9-21 变形晶粒的核幔构造图示(据 White,1976)

注:粗黑线代表晶界;中粗黑线划分的域为变形纹和变形带;细黑线之内是亚晶(亚颗粒)。

在糜棱岩化过程中,随着糜棱岩化的增高,残碎斑晶的粒度和含量也逐渐减少,塑性基质相应增加。根据残碎斑晶与塑性基质的相对含量,或基质细粒化的百分比,糜棱岩可分为初糜棱岩、糜棱岩、超糜棱岩。

糜棱岩化作用进一步发展,在绿片岩相以上的温压条件下,岩石绝大部分或全部由重结晶的新矿物组成,形成变晶糜棱岩。变晶糜棱岩结晶一般比糜棱岩颗粒粗大,面理和线理也更发育。根据结晶程度又可分为千糜岩、构造片岩和构造片麻岩或片麻糜棱岩。变晶糜棱岩与正常静态重结晶形成的片岩或片麻岩在结构上相似,只是产出于一个窄带内,而日常保存残余的糜棱结构。

9.4 变质岩区的构造解析

所谓构造解析,简言之,就是分析和解释地质体内部结构构造规律及其演化的方法。这种方法要求把整个地质体按不同的构造尺度或层次分解为各个要素或单体分别加以研究。结合全面的地质调查,着重解剖各种构造要素的几何特征、力学性质及其相互关系。然后把构造现象的各个方面放到构造运动和演化中去,从构造变形的发生、发展、复合、置换、转化等连续不断的变化中,去建立构造事件发展的序列和相应的古构造形式,以及构造变形与变质作用、岩浆活动和成矿的关系。

9.4.1 变质岩区构造解析的内容和步骤

1. 构造的几何分析

构造的几何分析是构造解析的基础。变质岩区构造几何分析的主要任务在于确定和恢复构造的三维空间形态和方位。构造形态主要是通过详细的地质制图查明;构造的方位则主要是在某些特定的区段中,通过测定构造要素及其相互关系,结合赤平投影或数理统计进行统计分析。

变质岩区构造的几何分析常常强调以下两点：

①变质岩新生构造方位上的规律性是一切构造变形的基本几何特征。大到广袤山岳，小到一片露头，除了个别例外，它们的外形常常与其内部组成的条理分不开。这里所谓条，主要是指各种平行线状构造；所谓理，则是指各种面状构造。这种外形与内部条理之间的内在联系，是褶皱几何分析的主要依据。如果不同规模的褶皱都是圆柱状的，就可以根据小褶皱枢纽或 b 线理的产状确定可能存在的大型褶皱枢纽的产状。在一定地区，凡是这些构造相互平行，褶皱也必然是圆柱状的。同一世代的褶皱大都具有相同的轴面劈理或片理，从而可以根据大褶皱两翼上小褶皱枢纽的产状、褶皱变形面与轴面劈理或片理的关系确定大型褶皱的枢纽产状。

②由于变质岩区叠加褶皱的普遍存在，所以在构造几何分析中必须注意早期构造对晚期构造的限制和晚期构造对早期构造的改造等叠加变形。

由于两期褶皱的叠加，它们所伴生的面理和线理的方位又有了新的规律性，因而需要对这些要素分区进行系统的测量，分别统计，利用赤平投影网探求它们之间的几何关系。

在变质岩区的构造分析中，不仅要十分重视各种类型构造的形态、大小和空间方位，更要注意它们产出的“样式”。

所谓构造样式是指一群有成因联系的构造总体的几何特征，正像一座建筑物的总体风格那样独具特色。

构造样式分析一般在褶皱的横截面上进行。解析的内容有：

①褶皱岩层厚度在空间上的变化规律；

②褶皱岩层之间的不协调性；

③褶皱的紧闭程度以及翼间角的大小；

④褶皱的对称性；

⑤褶皱转折端的弯曲形式；

⑥褶皱的圆柱状程度。

2. 构造变形相的分析

(1) 构造层次与构造相问题

在变质岩区的各种构造形迹中，有些属于地壳浅部的脆性变形，而另外一些属于地壳深部的韧性变形。因此，在经过长期的讨论之后，逐渐形成了构造层次概念，主要在于说明在构造变形过程中，由于地壳物理化学条件变化所导致的构造分带现象（图 9－1）。

①上部构造层次：脆性剪切作用，以脆性断裂为主。

②中部构造层次：主导变形机制是弯曲滑动（挠曲），塑性变形产生等厚褶皱。

③深部构造层次：主导变形机制包括压扁作用和流动作用，压扁作用产生的不等厚褶皱伴有分布广泛的劈理；向更深部层次劈理消失，物质发生部分熔融，呈流体状态。

通过对变质岩区构造的系统研究，杨振升在构造层次的基础上，提出了构造相的概念，认为构造相是一定温度－压力条件下形成的一套特定的构造形迹群，并对变质岩系的主要构造形迹进行了系统归纳（表 9－2）。

表9－2 构造相类型及其构造形迹群(据杨振升,1987)

相类型	形迹群					
	褶皱	断裂	面理	线理	构造岩(Si－Al质)	主要矿物应变特征石英、长石、角闪石
浅部	弯曲褶皱膝折带	脆性断裂	节理	擦痕	碎裂岩系	脆性
中部	剪切褶皱	韧性断裂	破劈理、流劈理(板劈理)、折劈理	交面线理、皱纹线理、窗棂构造、香肠构造、杆状构造	糜棱岩系	韧性
深部	流褶皱		片理、片麻理、分异叶理、条纹、条带状构造	皱纹线理、窗棂构造、香肠构造、杆状构造	片麻岩系	重结晶

(2)建立构造层次观念

构造层次观念的建立,使得对变质岩区构造的研究已从进行几何学、运动学的分类描述和构造应力场的分析深入到对不同深度和不同构造层次变形构造变化规律的剖析,致使对变形构造的形成环境和成因机制的探讨更加深刻。

变质岩区构造之所以有别于沉积岩区构造,主要在于它是一种与变质环境有关的产物。因此,构造环境的分析有其特定的意义,对太古界变质杂岩区构造环境的分析就尤为重要。

在变形环境分析中,可以引用地质学中关于“相”的概念。就是说包括构造岩石本身的各种构造,都是在特定变形环境中对变形条件的反映。因此,在野外通过对构造的研究,可以恢复其变形时的物化环境,探讨不同构造群所处的构造层次,进而阐明各世代构造之间的叠加关系和演化系列。这样,就有可能根据已知构造样式的研究,去推定那些隐伏的,具有相同环境中生成的构造,用以指导区域的填图和找矿。

3. 构造的序列分析

对具有多期变形的变质岩区进行构造解析中,构造序列的建立是认识构造生成及演化的根本。其目的在于透过多样复杂的叠加复合关系,探索构造形成顺序和排列规律,划分构造演化的阶段性。构造的序列分析的任务就是把露头上看到的各种构造分入不同的世代,确定其生成的先后顺序。

根据多期变形理论,一个理想的变形旋回反映了一个变形地质体从发生、发展到定型的全过程。在这一过程中,变形－变质地质体经历了多期变质与变形作用,发育有多期变形幕,使变形和变质作用经历了多次由渐变到突变的发展。每幕变形都形成多种在成因上有密切共生关系的构造形迹组合,称构造组合。而由构造组合按先后顺序依次排列的体系称构造序列。

研究构造序列和构造组合,首先要认识各种叠加褶皱及复合断裂的关系。这种关系表现为两点:第一,被变形的构造老于使其变形的构造;第二,横切的构造晚于为其所切割的构造。

在野外实践上,建立构造序列必须抓住两个环节:一是主期构造,二是中间构造。主期构造一般是指一个研究地区的多期构造中分布广泛、特征清楚、参数多样、易于识别的一期构造。它们一般都能通过一定比例尺的系统填图，在地质图上得到表现。主期构造的变形面可以是层理，也可以是成层的片理或片麻理，它们在一个地区最终构造格局的建立上起着定型和控制作用。认识并确立了主期构造，就易于把先期构造加以恢复，对后期构造加以筛分。中间构造主要是两期变形之间发育的构造。

构造序列是变形变质地质体在其形成和发展演化过程中所遭受的基本构造事件的反映。通过构造序列的研究不但可以了解某一特定变形－变质地质体的变质－变形历史，而且还可以作为对比不同构造区的“化石”。当然，在变质岩区建立构造序列，还必须相应研究与构造有密切关系的变质序列及混合岩化序列。

4. 构造的力学分析

构造力学分析的主要目的在于重建不同时期的变形场和构造应力场。

变质岩区构造的力学分析一般包括以下几方面：

①构造在几何上的对称性往往由变形作用中的力、应力和内部运动的对称性所控制，通过岩层或岩体内部构造的对称分析，就可以揭示岩石变形时的运动状态和应力状态；

②分析构造的递进变化，即应变状态的改变和转化过程；

③分析构造样式的重大变化，这种变化可能标志着构造应力场和运动方式的重大转换，用以揭示构造发展的阶段性。

9.4.2 构造解析的基础——地质制图

1. 变质岩区地质制图的原则

地质制图是一切地质工作的基础，也是进行构造解析的基本手段。随着人们对变质岩区构造特点认识的深入，认识到变质岩区地质制图工作的原则和方法应与沉积岩区制图的原则和方法有所不同，一般采用“先构造，后地层，地层和构造工作并举”的工作方法。

2. 变质岩区地质制图的步骤

在变质岩区，尤其在地层层序不清的变质－混合岩化强烈地区，地质制图可按以下步骤进行。

（1）填绘构造岩性图

在深变质杂岩区地质制图的最初阶段，只能填绘构造岩性图。构造岩性图包括两方面内容：

①各种岩性单位，包括各类变质岩及其组合，各类混合岩、侵入体等等，按岩石露头圈绘，对其中具有控制意义的标志层或标志层组合以及各种构造要做详细的工作，注以标记；

②均匀地标注各种构造数据，包括层理、面理、线理、褶皱、断层等的产状方位。

构造岩性图是一切地质图件的基础，是第一性实际材料，它的质量直接影响整个后续工作。这张图上一切界线都应该是实测的。因此，每一片露头都要圈定出来，逐步进行详细的观测。

（2）编制或填绘形面图

形面图是表示一个地区透入性变形面理空间展布趋势的图件，目的在于把一个地区的构造形象反映出来。因此，正确确定主期褶皱变形面的性质和展布就成为这项工作的关键。主期褶皱变形面可以是残余的层理，也可以是新生的面理，究竟选定哪种，应视测区岩石的变质程度及构造置换程度而定。

（3）选择关键地段深入进行构造研究

所谓关键地段，一般是指能比较直观地认识各种构造要素的几何特征、力学性质及其相互关系的地段。这种地段也是有利于恢复地层上、下关系，恢复一个地区地质历史的地段，如主期褶皱的转折端等地段。在这种地段上应进行深入详细的工作。现将其研究内容概括如下：

①详细观测各种残余构造和新生构造，层理和劈理及其相互关系，以及不同期次劈理、片理和线理的产状特征和相互关系；

②详细研究大小褶皱之间，褶皱与断裂之间，以及褶皱、断裂与其他构造之间，在产状和样式等方面的几何关系及成因关系；

③详细研究主体构造的叠加干扰形式及各种小型构造之间的形成顺序；

④结合岩石学和地层学的研究，鉴别变质岩石的性质及其演变，并查明岩石本身力学性质及不同形变环境中可能的变形习性。

(4)测制地质剖面和全面建立地层系统

在剖面工作中要注意以下几点：

①剖面应尽可能横切主期褶皱的岩性单元，此外，还应有适当的辅助剖面；

②要注意利用残余及新生结构要素的特点和关系，确定地层的正、倒层序关系；

③按一定尺度要求划分岩性组合，确定地层单元；

④审定构造岩性图上各种地质界线的地质含义，确定地质界线及成图地层单元。

至于建立起来的地层系统是沉积褶叠地层系统，还是褶皱变质的混合杂岩地层系统，或是两者的结合，应依工作区的地质条件而定。

(5)成图阶段

按新审定的地层系统，对构造岩性图及形面图进行全面综合，然后再到野外进行实地修图。在修图过程中，一定要注意叠加褶皱形式的多样性及古断裂的特殊性。

变质岩区地质图的图面结构一般是比较复杂的，为了避免图面负担过重，要求工作目的明确，有针对性地突出重要的地质现象。有时也可以采取单项制图，分别测制岩石分布图、构造图，甚至更详细的面理、线理分布图及混合岩化程度图等。

9.4.3 构造数据的收集和分析

根据近年来在变质岩区构造研究工作的经验，在实际工作中收集和分析构造数据可按以下方法进行。

1. 均匀地布置观测点

这项工作一般在完成构造岩性图或形面图的基础上进行。观测点要按工作的不同尺度要求布置。测量前，必须分清各种构造的形态特征、力学性质、生成顺序和空间展布等，并按不同的世代和类型分别予以测量和编录。测量的数量应以达到统计学要求为原则。如需对某些关键部分进行详细研究时，应该改换尺度，加大比例尺。必要时，还要采集定向标本，以便在室内进行详细观测。

2. 划分构造均匀区段并分区进行统计

构造解析数据的整理工作必须以构造均匀区段为单位进行。所谓构造均匀区段，就是把研究区划分为许多较小的地段，使每个地段内的一种或几种构造在给定尺度上具有共同规律，以区别于相邻区段上构造的特点。区段的大小，应根据构造解析的要求而定。尺度大小又应以能否控制最主要的构造为准绳，必须满足以下三个条件：

①褶皱在该地段必须是圆柱状的，如果褶皱为非圆柱状时，就要将褶皱分段，使各段具

有近似圆柱体的几何特征；

②褶皱几何形态相同的连续变形区段；

③某种面状构造的产状基本一致的地段，如果面状构造不明显，也可以选取同期线状构造产状稳定一致的地段。

构造均匀区段一般应在野外划分。在划分均匀区段工作中，应与室内工作配合，反复进行，不断修正和调整，其原则是要最大限度地满足划分区段的要求。

3. 方位图解的解释和对比

对不同区段图解进行对比，在对各区段的方位图解解释之后，还必须把各区段图解统一起来考虑，通过不同形式和对称型的比较，对区域构造特征做出判断。

9.4.4 区域构造模式的建立

变质岩区构造研究的主要目的在于鉴定古构造形式以及各级构造对矿床、矿带的控制作用。进行地质填图及构造解析的具体目标，就是正确选定或建立一个能给所有实际资料以最简明概括的解释。因此，全面的构造综合，就是要按照以构造运动为主线，把沉积、变形、变质、岩浆活动和成矿作用诸方面联系起来综合研究。通过上述构造研究及岩石、地层等方面的工作，建立起一个地区的构造变形史和变质史，进而建立起一个地区的能阐明地壳演化和指导找矿的构造模式。

建立变质岩区区域构造模式一般应注意如下几个方面和步骤。

1. 大构造背景

同其他岩类的构造一样，不同时代和不同地质构造单元内的区域变质岩石的构造均有其发育的背景。众所周知，古老结晶地盾区的变质岩构造与年轻造山带的变质岩构造，无论在变形－变质特征上还是在形成的构造动力学条件和热力学条件上，都有着明显的差别。就是在结晶地盾区的稳定地块里，作为克拉通内核的花岗质杂岩区和其中绿岩带的构造也各不相同。因此，要建立起一个地区的构造事件序列和相应的古构造形式，必须首先注重研究区的区域性大构造背景，然后再把观测和统计分析的成果放置到更大尺度的构造中分析。因此，完整的构造解析，应包括大、中、小、微各个尺度的构造研究，当然也包括认识一个地区变质构造发育的大型乃至巨型的构造背景，如果失去总的前提，一切具体的论断都将失去依托。

2. 建立构造群落

在对变形－变质岩石的构造要素或单体进行解析的过程中，在同一变形环境中以同一机制发生的，这些相互联系和相互依存的构造形迹就可以组合成为一个有机的统一整体。这种具有特定风格而又相互依存的一套构造可称为构造群落。同一群落的构造都有其相应的变形相特征。

建立构造群落一般应遵循如下原则：

①同一群落的构造应该有类同性质的构造变形面；

②同一群落的构造中类同岩石的变形应有相同的风格；

③同一群落的构造一般都有其特定的变形组构；

④同一构造群落中的各种变形岩石都是属同一变质相。

3. 划分构造层次

地壳在垂直方向上的构造环境是变化的，具有分带性的，加之岩石的物性差异和界面的分割，各个不同的构造群落就会相应集中于一定的构造变形区段或层位，即隶属于一定的构造层次。例如,混合花岗岩化构造群落,是地壳最深层次高温热变形的构造;广泛发育劈理、片理和线理的固态流变构造群落,是地壳较深层次的热-动力构造等。

如果某一地区的同一层位中有多个构造群落相重叠,那么在分别确定不同构造群落的层次归属以后,就可以发现该地区曾出现多个构造层次的转换。根据构造群落划分构造层次,就可以把野外观测的具体构造与其生成的构造-变质环境统一起来。

4. 确定构造变形场

不同地区的构造都归属不同的构造变形场。构造变形场是构造的动力与环境的综合,是由某一特定变形机制为主导的。构造变形场一般包括水平压缩、侧向伸展、水平剪切和左右走滑四种基本格式,其间还存在各种各样的过渡形式和组合。确定构造变形场首先要确定其构造的尺度和层次。一般来说,一个地区某一构造发展阶段所属的构造变形场,可以通过其一定尺度范围内的构造层次中的不同类型的构造来确定。

5. 进行构造综合

地壳上各种构造、事件和过程是相互制约和相互联系的,并统一于一个有规律的运动过程造成的整体。构造解析的目的就是要阐明地壳中的各级各类构造及其内部构造要素之间的密切联系,即构造综合。构造综合既包括不同尺度、不同层次和不同世代的各种构造的综合,也包括沉积、变形、变质、岩浆活动和成矿作用的全面综合。

当然,影响变质岩区岩石变形的因素一般比未变质岩区的因素多得多,即使是构造本身的许多因素也还未被人们认识。在变质岩区的构造研究上仍面临着重重困难,还没有一套符合各方面实际的工作程式。这需要我们通过实践不断探索,不断总结,逐步达到认识变质岩区构造这个复杂领域的目的。

复习思考题

1. 变质岩区的构造有哪些主要特征?
2. 什么是构造的叠加?
3. 什么是构造置换,有哪些基本类型?
4. 变质岩区的构造研究方法主要有哪些?沉积岩区构造研究方法、步骤有何区别?
5. 剪切带、韧性剪切带与正断层、逆断层和平移断层之间的主要差别是什么?
6. 如何识别糜棱岩?
7. 如何判断韧性剪切带的剪切方向?
8. 韧性剪切带一般形成于何种构造层次?

第10章　新构造运动和新构造

10.1　新构造运动的定义

10.1.1　新构造运动的定义

目前大多数研究者认为，新构造运动是新第三纪（新近纪）以来发生的地壳构造运动，其中有人类历史记载以来的构造运动称为现代构造运动。由新构造运动所造成的地层、地貌和构造变形或变位就是新构造，又叫新地质构造。活动构造是现今仍在活动的构造。

新构造由于形成和演化时间短，其构造规模、数量和强烈程度均不及古近纪以前的古构造，其类型远不如古构造那么复杂。

10.1.2　新构造运动的特点

①构造与老构造相比，其最大特点是可以从地貌上反映出来。

②新构造运动、新构造与地质灾害密切相关。当前主要的地质灾害有活动断层、崩塌、滑坡、泥石流、地面塌陷、地面沉降、地裂缝和地震等。

③新构造运动可以直接观察和测量。由于新构造运动发生的时代较新，有些仍在进行之中，因此它们具有地形、地貌、地球物理、地球化学异常等方面的表现，可以进行直接观测、监测和研究。

④新构造运动有一套特定的研究方法，如地貌学、考古学、大地测量学、地震学、地球物理学和空间遥测技术等。

10.2　新构造运动的表现形式

10.2.1　挤压褶皱和断裂构造

在新近系－第四系沉积盆地区，因受山地新构造时期的挤压，常沿盆地边部产生一系列挤压小褶皱和逆断层。新构造期产生的褶皱表现在两个方面：一方面是古构造期的褶皱进一步产生褶皱，而形成叠加褶皱；另一方面是上新世、早更新世或古近－新近纪松散沉积和尚未完全固结的地层产生褶皱。

新地层（新近系－第四系）发生的低角度的倾斜变形或宽缓的拱形变形如图10－1、图10－2所示。

图 10－1　新疆阿克陶县奥依塔克西域组(Q_1x)的倾斜变形

图 10－2　柴达木盆地油泉子尖顶山构造(卫星图片)

新构造运动产生的断裂包括节理和断层(图 10－3)。节理(裂隙)主要分布在新近系或第四系中,地表也偶有出现,但规模较小。断层为脆性破裂,多为老断层的重新活动及产生在新近系、第四系中的新断层。

10.2.2　新构造运动的鉴别标志

1. 直接地貌标志

直接地貌标志即新构造地貌,它是新构造运动直接作用的结果,如断层崖、断块山、山脊被错断、新近纪以来形成的断陷盆地等。在活动的走滑断层带,往往形成特有的地貌组合,如线性谷(或槽地)、断层陡坎、断陷塘、阻塞脊等(图 10－4)。

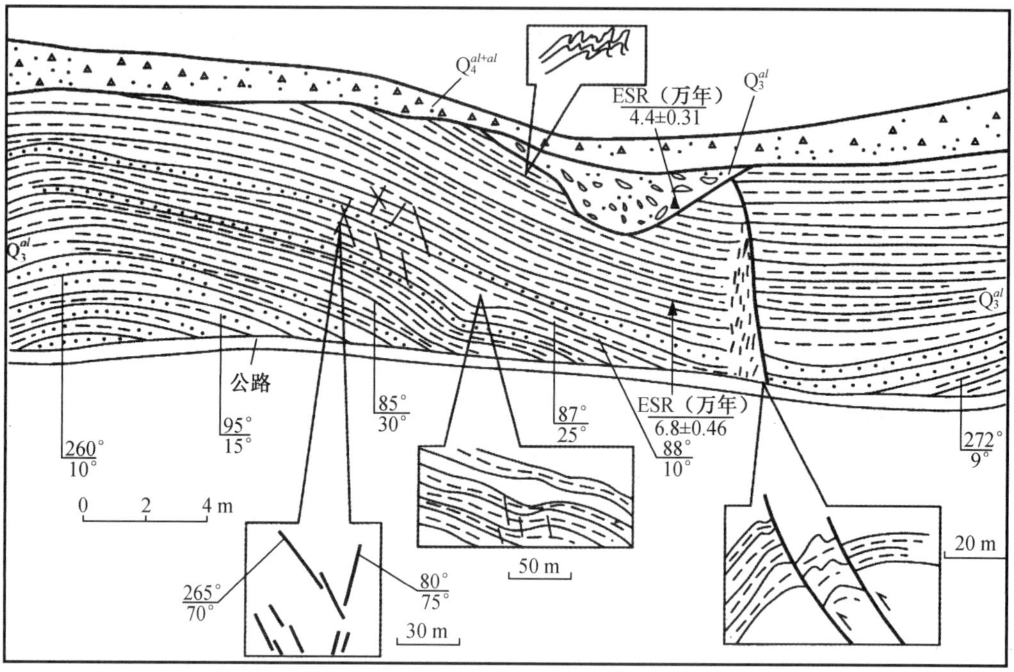

Q_4^{al+dl}—全新统冲一洪积层；Q_3^{al}—上更新统冲积层；Q_3^{dl}—上更新统洪积层；

ESR—电子自旋共振测年；▲—测年样品取样点。

图 10－3　四川康定立启河沙德第四系变形剖面图

注：剖面中 3 级阶地冲积物产生褶皱、断层及节理。

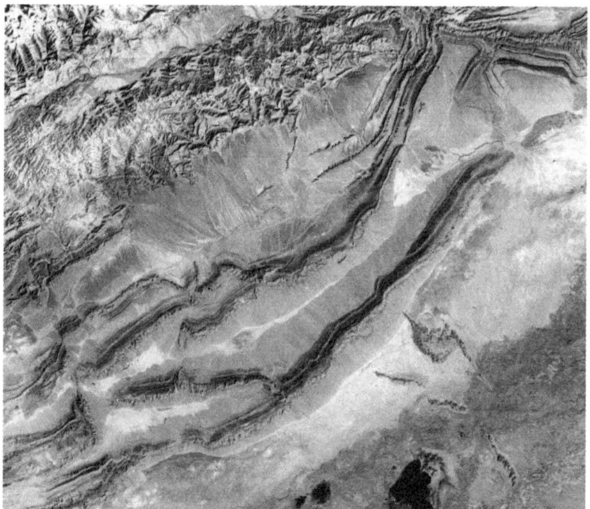

图 10－4　天山南部山前巴楚地区的走滑断层

错断山脊的现象（卫星影像）

2. 新构造运动的间接地貌标志

新构造运动的间接地貌标志即主要与水系有关的地貌发育过程所表现的新构造运动。如反映新构造间歇性抬升运动的地貌有多级夷平面、多级河流(海、湖)阶地、多层溶洞等;同一地貌形态的变形变位,如洪积扇和阶地的变形变位、水系扭曲与错断、水系的同步转弯、汇流和分叉点的线状分布及洪积扇顶点的线状排列等(图 10-5、图 10-6)。

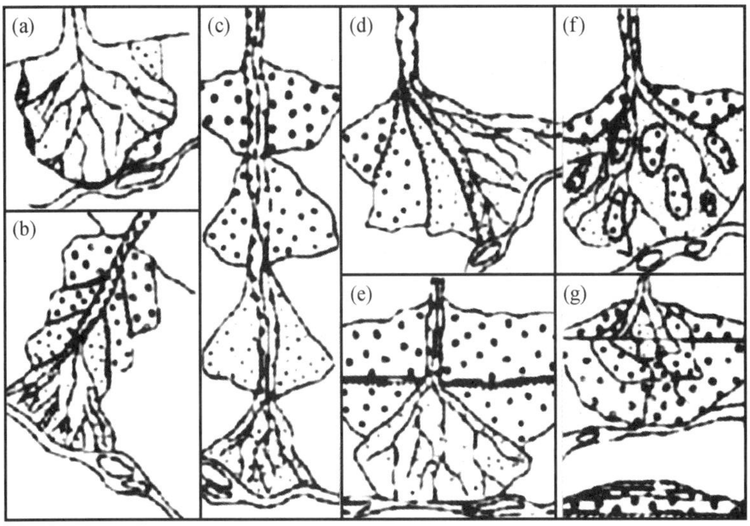

图 10-5　山前断裂活动引发洪积扇迁移示意图

注:(a)洪积扇加除;(b)洪积扇扇顶向山前位移;(c)串珠状洪积扇;
(d)洪积扇偏转右移;(e)断层通过洪积扇而引起的锥顶位移;
(f)泉泡上升引起的洪积扇侵入;(g)不断缩小的加叠洪积扇。

图 10-6　新构造运动造成的洪积扇顶点线性排列现象(卫星影像)

10.2.3　冲积物标志

1. 沉积物的分布与新构造运动

(1)新近纪以来沉积物的分布、成因类型、岩相及厚度都受到新构造运动的控制,因此新近纪以来的沉积物在很多方面记录了新构造运动的历史。

(2)新构造运动决定着现代地形的基本轮廓。新近纪及第四纪堆积物大都分布于现在地形的低洼处,如海盆、湖盆、平原及山间盆地,而这些地区大部分都是新构造运动的下降地区。所以厚度较大的、面积较广的新近系-第四系分布区,代表着新构造运动以沉降为主;而与新近纪-第四纪堆积区相邻的物源剥蚀区,则是新构造运动的相对抬升区。

2. 沉积物成因类型和岩相与新构造运动

沉积物的成因类型和岩相,受一定的自然地理环境的控制,如强烈抬升的高原和山岳地区,地形切割强,坡度大,所以常形成重力堆积物、山岳冰川堆积物和洪积物等;而在沉降运动的平原和盆地区,则以湖沼沉积物和冲积物等最为发育。新构造运动的特点反映在沉积物的岩相结构上,如在平原区河流冲积层中,一个河床相与河漫滩组合,是地壳一段稳定时期的产物,如果出现多个河床相与河漫滩组合的叠加,则反映新构造运动的间歇性沉降;而巨厚的河床相(几十米至几百米)则代表了地壳的连续性下降。又如,在山前洪积物中,如果扇顶相和扇形相的界限不断向平原方向移动,则代表山地上升或盆地相对在不断下降。

3. 沉积物的厚度与新构造运动

沉积物的厚度取决于堆积区与其物源区(剥蚀区)的相对高差和两者之间的距离高差,高差越大,距离越近,其沉积厚度也就越大。地形的高差是受新构造运动控制的,所以新近纪-第四纪沉积物的堆积速度与厚度,一定程度上代表了新构造运动的速度与幅度。当堆积区与物源区之间由倾向堆积区的正断层分割,且该断层为活断层时,沉积物的堆积速度最快,其厚度也最大,如我国东部的汾渭断陷盆地,新近纪以来的沉积物厚度达200余米。

10.2.4 地震

地震是由于地应力的局部积累和突然释放而引起的地壳快速颤动,是岩石在弹性固态下进行的构造运动。其发生和分布与新构造时期以来强烈活动的构造带,尤其是与活动断层有关。

全球地震带集中分布于环太平洋地震带、地中海—喜马拉雅地震带、大洋中脊地震带及大陆裂谷地震带。我国破坏性地震的分布同样聚集在新构造运动强烈的地带。

大量事实表明,地下断层活动引起地震,而地震作用又可产生地表断层,即地震断层。绝大多数的浅源地震与活动断层密切相关。

曾经发生过多次强烈地震的大断裂,大都为切过震源破裂位置的深大断裂。

绝大多数强烈地震的极震区和等震线的延长方向与当地大断裂的走向一致。

10.2.5 火山活动

火山活动也是新构造运动主要表现形式之一。新生代以来,世界上的火山带与环太平洋地震带和地中海—喜马拉雅地震带的分布一致。与之相关的我国新生代火山活动带,主要分布于滨太平洋两岸的中国东部大陆板内的断陷盆地及周围山地和西部的喜马拉雅山地区。

10.2.6 温泉

温泉是地下热水流出地表的自然露头。新构造时期的应力作用,尤其在现代构造应力作用下,地下承压热水,通过尚未胶结的正在活动着的新构造断裂带溢出地表,形成温泉或沸泉。温泉和热水带的规律性分布,是新构造运动的活动类型(表现)之一或新构造热水活动的重要标志,人们常通过温泉或沸泉出露点的带状分布规律,判别断裂(层)或隐伏活动断裂(层)的活动性或其存在。研究表明,地震、温泉及活动断裂,它们在空间分布具有一致性。中国西部喜马拉雅板块汇聚构造带是地中海—喜马拉雅地热带的一部分,台湾岛弧构造带是西太平洋地热带的一部分。这两条地热带被称为板缘高温地热带,也是沸泉和高温泉密集分布带。

10.2.7　变质作用

新构造期变质作用分布局限,主要分布在板块边界带,我国主要分布在台湾地区及喜马拉雅地区。前者由于太平洋板块和中国大陆板块相撞,使台湾大南澳片岩基底和其上覆的古近新近纪盖层发生渐进型变质作用;后者在喜马拉雅形成主边界冲断层,于断面发育部位的新近系中有变质作用,变质程度由南向北逐渐增强。

10.2.8　地球物理异常及大地形变

1. 重力异常

地球表面的重力异常随地而异,其变化与地球的运动、地壳物质密度的大小及物质的运移有关,因而重力异常也是地壳新构造运动的反映。地形起伏是地壳新构造运动总体结果的体现,故中国(1°×1°)的布格重力异常与地表地形特点具有明显的相似性。如我国大陆地貌的两条重要的界线,即沿贺兰山、六盘山、龙门山、横断山脉一线的第一阶梯和沿大兴安岭、太行山、雪峰山一线构成的第二阶梯,均是显著的重力梯级带,恰好又是活动的深大断裂带。重力异常带与活动构造带有着很大程度的相关性。这是因为沿断裂带往往是断块间差异活动最强烈的地段,具有特殊的地质、地貌特征,同时也是第四纪岩浆活动的通道,因而具有明显的地球物理场异常。我国东部呈 NNE 和 NE 向展布的活动断裂,如太行山山前断裂、沧东断裂、宝坻断裂、郯庐断裂等,都具有明显的重力异常。

2. 磁异常

一般较大的断裂构造带,多半是岩浆活动的通道或停滞的场所,因此在磁场图上常形成线性、串珠状或雁行状磁异常带。如我国华北断块区的磁异常多为 NE 和 NNE 向,与重力异常带的位置和方向基本一致。各主要断裂带均有较明显的磁异常,如著名的郯庐断裂。

3. 大地形变

大地形变是新构造,尤其是现代活动构造的直接反映,其形变方向、方式与构造活动方向、方式密切相关。如我国大陆形变速率等值线梯度与活动断裂有较好的一致性,分析地壳垂直形变与地震活动两者的关系表明,地震带的分布大多与形变梯度带相吻合。

10.3　新构造类型

活动构造主要类型有活动褶皱、活动断层、活动断块、活动盆地等,其中以活动断层最为重要。常见的新构造类型有如下几种。

10.3.1　隆起构造

隆起构造是由新构造上升运动所形成的构造。隆起构造内部的差异性很小,但通常核部上升幅度最大,边部常有断裂伴生。根据新近纪－第四纪地层面或山地大范围夷平面等的变形和变位分析,这类构造有的在核部有补偿性地堑,有的则呈单斜状隆起等(图10－7)。据其规模,可分为大区域隆起构造、大面积隆起构造,是长期上升运动所形成的构造，面积可达数百平方千米或更大。如青藏高原、云贵高原、黄土高原、南岭、三峡、太行山—军都山隆起构造等。

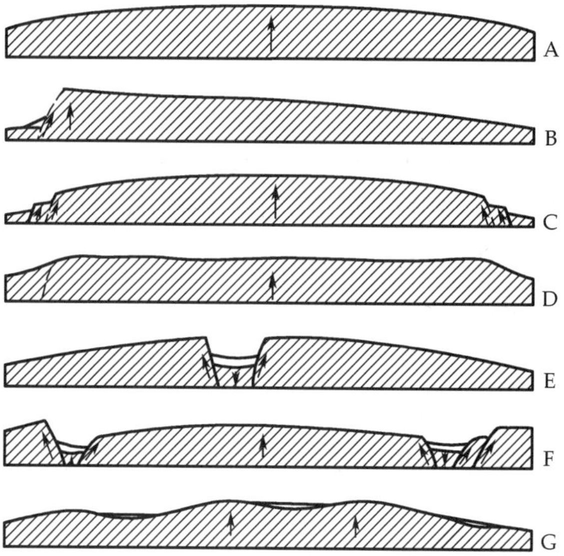

A—简单拱形隆起；B—翘起或单斜断块隆起；C—拱形隆起边缘伴有断裂；
D—地块隆起；E、F—补偿性地堑；G—波形隆起。

图 10－7　大面积拱形构造示意图（据北京地质学院区域地质教研室，1963）

局部隆起构造规模较小，直径一般数万米，如四川甘孜地区的锣锅梁子、雪门坎隆起等（图 10－8）。河流水系分散形成放射状支流（隆起）。

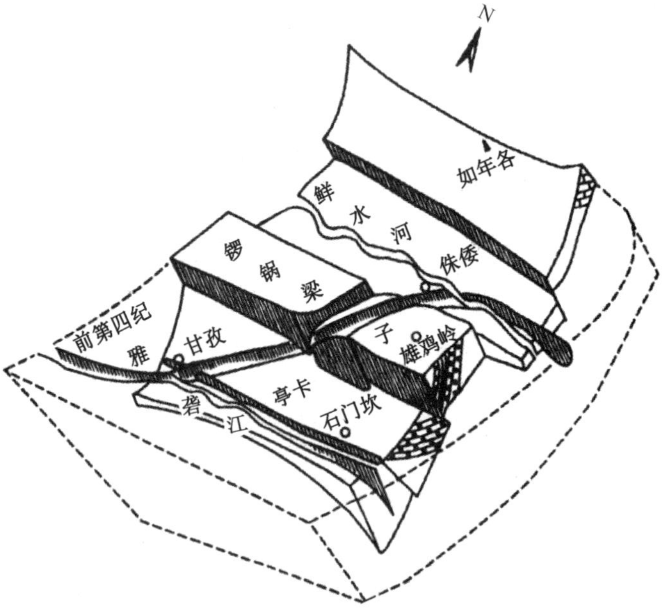

图 10－8　四川甘孜罗锅子梁隆起构造块状示意图
（据李祥根，2003）

10.3.2 坳陷构造

坳陷构造是新构造下降运动形成的构造形式。这一类构造主要是通过分析平原(或盆地)新近纪－第四纪沉积物厚度等值线或被上述地层掩埋的古地形面起伏来识别的。根据大多数平原(或盆地)沉积物厚度变化,这类构造的边部有时两边伴生断裂,有时一侧发育断裂,或者被一系列断裂控制,垂直断裂方向上沉积厚度变化大,基底起伏不规律,有的沿断裂一侧沉积很厚。根据平原(或盆地)基底断裂及其控制的新沉积物厚度变化,可分出一系列次级凹凸构造。水系形成汇集向心状支流(凹陷)。

10.3.3 断块构造

断块是指边界完全或部分由断裂围限的地壳单元块体。在断块运动时,它们整体参与活动,运动主要发生在边界(断裂)上,其(块体)内部变形微弱。断块构造可按地名命名,如川滇菱形断块、川青断块等。

新构造(活动构造)的重要表现之一,就是断块的差异活动,其活动的主要方式是以(活动)断裂带为边界的断块之间,产生明显或大规模的差异升、降运动或平移(走滑)运动,从而形成盆、岭相间的地貌－构造形态等(图10－9)。与大面积隆起相比,断块构造的两相邻断块具有地形高度和沉积两方面的明显差异。祁连山山地顶部保存有抬升的不同时期夷平面,或同一时期夷平面被断开后处于不同高度。

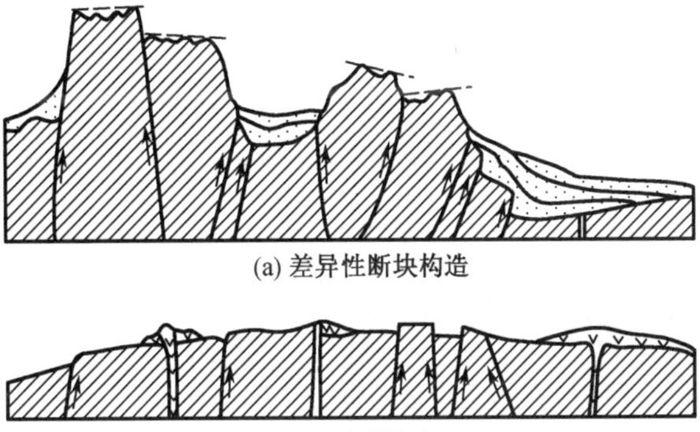

(a) 差异性断块构造

(b) 破裂构造

图10－9 断块构造示意图

(据北京地质学院区域地质教研室,1963)

10.3.4 活断层

活断层指近代地质时期(第四纪)和历史时期有过活动(位移或古地震),现代正活动或将来有可能活动的断层。

成都地质学院(现为成都理工大学)王士天教授根据断层的发育条件不同将其分为蠕滑型活断层——运动持续而缓慢,一般无地震发生;黏滑型活断层——突然滑动,属发震构造。

10.4 活动断层的鉴别标志

10.4.1 活动断层的研究意义

新构造的重要表现之一是活动断层,又称活断层。一般大型工程要求了解 5 万年来断层活动史,从第四纪以来反复活动着的,今后可能继续活动的断层,与地震活动紧密相关。它是与人类活动关系最为密切的活动构造。

活断层研究具有十分重要的意义。如超高建筑、大型桥梁、隧道、大型水库、核电站、高速公路、地下铁道、国际机场、重要广播和电视发射台、重要通信枢纽、大型化工厂等,为确保工程的安全,活断层对工程的影响和破坏作用是不可忽视的。活断层对工程设施的破坏作用主要表现在三个方面:

①由于断层重新活动发生地震引起的破坏;

②由于断层缓慢蠕动造成地表破裂和位移;

③由于断层活动引起地质灾害,如滑坡、崩塌等。

因此,在工程进行可行性研究前,务必引起工程主管决策人和设计人员的高度重视,以避免或减少活断层给工程安全带来的隐患。

10.4.2 活动断层的鉴别标志

1. 地层标志

最新沉积物(地层)错开是活动断层最可靠的地质特征。一般地说,只要见到第四纪晚期的沉积物被错断,无论是老断层的复活或新断层的出现,均可鉴别为活动断层(图 10-10、图 10-11)。

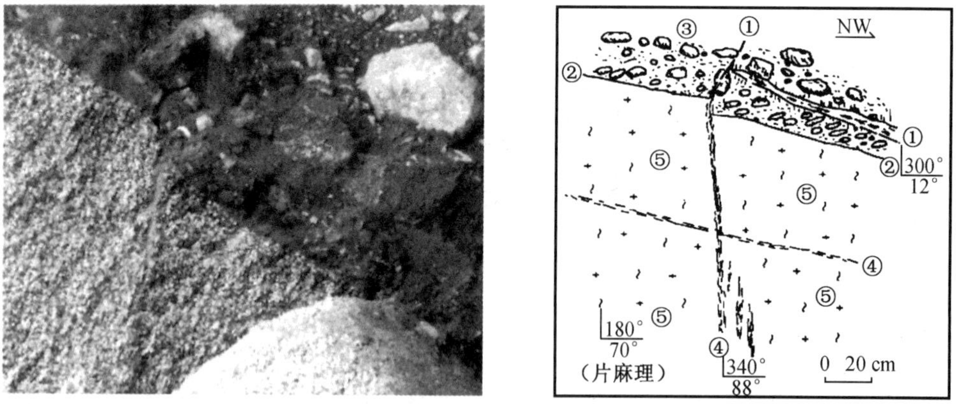

(a) 野外照片　　(b) 断裂解析示意图

图 10-10　四川鲜水河活动断裂(四川石棉县)

注:①活动断裂下部发育在基岩(花岗岩)中,上部错断 2 级阶地冲积物第四系中的错动面;②角度不整合;③冲积物(Q3);④基岩断层;⑤花岗岩。

图 10－11　云南巧家南热水村第四纪断层
（赵和平摄）

2. 活动断层的地层鉴别标志

①新地层发生倾斜（注意排除原始倾斜）、褶皱；

②新地层（沉积物）错断标志，新断层不连续（发生断裂）；

③断裂两侧新地层厚度、岩性有显著变化；

④断裂切穿新地层之下的不整合面或假整合面；

⑤根据新地层堆积物的成因类型及其组合关系判别地块的相对上升或下降；

⑥根据新、老地层中判定的活动断裂的性质及两盘地层的接触情况是否吻合。

3. 断层破碎带－断层岩特征鉴别标志

①活动断层破碎带通常由松散物质组成，破碎带中充填有新地层及新的填充物（如淤泥、黏土、泥沙、钙质、铁锰质、硅质等）；未胶结和胶结极差的疏松构造岩、断层泥的存在可作为判别活动断层的地质标志。

②断面光滑、平直、无侵蚀且破碎带的中构造岩、压碎岩、岩粉、断层泥等新鲜、松散并有新擦痕，而老断层的破碎带均有不同程度的胶结。

4. 成生关系鉴别标志

在地质构造上，证实与已知活断层有共性或同生关系的断层也可认为是活动断层。

5. 地貌标志

活动断层产生的地貌标志多种多样（图 10－12），如断层崖、水系、山脊、阶地、洪积扇等错断；断层破碎带形成的断层沟槽、坡中谷等线性地貌；串珠状或斜列式盆地或沼泽、湖泊的分布。

活动断层的地貌鉴别标志有：

①多层地形（夷平面、阶地、溶洞层等）的形变；

②新鲜的断层崖、三角面、陡坎、垭口或鞍部、山脊等呈直线状分布；

③湿地、湖塘、凹坑、谷地、冰丘等呈直线状断续分布；

④冲沟在断层一侧发育且切割很深；

⑤河床两岸阶地发育不对称。

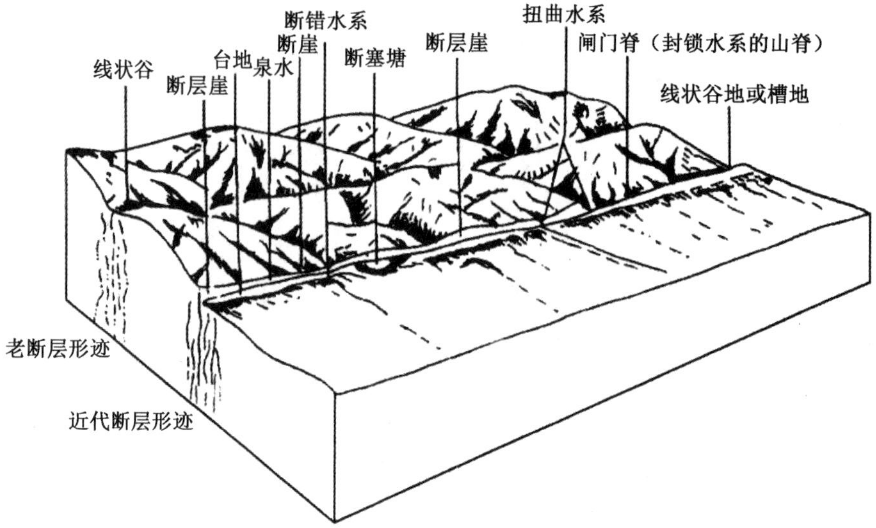

图 10－12　活动断层地貌

6. 地下水标志

①泉水呈直线状时隐时现；

②温泉、热泉呈带状分布。

7. 地质灾害标志

①地震标志：地震震中呈有规律的带状分布。山崩、滑坡、倒石堆沿断裂带呈明显的带状分布，但应注意区别重力作用的地质灾害。

②历史考古标志：古老建筑物的弯曲和错断（包括古迹、古物的鉴别）。

8. 地球物理标志

重力和磁力正负异常的分界线和梯级带，尤其是排除了地貌、岩性所引起的异常。可使用仪器测定。

活动断层的物探鉴别标志有：

①地应力测量值增强或变化大；

②地球物理探测（电法、磁法和重力等）出现异常曲线；

③形变测量（断层位移、三角网、水准等测量）出现变化值。

9. 遥感法

①同一地区、不同时间的相片对比反映出同一地点的位置变化。

②清晰醒目的线性标志。密集的台阶式陡坎、线形脊、闸门山、断塞塘、地震沟，以及干旱地区的一线绿洲、沼泽、沙丘等出现，它们往往指示活断层的存在。

③倒石堆、滑坡、冲洪积扇在断层一侧有规律地断续延伸很远。

④河床出现裂点（排除岩性因素）。

⑤两侧支流与主流汇合处呈有规律的偏转（图 10－13）。

⑥沿河流走向的阶地发育程度不同（图 10－14）。

上述主要为野外鉴别标志，少数可从图上分析获得。应用时需进行综合分析，决不能根据一点就做结论。所列标志有的仅具有启发思路的作用。

图 10－13　四川则木河断裂左旋错移冲沟(3.8 m)
(闻学泽摄)

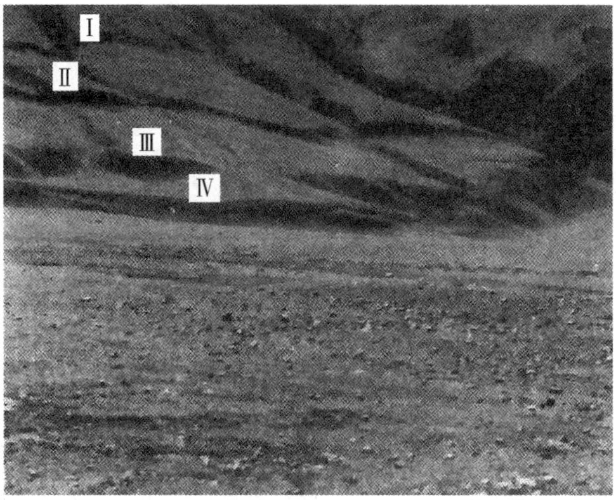

图 10－14　念青唐古拉山南东山麓断层陡坎
(据国家地震局,1992)
注:Ⅰ、Ⅱ、Ⅲ、Ⅳ示4级陡坎。

10.4.3　测定活动断层年代方式方法

1. 直接测定

利用断层带内的物质成分进行测定,如古地磁法、热发光法、裂变径迹法、氨基酸法、同位素年龄测定方法等。

2. 间接测定

通过断层所切割的最新松散沉积物(或最新地层)或断层被覆盖的最老沉积层的年代测定来判定断层的活动年代,如生物地层法(或古生物法)、考古法、古土壤和断层崖测定法冰川纹泥法、树木年轮法等。

10.5 我国新构造运动分区和特点

根据新构造运动的发育、发展、运动强度、运动方式、区域构造、深部构造和地震活动状况等特征,黄汲清、马杏垣等将我国划分为2个构造域(特提斯喜马拉雅新构造域、滨太平洋新构造域)、6个构造区(新疆新构造区、青藏新构造区、内蒙古—东北新构造区、华北新构造区、华南新构造区、东南沿海及南海新构造区)和20个构造亚区。据新构造运动分区、活动断裂展布及地震活动规律,我国大陆及海域可划分为7个地震区32个地震带(表10-1)。

表10-1 我国主要地震带及平静期间隔(据李祥根,2003)

地震区	地震带(数字为其编号)		平静期间隔/a	地震区	地震带(数字为其编号)		平静期间隔/a
青藏高原地震区	1	雅鲁藏布江地震带	55	新疆—阿拉善地震区	17	阿尔泰地震带	29
	2	察隅—墨脱地震(区)带	50		18	北天山地震带	28
	3	滇西南地震(区)带			19	南天册地震带	37
	4	腾冲地震(区)带			20	西昆仑地震带	33
	5	鲜水河地震带	80		21	民勤地震(区)带	
	6	安宁河地震带	63		22	河西走廊地震带	174
	7	小江地震带	90	华北地震区	23	银川地震带	180
	8	马边—昭通地震带			24	西海固地震(区)带	102
	9	曲江地震带	90		25	山西地震带	213
	10	中甸—大理地震带	80		26	阴山—燕山南麓地震带	199
	11	可可西里地震带	45		27	河北平原地震带	203(433)
	12	托索湖地震带	64		28	郯城—营口地震带	158
	13	龙门山—松潘地震带		华南地震区	29	东南沿海地震带	155
	14	天水地震带	72	台湾及东海地震区	30	台湾西部地震带	
	15	祁连山地震带	100		31	台湾东部地震带	
	16	阿尔鑫地震带	100	南海地震区	32	马尼拉海沟地震带	

中国西部由于受印度板块向北的挤压作用,使我国大陆刚性块体的周边形成的新构造褶皱轴向,多呈北西向—近东西向;而我国东部尤其是在台湾岛附近,受太平洋板块和菲律宾海板块的西向运动,形成北北东—南北轴向褶皱。

1. 东西部差异升降

我国东部为滨太平洋弧后差异升降区,以大兴安岭—太行山—雪峰山东麓一线为界,以西为上升区,以东为下沉区。上升幅度最大的区域在华北西部,达1 000~2 000 m;东北地区上升幅度为700 m。沉降的幅度各地不同,东北为200 m,华北平原为300~500 m;最大的沉降区位于鄂尔多斯隆起周围的深断陷,如汾渭断陷、银川断陷、河套断陷等;渭河盆地第四纪最大厚度达2 000 m,银川盆地也在1 600 m以上。

2. 活动断裂构造样式与活动速率差异

我国西部活动断裂总的特点是逆冲—推覆与走滑断裂的相互联系、相互制约。逆冲推覆构造的展布方向多为近 EW 向,走滑构造为 NE 和 NW 向,同时发育次级的近 NS 向正断层和走滑正断层;而中国东部则以 NNE—NE 向走滑正断层和 NWW—NW 向走滑断层的组合为特征。断层两盘相对位移的速率,西部为 6 mm/a 以上,东部为 5 mm/a 以下。水平与垂直运动速率之比,西部一般为 6 ~ 7 倍,东部 2 ~ 3 倍。

3. 构造盆地类型差异

我国东部海域及内陆处于西太平洋弧后扩张环境,新生代构造盆地均属裂陷伸展的构造类型。西部由于印度板块与欧亚板块的推挤,受相背逆冲断裂控制的压陷盆地发育,如塔里木、准噶尔等大型压陷盆地;新构造期形成的褶皱构造规模、数量和强烈程度均不及古近纪以前的古构造。

4. 形变特征差异

大量的形变测量资料表明:我国的形变特征也存在着一个以 SN 构造带为界的东西部差异。在西部垂直升降等值线轴的方向大体为 NW 走向;在东部其长轴则以 NE 向为主。

5. 岩浆岩类型的差异

我国东部新生代主要是基性火山岩建造,属钙碱性玄武岩系列、拉斑玄武岩系列和碱性玄武岩系列。岩浆活动方式以喷溢为主,侵入活动很弱。然而,我国西部以超基性 - 基性、中酸性和酸性的侵入岩类为主,火山活动次之。

6. 地震活动特征的差异

我国西部地震活动具有频度高、震级高、震中分布密集、复发周期短、强度分布不均匀的特点。我国东部的地震活动主要集中在华北和东南沿海一带,特点是强度大、复发周期长,但与西部区相比地震活动强度相差一个量级。震源深度一般是 5 ~ 30 km。

根据我国大陆地区地震地质研究,两者之间具有如下特点:

①绝大多数强震的震中位于活动的大断裂上或其附近。

②许多破坏性强震(一般大于 6.5 级或 7 级)形成的地震断层与当地主要断裂走向一致,甚至大体重合。如 1973 年炉霍 7.9 级地震形成的地震断层带长 90 km,宽 20 ~ 150 m,总体呈 NW305°方向延伸,地震时表现为左旋扭动,与鲜水河断裂的展布和活动方式极其相似,而从一些未形成明显地震断层的地震震源力学分析来看,震源错动面的产状也大部分和地表大断裂带相一致。

10.6 新构造运动、新构造与地质灾害

我国地处环太平洋构造带和喜马拉雅构造带聚汇部位,太平洋板块的俯冲和印度板块向北与亚洲板块的碰撞使我国大陆具有较强的构造活动性,地质灾害比较频繁。当前主要的地质灾害有活动断层、崩塌、滑坡、泥石流、地面塌陷、地面沉降、地裂缝和地震等。

10.6.1 地震

地震分为天然地震(构造地震和火山地震)和诱发地震(主要分为水库蓄放水和抽注液诱发地震)。在我国,火山地震 20 世纪以来仅见于长白山,强度较小;绝大多数地震为构造地震,强度一般较大(最大可达 8.9 级),震源深浅不一(2 ~600 km),波及范围较广,造成的

损失大；诱发地震一般强度小（最大为6.1级），震源一般较浅（小于6 km），波及的范围较小，因而造成的损失相对较小。

10.6.2 活断层对工程建筑物的影响

活断层对工程建筑物的影响如图10－15、图10－16所示。

图10－15 2001年11月14日昆仑山口以西8.1级地震造成的五雪峰北侧破裂带上的冲沟左旋扭错

（据党光明等，2002）

图10－16 1995年日本神户地震造成的破坏

（1）活断层的地面错断及其附近伴生的地面变形，往往会直接损害跨断层修建或建于其附近的建筑物。

（2）活断层发震使附近建筑物受到损害。

10.6.3 活断层诱发的地质灾害

1. 崩塌、滑坡和泥石流

①崩塌（山崩）：坡地上的岩石土块呈块状沿斜坡向下突然崩落的一种现象。

②滑坡：坡地的土体或岩体由于自然的（主要是水、重力）和人为的原因，沿着一定的滑

动面(层面、不整合面或各种破裂面等软弱结构面)做整体的滑动现象。

③泥石流:山区突然爆发、历时短暂、含有大量泥沙和石块等固体物质并具有强大破坏力的特殊洪流,其中固体的体积一般超过15%,最高的可达80%。

在崩塌、滑坡和泥石流中,以泥石流的危害最大。

2. 地面塌陷

地面塌陷在我国可以分为岩溶塌陷、采空塌陷和黄土湿陷三种。

3. 岩溶塌陷

岩溶塌陷指由于地下岩石被溶解流失造成的地面塌陷,主要发育于碳酸盐岩地区,在我国分布广泛,但华南最严重。

随着地质灾害调查工作的普遍开展和各省群测群防网络的逐渐形成,对地质灾害的预报成功率不断提高。

10.7 新构造运动、新构造的研究方法与实例

10.7.1 新构造运动的研究方法

新构造运动的研究方法有如下几种:

①地质构造法;

②地貌方法;

③考古法;

④地球物理探测;

⑤地球化学测量;

⑥形变测量;

⑦地震学;

⑧地质构造法;

⑨地貌方法;

⑩考古法;

⑪地球物理探测;

⑫地球化学测量;

⑬形变测量;

⑭地震学。

10.7.2 新构造遥感解译实例

新构造运动的结果不仅导致岩石变形,还直接影响现代地貌的发育过程和形态特征。遥感图像可以直观地反映这些地貌的形态特征、展布规律、空间关系。因此,在遥感图像上新构造一般都具有清晰的影像特征。活动年代越新、活动越强烈则影像标志越醒目。

不同的新构造类型在遥感图像上呈现出不同的影像特征(表10-2),其解译标志可归结为垂直差异性运动及水平差异性运动所形成的各种标志,包括色调、地质、地貌方面的标志(表10-3)。

表 10-2　新构造类型在遥感图像的影像特征

新构造类型	影像特征
新断层	线性影像
新断陷，新断块隆起	呈一定几何图形的块状影像
非断层控制的隆起、坳陷	环形影像

表 10-3　影像标志

影像标志类型	色调	地质标志	地貌标志	其他
垂直差异性运动	深色或浅色带，深色与浅色界线	上第三系-第四系的沉积相突变，晚第三纪-第四纪地质体被切割，岩体线状分布，岩层褶皱、断裂	地貌形态、地貌单元差异；断层三角面、断层崖、线状沟、悬谷、湖盆宽度突变，河流之合流点、汇流点、改流点、坡降点呈线状排列；河流绕行、涉迁、深切、汇聚；洪积扇线状排列、叠置；水下沙洲线状排列	沼泽化、盐碱化、地下水埋深差异，地震活动
水平差异性运动		晚第三纪-第四纪地质体错位	山体、湖盆、海岸错位，新生代沉积盆地扭变，河流同步转弯	地震活动

图 10-17 为可可托海活动断裂（F1），呈北西—南东向，线状影像醒目，线状沟、断层崖发育，断裂控制第四系堆积盆地，两侧地质、地貌存在明显差异。南段两盘反向升降错动，东盘上升成为中山，侵蚀沟发育，西盘断陷成第四系堆积盆地；北段两盘同向差异上升，西盘上升幅度大于东盘。由东盘东、西部地貌形态差异反映东盘向西掀斜上升。另外，图像上可见可可托海之南两河流受断裂控制，呈同步转弯，指示断层右行平移性质断裂中段北西向断裂（F2、F3、F4）与其交汇处附近于 1931 年 3 月 11 日曾发生八级大地震。

解译实例说明，新断层（断陷、断隆）的解译方法和步骤类似于老断裂的解译，它们都是从概览全区影像特征入手，确定断层位置，进而分析断层两盘的运动方向，判断断层的性质、规模、活动特点等，只是它们的标志和分析的侧重点有所不同，其中基岩区新断裂的解译侧重于对断裂两盘的地貌形态、第四系堆积盆地的分布及河流的平面形态的分析与对比。第四系隐伏断块隆起（或坳陷）可以从直观的色调观察入手，确定异常色区（带）的范围及边界的特点，进一步分析水系格局及其与异常色区的关系，综合地表沼泽化、盐碱化、地下水位资料判断隐伏断块活动的性质。此外，地震活动资料的利用是判断活动构造的重要依据。

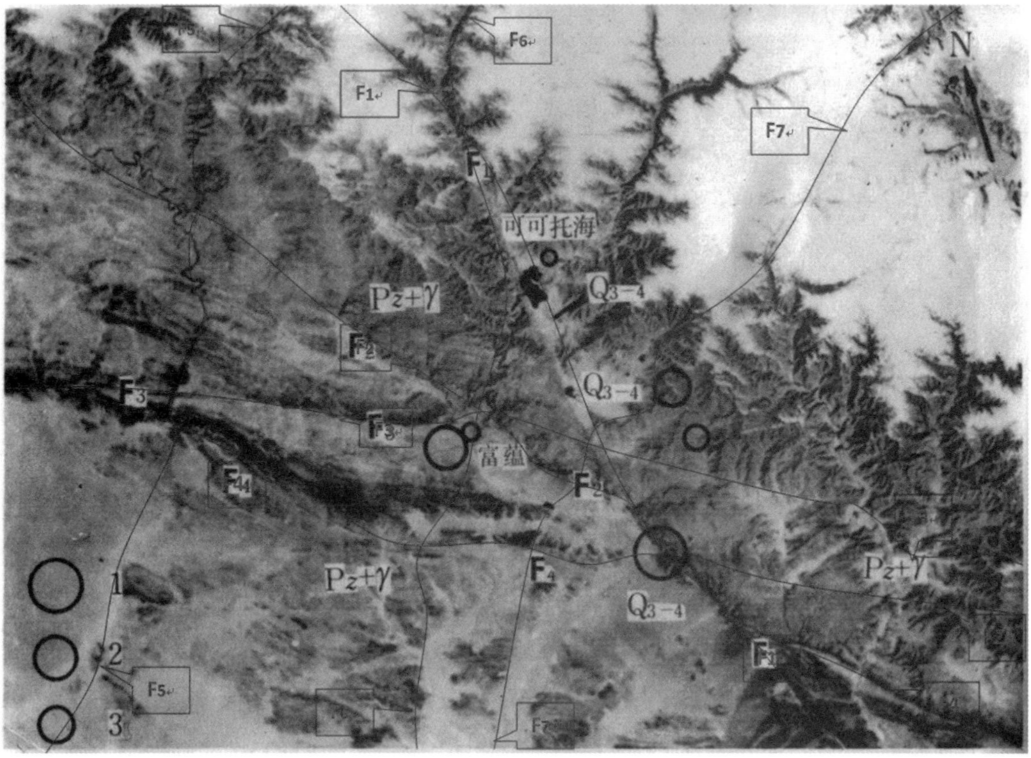

图 10-17　新疆可可托海活动断裂(卫片解译图)

注:◯ O表示地震震中及震级大小;（图例）表示断层线及其编号(解译);$P_z+\gamma$表示元古界及其花岗岩侵入体;Q_{3-4}表示第四系。

复习思考题

1. 新构造运动的含义是什么,有何特点?
2. 新构造主要有哪些类型?
3. 如何应用地貌法判断新构造的升降运动?
4. 城市的地面沉降、地裂缝可能是由哪些因素造成的?
5. 举例说明新构造运动对工程建设有何影响?

附录Ⅰ　极射赤平投影在构造地质学中的应用

第一节　极射赤平投影的基本原理

一、极射赤平投影的基本概念

在分析地质构造问题中，为简便地表示和计算各种面状和线状要素及其空间方位和角距关系，可采用极射赤平投影（简称赤平投影）方法。其投影的原理是使面、线通过一圆球（即投影球或称空心球）球心或切穿圆球，以圆球的上极（或下极）为发射点，将面、线与下半球（或上半球）球面的交迹、交点投影到赤道平面上，以求其方位与角距关系。

如附图Ⅰ-1所示，以上极点为发射点向与下半球相交的某平面发出一系列射线，这些射线必然通过投影球的赤道平面，并留下一些相交点，这些交点的连线即为该平面的赤平投影。赤平投影不涉及面、线的具体位置，面积的大小和线段的长短。

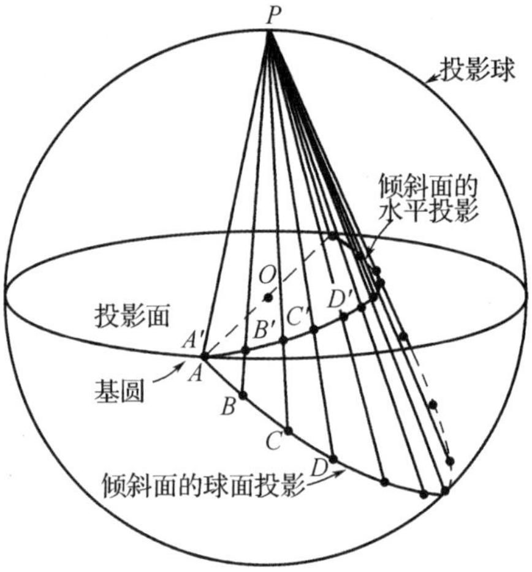

附图Ⅰ-1　平面的赤平投影原理

（据B. E. 霍布斯、W. D. 明斯、P. F. 威廉斯）

注：以P点为发射点，将倾斜面和下半球的交线投到赤平面上。

二、直线和平面的赤平投影

（一）面的投影

这里的面指通过球心的平面。直立平面在赤平投影图上是一条直线，其方位就是直立平面的走向。通过球心的水平面的赤平投影就是投影面基面。倾斜平面的赤平投影为一弦长等于基圆直径的大圆弧，简称大圆。

（二）线的投影

任何一直线，其投影是两个点。直立直线两点重合于圆心。水平直线的两点投影在大圆周上，是一直径的两个端点。倾斜的直线投影点是一点在大圆内，一点在大圆外，并在同一直线上，两点间的角距是180°，互为对庶点（附图Ⅰ-2）。

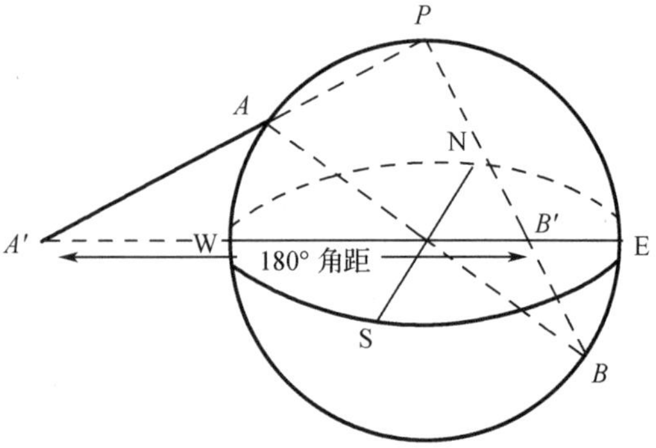

附图Ⅰ-2　通过球心的倾斜直线AB，其赤平投影是A'、B'，A'和B'两点在一条直线上，互为对庶点

第二节 赤平投影网及其用法

一、吴氏网的成图原理

吴氏网由基圆(赤平大圆)、经线和纬线三部分组成。基圆的直径为20 cm,经、纬线是按每隔2°构成的网格。其成图原理是,经线是由一系列通过球心走向南北、倾向东或西,倾角由0°到90°的一系列平面的赤平投影大圆弧所构成,这些大圆弧与东西直径线的各交点到直径端点的角距值,即为各平面的倾角值。纬线是由一系列走向东西,不通过球心的直立球面小圆投影而成,其中通过球心的直立平面构成基圆的东西直径,其他的纬线距球心越远则构成曲率越大的弧段。经线大圆起着度量倾角的作用。网上各经线、纬线的交点就是通过球心的一系列不同方位、不同倾角直线的投影极点。

二、吴氏网的使用方法

吴氏网的使用方法较多,并各有其特点。为初学者使用方便,本书采用下述直线、平面的投影方法。

(一)平面的赤平投影

设一岩层层面的产状为120°∠40°,用吴氏网求其赤平投影(附图Ⅰ-3)。

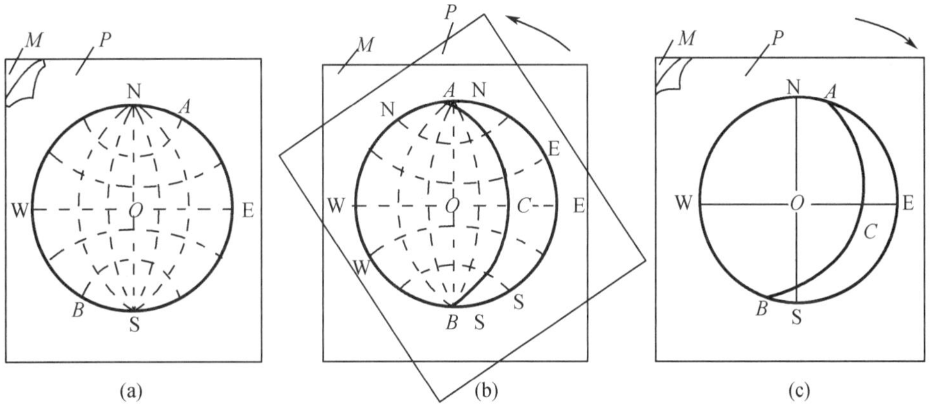

附图Ⅰ-3 平面的赤平投影方法和步骤

注:*P*代表透明纸,*M*代表吴氏网。

(1)将透明纸蒙在吴氏网上,用图钉固定于网心,并在透明纸上标出N、E、S、W方位。

(2)从N点顺时针方向找到30°的位置,将*A*点做为此岩层走向的方位。连接*AC*,延长到大圆周交于*B*点,则*B*点为其另一端的走向方位。

(3)将*A*点转到与N重合,由基圆的圆周E侧向圆心数经向大圆弧到40°大圆弧的位置,由N点沿此大圆弧描绘到S点,得一大圆弧*ACB*,即表示倾角为40°的平面。

(4)再将透明纸转回原位,即透明纸上N、S点与吴氏网上的N、S重合。透明纸上所得的*ACB*大圆弧即代表该岩层层面的产状。

(二)直线的赤平投影

设某一线状要素的产状为30°∠20°,其投影方法如下(附图Ⅰ-4)。

(1)将透明纸蒙在吴氏网上,标出N、S、W、E方位。

(2)沿吴氏网的方位找到30°的位置并标以A,半径OA的方位即为其倾伏方向。

(3)将A点转到吴氏网上的E(或N、W、S各点均可),由基圆周边向里数20°角距(即倾伏角)得B点。

(4)将图转回原位,B点的位置即为此线状要素的投影点。

(三)平面法线的投影

设有一产状为190°∠40°的岩层面,求其法线的投影点(附图Ⅰ-5)。

(1)将透明纸蒙在吴氏网上,按上述的求面状产状要素的方法描绘出产状为190°∠40°的大圆弧。

(2)不转动透明纸,从大圆弧向圆心方向数90°(或从圆弧的凸侧数90°)得P点。

(3)将透明纸转回原位,P点的位置就是此平面法线的投影点。

同理,如已知法线投影点P的位置,也可以在赤平投影网上找到其相应平面的投影大圆弧,并可读出其产状要素的数值。

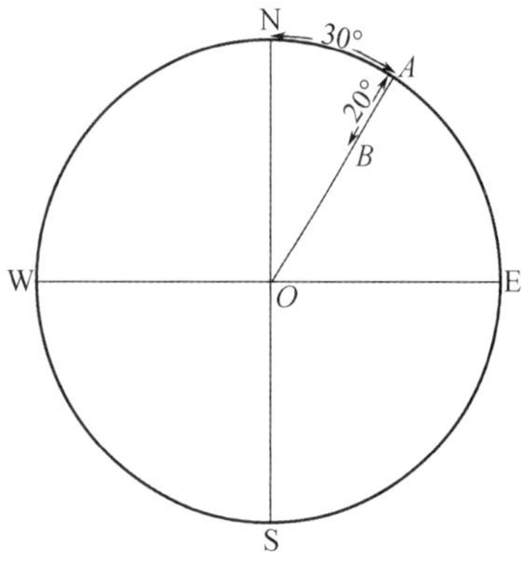

附图Ⅰ-4　线状要素的赤平投影方法

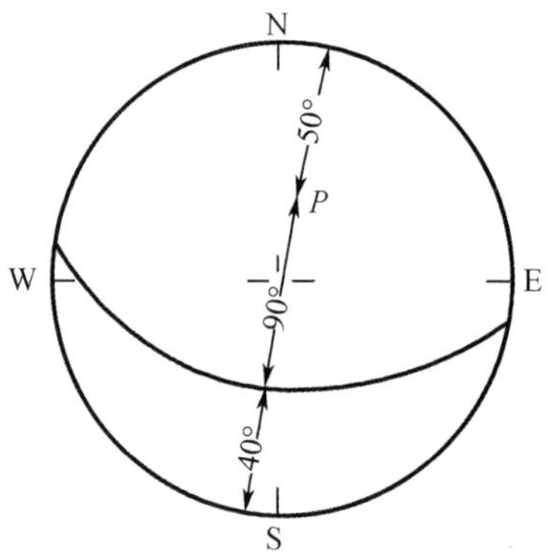

附图Ⅰ-5　平面法线的投影方法

第三节　极射赤平投影在构造地质学中的应用

一、真假倾角的换算

真假倾角的赤平投影,在附图Ⅰ-6(a)中,ADB为一向东南倾斜的岩层面,$AD'B$为其投影大圆弧;OD为其倾斜线;OD'为其倾向线,其方位为倾向;$\angle D''OD=\alpha$,为其倾角;OS是方向为正南的一条直线,它不与AB(AB是HDB所代表的岩层面的走向线)垂直,为其假倾向;OF是其假倾斜线;$\angle SOF=\beta$。是假倾角。它们的赤平投影如附图Ⅰ-6(b)所示。

例1:已知某岩层面的产状为150°∠30°,求其在175°方位上的假倾角(附图Ⅰ-7)。

①在透明纸上描出产状为150°∠30°的大圆弧;

②在基圆上找到175°的方位得一点C,并连接CO交大圆弧于D点;

③将CD转到东西直径(或南北直径)上,读出CD的角距值就是某岩层在175°方位上的假倾角,为28°。

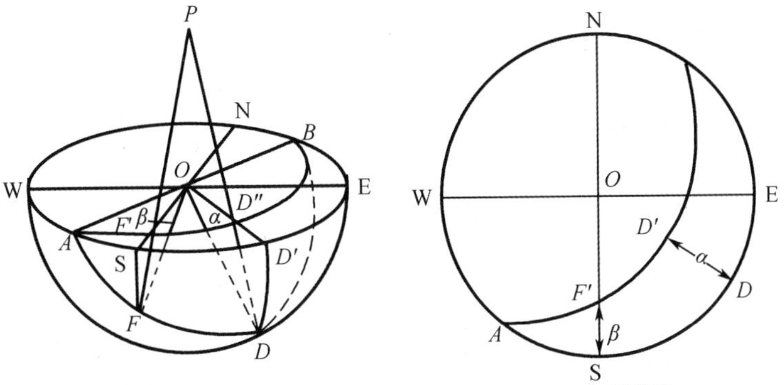

(a)立体透视图　　(b)赤平投影

附图Ⅰ-6　真假倾角的赤平投影特征

注：在图(b)中，$\alpha=D'D''$为真倾角；$\beta=SF'$为假倾角。

例2：在斜交一个冲沟的两直立壁上见到一铁矿层，量得其在东壁上顶面的假倾斜为135°∠35°，西壁上其顶面的假倾斜为225°∠25°，求此铁矿层的产状要素(附图Ⅰ-8)。

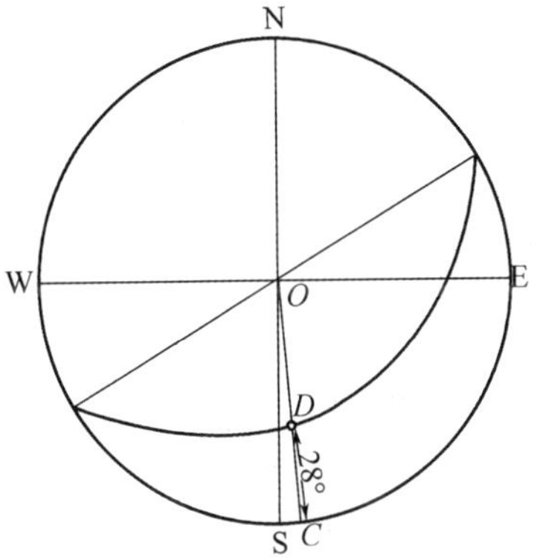

附图Ⅰ-7　已知岩层面的产状求其任意方位上的假倾角

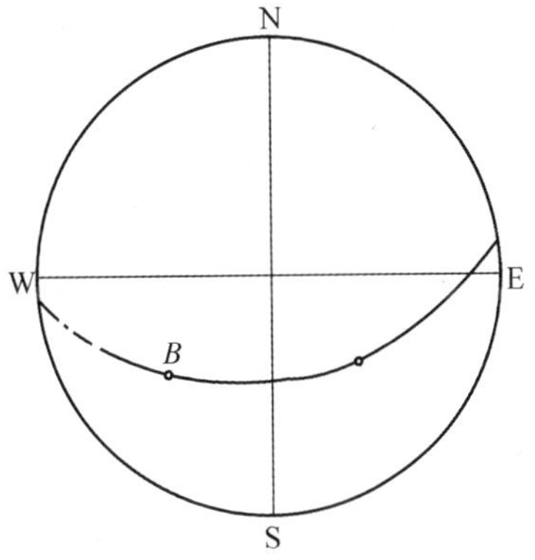

附图Ⅰ-8　已如某铁矿层顶面的两个假倾斜，求其真倾斜

①在透明纸上根据两个假倾斜的数据分别标出投影点 A、B；

②转动透明纸，直到 A、B 两点同在某一个大圆弧上，描绘出此大圆弧，暂不转动透明纸读出此大圆弧的倾角为40°；

③将透明纸转回原位，在吴氏网上可以读出此铁矿层的真倾向是170°即铁矿层的产状为170°∠40°。

二、确定构造线的产状

在赤平投影网上表示和确定构造线的产状有两种方法。

(1)在赤平投影网上可直接按其产状做出该构造线的投影点。如在赤平投影网上已知某构造线投影点位置亦可直接读出其产状。

（2）根据构造线和包含该线的平面走向线间的夹角（即侧伏角）确定其投影点的位置。如附图Ⅰ－9所示，$ABGF$代表一倾斜的面，该面上有线理发育，线理的倾向为BC线的方向，线理的倾角为$\angle CBF=\beta$，$\angle CAF=\alpha$，为线理所在平面的倾角，AB为其走向线，BF与AB（或GF）间的夹角，即$\angle ABF$，为线理的侧伏角。如用透视附图来表示，它们之间关系如附图Ⅰ－9所示，表示在赤平投影附图上如附图Ⅰ－10所示。

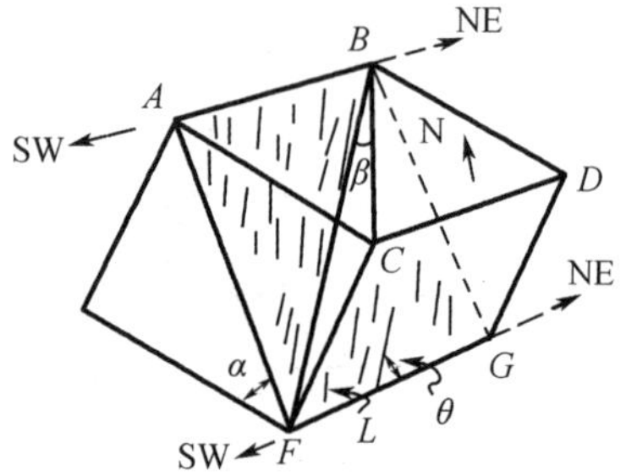

L—线状构造；β—线状构造的倾伏角；
θ—线状构造的侧伏角；α—面状构造的倾角；
BC—线状构造的倾向。

附图Ⅰ－9　表示线状构造的倾伏角和一侧伏角、倾伏方向的立体附图（据何绍勋，1979）

读侧伏角的数值，是将构造线的投影点所在的大圆弧的弦转到吴氏网的E—W直径上，读构造线投影点所在的纬向小圆弧的半径角距值。

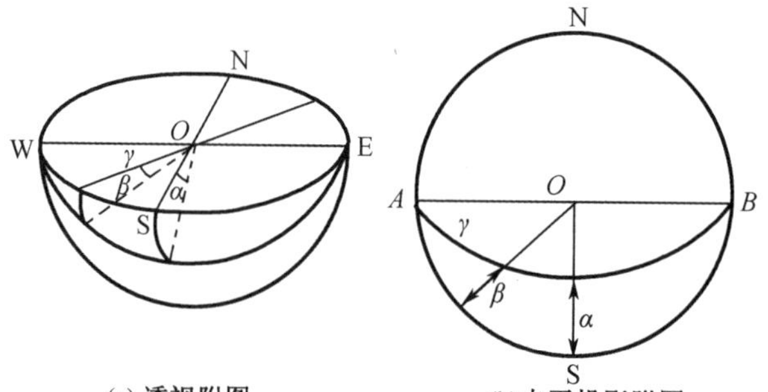

(a) 透视附图　　(b)赤平投影附图

α—面状构造的倾角；β—线状构造的倾伏角；γ—线状构造的侧伏角。

附图Ⅰ－10　表示倾角、倾伏角、侧伏角的透视附图和赤平投影附图

例3：已知某面状构造的产状为157°∠56°，在此面状构造上测得线理的倾向为111°。求此线理的侧伏角和倾伏角（侧伏角应取锐角）（附图Ⅰ－11）。

①在透明纸上先作出面状构造的投影大圆弧$\overset{\frown}{AB}$；

②由吴氏网中心按111°的方位引出直线交大圆弧AB于L点；

③将大圆弧的弦AB转至投影网N—S直径上，按投影网的纬线读出L点的角距为60°，即线理在此面状构造上的侧伏角为60°，将其记录为60°E，是指线理与该面的走向东端（实际上是北东端）所夹的角度；

④再将L点转到N—S直径上（或E—W直径上），读出其倾伏角的角距为45°。

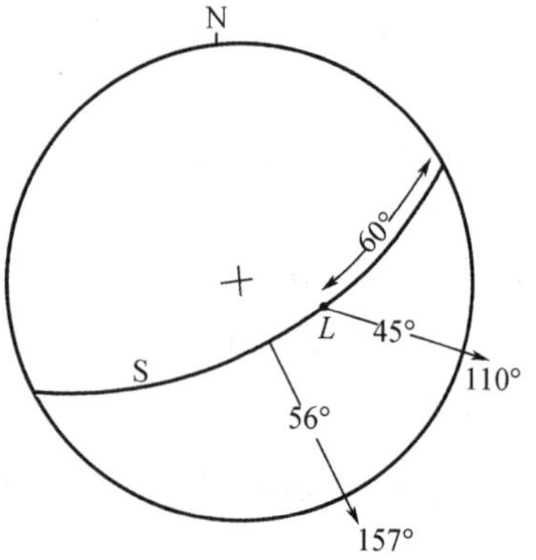

附图Ⅰ－11　根据已知面状构造的产状和线理的产状求该线理的侧伏角和倾伏角

例 4：已知断层面产状为 45°∠40°，断面上的擦痕侧伏角为 40°E（即擦痕和断面走向线南东端所夹的角度），求线理的投影点并读出其产状。

①先在透明纸上按断层面产状画出大圆弧 *AB*，暂先不转动透明纸，即令 *AB* 弦和投影网的 N—S 直径重合；

②从 *B* 点，即从 S 端按纬向圆数 40°，在大圆弧 *AB* 上得一点 *L*；

③将 *L* 点转到 E—W 直径上读得其倾角为 24°；

④将透明纸转回原位，*L* 点就是擦痕的投影点，读得其倾向为 102°，故其产状为 102°∠24°（附图Ⅰ－12）。

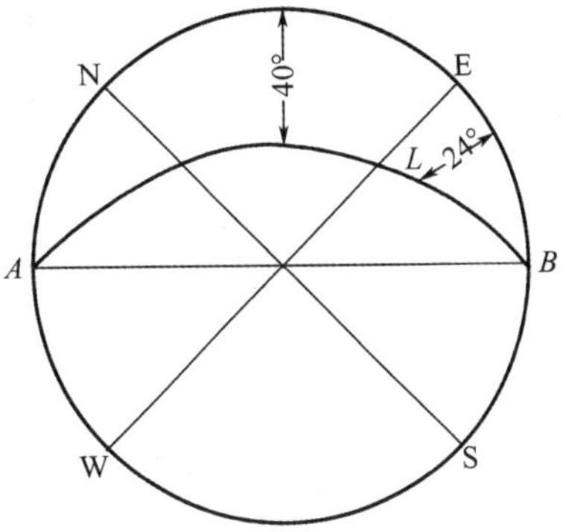

附图Ⅰ－12 根据断层面的产状及擦痕的侧伏角求断层面上擦痕产状

三、用赤平投影方法求地层厚度

用导线法实测地层剖面时，当剖面线方向不与地层走向垂直时，其计算既烦琐又费时，利用赤平投影方法，结合简单的计算可迅速地计算出地层厚度。如附图Ⅰ－13(a)所示，设一倾斜岩层在倾斜地面上的出露面为 *ABCD*（其产状可以实际测得），附图中的 *AM* 是导线长度（其方向不与岩层走向垂直），地形坡度角等其他数据都利用实测剖面中测得的数值。在附图Ⅰ－13(a)中可以看出，如能从 *A* 点垂直岩层面作一垂线 *AE*，*AE* 的长度就是岩层的真厚度，其长度是直角三角形 Δ*MAE* 的底边，若角 θ（∠*MAE*）的值能求得，则 *AE* 可用式 $AE = AM \cdot \cos\theta$ 求出。因为 *AM* 的方位和坡角可实际测得，为已知，并可在赤平投影网上得到其极点。

AE 是岩层面的法线，若岩层产状已知，再找到法线的极点，将两个极点转到一个大圆弧上，即可得到其间的夹角 θ 的值（附图Ⅰ－13(b)）。θ 角无论是钝角或锐角都不影响岩层厚度的计算。

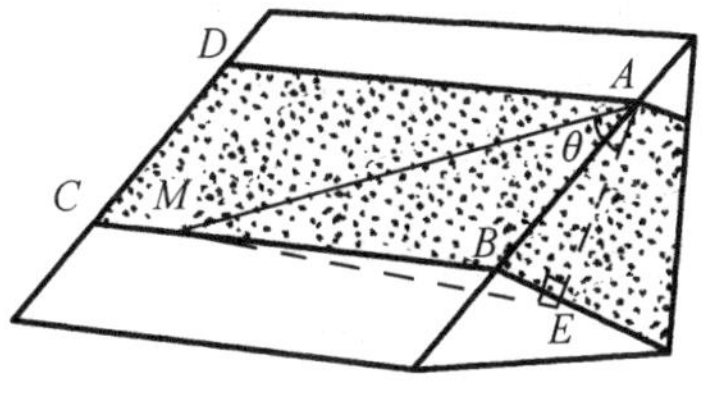

(a) 实测剖面线的方向和岩层厚度间的关系

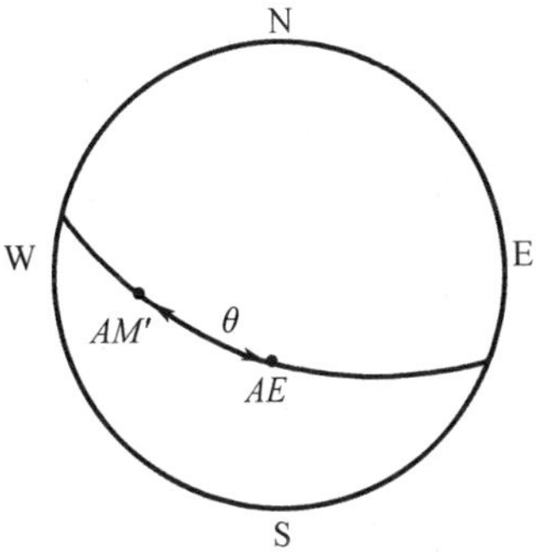

(b)用赤平投影法求测线和层面间的夹角

附图Ⅰ－13 利用赤平投影法求岩层厚度

例 5：根据实测剖面记录的资料，导线方位是 NE25°，坡角为－20°（俯角），岩层的产状为 40°∠30°，用作附图辅以计算，求岩层厚度。作附图方法如下（附图Ⅰ－14）。

①在透明纸上据导线的方位和地形坡角求出其投影点 A，据岩层产状求出其法线投影点 B；

②将 A、B 两点转到一个大圆弧上，并在其上读出 A、B 两点的角距为100°；

③按公式 $m = l\cos\ \theta$，计算岩层厚度，$m = 5.21$ m。

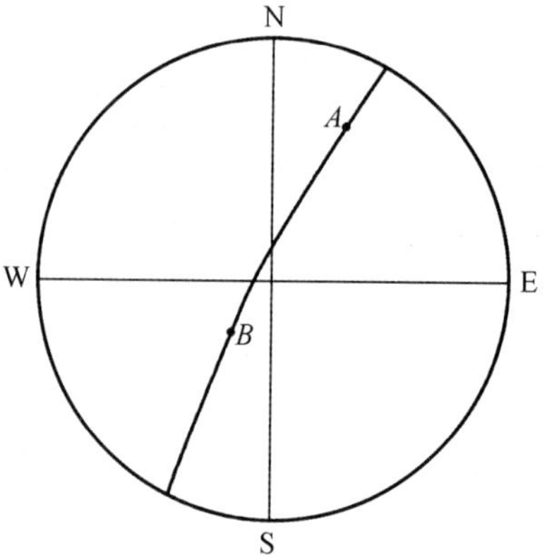

附图Ⅰ－14　据导线方位和地形坡度角、岩层产状等资料，求导线和岩层层面法线间夹角的赤平投影附图

四、确定褶皱枢纽和轴面产状

（一）褶皱要素的赤平投影特征

褶皱要素已知，如果把这些要素表示在赤平投影上（附图Ⅰ－15），AB、CD 是按褶皱两翼产状画出的大圆弧（在赤平投影附图中分辨不出背、向斜），其交点就是枢纽的投影点（b 点），它的产状可以直接读出（该点实际上是两翼延伸面的交线）。轴面可按大致均分褶皱两翼交角的面来表示（两翼岩层厚度差别很小时），即附图中的 EF（作附图方法见后）。KEF 是要通过 b 点的。轴面还可以根据轴迹和枢纽两条直线所决定的平面来求得。此外，枢纽的倾伏角、侧伏角都可以在附图上判读（附图Ⅰ－15中的 d、f）。

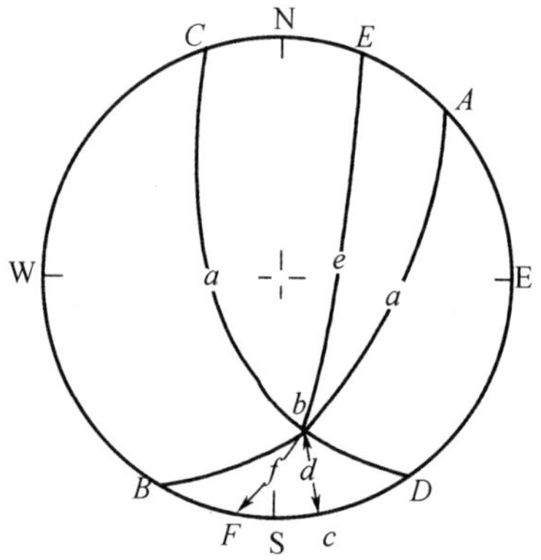

a—翼；b—枢纽；c—枢纽倾向；d—枢纽的倾伏角；e—轴面；f—枢纽在轴面上的侧伏角。

附图Ⅰ－15　褶皱要素的赤平投影

（二）确定枢纽线产状

1. 根据褶皱两翼的产状求枢纽产状

例如在野外测得某向斜的西翼产状为60°∠40°，东翼为320°∠20°，用作附图法求枢纽产状及其在两翼上的侧伏角。先画出代表两翼产状的大圆弧 AB 和 CD 并交于 β 点（附图Ⅰ－16），读出其产状为352°∠18°；再将 CD（西翼）转到N—S直径上，读 β 点在纬度弧上的半径角距值为枢纽在西翼上的侧伏角（28°）。用同样方法，亦可求得在东翼上的侧状角（60°）。

2. 已知褶皱中一翼岩层的产状和轴面劈理或层间劈理产状求枢纽的产状

例如褶皱一翼产状为225°∠52°，轴面劈理产状为277°∠25°，求枢纽产状。由于轴面劈理和层间劈理与岩层面交线的产状是大致平行于枢纽的，故可根据求两面交线的作附图法来求得。按上例给出的产状数据求得枢纽的产状为294°∠24°。

据上述两例，还可采用先作出两面状要素的极点，再以两极点求一大圆弧，其极点即为枢纽的极点。

3. 根据层面擦痕的产状求枢纽产状

例如已知某一背斜东翼的产状是125°∠32°，并在此翼的岩层面上测量得层面擦痕的侧伏角为64° N，求此背斜枢纽的产状。由于层面擦痕大致是和枢纽垂直的，故可按某一面上已知直线的产状求其垂直线的产状。如附图Ⅰ－17所示，先画出层面的大圆弧 *AB*，再找出层面擦痕的投影点 α(根据其在层面上的侧伏角)，即作出 *AB* 后无须转动，由 N 沿圆弧数64°，因擦痕线和枢纽垂直并亦包含在层面上，所以可由 α 点再沿大圆弧数90°得 γ 点，读出 γ 点的产状为193°∠13°。

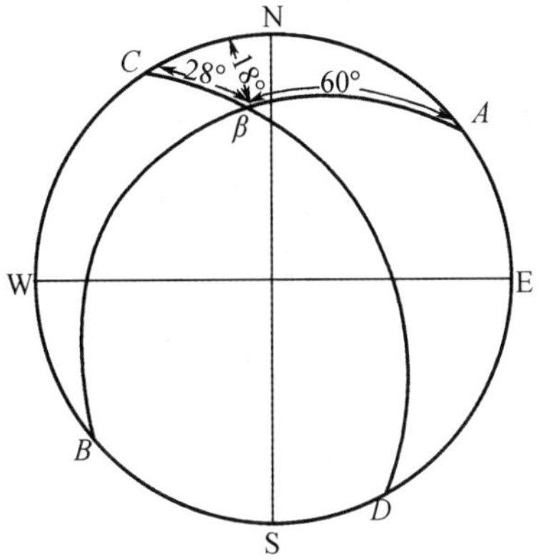

附图Ⅰ－16　根据褶曲两翼产状求枢纽线的产状及其在两冀上的侧伏角

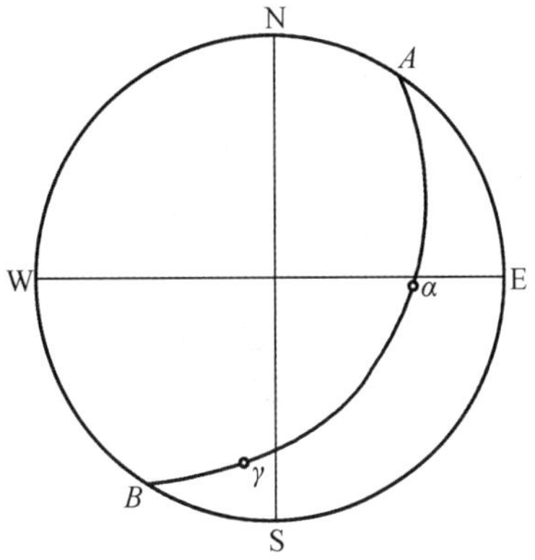

附图Ⅰ－17　根据褶皱中某一翼层面产状及其上的层面擦痕产状求枢纽的产状

4. π圆法求枢纽产状

上述几种求枢纽产状的方法适用于褶皱处于正常产状的条件下，褶皱两翼产状也各具代表性。但就大多数的褶皱来说，两翼不是平直延伸，尤其是倾伏褶皱，在其内、外转折端的附近，在两翼的不同部位上产状不同。这样，在褶皱两翼的不同部位测得的产状数据越多，通过作附图求得的枢纽产状就越准确。在常见的圆柱状褶皱中，每两个不同产状的翼面交线都是和枢纽平行的，都应在赤平投影附图上集中到一个投影点上。但由于在自然条件下翼面产状不能稳定不变，在测量中也会出现误差，故多次测量的翼面产状数据有差异，投影点不能交于一点，而是汇集于一个狭小的范围之内。如按用翼面极点求枢纽的方法，可将多次测量翼面产状以各自的极点投到附图上(附图Ⅰ－18)。若圆柱状褶皱翼面产状稳定，测量的也很准确，它们的极点就会落在大圆弧上。由翼面极点构成的大圆弧叫 π 圆，π 圆代表的平面是该褶皱的横截面。依据 π 圆的极点即可读出枢纽的产状。如果各翼面的极点不集中于大圆弧上，而是落在其附近，这时可取一个趋于集中各极点的圆弧作为 π 圆，再取其极点为枢纽的投影点。利用 π 圆法求枢纽产状的优点在于能避免由于在两

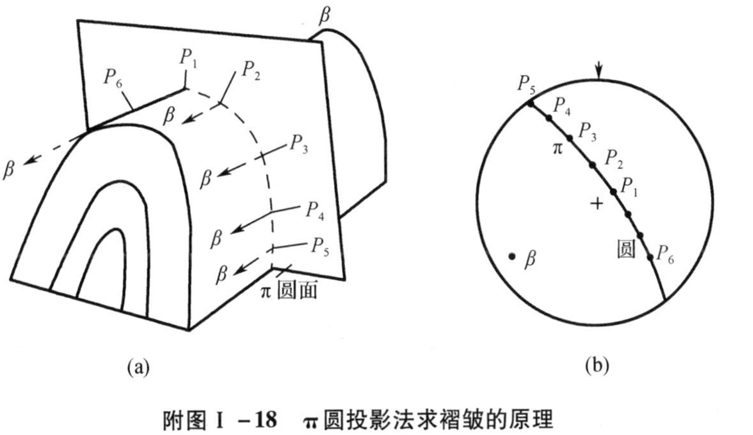

附图Ⅰ－18　π圆投影法求褶皱的原理

翼测得的产状较多，绘出许多个大圆弧呈现纵横交错有如缠线球的状况，难于确定出枢纽投影点的位置。

例如附图Ⅰ-19是某地一个倒转向斜的地质图，在向斜两翼各处所测得的产状数据如附图上所示，用作附图法求该地段上的枢纽产状。

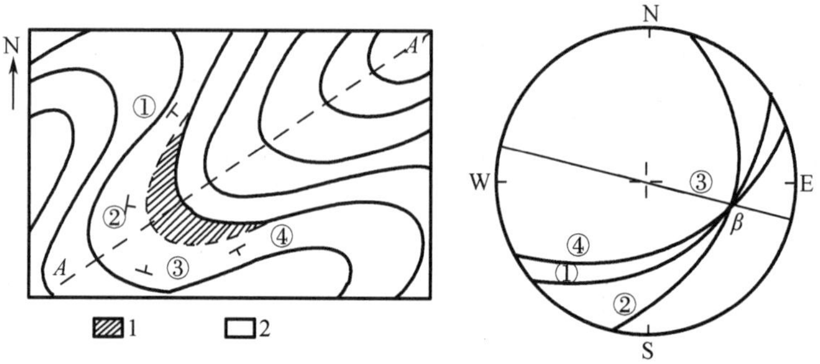

(a) 平面附图　　(b) 赤平投影附图

①—143°∠17°；②—104°∠30°；③—14°∠90°；④—157°∠44°；1—矿体；2—围岩。

附图Ⅰ-19　根据多个翼面产状求枢纽产状

根据附图上给出的产状在投影网上画出多个大圆弧，它们近乎交于一点（β点），即枢纽的产状为104°∠30°。如用π圆法求枢纽产状，则可按给出的翼面产状求出各自的极点，然后转动透明纸使它们大致趋于落在一个大圆弧上，再找出其极点即可。

（三）确定褶皱轴面产状

在褶皱两翼岩层厚度变化不大的情况下，两翼顶角的平分面相当于轴面。可用已知两翼的产状求轴面产状。

例6：已知褶皱两翼产状为70°∠40°和290°∠30°，求轴面产状（附图Ⅰ-20）。

①按两翼产状作出大圆弧AB、CD，其交点β是枢纽的投影点；

②以β为极点作大圆弧即π圆，交AB、CD于H、I两点，H、I两点的角距即两翼面间的夹角；

③找出H、I角距的中点K（不一定是弧段长的中点），K就是两翼面夹角等分线的投影点；

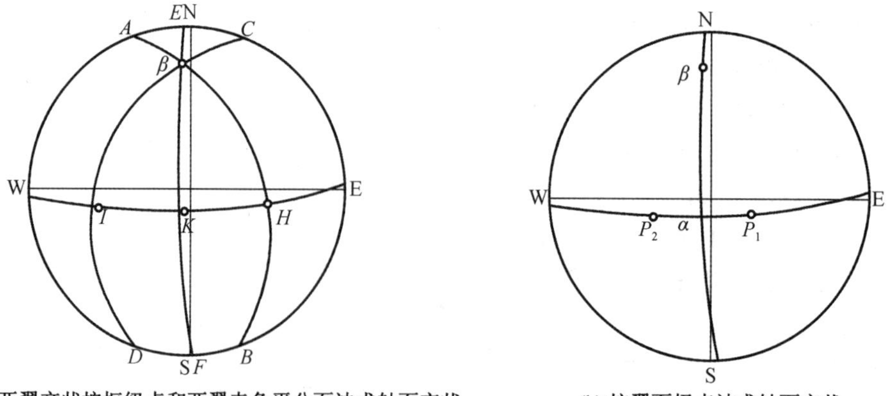

(a) 根据两翼产状按枢纽点和两翼夹角平分面法求轴面产状　　(b) 按翼面极点法求轴面产状

附图Ⅰ-20　据褶曲两翼产状求轴面产状

④将 K、β 两点转到一个大圆弧上，画出大圆弧 $K\beta$，读出其产状为 267°∠85°，即为轴面产状。

轴面产状亦可用两翼面极点的方法来求。如附图Ⅰ-20(b)所示，先作出两翼面的极点 P_1、P_2，并将其转到一个大圆弧上，在大圆弧量得 P_1、P_2 间等分角距点 α，再找到 P_1、P_2 大圆弧的极点 β。将 α、β 两点转到一个大圆弧上，读此圆弧的产状即为轴面的产状。

轴面产状亦可用两翼面极点的方法来求得。先在透明纸上作出两翼面的极点并将其转到一大圆弧上，再使圆弧的弦与 N—S 径重合，直接在大圆弧上量得两极点间的等分角距点，再找到大圆弧的极点，将此两点转到同一大圆弧上，该圆弧的产状即为轴面的产状。

例 7：在地质图上，某褶皱两翼产状数据和附图Ⅰ-21 上所标明的轴面走向线 AA'（在相似褶皱中，岩层界线最大弯曲点的连线基本平行于轴迹的方向）为已知，求其轴面产状。

作附图方法：

①据已知条件求枢纽投影点，即将岩层面上的极点转到一个大圆弧上，大圆弧的极点 β 为枢纽投影点。

②据轴面走向作出 AA' 直线（在地质图上量得其产状为 NE55°，即轴面和地平面的交线，或称轴迹）；

③将 A、β、A' 三点转到一个大圆弧上，描绘 $A\beta A'$ 大圆弧并读出其倾角为 38°，将透明纸转回原位，读出轴面的产状为 145°∠38°。

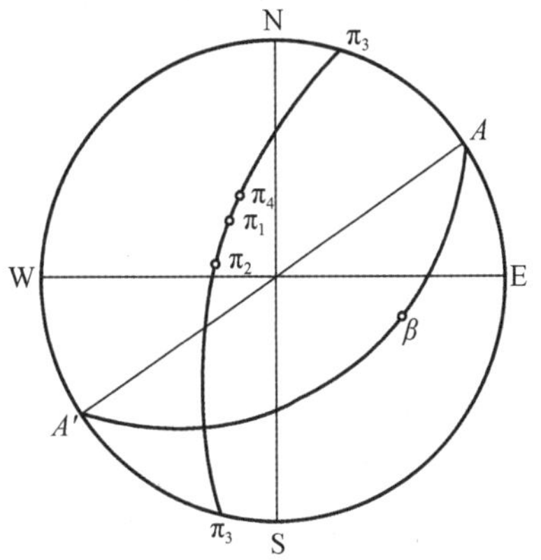

附图Ⅰ-21　按褶皱翼面的极点及已知轴面走向求轴面产状

五、断裂构造的赤平投影和应力分析

在断层一章中已经讲到，任何断层沿断层面两盘产生的相对运动，其实质是剪切滑动断层面即剪切滑动面。其中包括正、逆、平移断层及其间过渡性质的平移逆断层、平移正断层等。

断裂构造和应力间的几何关系及其赤平投影特征是（附图Ⅰ-22）：

①一对共轭的剪裂面，其交线的空间位置就是中间应力 σ_2 的作用方向，其在赤平投影附图上，代表两个剪切面的大圆弧的交点就是 σ_2 的投影点。在一般情况下（尤其在脆性岩石产生的剪裂面），一对共轭剪裂面相交锐角的等分线位置往往是最大主压应力 σ_1 的作用方向。在赤平投影网上，两个共轭剪裂面大圆弧交点 σ_2 的 π 圆交两个大圆弧于 S_1、S_2 两点，取 S_1、S_2 的锐角距等分点即为 σ_1 的投影点，共轭剪裂面的钝角夹角等分线的位置是最小主应力 σ_3 的作用方向。在赤平投影网上，S_1、S_2 间的钝角距的中点为 σ_3 的投影点。

②在附图Ⅰ-23 中，沿共轭裂面两盘相对错动方向（S_1、S_2）应平行于断裂面，也平行于 σ_1—σ_3 平面并和 σ_2 方向正交，即 S_1 和 S_2 是由 σ_1—σ_3 构成的平面和一对共轭裂面相交的两条交线。因为 σ_1—σ_2 平面和 σ_2 垂直，故 S_1S_2 和 σ_2 也是垂直的。共轭裂面两侧断盘各自的滑动方向是：σ_1 所在盘总是向着 σ_1 箭头所指的锐角角顶的方向错动。在赤平投影网上，S_1、S_2 在 σ_1 投影点的两侧（或在 σ_3 投影点的两侧），它代表两个共轭裂面各自两断盘的错动线。在 S_1、S_2 靠近 σ_1 一侧的断盘错动方向指向投影网中心 O，在 S_1、S_2 靠近 σ_3 一侧的断盘向离开投影网中心 O 的方向错动。

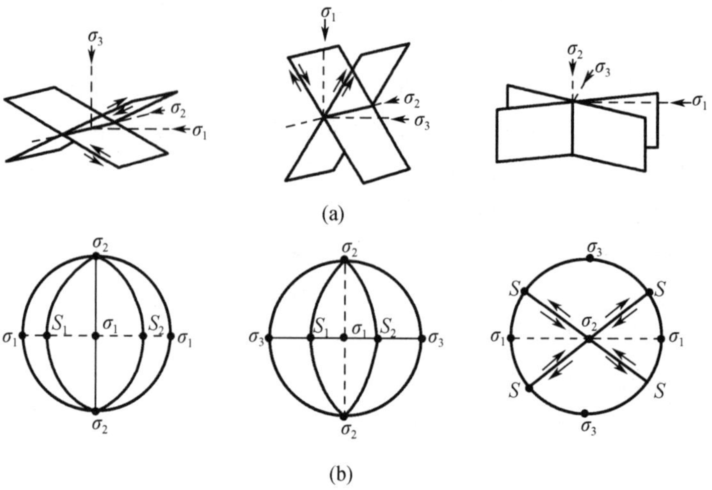

附图Ⅰ－22　共轭断裂与主应力间的关系

注：(a)立体附图，上为一对逆断层，中为一对正断层，下为平移断层；(b)为各类断层的赤平投影。

③在附图Ⅰ－23中，赤平投影网上代表两条共轭裂面的大圆弧（F_1 和 F_2）和 σ_1—σ_3 大圆弧的交点（S_1、S_2）就是断裂两盘相对的滑动线（擦痕线），S_1 和 σ_2，S_2 和 σ_2 都分别地共在一个断裂面上，而 S_1 和 σ_2 及 S_2 和 σ_2 的角距又都是90°。

④在附图Ⅰ－23中还可以看出，最大压应力 σ_1 和最小压应力 σ_3，在赤平投影附图上都可以各自处于表示断面大圆弧的凸侧或凹侧。σ_1 处于大圆弧的凹侧时，则表示断面的上盘沿断面的倾斜方向指向 σ_1 的指向（即投影网的中心方向）错动，则上盘相对下降，即下盘位于大圆弧的凹侧，属正断层性质。σ_1 处于大圆弧的凸侧时，则表示断面的上盘沿断面倾斜的反方向指向 σ_1 的指向错动，则上盘相对上升，属于逆断层性质。

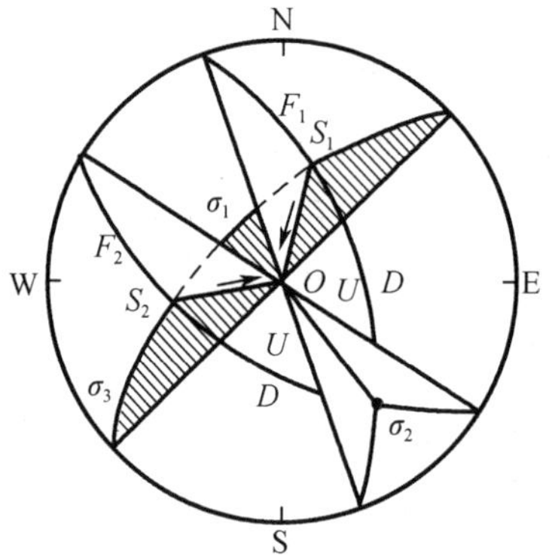

F_1、F_2—共轭断层；S_1、S_2—滑动线投影点。

附图Ⅰ－23　共轭断层的赤平投影特征

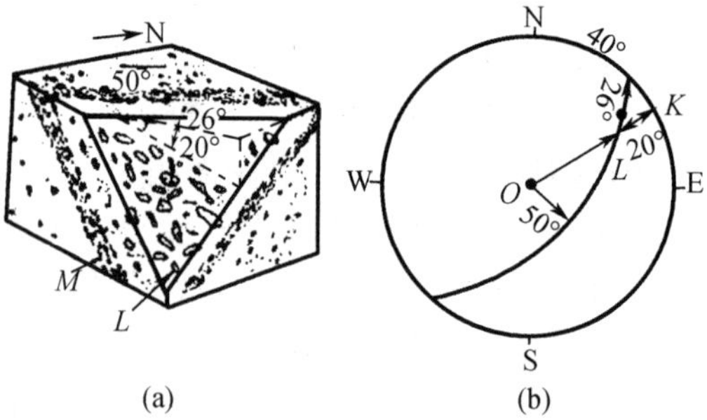

附图Ⅰ－24　岩浆岩体中的流动构造及其赤平投影附图解

注：(a)岩浆岩体各露头面上流动构造的出露情况，M 为流面，L 为流线；(b)面状流动构造的赤平投影附图解。作流线的极点 L 并测定流线的倾伏角（KL）。

六、岩浆岩原生构造的赤平投影

（一）确定流面产状

如附图Ⅰ－24(a)所示，在与流面呈斜交的各个断面上，看到组成流面的片、板状矿物等的产状是各不相同的。要确定岩体中有无流面或流线以及它们的产状，一般要有三个以上不同方位的露头测量资料，用赤平投影作附图加以确定。如发育流面，则组成流面的矿物在不同剖面上出露的长轴产状在赤平投影附图上的投影点应落在一个大圆弧上(图Ⅰ－24(b))。因此，可在野外露头面上量得此面的产状和矿物长轴线在该面上的侧伏角，在赤平投影网上作附图，如它们的投影点能大致地落在一个大圆弧上，就说明该岩体内存在流面构造，大圆弧的产状就是流面的产状。

例8：在某地露头的各个断面上测得花岗岩体的流动构造数据如附表Ⅰ－1。

附表Ⅰ－1

露头产状	流动构造侧伏角
130°∠21°	76°S
25°∠32°	12°N
170°∠32°	76°N
235°∠40°	44°N
258°∠48°	86°S

作附图方法(附图Ⅰ－25)：

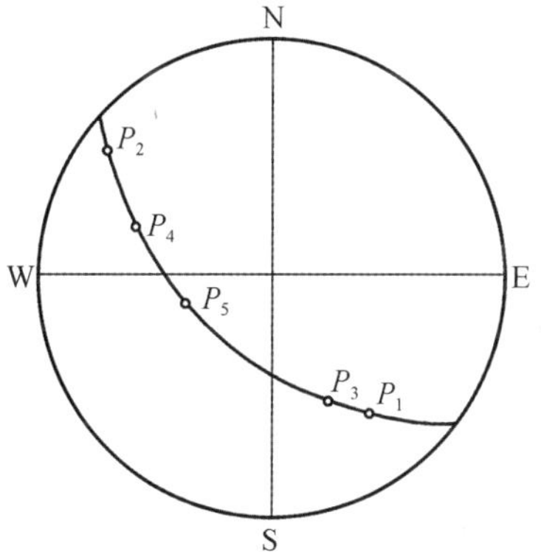

附图Ⅰ－25　根据已测得的岩体露头面的产状及流动构造的产状求流面构造产状的赤平投影附图解

①在透明纸上根据各露头面的产状作出大圆弧，并根据流动构造的侧伏角找出其长轴的投影点(P_1、P_2……)(作附图时各露头面的大圆弧可以不必画出，直接找出各点即可)。

②转动透明纸，看 P_1、P_2 等各点是否大部分落在一个大圆弧上，如能则说明此花岗岩体有流面构造。本例中各点已落于一个大圆弧上。此花岗岩体的流面产状为220°∠52°。

(二)确定流线产状

在任意截面上，柱状矿物出露的长轴和此截面上的法线所构成的平面(也叫作 *N* 面)内是包含了柱状矿物的真正轴线的。所以，若有流线存在时，每个柱状体的露头切面 *N* 面投影必大致能相交于一点(这表明这些柱状矿物的主轴线是平行的)，该点的产状就是流线的产状(附图Ⅰ－26)。

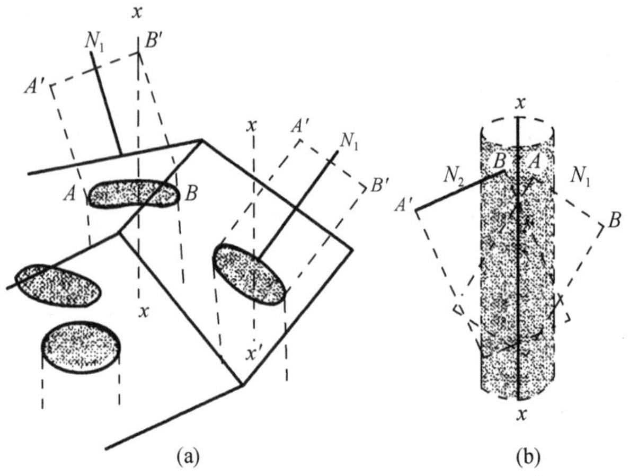

附图Ⅰ-26　线状流动构造与 *N* 面的关系附图（*xx′*为流线的主方位）

例9：野外测得侵入体露头面及其上的柱状矿物切面长轴产状数据如附表Ⅰ-2所示，求有无流线。

附表Ⅰ-2

露头面产状	柱状矿物切面长轴侧伏角
（1）水平	284°（水平）
（2）走向45°，直立面	27°W
（3）70°∠285°	45°N
（4）60°∠60°	27°W
（5）140°∠80°	43°S

作附图方法（附图Ⅰ-27）：

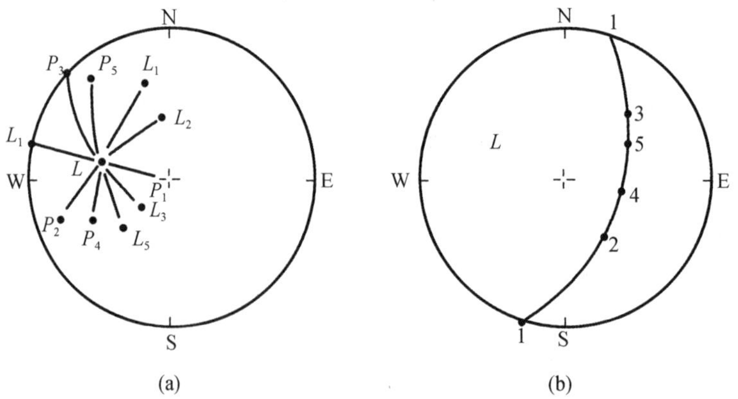

附图Ⅰ-27　线状流动构造的赤平投影附图

①在透明纸上标出各露头面的法线点 P_1、P_2、P_3……和柱状矿物切面长轴投影点 L_1、L_2、L_3……

②转动透明纸分别画出包括 P_1L_1、P_2L_2……的大圆弧(亦即各 N 面);

③如果存在流线构造,各 N 面大圆弧必大致交于一点(如附图Ⅰ-27(a)在本例中交于一点 L,其产状为 284°∠41°)。

在作附图中如测得数据较多,亦即要作的 N 面较多,各 N 面交角又小于 40°时,交点的准确位置则不易在附图上看出,这时可将作 N 面大圆弧的方法改为作它们的法线点的方法,当这些法线点能共一个大圆时,其对应的极点就是流线的投影点(附图Ⅰ-27(b))。

七、求褶皱前节理的产状或角度不整合面上地层沉积时下伏地层的产状

利用赤平投影测算地质构造的各种数据时,有时需将投影点和线转动一个角度。如求褶皱前产生的节理的原始产状,角度不整合面下的下伏层在上覆地层发生倾斜前的,亦即上覆地层沉积时的产状等问题需要做赤平投影的旋转操作。

赤平投影旋转操作方法有如下两种。

(一)绕直立轴旋转

构造要素在赤平投影网上绕直立轴旋转时,是指被旋转的线、面投影围绕以圆心为直立转轴,做水平的圆周转动。这样的旋转只能是改变线和面投影的方位,但它们的倾角是不变的。

例如有一断层面的产状是 145°∠55°,其上有擦痕,侧伏角为 50°E。要求断层面的产状绕直立轴按逆时针作 30°的旋转,则旋转后的产状为 115°∠55°(附图Ⅰ-28)。其上擦痕投影点的产状为 60°∠38°。

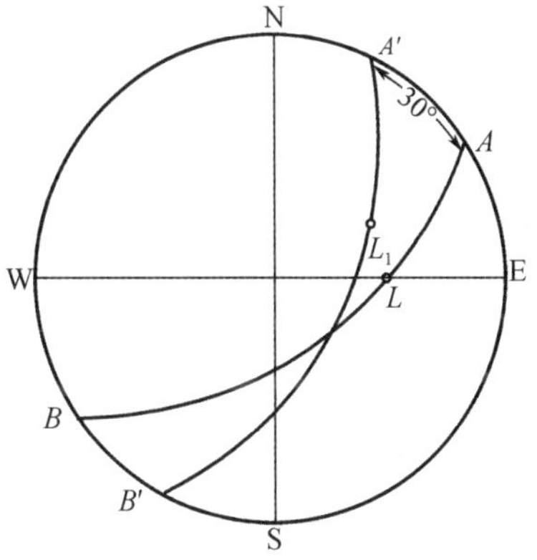

附图Ⅰ-28 面、线等构造要素绕直立轴做水平旋转时的附图解

注:只是方位发生变化,倾角保持不变。

(二)绕水平轴旋转

构造要素绕水平轴作直立翻转时,旋转后倾向不变,只是倾角发生变化,如果水平的转轴不与构造要素的倾向垂直,则旋转后,其倾向、倾角都要发生变化。结合附图Ⅰ-29,如果线、面等构造要素沿 N—S 轴(水平轴)旋转时,它们的旋转轨迹将沿着纬向小圆来移动。

例如,一个产状为 270°∠30°的岩层面,令其以走向 N—S 的水平线为轴,向下翻转 50°后,其翻转后的产状为 270°∠80°(附图Ⅰ-29)。从附图上可以看出,原来代表产状为 270°∠30°的大圆弧上的各个点,各自沿着纬向小圆向圆心方向移动到代表 270°∠80°的大圆弧上。

例 10:某矿层的产状为 100°∠40°,令其以走向为 N30°E 的水平线为转轴向上翻转 30°,求其翻转后的产状。

作附图方法(附图Ⅰ-30):

①在透明纸上画出矿层的投影大圆弧 AB 和水平轴的走向投影点 C 和 C';

②转动透明纸使 C、C'和吴氏网的 N—S 重合;

③将 AB 大圆弧与纬向圆相交的各点(取 100 的分度弧线)1,2,3,…分别沿所在纬向弧向上移动 30°角距到 1′,2′,3′,…。1′,2′,3′,…各点所连成的大圆弧 FK 就是该矿层翻转后的产状(60°∠16°)。在翻转过程中,有些点移动了 10°或 20°就达到赤平大圆的圆周,再继续转就进入上半球了。这时可以利用找到对庶点的办法来解决。

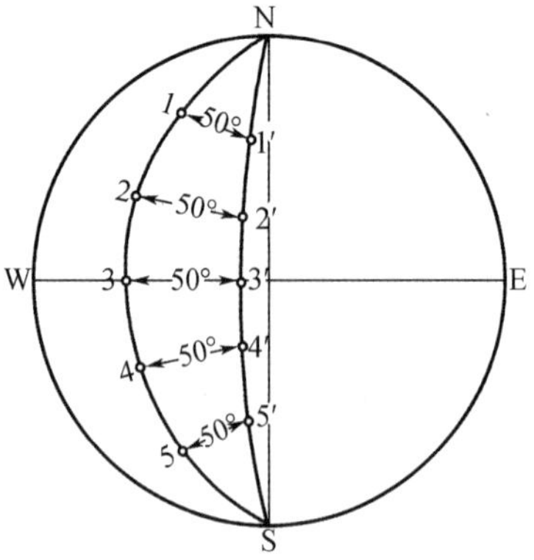

附图Ⅰ-29　倾向和N—S轴垂直时的面、线状构造要素绕N—S轴做水平翻转时的附图解

注：方位不变，倾角发生变化。

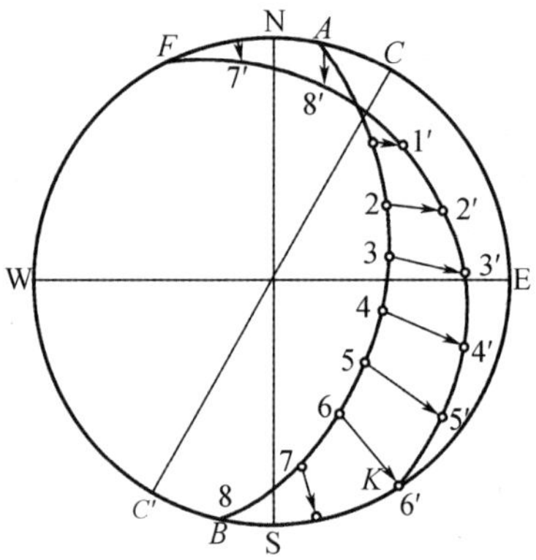

附图Ⅰ-30　面状构造要素绕任意水平轴（水平轴不与面状要素的倾向垂直）旋转时的附图解

注：面状要素的倾向、倾角都发生变化。

例11：角度不整合面以下地层产状为200°∠40°，不整合面以上的地层产状为80°∠50°，求不整合面上地层沉积时，下伏地层的产状。

分析：不整合面以下地层的原始产状应是不整合面及其上地层沉积时呈水平状态时的产状。如不考虑其他因素，此问题的求解是按上覆地层的走向为旋转轴，将上覆盖地层转成水平后即可求得下伏地层的产状。

作附图方法（附图Ⅰ-31）：

①先在透明纸上按给出的角度不整合面上、下地层的产状作出其法线的投影点P_1、P_2；

②将上覆地层按其走向为水平轴作直立旋转转成水平，即将P_2点转到E—W直径上并移到圆心得P_2'点（实际上是移了50°），同时将P_1点亦同步沿其所在纬向弧移动50°到P_1'点，作P_1'的对应大圆弧并读出其产状（226°∠75°），就是下伏地层在上覆地层倾斜前的产状。

例12：已知某向斜（枢纽水平）其东翼岩层产状为270°∠20°。在此翼量得两组节理各为325°∠85°、55°∠65°，它们是前期的共轭剪节理，求此两组节理原始产状。

前期共轭剪节理是发生在岩层褶皱之前，亦即岩层呈水平产状时产生的剪节理。因为褶皱的枢纽是水平的，可以把枢纽作为水平轴，将岩层作直立旋转，转到水平位置后，再求两组节理的原始产状。

作附图方法（附图Ⅰ-32）：

①将给出的面状要素的产状以其法线点极点投影在投影网上，A为岩层面的法线投影点，B、C各为两组节理面的法线投影点；

②将A点转到E—W直径上并移到大圆的中心，度量其角距为20°，同时将B、C两点亦同步移到B'、C'；

③作B、C两点的对应大圆弧，读其产状各为329°∠74°和60°∠82°，为此两组共轭剪节理的原始产状。

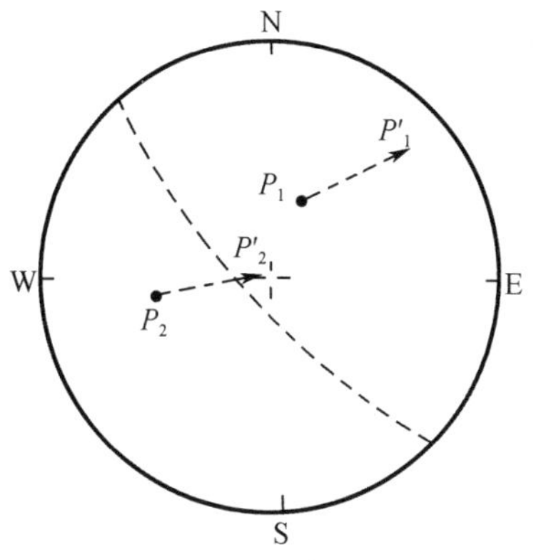

附图Ⅰ-31 求不整合面以下地层的原始产状(即不整合面呈水平时的下伏地层产状)的附图解

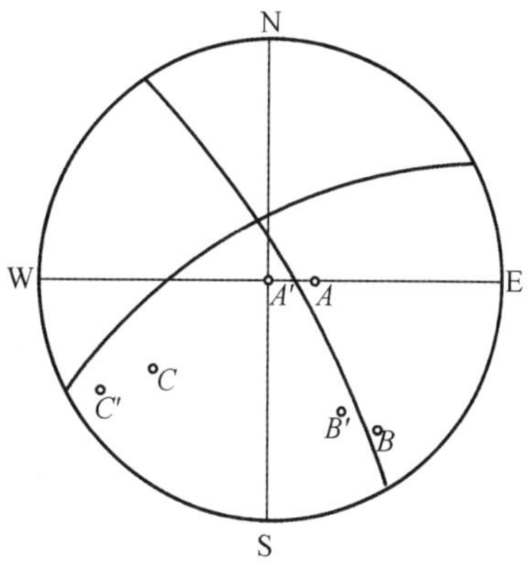

附图Ⅰ-32 恢复倾斜岩层中前期共轭剪节理(岩层原始水平时产生的共轭节理)原始产状的附图解

练 习 题

练习题(1)

1. 投影平面 SW245°∠30°。
2. 投影直线 NE42°∠62°。
3. 投影平面 NW318°∠26°的法线(即极点)。
4. 投影包含直线 SW258°∠40°及 NE42°∠60°的平面。
5. 已知铁矿层产状为 SE154°∠40°,求下列各方向剖面上的视倾角:NE80°,NW330°,SW190°,SW240°。
6. 在公路转弯处的两陡壁上,测得板状含金石英脉的视倾斜线产状分别为SE120°∠16°和 SW227°∠22°,求该板状含金石英脉的真倾斜。
7. 岩层面产状为 SE150°∠40°,岩层面上有擦痕线,其侧伏角为 30°SW,求擦痕线的倾伏向和倾伏角(提示:作出岩层面大圆弧后,由大圆弧走向的 SW 端沿大圆弧数 30°,即得擦痕线的投影点,该点的产状即为所求)。
8. 求平面 SW245°∠30°及 SE145°∠48°的交线。

练习题(2)

1. 一褶皱的石灰岩层产状如下:NE74°∠61°,NW318°∠70°,NE41°∠51°,NW348°∠55°,NE15°∠49°。

(1)用 β 附图解求出其枢纽的倾伏向、倾伏角;

(2)用 π 附图解求出其枢纽的倾伏向、倾伏角。

2. 根据附图Ⅰ-33 平面地质图上向斜两翼的产状数据,推断鞍状矿层的倾伏向和倾伏角(即向斜枢纽产状),并指出钻孔应布置在地表铁矿层露头的什么方向线上才能探到地下的铁矿层,沿附图上 AA' 的线布置钻孔是否适宜?(图上的地层产状是①SE143°∠37°,②SE104°∠30°,③直立、走向 104°,④SE154°∠44°。)

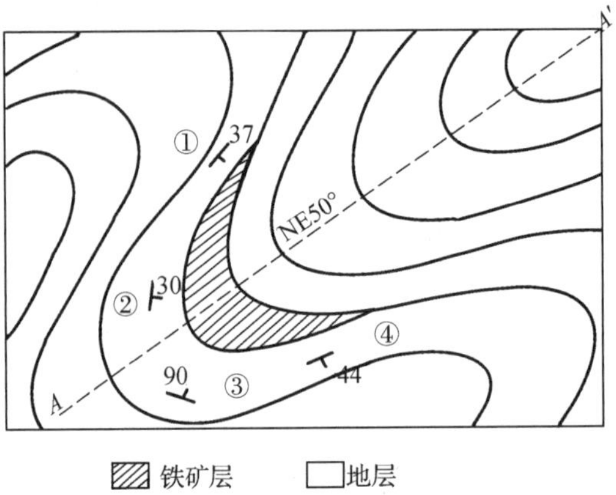

附图Ⅰ-33　平面地质图

3. 一个背斜两翼产状为 NE46°∠50°和 NW344°∠20°，在一个产状为 SW184°∠80°的陡壁面上测得该背斜轴迹的侧伏角为 60°W，求该背斜的轴面产状。（提示：先作出两翼的交线得到枢纽，再作轴迹投影，枢纽与轴迹所共的大圆弧即轴面投影。）

练习题（3）

1. 求平面 NW335°∠30°与平面 SW235°∠48°的夹角，以及夹角平分线的产状。

2. 一圆柱状背斜北西翼产状为 NW330°∠45°，北东翼产状为 NE65°∠35°。求：

（1）东西向直立剖面上两翼的视倾角及两翼的翼间夹角；

（2）横截面（垂直枢纽的剖面）的产状、横截面上两翼的侧伏角及两翼的翼间夹角。

3. 某地灰岩中发育一对共轭剪节理，一组产状为 SW190°∠76°，另一组为 NW278°∠53°，求三个主应力轴产状（假定两组剪节理锐角等分线方向为 σ_1 方向）。

4. 某岩层具有同期三组节理，统计结果如附表Ⅰ-3 所示，试求各主应力轴方位。

附表Ⅰ-3

节理组	节理产状	特征
Ⅰ	NE16°∠64°	剪节理
Ⅱ	NW353°∠62°	张节理
Ⅲ	NW336°∠63°	剪节理

5. 有一筒状矿体受两条相互交切的断层所控制。两断层的产状分别为 270°∠60°，180°∠50°，试求此筒状矿体主轴的产状。（答：215°∠44°）

6. 共轭剪节理的产状各为 210°∠58°，100°∠68°，求主应力方位。据观察，和这两组剪节理在同一应力条件下形成的一组张节理被矿脉充填，求出此组张节理的产状。（答：σ_1 为 332°∠40°，σ_2 为 165°∠48°，σ_3 为 68°∠6°，张节理产状为 248°∠84°）

7. 在一花岗岩体中测得三组节理，统计测得各组节距的平均产状、节理的基本特征和所占测量节理总数百分比如附表Ⅰ-4 所示，试求出各主应力轴的方位。

附表Ⅰ-4

节理产状	所占节理总数的百分比	节理的基本特征
16°∠64°	40%	节理面紧闭、平直
353°∠62°	40%	节理面粗糙
336°∠63°	20%	节理面紧闭，平直

（答案：σ_1 =82°∠0°，σ_2 =353°∠82°，σ_3 =175°∠28°）

8. 一条左行断层，产状为SW220°∠60°，在断层面上量得擦痕侧伏角16°W，设该岩石内摩擦角φ为30°。求σ_1、σ_2、σ_3的产状，如有共轭断层，其产状多少？

9. 一断层产状270°∠70°，派生张节理产状为SW240°∠40°，求二者夹角，并分析断层滑移方向及断层类型。

10. 一砂岩层产状为SE120°∠30°，其中发育交错层理，前积纹层产状为SE150°∠50°，求前积纹层原始产状。

11. 不整合面产状为SW200°∠30°，下伏地层产状NW315°∠60°，求当上覆地层水平时，下伏地层的产状。

12. 不整合面产状为SW220°∠20°，其下伏地层中发育的背斜东翼产状SE132°∠23°，西翼产状SW250°∠46°，求在上覆地层沉积时背斜两翼地层及枢纽的产状。

附录Ⅱ 构造地质学实习教材

实习一 地质图的基本知识和读水平岩层地质图

一、目的要求

1. 明确地质图的概念，了解地质图的图式规格；
2. 了解阅读地质图的一般步骤和方法；
3. 掌握水平岩层在地质图上的表现特征。

二、说明

(一)地质图的概念及图式规格

以附图1(见插页)或选用正式出版的1:20 000地质图或其他比例尺地质图作样本，介绍一下地质图的图式规格。

1. 地质图

地质图是用规定的符号、色谱和花纹将地壳某部分的地质体(如地层)、岩体、地质构造单元、矿床等)和地质现象按一定比例概括地投影到平面图(地形图)上，反映出该地区各地质体和地质现象的形态、产状、规模、时代及其分布和相互关系的一种图件。除反映一个地区的地层、岩石和地质构造现象的普通地质图外，还有按工作性质和任务要求，测绘内容不同的专门地质图，如构造地质图、矿产图、矿区地质图、水文地质图、工程地质图和第四纪地质图等。

一幅正规的地质图应该有图名、比例尺、图例和责任表(包括编图单位或人员、编图日期及资料来源等)。

图名表明图幅所在地区和图的类型。一般采用图区内主要城镇、居民点或主要山岭、河流等命名。如果比例尺较大、图幅面积小，地名小不为众人所知或同名多时，则注明所属的省(区)、市或县名。如"北京市门头沟区地质图""四川省江油市马角坝地质图"。图名用端正美观的字体书写于图幅上端正中或图内适当位置。

比例尺又称缩尺，用以表明图幅反映实际地质情况的详细程度。地质图的比例尺与地形图或地图的比例尺一样，有数字比例尺和线条比例尺。比例尺一般注于图框外上方图名之下或下方正中位置。

图例是一张地质图不可缺少的部分。不同类型的地质图各有其表示地质内容的图例。普通地质图的图例是用各种规定的颜色和符号来表明地层、岩体的时代和性质的(见附录Ⅳ以及附录Ⅵ)。图例通常是放在图框外的右边或下边，也可放在图框内足够安排图例的空白处。图例要按一定顺序排列，一般按地层、岩石和构造这样的顺序排列，并在它们前面写上“图例”二字。

地层图例的安排是从上到下由新到老，如放在图的下方，一般是由左向右从新到老排列。图例都画成大小适当的长方形格子排成整齐的行列。方格内标的颜色和符号与地质图上同层位的颜色和符号相同，并在方格外适当位置注明地层时代和主要岩性。已确定时代的喷出岩、变质岩要按其时代排列在地层图例相应位置上。岩浆岩体图例放在地层图例之后，已确定时代的岩体可按新老排列，时代未定的岩体按酸性到基性顺序排列。

构造符号的图例放在地层、岩石图例之后，一般排列顺序是：地质界线、褶皱轴迹（构造图中才有）、断层、节理以及层理、劈理、片理、流线、流面和线理产状要素，除断层线用红色外，其余都用黑色线。对地层界线、断层线是实测的还是推断的，图例与图内应一样，并有所区别。

凡图内表示出的地层、岩石、构造及其他地质现象应无遗漏地有图例，图内没有的不能列上图例。地形图的图例一般不标注在地质图上。

图框外左上侧注明编图单位；右上侧写明编图日期；下方左侧注明编图单位、技术负责人及编图人；右侧注上引用的资料（如图件）单位、编制者及编制日期。也可将上述内容列绘成“责任表”放在图框外右下方。

在小比例尺图上要画上经纬度以表明其地理位置。如果地质图是地形图、国际地图分幅中的一幅，则应和该地形图一样用其图名和分幅图号。

2. 地质剖面图（附图Ⅱ－1）

正规地质图常附有一幅或几幅切过图区主要构造的剖面图。剖面图也有一定的规定格式。

剖面图如单独描绘时，则要标明剖面图图名，通常是以剖面所在地区地名及所经过的主要地名（如山峰、河流、城镇和居民点）作为图名。如周口店（指图幅所在地区）太平山—升平山地质剖面图。如为图切剖面并附在地质图下面，则只以剖面标号表示，如Ⅰ—Ⅰ′，地质剖面图或 A—A' 剖面图。

剖面在地质图上的位置用一细线标出，两端注上剖面代号，如Ⅰ—Ⅰ′、Ⅱ—Ⅱ′，或 A—A' 等。在相应剖面图的两端也相应注上同一代号。

剖面图的比例尺应与地质图的比例尺一致，如剖面图附在地质图的下方，可不再注明水平比例尺，但垂直比例尺应表示在剖面两端竖立的直线上，垂直比例尺下边可以选比本区最低点更低的某一标高（可选至 0 m 以下）一条水平线作基线，然后以基线为起点在竖直线上注明各高程数。如剖面图垂直比例尺放大，则应注明水平比例尺和垂直比例尺。

剖面图两端的同一高度上必须注明剖面方向（用方位角表示）。剖面所经过的山岭、河流、城镇等地名应标注在剖面的上面所在位置。为醒目美观，最好把方向、地名排在同一水平位置上。

剖面图的放置一般南端在右边，北端在左边，东右西左，南西和北西在左边，北东和南东在右边。剖面图与地质图所用的地层符号、色谱应该一致。如剖面图与地质图在一幅图上，则地层图例可以省去。

剖面图内一般不要留有空白。地下的地层分布、构造形态应该根据该处地层厚度、层序、构造特征适当推断绘出，但不宜推断过深。

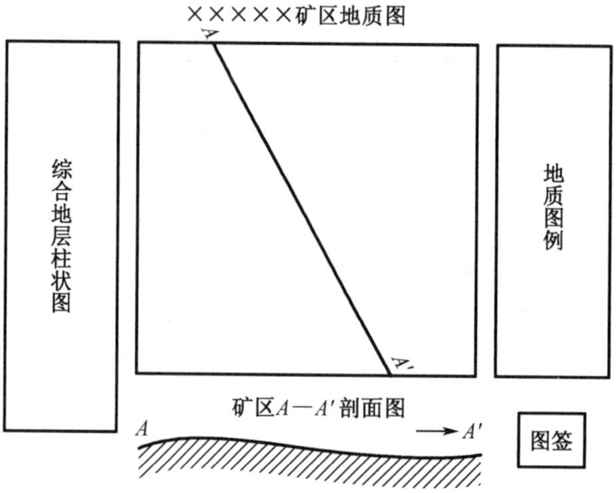

附图Ⅱ-1　地质图图幅布局格式

3. 地层柱状图

正式的地质图或地质报告中常附有工作区的地层综合柱状图。地层柱状图可以附在地质图的左边,也可以绘成单独一幅图。比例尺可根据反映地层详细程度的要求和地层总厚度而定。图名书写于图的上方,一般标为"××地区综合地层柱状图"。

综合地层柱状图是按工作区所有出露地层的新老叠置关系恢复成水平状态切出的一个具代表性的柱子。在柱子中表示出各地层单位或层位的厚度、时代及地层系统和接触关系等。一般只绘地层(包括喷出岩),不绘侵入体。也有将侵入岩体按其时代与围岩接触关系绘在柱状图里。用岩石花纹表示的地层岩性柱子的宽度,可根据所绘柱状图的长度而定,使之宽窄适度,美观大方,一般以2~4 cm为宜。

地层柱状图格式详见附图1(见插页)。图内各栏可根据工作区地质情况和工作任务而调整。

(二)阅读地质图的一般步骤和方法

读地质图首先要看图名、比例尺和图例。从图名和图幅代号、经纬度了解图幅的地理位置和图的类型;从比例尺可以了解图上线段长度和面积大小,并可反映地质体大小及详略程度;图幅编绘出版年月和资料来源便于查明工作区研究史。

熟悉图例是读图的基础。首先要熟悉图幅所使用的各种地质符号,从图例可以了解图区出露的地层及其时代、顺序,地层间有无间断,以及岩石类型、时代等。读图例时,最好与图幅地区的综合地层柱状图结合起来读,了解地层时代顺序和它们之间的接触关系(整合或不整合)。

在阅读地质内容之前应先分析一下图区的地形特征。在比例尺较大(如大于1:50 000)的地形地质图上,从等高线形态和水系可了解地形特点。在中小比例尺(1:10 000~1:50 000)地质图上,一般无等高线,可根据水系分布、山峰标高的分布变化,认识地形的特点。

一幅地质图反映了该地区各方面地质情况。读图时一般要分析地层时代、层序和岩石类型、性质和岩层、岩体的产状、分布及其相互关系。对于分析地质构造方面主要是褶皱的形态特征、空间分布、组合和形成时代;断裂构造的类型、规模、空间组合、分布和形成时代及其先后顺序;岩浆岩体产状和原生、次生构造以及变质岩区所表现的构造特征等等。读图分析时,可以边阅读,边记录,边绘示意剖面图或构造纲要图。有关各种构造形态的具体分析方法,将在下面实习中分别介绍和练习。

（三）读水平岩层地质图

水平岩层在地面和地形地质图上的特征是地质界线与地形等高线平行或重合（附图Ⅱ-2、附图Ⅱ-3）；在沟谷处界线呈“尖牙”状，其尖端指向上游；在孤立的山丘上，界线呈封闭的曲线。在岩层未发生倒转的情况下，老岩层出露在地形的低处，新岩层分布在高处。岩层露头宽度取决于岩层厚度和地面坡度，当地面坡度一致时，岩层厚度大的，露头宽度也宽；当厚度相同时，坡度陡处，露头宽度窄；在陡崖处，水平岩层顶、底界线投影重合成一线，造成地质图上岩层发生“尖灭”的假象（附图Ⅱ-4）。

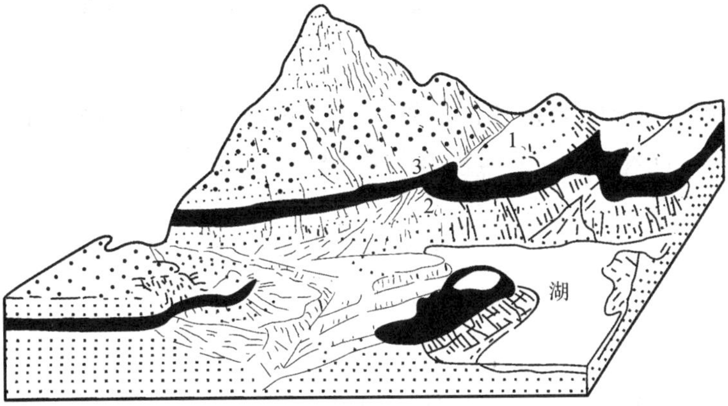

1—侏罗系页岩及含砾砂岩；2—三叠系泥岩及煤层；3—地形等高线（虚线）。

附图Ⅱ-2　水平岩层露头分布特征立体图

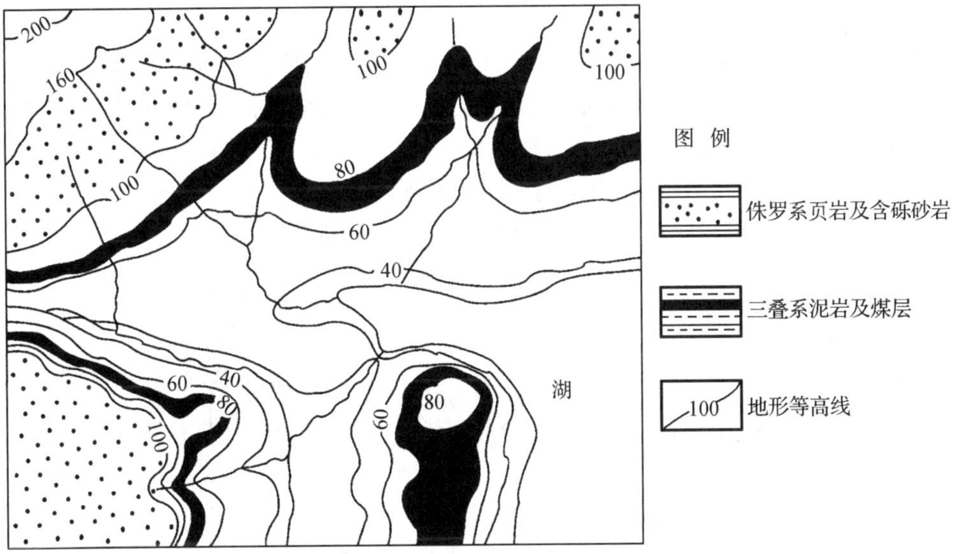

附图Ⅱ-3　水平岩层露头分布特征平面图（地质图）

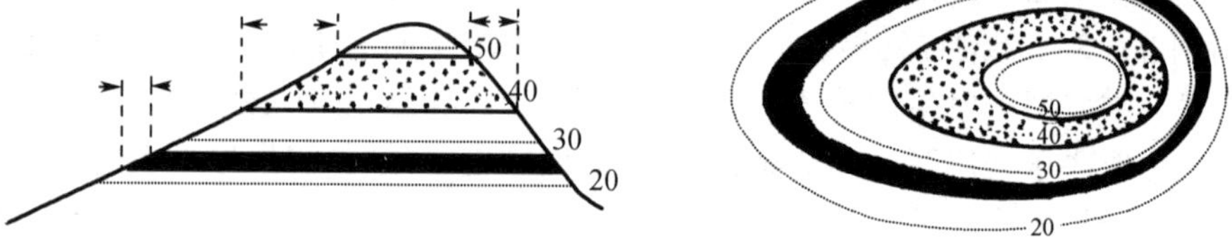

(a)剖面　　(b)平面

附图Ⅱ－4　水平岩层露头宽度与坡度和岩层厚度的关系

作业：

阅读、分析凌河地形地质图（附图2，见书后）或南涧镇地形地质图（附图3，见书后），判别哪些地层是水平岩层，并求凌河地形地质图中 K_1 层的厚度。

实习二　用间接方法确定岩层产状要素

一、目的要求

学会在地形地质图上用三点法求岩层产状要素，进一步掌握岩层产状要素的概念。

二、说明

（一）在地形地质图上求岩层产状要素的方法

此法适用于大比例尺地形地质图，而且要求在测定范围内，岩层产状稳定，无小褶皱或断层的干扰。其求解原理如下。

按产状要素的定义，在附图Ⅱ－5(a)立体透视图中，某砂岩层的上层面与100 m和150 m高的两个水平面相交得Ⅰ—Ⅰ和Ⅱ—Ⅱ两条走向线，沿层面作它们的垂线 *AB* 即为倾斜线；*AB* 与其水平投影 *AC* 的夹角 α 即为岩层的倾角，*CA* 方向为倾向。在直角三角形 *ABC* 中，*BC* 为两条走向线的高差。因此，只要能作出同一层面不同高程的相邻两条平行的走向线，再根据其高程和平距，即可求出岩层在该处的产状要素。其求解步骤如下（附图Ⅱ－5(b)）。

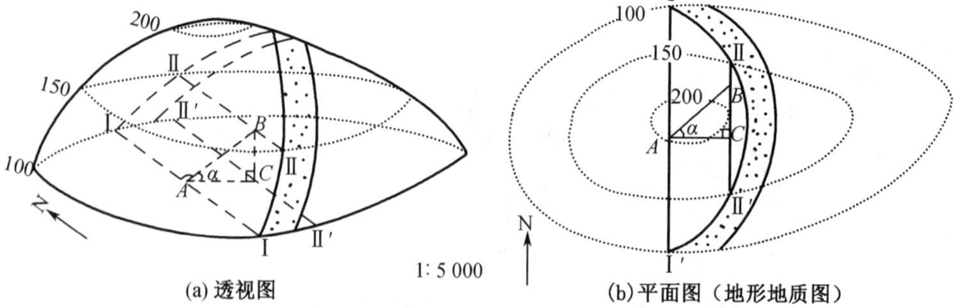

(a) 透视图　　(b) 平面图（地形地质图）

附图Ⅱ－5　地形地质图求岩层产状示意图

①将砂岩层的上层面界线与100 m和150 m的两等高线的交点Ⅰ、Ⅰ′和Ⅱ、Ⅱ′分别相连，求得走向线Ⅰ—Ⅰ′和Ⅱ—Ⅱ′。

②从 150 m 高程的走向线Ⅱ—Ⅱ′上任一点 C 作一垂线与 100 m 高程的走向线Ⅰ—Ⅰ′交于 A 点，则 CA 代表倾向。根据两条走向线高差 50 m，按地质图比例尺取 BC 线段（如 1 cm = 50 m）得直角三角形 ABC。

③用量角器量出 $\angle BAC$ 即得出岩层倾角 α 值，或按地质图比例尺求出 AC 长度，已知 BC 为 50 m，可由 $\tan\alpha=\frac{BC}{AC}$，求出 α 的度数，并量出 CA 的方位角即为岩层的倾向。

（二）三点法求岩层产状要素

当岩层产状平缓不能用罗盘准确测定产状时，或者根据钻探得到的层面标高资料求地下岩层产状时，可用三点法。

应用三点法求岩层产状的前提是：①三点要位于同一层面上，但又不在一条直线上；②三点的方位、相互水平距离和标高（或高差）为已知，并且三点相距不太远；③在三点范围内岩层面平整，产状无变化，无褶皱和断层。

三点法的要点：从附图Ⅱ－6（a）可以看出，只要在最高点 A 和最低点 C 的连线上，找到与 B 点等高的一点 D，就可以作出走向线 DB，过 C 点或 A 点可以作出与 DB 平行的另一高程的走向线；根据两走向线各自高程和水平距离，可以求出倾向和倾角（附图Ⅱ－6（b））。

其求解方法如下：

①求等高点。从最低点 C 作任一辅助线 CS，根据 A、C 点间高差及 B 点高程用等比例线段法将其等分，在 AC 线上得出与 B 点等高的 D' 点。

②求倾向。连 $D'B'$ 即为 178 m 高之走向线，过 C 点作其平行线，即为 160 m 高之走向线。在 $D'B'$ 线上取任一点 O，作其垂直线 OF 即为倾向线，箭头表示倾向，用量角器量其方位角值（如图所示为倾向 180°）。

③求倾角。根据 B、C 点间高差，按平面图比例尺取一线段 OE'，连 $E'F$，则 $\angle E'FO(\alpha)$ 代表倾角，用量角器量其值。

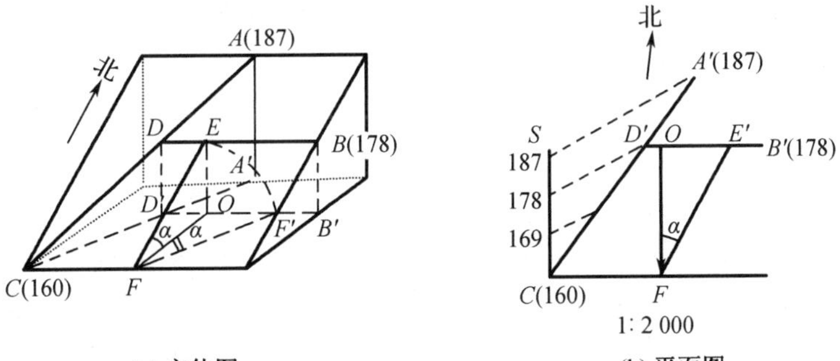

附图Ⅱ－6　三点法求产状

作业：

1. 在凌河地形地质图（附图 2，见书后）上求下石炭统（C_1）顶面或底面的产状，或在嘉阳坡地形地质图（附图 4，见书后）求 C_1^2 顶面或底面的产状。

2. 在松溪地形地质图（附图 5，见书后）上，计算：

（1）已知某赤铁矿层为一倾斜矿层，产状稳定，有三个钻孔各见矿深度分别为ZK2 60 m，ZK3 40 m，ZK5 80 m，用三点法求该矿层产状；

(2)根据设计,在钻孔ZK9处,预计打多深即可达该赤铁矿层顶面?

提示:钻孔中铁矿层顶面高程等于钻孔地面位置高程减去见矿深度。

实习三　读倾斜岩层和不整合接触地质图并作剖面图

一、目的要求

1. 认识倾斜岩层和不整合接触关系在地质图上的表现特征,学会用“V”字形法则分析倾斜岩层的产状;

2. 学习编绘倾斜岩层地质剖面图的方法。

二、说明

(一)分析倾斜岩层在地质图上的表现特征

倾斜岩层在大比例尺地质图上表现为岩层界线在沟谷和山脊处成“V”字形态,而且有一定规律,即所谓“V”字形法则:①当岩层倾向与坡向相反,沟谷处形成尖端指向上游的“V”字形,山脊处形成指向下游的“V”字形;②当岩层倾向与坡向一致,但倾角大于坡角,沟谷中形成尖端指向下游的“V”字形,山脊上形成尖端指向上游的“V”字形;③当岩层倾向与坡向一致,但岩层倾角小于坡角,河谷中形成尖端指向上游的“V”字形,但界线弯曲的紧闭度大于等高线弯曲的紧闭度。

通过读图应用这一规律,掌握岩层产状与地形及其相互关系对岩层界线形态影响的分析方法。同时也注意岩层露头宽度的变化与岩层厚度、产状和地形的关系。

(二)认识不整合在地质图上的表现特征

根据地质图上出露的地层时代、层序可以确定不整合类型。如图区内在两个不同时代的地层之间存在地层缺失,即两地层时代层序不连续,而两地层产状一致。平行不整合不整合面上下两套地质界线一致,倾向、倾角相同(附图Ⅱ-7(a))。

如两地层产状不平行,较新地层的底面界线截过不同时代的较老地层界线,则为角度不整合接触(附图Ⅱ-7(b))。

(三)绘制岩层地质剖面图

一幅正式地质图,通常附有一条或几条通过图区的主要地质构造的图切地质剖面图,以反映图区内构造形态及其组合特征。它与地质图相结合,有助于我们从三维空间去认识和恢复地质构造形态和产状。因此,应该学会阅读分析和绘制图切剖面图的方法。其绘制方法和步骤如下(附图Ⅱ-8、附图Ⅱ-9)。

图切剖面作法及步骤如下:

①选择剖面位置。在分析图区内的地形特征、地层的出露、分布和产状变化以及构造特点的基础上,要使所作的剖面图尽量垂直于区内地层走向、通过地层出露较全和图区主要构造部位,或者选在阅读地质图需要作剖面的地方。选定后,将剖面线标定在地质图上。

②绘地形剖面。在方格纸上定出剖面基线,两端画上垂直线条比例尺,并注明标高。基线标高一般取比剖面所过最低等高线高度低1~1.5 cm。然后将地质图上的剖面线与地形等高线相交各点一一投影到相应标高的位置,按实际地形用曲线连接相邻点即得地形剖面。

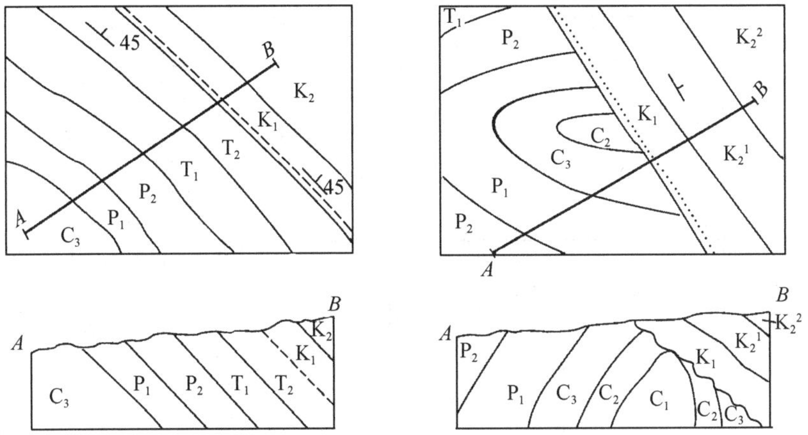

(a) 平行不整合　　　　(b) 角度不整合

图Ⅱ－7　不整合在平面图和剖面图上的表现

注:上图为平面图,下图为剖面图。

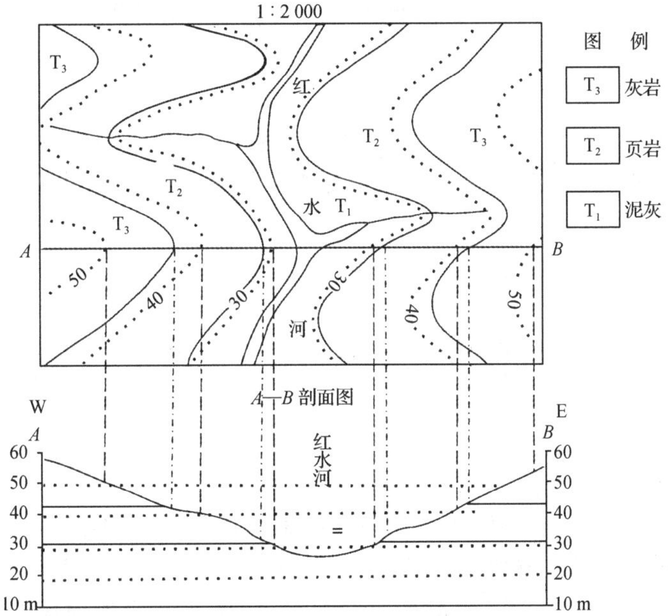

附图Ⅱ－8　编绘水平岩层地质剖面图示意图

③完成地质剖面。将地质图上的剖面线与地质界线(地层分界线、不整合线、断层线等)的各交点投影到地形剖面曲线上,按各点附近的地层倾向和倾角绘出分层界线。如剖面与走向斜交时,则应按剖面方向的视倾角绘分界线。

④按地层岩性(参照附录Ⅴ)绘出各层岩性花纹,并注明各岩层的地层代号。

⑤整饰。按地质剖面图格式要求进行整饰。

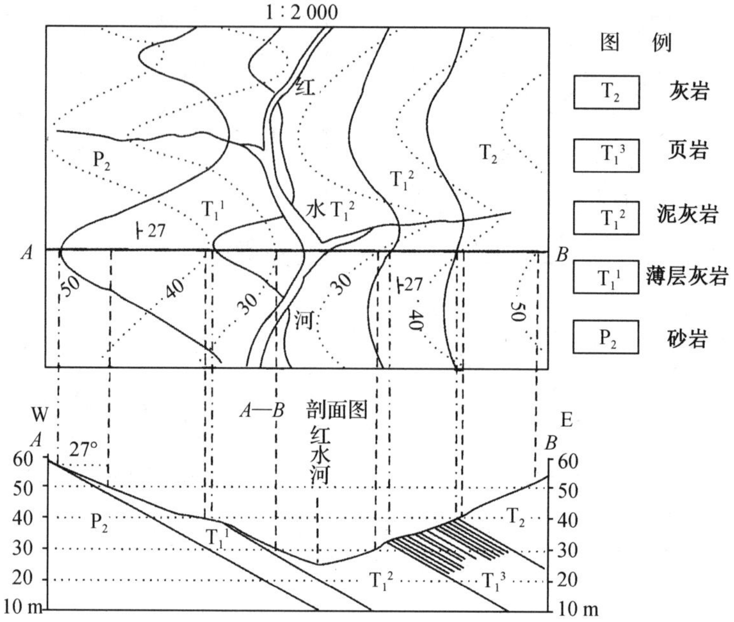

附图Ⅱ－9　绘制倾斜岩层地质剖面图示意图

作业：

1. 分析凌河地形地质图（附图2，见书后）或南涧镇地形地质图（附图3，见书后）或嘉阳坡地形地质图（附图4，见书后），用"V"字形法则分析图区岩层产状、露头分布特征及露头宽度变化，认识地层接触关系。

2. 绘制凌河地形地质图（附图2，见书后）中 *A*—*B* 地质剖面图。

实习四　根据已知岩层产状编绘岩层露头界线

一、目的要求

1. 学会根据在一已知标高露头上的层面（矿层面、断层面或不整合面）的产状，用几何作图法在大比例尺地形图上编绘层面露头界线；

2. 通过这一作图方法，加深理解地质界线与岩层产状和地形的关系。

二、说明

（一）原理

在一个层面平整、产状稳定的倾斜岩层层面上，作出一系列同一等高距的不同高度的走向线，这一系列走向线投影在水平面上，也相应成为间距相等的一系列平行线，这些投影线间的平距又叫放线距（附图Ⅱ－10）。在同比例尺图上，放线距与岩层倾角成反比，倾角愈缓，放线距愈大；倾角愈陡，放线距愈小。

从实习二在地形地质图上求岩层产状要素的作图法可知：某一岩层界线与同一高度等高线交点相连的直线，即为该层面这一高程的走向线。因此，反过来，某一岩层面上按等高线高程和间距作出一系列不同高程的走向线与其相应的地形等高线的交点，也就是该层面的出露点，把这些点依次由低到高或由高到低用平滑曲线连起来，就绘出该层面的露头界线。这一方法对于填绘露头不良的局部倾斜岩层地段的地质界线，或阅读分析地质图、选定探槽工程位置等都有指导意义。对一套产状稳定的单斜岩层，即使只有几个露头，也可通过这种方法绘出完整地质图。

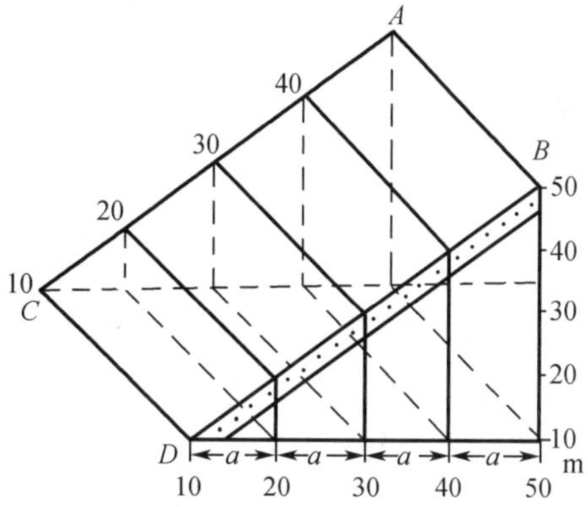

附图Ⅱ-10 放线距

注：图中 *ABCD* 为一倾斜岩层面，其上为以 10 m 的等高距画的一系列走向线，为各走向线间的水平投影平距（放线距）。

（二）作图的方法步骤

1. 已知条件

在有等高线的地形图上，已知岩层界面一露头点 *A* 的产状要素(附图Ⅱ-11)。

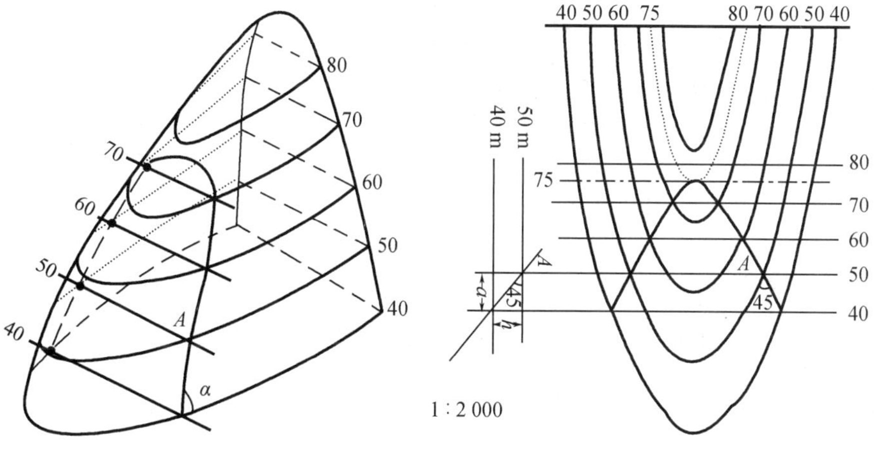

(a) 立体图　　(b) 平面图

附图Ⅱ-11 求放线距和编连地质界线

2. 求出放线距

按已知岩层产状要素求放线距有两种方法：一是用计算法，即根据放线距与等高距和岩层倾角之间的关系求出，如附图Ⅱ-11(b)所示，放线距 $a=h\cdot\cot\alpha$，式中 h 为等高距，α 为岩层倾角，得出的放线距 a 是实地水平距离，应按地形图比例尺折算成图上的平距。如等高距 $h=10$ m，$\alpha=45°$，则 $a=10$ m，按 1∶2 000 比例尺，则 a 在图上的平距为 0.5 cm。第二种方法是图解法，如附图Ⅱ－12 所示，直接从图上已知点 A 作走向线 AA' 并延长到图框外边 AA''，垂直此走向线作一直线，并在此直线一端注上出露点 A 的高度（80 m）。然后，以此线为基线，按比例尺以等高线高差为间距，画一系列与之平行的直线，并以露头 A 点走向线高程（如为80 m）为准，按顺序注上高程，如 90 m、70 m、60 m 等。通过图框外 A''点，以 80 m 线为基准，按岩层倾向和倾角（30°）作一倾斜线，分别与各高程平行线交于Ⅰ、Ⅱ、Ⅲ，然后过这些点作与 AA'走向线平行的线，如Ⅰ—Ⅰ′、Ⅱ—Ⅱ′、Ⅲ—Ⅲ′。各平行线之间的间距 a 即为放线距。

3. 作图

如附图Ⅱ－11 和附图Ⅱ－12，过 A 点根据岩层面在该点的产状作一走向线，其高程即为 A 点的标高。再按所求得的放线距沿倾向依次画出一系列不同高程的走向线，注明各自的标高。然后，分别定出各相同高程的走向线和地形等高线的交点，把这些交点依次用平滑曲线连接起来，即为该岩层界面的地质界线。在连线通过沟谷或山脊处，地质界线应发生“V”字形转折，在转折点不一定恰有一个交点时，要较准确画出界线的转折，可用插入法作出辅助等高线和相应走向线，如附图 Ⅱ－11（b）上 75 m 的等高线和走向线，二者相交一点，即为界线转折点。

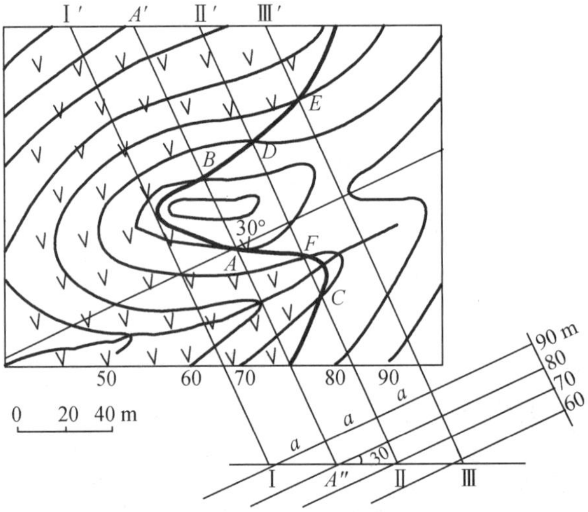

附图Ⅱ－12　图解法求放线距，并绘制倾斜岩层界线

作业：

1. 用鹰岩地形图（附图 6，见书后）按下列条件作图。该区白垩系下统（K_1）含铜砂砾岩层的上层面出露于 C 点（标高 170 m），倾斜为 168°∠10°，其上为白垩系上统（K_2）页岩。K_1 砂砾岩层下层面为不整合面，产状也是 168°∠10°。在 C 点又正好是不整合面之下元古界 Pta 含铜白云岩层的上层面与 Ptb 黑色板岩的分界点，倾斜为 20°∠27°。试根据这些露头产状要素绘制该区地质图。地形图比例尺为 1∶5 000；等高线间距为 10 m。（注意：不整合面上、下要分别作各自的放线距和不同高程走向平行线及相应交点，并应先绘出不整合面，即 K_1 下层面界线）。

2. 确定在过 B 点、F 点布置揭露含铜砂砾岩层顶、底板探槽的最佳方位(距离最短)。
3. 试分析在 F 点布置钻孔以查明含铜白云岩的埋藏深度是否合理。

实习五　构造模拟实验

一、目的要求

1. 通过泥料模拟实验了解压缩和剪切力作用下塑性变形和断裂变形的特征及其相互关系,获得对应力、变形、材料性质三者的感性认识,从而为进行地质构造的力学分析打下基础;
2. 基本熟悉泥料模拟实验的一般方法和步骤。

二、材料和工具

1. 材料　泥巴、蜡纸、棉纸等;
2. 仪器　压缩仪、剪切仪等;
3. 工具　筛子、刮刀、记录纸、铅笔、三角板、量角器等。

三、说明

构造模拟实验是在特定条件下,选择适当材料,用人为的方法,按相似理论的原则,使试件在遭受与地质环境相类似的温度、压力作用下,仿制出与实际地质构造相似的模型体,用以分析研究地壳上某些构造形态及其组合形式的产生原因和形成过程。构造模拟实验是进行构造研究的重要方法之一。

构造模拟实验方法较多,目前主要采用泥料模拟法、光测弹性模拟法和高温高压模拟实验法。这里仅作泥料模拟实验。

实验前应制备好泥模材料,将泥巴捣碎过筛(孔径 0.6 ~ 0.8 mm);然后,缓慢加水搅拌揉搓成均匀的湿泥团,以备用。根据实验要求加入不同分量的粉砂土以适应其模拟地质体的力学性质。本次实验有两个内容。

(一)单向水平压缩实验

将准备好的各边长 8 cm 的泥模各面抹光,各面用圆盖轻轻印上圆圈,量其直径,放入压缩仪内,按比例绘出立体图。然后,均匀缓慢地摇动压缩仪把柄,边压缩边观察泥模变化,直至各面出现显著节理为止。观察和记录要点:

(1)注意泥模塑性流动方向及各面圆圈形状的变化,测量其变形前后泥模的边长和圆圈的直径,确定出变形椭球体 A、B、C 轴的方位;

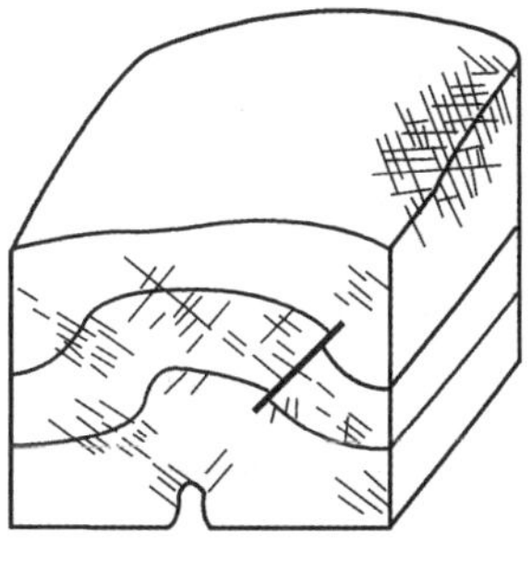

附图Ⅱ -13　侧向挤压泥巴模拟实验素描图(据李四光)

注:三个不同层组成的矩形泥块,从右侧加压,其底大致固着于板上。

(2)节理性质、特征、发育先后、相互关系、组数、产状、共轭剪切节理夹角大小及其锐角与施力方向的关系,注意羽裂现象与施力方向关系,并按比例绘图表示(附图Ⅱ -13);

(3)比较不同材料泥模实验变形的异同点,分析其原因。

(二)基底剪切实验

将准备好的泥模饼(如 10 cm×20 cm×20 cm)铺于剪切仪上,抹光。在位于剪切缝之上的泥模饼内,印上两个圆圈。过圆心作相互垂直的两条直径,然后摇动剪切仪把柄,均匀缓慢地施以剪切力,边施力边观察泥模饼的变化,直至出现明显节理为止。观察和记录要点:

(1)注意泥模饼上圆圈形态、直径长短及其方位的变化,确定应变椭球体 A、B、C 轴的方位,并测量 A 轴与剪切运动方向的夹角;

(2)观察形成小褶皱的枢纽方位、排列规律及其影响因素;

(3)观察节理性质、特征、组数、发育先后及其相互关系,张节理或剪节理与剪切方向相交锐角指向与剪切运动方向的关系,注意各组节理的发育程度,羽裂现象及其力学性质的变化,并用变形椭球体解释;

(4)绘制不同变形阶段的素描图。

作业:

以小组为单位,进行单向水平压缩和基底剪切实验,将观测情况,按附表Ⅱ-1格式记录,总结不同泥模受不同性质和方向的力作用与变形的关系,初步解释有关的地质构造现象。

附表Ⅱ-1　构造模拟实验记录表　　年　月　日

<table>
<tr><td colspan="2">实验名称</td><td colspan="5"></td><td colspan="2">仪器</td><td colspan="2"></td></tr>
<tr><td>实验材料</td><td colspan="10"></td></tr>
<tr><td rowspan="3">变形特征</td><td colspan="2">变形前</td><td colspan="7">变形后</td><td rowspan="2">塑性流动标志</td></tr>
<tr><td rowspan="2">泥模</td><td rowspan="2">圆直径</td><td rowspan="2">泥模</td><td rowspan="2">椭圆长径短径</td><td rowspan="2">加力情况</td><td rowspan="2">褶皱节理性质先后相互关系</td><td colspan="3">与受力方向夹角</td></tr>
<tr><td>节理面</td><td>轴向</td><td>椭圆长径</td><td></td></tr>
<tr><td colspan="6">长</td><td rowspan="2">一次</td><td rowspan="2"></td><td rowspan="2"></td><td rowspan="2"></td><td rowspan="2"></td></tr>
<tr><td colspan="6" rowspan="2">宽</td></tr>
<tr><td rowspan="2">二次</td><td rowspan="2"></td><td rowspan="2"></td><td rowspan="2"></td><td rowspan="2"></td></tr>
<tr><td colspan="6">高</td></tr>
<tr><td colspan="2">素描、照相</td><td>平面</td><td>剖面</td><td>立体</td><td rowspan="2">分析简图</td><td colspan="5" rowspan="2"></td></tr>
<tr><td colspan="2">编号</td><td></td><td></td><td></td></tr>
<tr><td>分析成果简要说明</td><td colspan="10"></td></tr>
<tr><td>备注</td><td colspan="10"></td></tr>
</table>

实验操作:　　　　　　　　记录:　　　　　　　　审核:

实习六 读褶皱区地质图

一、目的要求

1. 初步掌握阅读褶皱地区地质图的步骤和方法；

2. 学会从地质图上认识和分析褶皱的形态、组合特征及形成时代。

二、说明

（一）褶皱形态的认识和分析

首先从地质图的图例或地层柱状图上了解图区出露的地层时代、层序和接触关系；然后浏览一下地质图，概略地认识图区新老地层的分布和延展情况，了解其地貌特征，并结合比例尺分析地形对地层露头分布形态和出露宽度的影响。

从地质图上认识褶皱，先要看地层分布是否有对称重复现象，并结合地层新老关系和地层产状，分辨出背斜和向斜，再进而分析褶皱的形态和组合特征，及形成时代。认识褶皱形态的关键是确定褶皱的两翼、轴面和枢纽产状。分析时，除遵循一般的读图方法外，具体步骤可从以下几方面着手，但对于不同类型的褶皱其重点又有所不同。

（1）区分背斜和向斜。首先根据地层的对称重复以及地层新老关系和产状区分背斜和向斜。若核部为老地层，两翼依次为新地层者，为背斜；若核部为新地层，两翼依次为老地层者，为向斜。

（2）确定两翼产状。分析两翼产状是认识褶皱形态的关键。根据褶皱两翼产状及其变化，确定轴面和枢纽产状。两翼产状可从地质图上直接读出。在大比例尺地形地质图上，两翼产状也可根据地质界线与等高线的关系求出。

（3）判断轴面产状。根据两翼的倾向、倾角大致判断轴面产状。若两翼倾向相反、倾角近相等，表示轴面直立。如两翼倾角不等的斜歪和倒转褶皱中，轴面倾斜，背斜的轴面均与缓翼倾向一致，轴面倾角大于缓翼倾角、小于陡翼倾角。

（4）枢纽产状的确定。当地形近平坦褶皱两翼平行延伸，表示两翼岩层走向平行一致，则褶皱枢纽是水平的；如两翼岩层走向不平行，两翼同一岩层界线交会呈弧形弯曲，说明该褶皱枢纽是倾伏的；背斜两翼同一岩层地质界线交会的弯曲尖端指向枢纽倾伏方向，向斜两翼同一岩层地质界线交会的弯曲尖端指向扬起方向（附图Ⅱ－14）。另外，沿褶皱延伸方向核部地层出露的宽窄变化，也能反映出枢纽的产状。核部变窄的方向是背斜枢纽倾伏方向，或为向斜枢纽扬起方向。

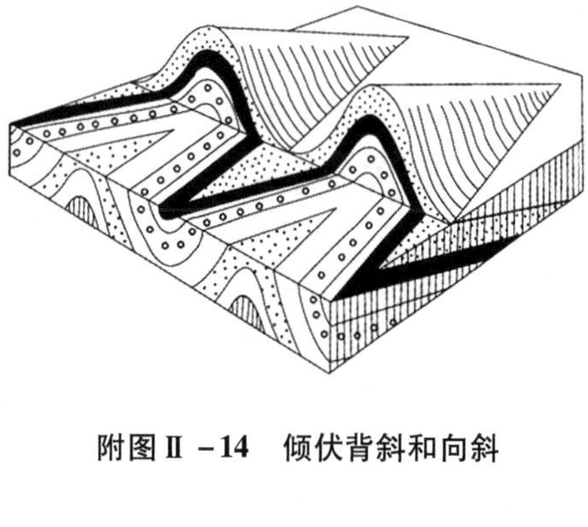

附图Ⅱ－14 倾伏背斜和向斜

在地形起伏很大的大比例尺地质图上，褶皱岩层界线受“V”字形法则的影响，岩层界线弯曲不一定反映枢纽起伏。枢纽水平的褶皱，会因地形起伏的影响，表现出两翼交会。此时，从褶皱两翼产状、褶皱岩层界线分布形态与岩层产状和地形的关系等方向综合起来分析，才能正确认识枢纽产状。

(5)转折端形态的认识。在地形较平坦的地质图上，褶皱倾伏处（扬起端）的轮廓大致反映褶皱转折端的形态。

(6)翼间角和褶皱紧闭程度的判定。根据两翼岩层的倾向与倾角，可大致地估测出翼间角的大小，再据其翼间角的大小范围对褶皱紧闭程度做出定性描述（见第 4 章 4.2 节）。

(7)轴迹和平面轮廓的确定。将褶皱各相邻岩层的倾伏端点（或扬起端点）连线，即是轴迹。轴迹所示方向表示褶皱的伸展方向，轴迹的长短表示褶皱在平面上的大小。褶皱两翼同一岩层的出露线沿轴迹方向的长度与垂直轴迹方向的宽度之比即褶皱的长、宽比。按长、宽比可将褶皱分为线型、短轴和等轴三种类型。

(8)褶皱组合类型的识别。在逐个分析区内背斜、向斜之后，按轴迹排列规律，确定褶皱组合类型：平行线列、雁列褶皱或其他类型。

(9)褶皱形成时期的确定。主要根据地层间的角度不整合接触关系来确定褶皱的形成时代。不整合面以下褶皱岩层最新地层时代之后与不整合面以上最老地层时代之前的褶皱形成时代。

上述判断两翼产状的方法适用于形态和产状较简单的褶皱，对于倾竖褶皱、平卧褶皱和斜卧褶皱或地形变化复杂时则不适用。

（二）褶皱描述

褶皱的描述包括以下内容：褶皱名称（地名加褶皱类型）、分布地点及范围、延伸方向、核部及两翼地层、两翼产状及其变化、转折端形状、褶皱的位态分类、次级褶皱特征、与周围其他构造的关系以及褶皱形成时代等。现举暮云岭背斜为例说明之（附图 7，见书后）。

暮云岭背斜位于图幅中西部暮云岭一带，呈 NE—SW 向延伸；核部由下石炭统组成，宽约 500 m，长约 2 750 m，平面上成不规则的长椭圆形，长宽比约为 5∶1，近线形背斜。两翼由中、上石炭统及二叠系地层组成，两翼产状是：西北翼是 NW315°∠60°～55°，东南翼是 SE135°∠40°～25°，可见西北翼较陡，东南翼较缓，轴面向南东倾，倾角约 80°，转折端比较圆滑，翼间角约 80°，为开阔褶皱。枢纽向 NE、SW 两端倾伏，中部隆起，背斜向南西一分为二成两个背斜和其中一个向斜。总之，本褶皱为一转折端圆滑的斜歪背斜，属褶皱位态分类中的倾伏直立褶皱。背斜的北西和南东两翼与相邻的向斜连接。背斜形成于晚二叠世之后，早侏罗之前。

(1)判断轴面产状。要较准确地确定褶皱轴面的产状，可以通过系统地测量两翼同一岩层产状，用极射赤平投影方法或几何作图法来确定。在地质图上，也可以从两翼产状大致判断出轴面产状。如两翼倾向相反，倾角大致相等，则轴面直立；两翼倾向、倾角基本相同，则轴面产状也与两翼产状基本一致（即为等斜褶皱）。对于两翼产状不等或一翼倒转的褶皱，无论背斜或向斜，其轴面大致是与倾角较小的一翼的倾斜方向近于一致，除平卧褶皱和等斜褶皱外，轴面倾角一般是大于缓翼倾角，而小于陡翼倾角。

(2)枢纽产状和轴迹的确定。当地形平坦且褶皱两翼倾角变化不大时，两翼地层界线基本上平行延伸，可认为褶皱枢纽水平；如两翼岩层走向不平行，或两翼同一岩层界线呈交会或弧形转折弯曲，可认为褶皱枢纽是侧伏的，倾伏背斜两翼同一岩层界线在枢纽倾伏处交会成“V”形或弧形的凸侧或“V”形尖端指向枢纽倾伏方向。向斜则反之。另外，沿褶皱延伸方向核部地层出露的宽窄变化也能反映出枢纽的产状，核部变窄或闭合的方向是背斜枢纽倾伏方向，或向斜枢纽扬起方向（附图Ⅱ－15）。通过褶皱各层界线转折端点的连线，即为轴迹。

上述确定枢纽产状和轴迹的方法只适用于轴面近直立或陡倾斜的倾伏褶皱及地形比较平缓的情况。对于轴面呈中等或缓倾斜的倾伏褶皱,或地形起伏复杂的情况下,在大、中比例尺地质图上,褶皱岩层界线弯曲转折端点的连线既不能代表枢纽倾伏方向,也不一定是轴迹。因此,在阅读褶皱区地质图时,要多从褶皱两翼产状、褶皱岩层界线的分布形态与岩层产状和地形的关系等方面综合起来分析,才能对褶皱有正确的认识。根据两翼产状用极射赤平投影方法或几何作图方法是确定枢纽和轴面产状的可靠方法。

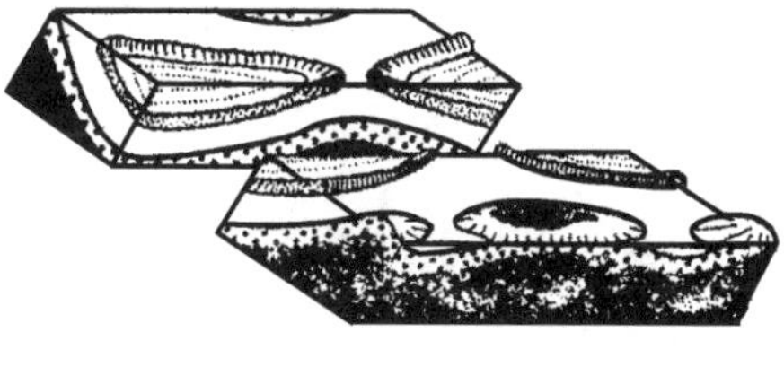

附图Ⅱ－15 枢纽起伏在平面及纵剖面上的表现

在倒转褶皱中,岩层呈直立处(一般在转折端的附近)的岩层走向的一端反映了枢纽的倾伏方向,其走向与枢纽方向呈直交处的岩层倾角等于枢纽倾伏角。

(3)转折端形态认识。在地形较平缓的情况下,轴面直立或陡倾斜的倾伏褶皱,在地质图上褶皱倾伏端的地层界线弯曲形态,大致可以反映褶皱在剖面上的转折端的形态(附图Ⅱ－16)。

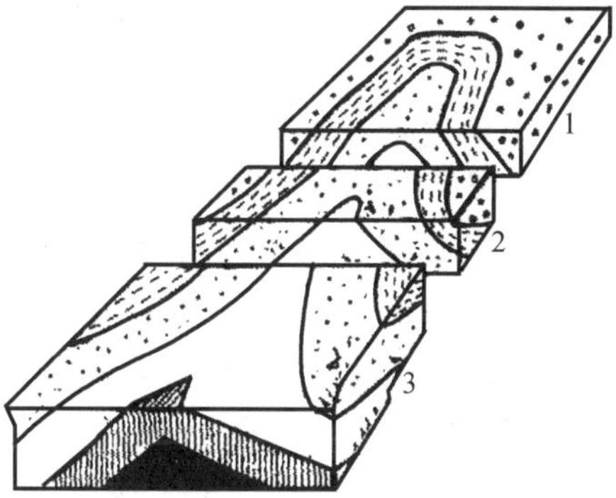

1—箱状背斜;2—圆弧背斜;3—尖棱背斜。

附图Ⅱ－16 褶皱转折端形态

(三)褶皱组合形式的认识

在逐个分析了图区的背斜、向斜之后,再从地质图对同一构造层诸褶皱的轴迹排列形式和剖面上的褶皱组合特征,确定和描述褶皱的组合形式,如雁行式、穹盆构造、隔挡式、隔槽式或复背斜、复向斜等。

(四)确定褶皱形成时代

主要根据地层间的角度不整合接触关系来确定。在不整合面以下的褶皱形成于不整合面以下的最新地层时代之后,不整合面以上的最老地层时代之前。如附图Ⅱ－17所示的褶皱形成于中志留世之后,中泥盆世之前。

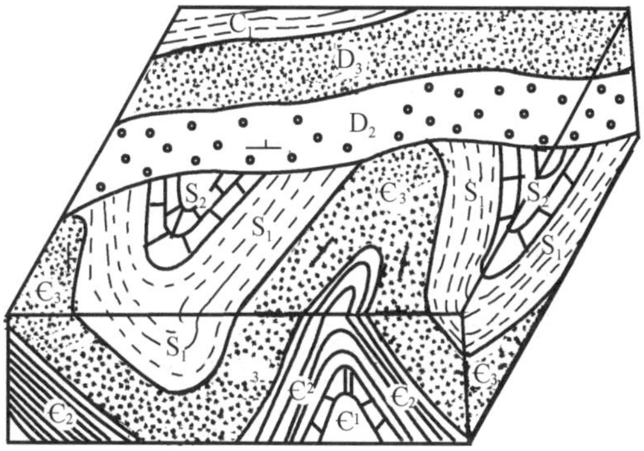

附图Ⅱ－17 根据不整合确定褶皱形成时代

作业:

1. 分析暮云岭地形地质图(附图7,见书后)或武华镇地质图(附图8,见书后)中的褶皱形态特征及形成时代。

2. 对图区内一褶皱进行文字描述(可附示意图)。

实习七 绘制褶皱地区剖面图

一、目的要求

学会在褶皱区地质图上绘制图切剖面图（铅直剖面图和横截面图）的方法。

二、说明

褶皱构造图切剖面有两种：一种是铅直剖面，一般横切褶皱延伸方向，这是常用的剖面图，它适用于在各种比例尺地质图上反映褶皱在与图面（水平面）垂直面上的褶皱特征；另一种是垂直于褶皱枢纽的剖面，称为横截面图或正交剖面图，对于构造变形较强烈、枢纽倾伏角较大的褶皱较复杂的地区（如变质岩区），这种横截面图能比较真实地反映褶皱在剖面上的形态。

（一）褶皱地区铅直剖面图的绘制（附图Ⅱ－18）

（1）分析图区地形和褶皱特征。读褶皱发育地质图及描述褶皱。分析时应注意地层界线的弯曲是与岩层产状和地形的影响有关还是与次级褶皱有关，如是次级褶皱，在剖面上应反映出来。

（2）选定剖面位置。剖面线应尽可能垂直褶皱轴迹延伸方向，且能通过全区主要褶皱构造，剖面线应标绘在地质图上。

（3）标出剖面线所通过的褶皱位置。背斜用“∧”、向斜用“∨”符号表示。要把次一级褶皱轴延长与剖面相交，用同样方法算出次一级褶皱位置（附图Ⅱ－18）。

（4）绘出地形剖面。绘制方法见实习四。

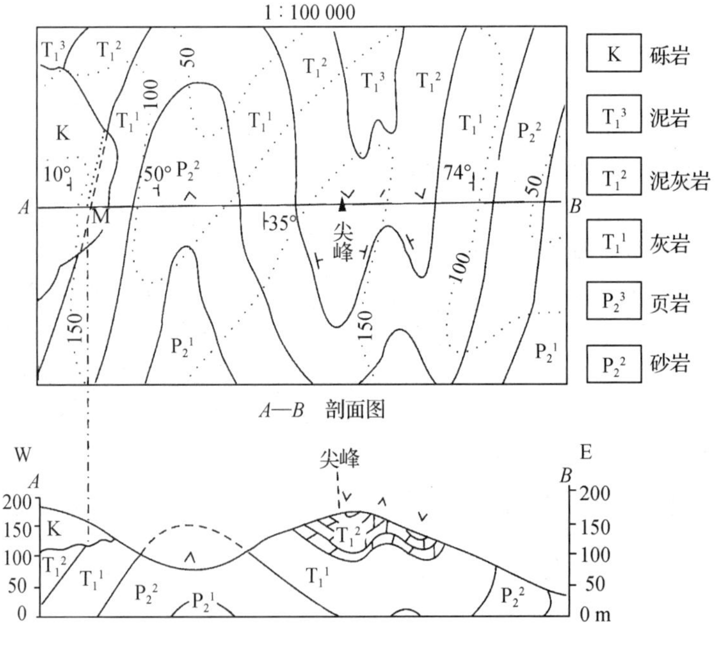

附图Ⅱ－18 褶皱构造剖面图的绘制

(5)绘出褶皱形态。将剖面线上的地质界线和褶皱轴迹的交点投影到地形剖面上，在投影地质界线点和画褶皱构造时应注意下几点:①剖面切过不整合面和第四系时，先画不整合面以上的地层和构造，然后再画不整合面以下地质界线。其画法为在地质图上把不整合面以下的岩层分界线按其延伸趋势延至剖面线上相交于某点(附图Ⅱ-18中的m点)，将此点投影于不整合面得一交点，从此点绘出不整合以下地层的界线和构造。②剖面线切过断层时，先画断层，然后再画断层两侧的地层和构造。③剖面线与地层走向斜交时，应将岩层倾角换算成视倾角。④作图顺序应从褶皱核部开始，依次绘出两翼上各层，如各层倾角相差较大时，应该核对记录或野外验证后，在剔除错误的前提下，如果是岩层倾角局部变陡或变缓的表现，可按两翼同一岩层厚度基本不变的前提，在地表处的岩层倾角可按所测量值绘，向深处则加以适当修正，使之逐渐与主要产状协调一致(附图Ⅱ-19)。

(a) 校正前　　(b) 校正后

附图Ⅱ-19　根据同一岩层厚度不变校正同翼岩层产状

(6)恢复褶皱转折端的形态。应考虑褶皱是平行褶皱还是相似褶皱。在平行褶皱中，岩层厚度在整个褶皱中保持不变，而在相似褶皱中转折端处岩层应有所加厚。至于转折端是圆滑或尖楞，应根据其地质图上表现的形态近似地确定。至于转折端深部的位置，轴面直立或近于直立的褶皱转折端的形态与它在平面上的倾伏端露头形态大致相似，在绘转折端形态时也可根据枢纽倾伏角作纵向切面，求出到所作剖面处核部地层枢纽的深度，然后结合该层两翼倾角及枢纽位置绘成圆弧(附图Ⅱ-20)。

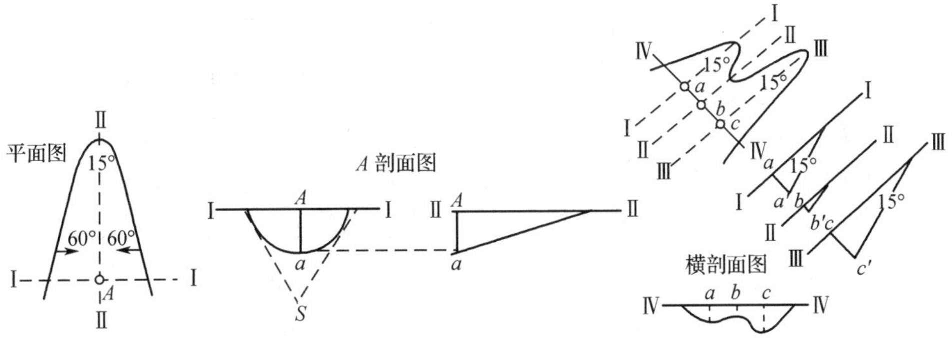

附图Ⅱ-20　绘制褶皱转折端深部位置的方法

(7)按实习三地质剖面图内容和格式进行整饰。

(二)褶皱横截面图的绘制方法

褶皱横截面图是在垂直于褶皱枢纽的截面上投影而成的。这种图将地质图转动到便于我们顺着褶皱枢纽倾伏方向进行观察的位置，顺着枢纽倾伏方向观察产生缩短视线的“侧瞰构造”的效应。这种图是从地质图上用正投影方法绘制的(附图Ⅱ-21)，因此一张反映褶皱构造形态出露较完整、标明有枢纽产状的良好的地质图是绘制横截面图的基础。一幅横截面图只能反映褶皱枢纽倾伏向和倾伏角基本不变的那一个区段的褶皱形态特征，如果枢纽产状有变化，则要把图区划分成若干均匀区段来绘制各区段的横截面图，即横截面图所反映的是圆柱状褶皱。横截面图绘制方法步骤介绍如下。

（1）在地质图上画等间距方格。其纵坐标线与褶皱枢纽倾伏方向平行，横坐标与之垂直（附图Ⅱ－22（a）中 1，2，3，…及 *a*、*b*、*c*……）。

附图Ⅱ－21　横截面图的投影原理

（据 E. S. Hills）

（2）作横截面图上的网格。横截面图垂直于纵坐标，基线与横坐标平行并等长。平行枢纽方向的纵坐标（附图Ⅱ－22（a）（c）中的 1，2，3，…）之间的间距保持不变，而垂直枢纽的横坐标（附图Ⅱ－22（b）中的 *a*、*b*、*c*……）之间的间距则按 $h' = h \cdot \sin\theta$ 公式计算缩短（公式中 h 为原来坐标间距；θ 为枢纽倾伏角）。或用作图法求出（附图Ⅱ－22（b）），于是画出横截面的网格，其中 a'、b'、c'……是缩短后的间距。

（3）将平面图上的褶皱层界线与纵、横坐标的交点，按在方格网上的位置标绘到横截面图上坐标投影网格上的相应位置，并根据平面图上褶皱的露头形态将相邻的点连成线（附图Ⅱ－22（c）），即得出顺枢纽倾伏方向观察的褶皱构造形象。

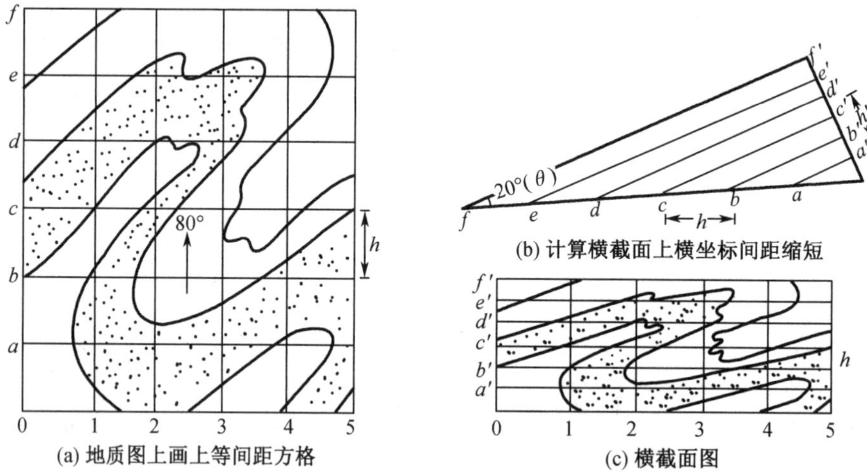

h—原来的方格间距；*h'*—缩短后的新间距；*θ*—枢纽倾伏角。

附图Ⅱ－22　褶皱横截面图的绘制

上述作图方法是以地面平坦为前提。如在地形起伏较大的地区作横截面图时，应根据地形等高线进行地形校正，其方法较烦琐，在此不赘述。

作业：

1. 分析暮云岭地质图（附图 7，见书后）中的褶皱形态、组合形式和形成时代；绘制 *A*—*B* 剖面。

2. 附图Ⅱ－23 为某地平面地质图，图区的褶皱枢纽向正北倾伏，其倾伏角为 30°，试绘制该图区的横截面图。

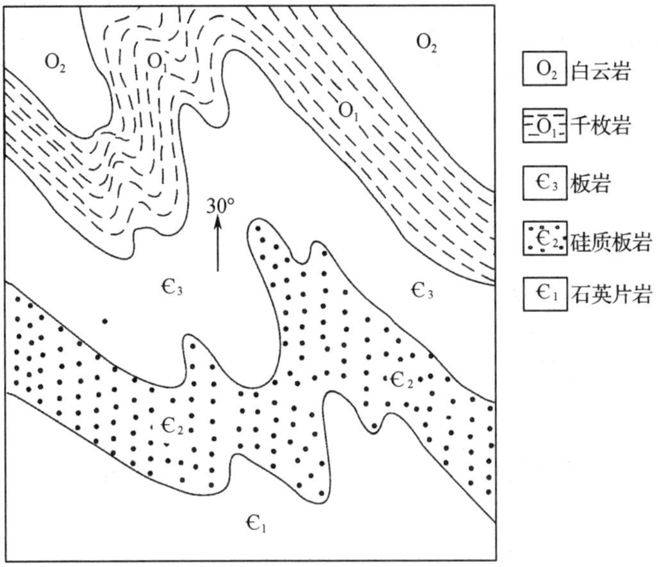

附图Ⅱ－23 某地地质图

实习八 编绘和分析构造等高线图

一、目的要求

1. 学会根据岩层标高(或埋藏深度)资料,编绘构造等高线图;
2. 学会认识构造等高线所反映的构造形态。

二、说明

构造等高线图是用等高线来反映一特定岩层的顶面或底面(或某一构造面)的起伏形态的一种构造图,又称构造等值线图。这种图定量地、醒目地反映了地下构造,特别是褶皱构造形态。这是油气田、煤田和一些层状矿床的勘探和开采中经常要编绘的一种重要图件。

本次实习以钻孔资料为例介绍构造等高线图的编绘方法。

(一)构造等高线图的编绘方法

(1)换算目的层层面标高。所谓目的层是指选定用来反映地下构造的一个特定的岩层或矿层。要绘目的层面的等高线就必须测定或换算出它在各处的标高。如附图Ⅱ－24 所示,每个钻孔孔口地面标高减去到达目的层面的孔深,即得出每个钻孔处的目的层层面标高。如钻孔 A 地面标高是 350 m,到目的层面的孔深是 325 m,则在 A 点目的层层面标高为 25 m。

(2)将计算结果标在地形图各个点上。如附图Ⅱ－25 中“$\odot\frac{5}{55}$”,“⊙”为钻孔位置,“5”为孔号,“55”为该点目的层层面标高。

(3)分析目的层层面高程的变化规律。找出层面的最高点或最低点及高程突变位置(往往可能存在断层的显示),分析层面高程变化趋势,初步确定构造形态类型和枢纽或脊线、槽线方位。如附图Ⅱ－26 所示，以 11 号孔为中心，附近各点高程变化特点是，朝北西和南东方向变低，向北东方向也逐渐降低，可以判断这是一个枢纽向北东倾伏的背斜，沿 11—9—7 的连线应大致是背斜枢纽或脊线的位置。

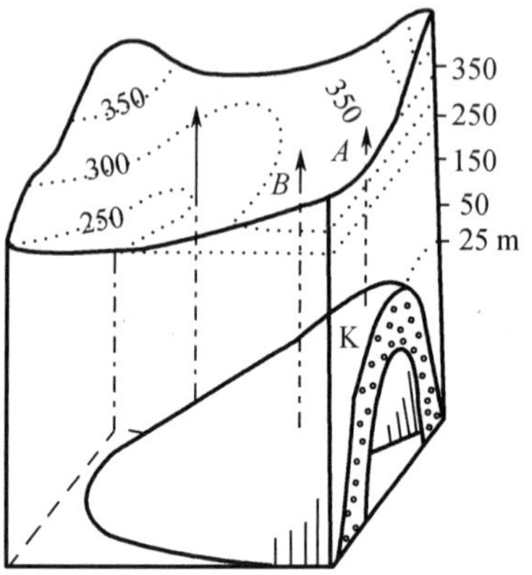

附图Ⅱ－24　换算目的层层面标高示意图

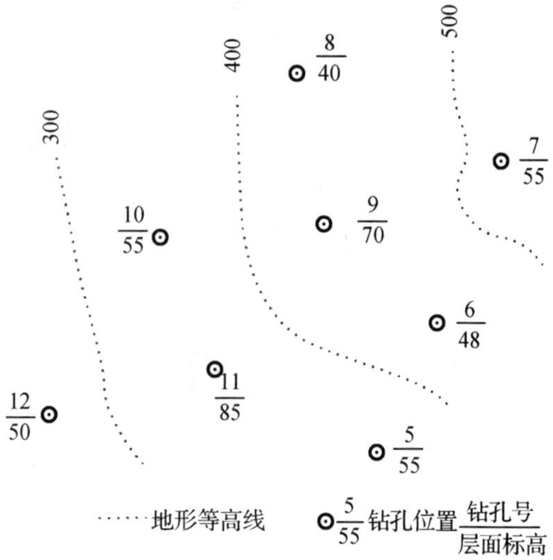

附图Ⅱ－25　分析目的层层面高程变化的特点

（4）连三角网。从估计的脊线最高点（或槽线最低点）开始，向相邻点连线，构成三角网（附图Ⅱ－26）。连线时应尽量垂直岩层走向，即在距离短、高差较大的方向连线，避免将不同翼上点相连，以免歪曲构造形态（附图Ⅱ－27）。

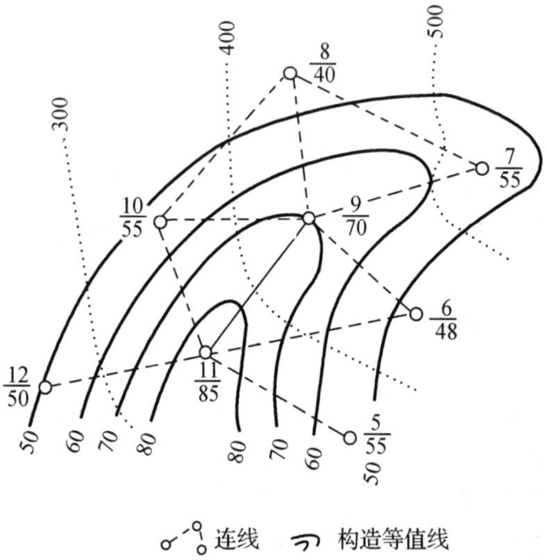

附图Ⅱ－26　以附图Ⅱ－25 的资料连三角网并绘等高线

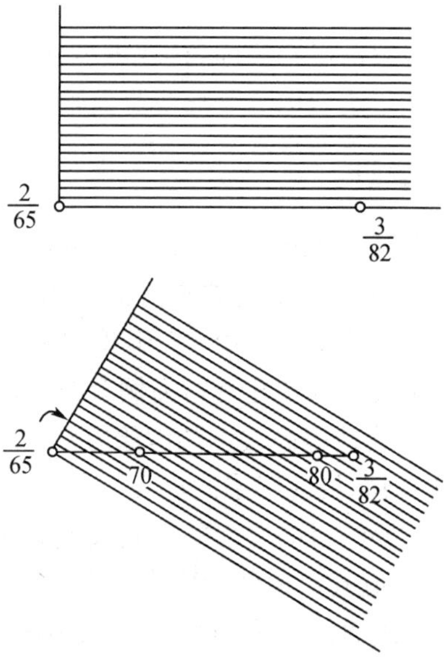

附图Ⅱ－27　用等高差线网求等高线点

（5）用插入法求等高线点。用透明方格纸作高程差线网，按所定的等高线距，在三角网各边线上用内插法求出等高距点。高程差线网用法如附图Ⅱ－28 所示，2 号孔层面标高为

65 m，3 号孔层面标高为 82 m，二者高差 17 m。按等高线间距为 10 m，应在两孔之间线段上求出 70 m 和 80 m 两高程点位置。将差线网盖在图上，使其某一基线与 2 号孔吻合，此基线即为 65 m，用大头针固定 2 号孔，转动高程差线网，使自基线起算与 3 号孔标高相等的网上的一条线与 3 号孔重合，则等高差线网中相对应的 70 m 和 80 m 线与 2—3 连线的交点，即为所求的等高线点。

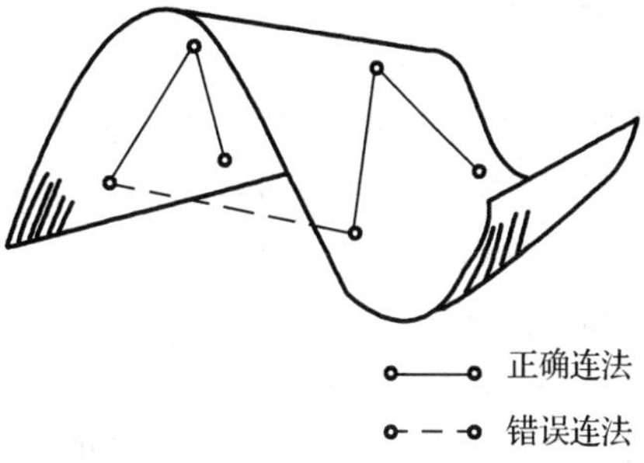

附图Ⅱ－28　三角网连法示意图

(6)绘等高线。以平滑曲线连接等高点即得出等高线。连线时应从最高(或最低)线向外依次完成。绘等高线时要注意相邻等高线的形态与之协调，也要注意高程的突变，以免遗漏断层。

(二)分析构造等高线图

类似于用地形等高线图分析认识地形起伏形态一样，用构造等高线图可以认识和分析由目的层面的起伏形态所反映的构造特征。

(1)构造类型。如附图Ⅱ－29 所示，从等高线圈闭形状和高程变化直接定量地表现出背斜、向斜和一些褶皱形态变化的细节。若出现等高线的错开或重叠等异常现象则为断层(附图 Ⅱ－30)。

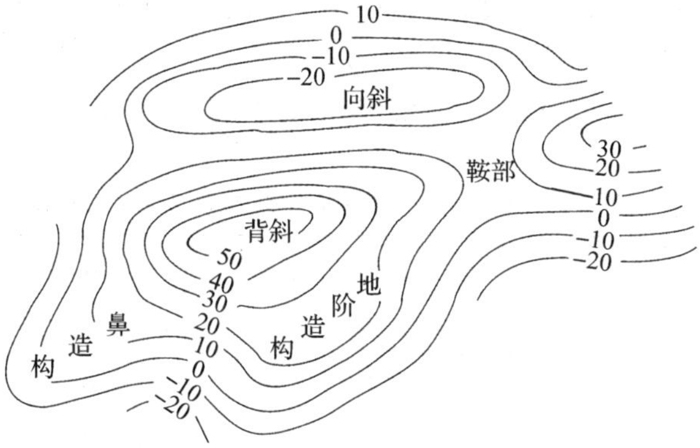

附图Ⅱ－29　褶皱形态在构造等高线图上的表现

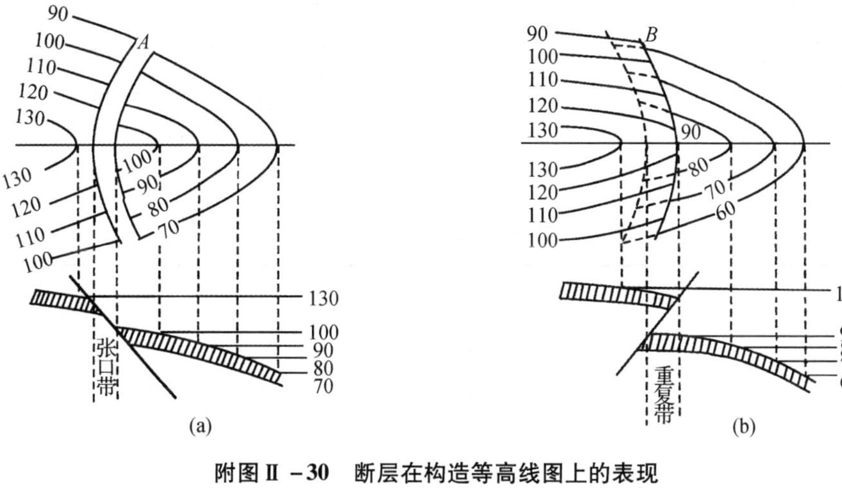

附图Ⅱ－30　断层在构造等高线图上的表现

（2）构造的产状变化。等高线延伸方向表现岩层走向及其变化，等高线的疏密反映了岩层倾角的陡缓，用作图法可在构造等高线图上求出层面各点的产状。用实线和虚线的重叠表示出岩层倒转（附图Ⅱ－31）。沿轴向等高线的疏密及高程变化，反映枢纽或脊（槽）线的纵向起伏变化。

（3）构造组合。在较大区域的构造等高线图上，可以看到地下的褶皱及褶皱与断层 的组合关系。在资料较丰富、编绘较精细的构造图上，还可以反映出次级构造形态。

作业：

实习用图：凉风垭地区地形图（附图9，见书后）。

1. 根据附表Ⅱ－2 中的凉风垭地区由钻孔资料所得的中侏罗统介壳灰岩顶面标高资料，在凉风垭地形图上绘制中侏罗统介壳灰岩顶面构造等高线图（等高线间距为 10 m 或 5 m）。所有钻孔和编号以及大部分目的层标高已标注在地形图上。部分未注出标高的钻孔，可根据钻孔地面高程和钻孔深度换算出该点标高，并填入表内和标注在图上相应孔位上。

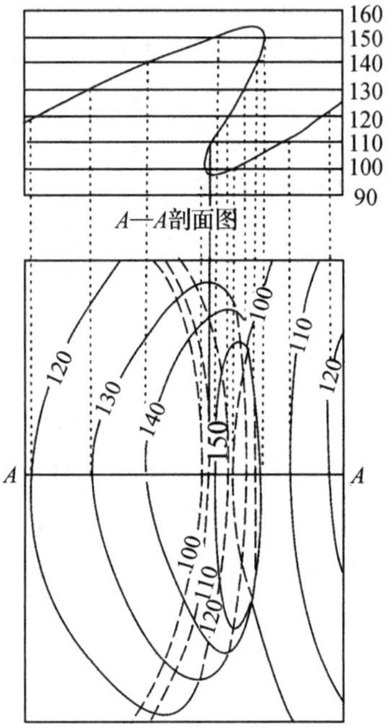

附图Ⅱ－31　倒转褶皱在构造等高线图上的表现

2. 分析所绘出的构造等高线图上的构造形态，并作简要描述。

附表Ⅱ－2　凉风垭地区介壳灰岩深度及顶面标高数据　（单位：m）

钻孔号	深度	目的层标高	钻孔号	深度	目的层标高	钻孔号	深度	目的层标高
1	180	70	11	190		21	207	
2	195	80	12	233	60	22	180	
3	235	60	13	205	70	23	198	
4	305	40	14	223	60	24	195	
5	249		15	220	70	25	220	80
6	210		16	220	90	26	200	80
7	170	100	17	200	100	27	207	
8	190	70	18	240	70	28	175	70
9	200	70	19	205	95	29		155
10	170	100	20	196				

实习九 绘制节理走向玫瑰花图

一、目的要求

1. 学会根据节理测量结果绘制节理走向玫瑰花图；
2. 初步掌握分析节理走向玫瑰花图的方法。

二、用具及资料

用具有圆规、量角器、透明纸、赖特网(见插页)。编图资料见附表Ⅱ－3、附表Ⅱ－4。

附表Ⅱ－3 天平山8号观测点节理测量记录

走向	倾角/倾向	走向	倾角/倾向	走向	倾角/倾向	走向	倾角/倾向
3°	∠75°SE	34°	∠72°SE	47°	∠76°NW	314°	∠79°NE
4°	∠73°SE	35°	∠75°SE	45°	∠78°NW	315°	∠83°NE
5°	∠72°SE	36°	∠72°SE	45°	∠80°NW	315°	∠87°NE
6°	∠71°SE	34°	∠75°NW	46°	∠76°NW	316°	∠80°NE
3°	∠76°NW	34°	∠72°NW	46°	∠74°NW	319°	∠86°NE
5°	∠85°NW	35°	∠72°NW	281°	∠72°NE	312°	∠80°NE
5°	∠87°NW	35°	∠74°NW	282°	∠73°NE	314°	∠73°SW
5°	∠75°NW	35°	∠72°NW	285°	∠75°SW	314°	∠80°SW
5°	∠79°NW	36°	∠74°NW	292°	∠70°NE	314°	∠75°SW
6°	∠78°NW	36°	∠74°SE	293°	∠70°NE	314°	∠78°SW
6°	∠84°NW	44°	∠84°SE	294°	∠79°NE	316°	∠78°SW
7°	∠80°NW	44°	∠80°SE	295°	∠75°NE	316°	∠78°SW
16°	∠71°NW	45°	∠85°SE	294°	∠75°SW	317°	∠79°SW
14°	∠71°NW	45°	∠85°SE	296 °	∠72°SW	321°	∠75°SW
14°	∠71°NW	46°	∠83°SE	306°	∠74°NE	324°	∠71 °NE
14°	∠75°NW	46°	∠83°SE	307°	∠71°NE	325°	∠71°NE
16°	∠75°NW	46°	∠86°SE	305°	∠75°NE	325°	∠73°NE
21°	∠73°SE	46°	∠81°SE	304°	∠78°SW	325°	∠75°NE
21°	∠74°SE	46°	∠82°SE	305°	∠78°SW	325°	∠75°NE
22°	∠75°SE	46°	∠78°SE	306°	∠80°SW	325°	∠78°NE
23°	∠80°SE	46°	∠82°SE	301°	∠77°SW	326°	∠77°NE
23°	∠78°SE	46°	∠84°SE	302°	∠73°SW	329°	∠74°NE
23°	∠74°SE	47°	∠80°SE	302°	∠70°SW	327°	∠75°SW
33°	∠75°SE	47°	∠85°SE	304°	∠80°SW	329°	∠74°SW
34°	∠74°SE	47°	∠76°SE	313°	∠75°NE		
34°	∠73°NW	48°	∠75°SE	313°	∠74°NE		

附表Ⅱ－4　节理野外测定未整理部分记录

走向间隔	条数	平均走向	节理力学性质
1°～10°			
11°～20°	6	11°	张节理
21°～30°			
31°～40°			
41°～50°			
51°～60°	10	55°	
61°～70°	13	62°	
71°～80°	22	73°	剪节理
81°～90°	4	81°	
271°～280°	3	275°	
281°～290°			
291°～300°	12	293°	
301°～310°			
311°～320°	21	315°	剪节理
321°～330°	14	324°	
331°～340°			
341°～350°			
351°～360°	3	354°	

测量：　　　　　　记录：　　　　　　审核：　　　　　　年　月　日

三、说明

（一）绘制节理走向玫瑰花图

（1）资料整理。将野外所测节理的倾向换算为走向，走向方位由小到大排列，按一定间隔分组。一般每10°为一间隔，如1°～10°、11°～20°等。作图一般采用北半圆，因此从0°～90°分九个间隔，再从270°～360°分九个间隔。然后分别统计各间隔内节理条数，并计算其平均走向，如1°～10°间有走向6°、5°、4°节理各1条，则平均走向为5°，将数据填入整理表中（附表Ⅱ－5）。

附表Ⅱ－5　节理平均走向整理表

倾向	倾角	测定次数（条数）	节理力学性质
93°	78°	4	张节理
97°	80°	2	
16°	78°	5	张节理
17°	72°	4	
95°	58°	2	

附表Ⅱ－5(续)

倾向	倾角	测定次数(条数)	节理力学性质
95°	56°	2	
19°	76°	4	张节理
15°	73°	1	
16°	78°	3	

(2)确定作图比例尺和坐标。节理走向玫瑰花图是以线段长度代表节理数量作图,几毫米长代表一条节理需恰当确定,一般以图面既要小又能反映节理发育情况为度。确定比例尺后,在图纸上画一指北线,并垂直该线作东西线,然后以两线交点为圆心,以间隔中节理最多的条数其比例长度(或稍长些)为半径画一半圆。在半圆圆周上分间隔标明方位角(附图Ⅱ－32)。

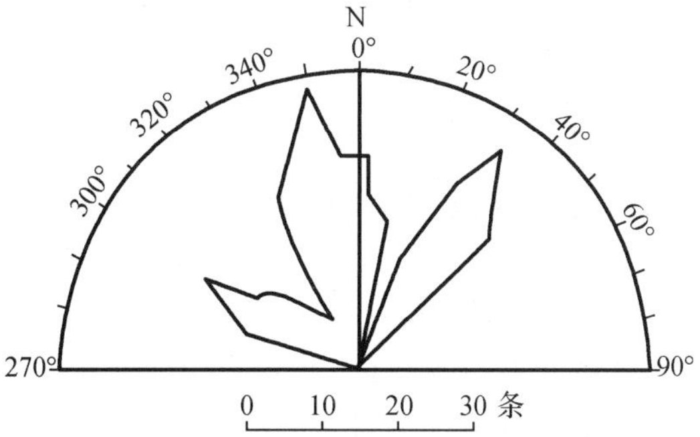

附图Ⅱ－32 节理走向玫瑰花图

(3)取点连线。以圆心为始点,在间隔内节理平均走向方位线上按节理条数的比例长度取点,凡有节理的间隔均按此法取一个点。然后依次将相邻间隔的点连线,如遇相邻间隔无点(即无节理),则与圆心连线,再从圆心引出直线与下一间隔的点相连。作图时,最好边取点边连线,可防错漏。

(4)接饰图件。将图上墨,并用不同颜色或花纹区别不同力学性质的节理组,标写图名、比例尺、图例。

(二)分析节理走向玫瑰花图

分析节理图应与区域地质构造结合起来,内容包括:找出发育的节理组方向,各节理组是否可配套;节理所在构造部位,节理与褶皱、断层的关系,等等。如附图Ⅱ－32所示,共有三个方向节理组发育(即花瓣长的方向),一组为350°方向最发育,一组为35°方向中等发育,295°方向的一组发育最差。若已知这三组节理发育于轴向350°的背斜转折端且350°方向的节理为纵张节理,另两组为剪节理,则此三组节理可配套,并可推断其形成时的主压应力方向为260°。

四、实习内容

1. 根据附表Ⅱ－4、附表Ⅱ－5中资料(该资料是根据某一轴向北北东的背斜轴部附近测量记录整理的),作节理走向玫瑰花图一幅。

2. 分析作好的节理走向玫瑰花图,写出发育的节理组方向以及它们与背斜的关系。

实习十　运用赤平投影方法，根据共轭断裂(剪节理、断层)求主应力作用方位

一、目的要求

1. 了解赤平投影基本原理并初步掌握平面、直线和平面法线的投影方法；

2. 学会用赤平投影方法，投绘断裂面的产状，根据断裂面倾斜和交会的角距求主应力作用方位；

3. 根据一地区一系列点的主应力方位，学会用吴氏网编绘该地区主应力网络图，恢复该区构造应力场和外力作用方式。

二、说明

(一)原理和方法

在进行本次实习之前，需先掌握极射赤平投影的基本原理和赤平投影网的使用方法(内容详见本书附录Ⅰ)。

(二)断裂构造求主应力分析实例

在某一岩体中有一对呈共轭关系的断层，其各自产状为16°∠68°、326°∠63°，求它们的位移性质。作图方法如下(附图Ⅱ-33)：

①先根据一对共轭断层的产状作两个大圆弧 F_1 和 F_2，其交点就是 σ_2 的投影点(337°∠62°)。

②以 σ_2 为法线点作代表 σ_1—σ_3 面的大圆弧，与 F_1 交于 S_1，与 F_2 交于 S_2。

③读 S_1、S_2 间的角距，并在其锐角角距的等分点上得 σ_1 的投影点(79°∠5°)，在其钝角角距的等分点上得 σ_3 的投影点(172°∠28°)。

④S_1、S_2 各表明 F_1 及 F_2 断裂面的滑动方向，F_1 的上面擦痕的滑动方向为SE—NW，F_2 断面上断擦痕滑动方向为NE—SW。

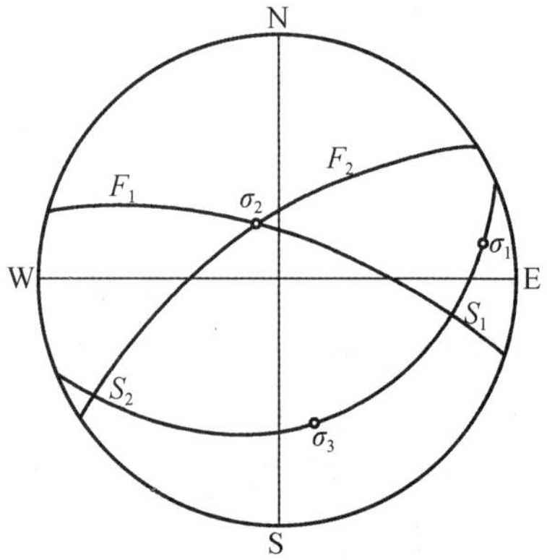

附图Ⅱ-33　根据已知一对共轭断层的产状求各断层的位移性质

⑤根据 σ_1 所处位置确定各断面的上升和下降盘。因为 σ_1 点位于 F 的凸侧，而 σ_1、S_1 间的角距小于45°，所以 F_1 为平移-逆断层，σ_1 点位于 F_1 的凹侧，且 σ_1、S_2 的角距大于45°，故 F_2 为正-平移断层。

(三)编绘主应力网络图

(1)首先将研究区内各个观测点上的共轭剪节理通过分别做等密图找出各点上的优势产状，然后再用赤平投影方法求出每个点的主应力轴方位。

(2)将作出的共轭剪节理和主应力轴的赤平投影图缩小成直径为2 cm的投影图；将缩小投影图按点号标绘在地质图的相应位置，标明点号。投影图要注明“北”(以“N”标记)。

(3)将所求得的各点的主应力轴，按各自的方位，一一转移到地质图各测点上。

(4)作主应力 σ_1 与 σ_3 的应力迹线。如果各测点上或大多数测点上 σ_2 是直立或近于直立的,可将相邻测点的主应力 σ_1 和 σ_3 分别用断线和点线按其方位连接。连线时要注意分析各点主应力轴方位的变化趋势,连成平滑曲线,切忌连成折线。如两组主应力迹线近于直交,则构成矩形网络。如果各点或大多数点上 σ_2 的产状不是直立的,则编出的主应力迹线图上的 σ_1 和 σ_3 两迹线则不一定直交,这样的主应力网络图反映的只是主应力趋势。

(5)主断层两侧的主应力迹线一般各自延至断层而中止,不能穿过断层相连,但可穿过次级派生断层。

(6)根据主应力轴与剪应力方位的关系,主应力网络的对角线连线大致是两组剪切应力迹线。但是,如测点太稀或不均匀,尤其是许多点上 σ_2 与直立产状偏差大时,则其迹线方位与实际情况可能有较大偏差。

(7)绘上赤平投影图和主应力迹线的图例。

(四)分析应力场及应力作用方式

根据主应力网络的特征,分析该区构造应力场及应力作用方式或外力作用方式。

作业:

附表Ⅱ-6各点的两组节理产状是在双塘涧地区(附图Ⅱ-34)十八个观测点测量的节理资料,用节理等密图求出的各点共轭剪节理的优选产状。现要求:

(1)根据各点的共轭剪节理产状,用吴氏网求出各点主应力轴方位(附各点节理赤平投影图);

(2)根据各点主应力轴方位,编绘该区主应力,σ_1 和 σ_3 的应力网络图;

(3)分析该区构造应力场特点和构造运动方式。

地质背景　所测的共轭节理反映该区天河水断裂最后一次活动为左行平移。

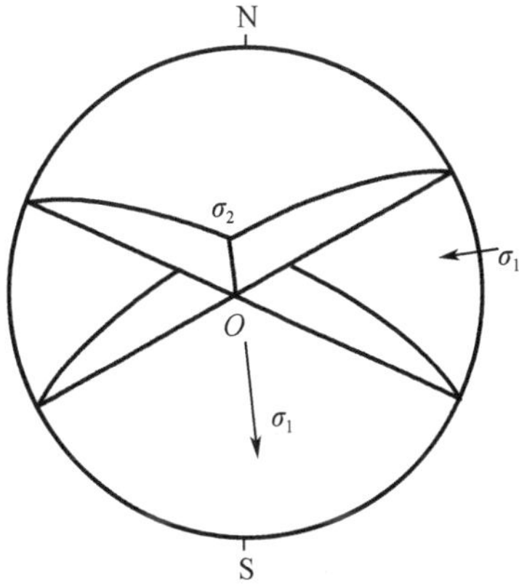

附图Ⅱ-34　用共轭剪节理求主应力轴方位赤平投影图解

附表Ⅱ-6　双塘涧地区节理产状统计资料

观测点号	岩性	节理产状		主应力轴产状			σ_1 所处部位
		Ⅰ组	Ⅱ组	σ_1	σ_2	σ_3	
1	流纹岩	332°∠53°	60°∠64°				锐角分角线
2	流纹岩	280°∠77°	341°∠76°				钝角分角线
3	石灰岩	190°∠76°	278°∠53°				锐角分角线
4	流纹岩	105°∠80°	200°∠78°				锐角分角线
5	石灰岩	338°∠74°	45°∠70°				锐角分角线
6	石灰岩	107°∠79°	185°∠82°				钝角分角线
7	流纹岩	260°∠72°	325°∠70°				钝角分角线
8	流纹岩	200°∠70°	300°∠60°				锐角分角线
9	石灰岩	102°∠83°	6°∠82°				钝角分角线

附表Ⅱ-6(续)

观测点号	岩性	节理产状		主应力轴产状			σ_1 所处部位
		Ⅰ组	Ⅱ组	σ_1	σ_2	σ_3	
10	流纹岩	170°∠70°	70°∠47°				钝角分角线
11	流纹岩	110°∠80°	230°∠65°				锐角分角线
12	流纹岩	66°∠61°	284°∠60°				锐角分角线
13	安山岩	190°∠88°	290°∠81°				钝角分角线
14	白云质灰岩	206°∠80°	133°∠73°				钝角分角线
15	安山岩	30°∠64°	295°∠55°				钝角分角线
16	白云质灰岩	264°∠80°	140°∠79°				钝角分角线
17	白云质灰岩	45°∠45°	120°∠70°				锐角分角线
18	白云质灰岩	139°∠79°	342°∠51°				钝角分角线

实习十一　分析断层地区地质图

一、目的要求

1. 在地质图上分析断层;
2. 分析逆冲断层发育地区地质图。

二、说明

(一)断层发育区地质特征的概略分析

分析该区出露的地层,建立地层层序;判定不整合的时代;研究新老地层分布及产状;确定区内褶皱形态及轴向以及断层发育状况。

(二)断层性质的分析

1. 断层面产状的判定

断层线是断层面在地面的出露线。因此,它和倾斜岩层的露头线一样,可根据其在地形地质图上的"V"字形,用作图法求出断层面的产状。附图Ⅱ-35中断层线在河谷中呈指向下游的"V"字形,说明断层倾向南西,通过作图求得断层产状是SW230°∠40°。

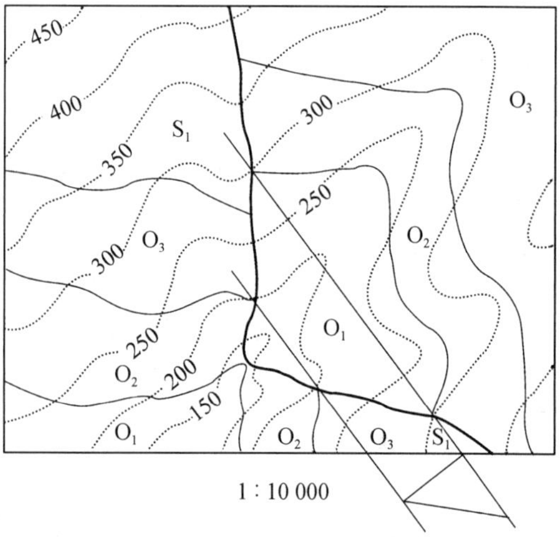

附图Ⅱ-35　求解断层面产状

2. 两盘相对位移的判定

断层两盘相对升降、平移并经侵蚀夷平后,如两盘处于等高平面上,则露头和地质图上一般表现出以下规律：

(1)走向断层或纵断层，一般是地层较老的为上升盘；但当断层倾向与岩层倾向一致，且断层倾角小于岩层倾角，或地层倒转时，则上升盘是新地层。

(2)横向或倾向正(或逆)断层切过褶皱时，背斜核部变宽或向斜核部变窄的一般为升盘；如为平移断层，则两盘核部宽窄基本不变。

(3)倾斜岩层或斜歪褶皱被横断层切断时，如果地质图上地层界线或褶皱轴线发生错动，它既可以是正(或逆)断层造成，也可以是平移断层造成，这时应参考其他特征来确定其相对位移方向。若是由正(或逆)断层造成的地质界线错移，则岩层界线向该岩层倾向方向移动的一盘为相对上升盘。若是褶皱，则向轴面倾斜方向移动的一盘为上升盘。

确定了断层面产状和断层相对位移方向，就可确定断层的性质。如附图Ⅱ－35 所示，断层面倾向西南，西南盘(上盘)地层相对较新，为下降盘，所以是一条上盘下降的正断层。

(三)断层的描述

一条断层的描述内容一般包括：断层名称(地名＋断层类型，或用断层编号)、位置、延伸方向、通过主要地点、延伸长度、断层面产状、两盘出露地层及产状：地层重复、缺失及地质界线错开等特征、两盘相对位移方向、断距大小、断层与其他构造的关系、断层形成时代及力学成因等。

如金山镇地区地质图(附图 10，见书后)西部的纵断层，描述如下。

奇峰—雨峰纵向逆冲断层：位于奇峰和雨峰之东侧近山脊处，断层走向 NE—SW，两端分别延出图外，图内全长大于 180 km。断层面倾向 NW，倾角 20°～30°。上盘(即上升盘)为组成奇峰—雨峰背斜的石炭系各统地层，下盘(即下降盘)为下二叠统和上石炭统地层，构成一个不完整的向斜。上升盘的石炭系各统岩层逆掩于下二叠统和上石炭统地层之上。地层断距约 800 m。断层走向与褶皱轴向一致，基本上为一纵向断层。断层中部为两个较晚期的横断层所错断。断层形成时代与同方向、同性质的桑园—五里河逆冲断层等相同，即晚三叠世(T_3)之后，早白垩世(K_1)之前。三条断层构成叠瓦式。

(四)逆冲断层发育区地质图特点

逆冲断层是压缩下形成的位移量很大的逆断量，常成叠瓦状产出，并与强烈褶皱伴生。在阅读逆冲断层发育区地质图时，应注意分析以下几个方面：

(1)逆冲断层的产状及其顺走向和倾向的变化；

(2)逆冲断层的组合形式；

(3)逆冲断层侵蚀形成的飞来峰和构造窗等构造；

(4)与逆冲断层伴生的褶皱的形态、产状、轴面倒向；

(5)根据逆冲断层面的产状、伴生褶皱的轴面倒向、飞来峰和构造窗的产出部位及其他伴生构造，确定逆冲运移方向；

(6)根据被错断地层估算运移距离；

(7)确定断层发生的时代。

三、实习内容

(一)在石道涧地区地形地质图上(附图 11，见书后)：

(1)求断层产状并求断层上盘 P_1 底面，下盘 C_2 底面岩层产状。

(2)写出断层类型。

石道洞地区地形地质图图例说明：

T_2——中三叠统，粉砂岩；

T_1——下三叠统，灰色石灰岩；

P_2——上二叠统，褐色页岩和砂岩；

P_1——下二叠统，砂质及钙质页岩；

C_3——上石炭统，黑色页岩；

C_2——中石炭统，泥灰岩；

C_1——下石炭统，砂岩夹页岩。

（二）读赵墅园地区地形地质图后写出（附图12，见书后）：

（1）各时代岩层间接触关系。

（2）区内褶皱类型。

（3）断层类型。

赵墅园地区地形地质图图例说明：

T_3——上三叠统，砂页岩夹薄层煤层；

T_2——中三叠统，红色铁质页岩；

S——志留系，青灰色石英岩；

O_2——中奥陶统，灰白色结晶灰岩；

O_1——下奥陶统，绢云母石英片岩及千枚岩；

$Є_3$——上寒武统，黑云母片岩；

$Є_2$——中寒武统，灰白色厚层结晶灰岩及石英岩。

实习十二　在断层区地质图上求断距并确定断层形成时期

一、目的要求

1. 初步学会在地质图上求断距的方法；
2. 初步掌握在地质图上分析断层形成时期的方法。

二、实习用图

红旗镇地区地形地质图（附图13，见书后）。

三、说明

（一）求断距

当断层两盘岩层的产状基本相同时，可以在地形地质图上求断层的铅直地层断距，水平地层断距和地层断距。

（1）求铅直地层断距。附图Ⅱ－36中，若在断层两盘同一岩层面（或其延伸面）上的 h、g 各作一条走向线，这两条走向线的水平投影重合时，它们的高差即为铅直地层断距 hg。因此在地质平面图上求铅直地层断距，只要找到分别在断层两盘同一岩层面上相重合的两走向线，它们的高差即为铅直地层断距。如附图Ⅱ－37所示，在断层东盘泥盆系顶面作300 m高的走向线 AB，使之延长与西盘同一岩层面相交于 G 点，读出 G 点高程为250 m，则铅直地

层断距 $hf = 300\ \text{m} - 250\ \text{m} = 50\ \text{m}$。

(2)求水平地层断距。附图Ⅱ－36中，$hgof$ 面为垂直岩层走向的剖面，若在断层两盘同一岩层面上同高的 h、f 各作一条走向线，这两条走向线之间的水平距离 hf 即为水平地层断距。因此，在地质平面图上求水平地层断距，只要找到分别在断层两盘同一岩层面上同高的两走向线，其间距即为水平地层断距。如附图Ⅱ－37所示，西盘的泥盆系顶面 300 m 高程的走向线 MN，与东盘泥盆系的顶面 AB 300 m 高走向线之间距 hf，量其长度按图比例尺换算成实际距离即为水平地层断距。

(3)求地层断距。如附图Ⅱ－36所示，地层断距 $ho = hg \cdot \cos\alpha$ 或 $ho = hf \cdot \sin\alpha$，求得 kg 或 hf 后，可按此公式求得地层断距。

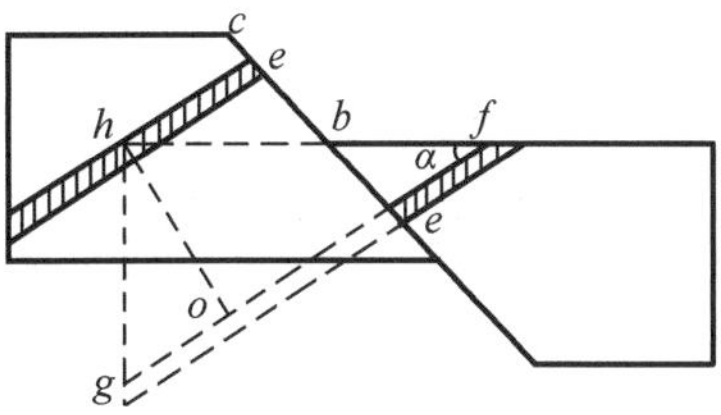

hg—铅直地层断距；hf—水平地层断距。

附图Ⅱ－36 断层立体图

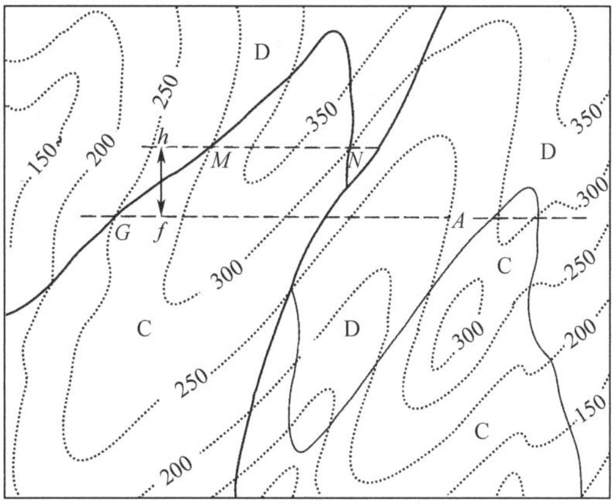

比例尺 1∶50 000

附图Ⅱ－37 地质平面图上求断距

(二)断层形成时期的确定

(1)根据角度不整合。断层一般发生在被其错断的最新地层之后，而在未被错断的上覆不整合面以上的最老地层之前。

(2)根据与岩体或其他构造的相互切割关系。被切割者的时代相对较老。

(3)根据地质构造的组合规律。同一场构造运动形成的褶皱、断层、岩体具有一定的共生组合规律，因此具有一定共生组合规律的地质构造一般认为是同期形成的(同期，即同一构造时期，虽然同期形成也还有先后之别，但常不易进一步准确判定)。

四、实习内容

在红旗镇地区地形地质图上(附图13，见书后)：

(1)确定断层类型及断距。

(2)分析后写出断层形成时期。

红旗镇地区地形地质图图例说明：

Q——第四系，泥沙及砾石层；

K——白垩系，红色砂岩；

T——三叠系，石灰岩及页岩；

P——二叠系，下部石灰岩上部页岩夹煤层；

C——石炭系，白云岩；
D——泥盆系，砂岩；
S——志留系，页岩；
O——奥陶系，石灰岩；
Є——寒武系，砂页岩。

实习十三　分析褶皱断层地质图并切制断层区地质剖面

一、目的要求

1. 初步学会在地质图上分析褶皱、断层组合形式和探讨区域构造应力作用的方式方向；
2. 在上述基础上学习描述断层和简述地质构造发展历史；
3. 分析金山镇地质图并作剖面图。

二、实习用图

金山镇地质图（附图 10，见书后）。

三、说明

（一）分析褶皱断层发育区地质图

（1）了解区内地层发育和分布情况，注意地层间的接触关系（特别是角度不整合）。

（2）分析褶皱：先判明单个褶皱的形态特征，进而分析它们在剖面及平面上的组合形式，分布情况。

（3）分析断层：先判明单个断层的产状、规模，延伸方向和类型，进而分析它们的组合关系（有几组断层及它们在平、剖面上的组合形式）。

（4）分析褶皱、断层组合关系（参见第 6 章 6.2 节和 6.3 节）

（二）切制断层区地质剖面图

作图方法与切制一般的地质剖面图方法一样。但需注意：

（1）先按断层产状（倾向、倾角，不垂直断层走向的剖面用其视倾角）作出断层线，并用红线表示，断层旁侧用单箭头标明断盘相对上移下滑方向之后，再绘其他地质界线。

（2）绘出的其他地质界线只能中止于断层线上，不得穿越断层线，断层旁侧未出露地面的地层岩石，应根据附近出露情况合理推断绘出。

（3）第四系之下潜伏的地层、构造，也应根据其在地面延伸情况推断绘出。

四、实习内容

分析金山镇地质图（附图 10，见书后）完成下列问题：

（1）对图中的不同断层类型进行描述；简述区域地质发展史。

（2）沿图中所示位置切制剖面图一幅（其中地形剖面参照三角点、水系等绘制）。

实习十四　分析岩浆岩发育地区地质图并切制剖面图

一、目的要求

在地质图上分析岩浆岩体产状、构造特征和形成时代;并编制岩浆岩区剖面图。

二、说明

在分析岩浆岩地区地质图时,首先应分析区域地质构造,进而分析岩体构造、岩体产状、构造特征和形成的时代。

(一)分析侵入岩体

(1)分析侵入岩体产出的构造剖位。分析岩体周围的构造特征及岩体所处的构造部位,如在背斜的核部或断裂带中。分析岩体分布方向与区域构造线的关系,以明确岩体侵入的构造控制因素。

(2)岩体接触带的特征。分析岩体与不同时代地层的接触关系,是侵入接触,还是沉积接触,或断层接触。如为侵入接触,应分析是协调的还是不协调的,接触变质情况如何。根据岩体边缘的流面和层节理的产状来分析接触面的产状,推测侵入体向地下延伸的形态特征(附图Ⅱ-38)。

(3)分析侵入岩体的内部构造。分析塑性变形构造和脆性变形构造在岩体内的分布规律、发育程度和相互关系。

(4)恢复岩体的形态和产状。根据侵入岩体平面形态、大小、与围岩接触关系、岩体内部的变形构造、岩相带的分布及残留顶盖的分布等,以恢复岩体的形态和产状,向深处的变化情况及其剥蚀的深度(附图Ⅱ-39)。

(5)岩体时代的确定。根据岩体与围岩的接触关系,可确定其与围岩的相对时代,然后结合围岩中构造运动的时代,来确定岩体的时代。如附图Ⅱ-38所示侵入岩体(γ)的时代,晚于被侵入的围岩中最新地层中石炭统(C_2)之后,早于覆盖它的最老地层下白垩统(K_1)之前。同时还应注意各类岩体形成的先后顺序,以确定岩浆岩活动的期次。

(二)编制岩浆岩体剖面图

为了更好地了解岩体形态,需要编制剖面图。

(1)选择剖面线。通过对岩体构造特征的全面了解,选择最能反映岩体构造特征的方向作为剖面位置。如附图Ⅱ-39所示的NW—SE向剖面,它穿过接触面、岩体各相带以及围岩残留顶盖。

(2)依据岩体边缘带的流面和层节理产状特征绘出接触面界线。

(3)标出岩相带界线。在同一岩体中相带宽度是有变化的,边缘相和过渡相随岩体深度增加而变窄,甚至消失。因此要合理描绘。

(4)用虚线表示复合体被剥蚀的部分(附图Ⅱ-39)。

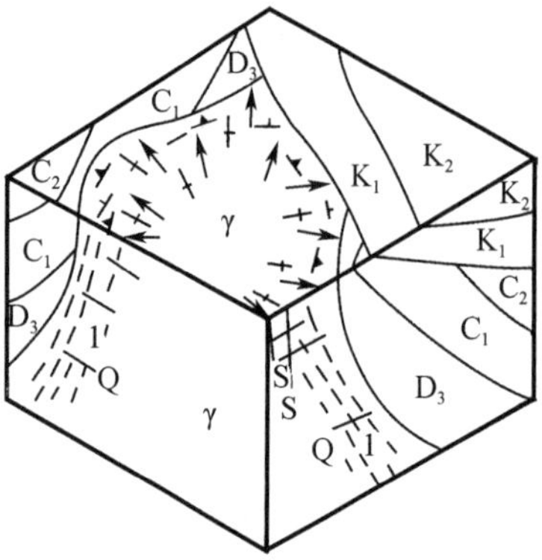

附图Ⅱ－38　岩浆岩体构造立体示意图

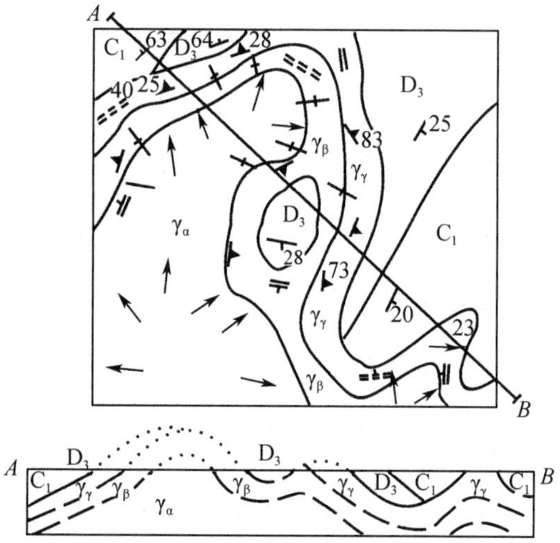

附图Ⅱ－39　岩浆岩体地质图及剖面图

作业：

1. 分析彩云岭地质图（附图14，见书后），确定岩体产状类型与围岩接触关系，岩体形成时代与褶皱、断层的关系及形成时代的先后顺序等。

2. 过 A—B 作地质剖面图。

彩云岭地质图图例说明：

1——上白垩统红色砂岩夹石膏层；

2——下白垩统砂岩、底部砾岩；

3——侏罗纪玄武岩；

4——上石炭统页岩、砂岩；

5——中石炭统薄层灰岩；

6——下石炭统页岩、石灰岩；

7——上泥盆统砂岩、页岩；

8——基性侵入体；

9——花岗岩，内部相 γ_α，过渡相 γ_β，边缘相 γ_γ；

10——岩浆岩体流动构造；

11——横节理；

12——纵节理；

13——层节理及面状构造；

14——断层。

实习十五　地质图的综合分析及编制构造纲要图

综合作业是使学生比较全面掌握构造地质学的基本理论、知识和技能，从而提高学生分析和解决地质构造实际问题的能力。因此，这种类型作业是重要的教学环节。综合性作业可以采用多种方式，主要方式是综合分析一幅内容广泛的地质图。这种方式对培养学生读图、作图及提高学生运用理论知识分析构造问题的能力都具有较好的效果。

一、目的要求

1. 综合读图，初步掌握综合分析具有褶皱、断裂、岩浆岩、变质岩、不整合接触关系的地质图的方法；

2. 学会根据中、小比例尺地质图编制构造纲要图和地质剖面图。对选定的图幅编出一幅构造纲要图、一至两幅地质剖面图；

3. 初步学会根据图上资料，简述构造组合特征，及其形成原因。对说明地质构造和构造发展史的文字进行概述。

二、读图分析

读图的步骤和方法：第一，初步认识地质图及其全貌，如附图名、图幅号、比例尺、图例和责任表；第二，分析认识地形总的特点及其与地层的构造的关系；第三，分析认识地质构造总的特点，包括地层展布及其相互关系、主导构造方向、构造层及其特点和展布。在对全区总的地质构造特点有了初步概念后，应分别按构造层、构造单元、构造方位、构造类型进行地质构造细部的分析和描述。

（一）地层方面

分析地层和地层组合的展布和排列；分析并确定地层之间的接触关系，尤其要注意角度不整合，这是划分构造层和分析构造发展史的基本依据。

所谓构造层，是指一定构造单元内一定构造发展阶段中形成的一套地层组合（或建造）及其组成的构造，其中常包含一定的岩浆岩组合。构造层常常由角度不整合限定。它在地层组合、沉积岩相、构造、岩浆活动等方面具有一定特色而区别于其他的构造层。在时间上代表一定构造旋回和构造幕，空间上代表该构造幕影响的范围。

（二）褶皱方面

分析褶皱首先要着眼于全区最发育的最有代表性的褶皱，或从各单个褶皱概括总体褶皱，或从大褶皱入手依次分析次级褶皱。不论从小型到大型或从大型到小型，总是要把褶皱的总体和细节查明。查明褶皱在平面上和剖面上的形态特点、组合特点、叠加关系和展布规律，进而分析与相邻或相关构造层中褶皱的关系。

（三）断层方面

一个地区的断层尤其是大断裂是控制一个地区的构造的格架。第一，要分析全区性大断裂及其对全区构造的控制；第二，按断层的规模、方向、性质及其一皱的关系进行分组；第三，断层与褶皱不论是在空间展布上或成因上都有密切关系。所以，在分析断层时，要结合褶皱等其他有关构造进行分析。

（四）岩浆岩体方面

一定地区的岩浆岩体及其组合是在一定构造背景下形成的，既受区域构造和构造运动的控制，又常受局部构造的控制。而岩体的形成又对其周围构造产生影响。在分析岩浆岩全发育区地质图时，应注意分析不同时代、不同类型、不同规模岩体的分布组合规律、发展演化史及其与褶皱、断层等构造的空间分布关系。

（五）构造发展史

一个地区的构造是按阶段性和旋回性演化的，具体表现在一个个构造层的相互叠加上。

所以在分析发展史时，第一，应根据地层和角度不整合等划分构造阶段和构造作用期。在划分构造阶段上，应注意确定哪些阶段和运动是主导的奠基性的，哪些是次要的调整性的。第二，从各种构造的形态、方向和强烈程度以及相互关系上，分析各期构造作用的方式和方向。第三，根据地层方面的岩性、厚度等资料。结合区域构造，适当分析并恢复各时期的古地理面貌和地壳升降运动的变化。

（六）其他

分析中、小比例尺较复杂褶皱区地质图时，除按常规的方法和步骤外，由于图幅包括的面积较大，地形起伏情况相对地对地质界线出露形态影响较小。图幅中没有地形等高线，只能根据河流分布和制高点的位置来了解地势的起伏。较复杂褶皱区的褶皱有可能是经历过两次或两次以上的地壳运动形成的，地层间可能存在不同类型的不整合。在对地质图的分析中，首先应根据不整合将各时代的地层划分成几个组合，即几个构造层。对每个构造层构成的褶皱类型、延伸方向等进行分别的分析和描述。在描述该地区的褶皱发展史时，应先确定各构造层褶皱的形成时期。

三、编制构造图件

为了表现各种构造，在分析地质图的基础上应编出剖面图一至两幅和构造纲要图一幅。

（一）构造纲要图

是以地质图为基础编制的，以不同的线条、符号和色调表示一个地区地质构造的一种图件（采用透明纸蒙绘后，作为附图或另一图层附加）。

构造纲要图的内容如下：

（1）构造层。将划分各构造层的角度不整合画在图上，以划分出各构造层。构造层以地层时代代号表示。构造层没有统一规定的色谱，一般时代愈老色调愈深，愈新色调愈浅。

（2）断层。各类断层用规定符号表示，并注明名称和编号。如果区域范围很大，断层发育，则不同时代断层可用不同颜色的符号表示。

（3）褶皱。褶皱用轴迹线表示，轴迹线的宽窄反映核部或褶皱的宽度变化。褶皱的倾伏应用枢纽产状表示。

（4）岩体。绘出岩体界线和内部岩（相）带界面，注明岩石代号及其时代，并标出原生构造产状。

（5）标出代表性的产状以及节理、面理、线理产状等。

（6）完成图的规格要求，如附图名、比例尺、图例等。

（二）编制地质剖面图

为了清晰地反映各种地质构造形态组合特点，除构造纲要图外，还要再编制一至两幅反映全区构造特点的剖面图。

地质剖面图编制方法在历次实习中都已练习过，本次实习是综合地运用以前学过的内容，编制一到两幅地质剖面图。编制中应注意如下几点。

（1）选定剖面线。应力求垂直于全区总的构造线方向（褶皱轴线、断层走向、岩体长轴延伸方向、地层走向等），穿越的地层较全，构造又不太复杂，但具有代表性，必要时还可以取折线。

（2）地形剖面。如有地形等高线，可按地形图切绘，如地质图比例尺较小时，可将地形线按水系、山脊画成略有起伏的曲线。

(3)编绘地质内容。一般先按构造层画出不整合面,再画断层面,随后画岩体接触面和岩相带分界面,最后画出褶皱和各种产状的地层。

四、编写某地区的地质构造概述

文字和图表是反映和表现某一地区的构造特征的两种主要方式。构造概述是在分析读图和编制图之后进行的,概述的编写又是分析读图的深化。在编写概述过程中必须使地质图、剖面图、构造纲要图与文字报告符合一致,互相印证,相互补充。概述包括以下章节。

(一)第一章　引言

简述综合读图的目的、要求、所读图幅名称、比例尺、图区内地形轮廓以及完成作用情况。

(二)第二章　构造

简述区内地层分布及其接触关系,应重点阐述。这是报告中的最主要部分,首先概括区内构造的总体特征,以何种构造为主(以褶皱为主或以断裂为主),构造的方向性,构造单元或构造层的划分。总之,以简明数语描绘出总的构造轮廓。

构造的写法,因构造特点而异,可采用以下几种方式描述:①按构造单元;②按构造层;③按构造类型;④按构造组合;⑤按构造方位等。以上各种方式可以互相配合,实际上也常常是相关的。例如,构造单元的划分与构造层的划分常常是一致的。一定的构造层以一定构造类型为主,构造方位也常与一定的构造类型密切相关等等。不论按哪种方式描述,既要对代表性或典型构造进行描述,还要在描述的基础上进行分析概括(单个褶皱、断层的描述参见本附录有关部分)。

岩体作为一种构造可以在构造一章描述。描述内容包括:侵入体的名称(如×××花岗岩体)、产出的构造部位、平面形态和规模、与围岩的接触关系、内部岩(相)带划分、原生构造、侵入时代,如有可能可对岩体总的轮廓加以恢复。

(三)第三章　构造发展简史

根据构造层可划分出全区各构造发展阶段和构造幕。把全区的构造事件列成一个序列。简述各构造阶段的构造活动特点,如构造运动性质、构造作用方式和方向、构造作用强度,以及相应的岩浆活动。如果资料丰富,可对岩相古地理稍予描绘。

在概述中,为了形象地说明构造特点和规律,可绘制一些插图,如剖面图、联合剖面图和立体图等。

五、综合读图用图

(1)洪泉镇地质图(附图15,见书后)。

(2)杨泉地区地质图(附图16,见插页)。

(3)景陵峪地质图(附图17,见书后)。

六、实习内容

(一) 分析阅读洪泉镇地质图

(1)分析洪泉镇地质图,并用文字简单描述全区褶皱构造的特征和褶皱构造发展史。

(2)沿 $A—A'$ 做地质剖面图。

（二）阅读并分析杨泉地区地质图

（1）简要叙述区内地质构造特征（应按构造层分则描述）和构造运动发展简史，判断区内构造作用力的方向和不同时期的特点。

（2）编绘杨泉地区构造纲要图。

（3）绘制图中 $A—A'$、$B—B'$、$C—C'$线剖面图（或任选两幅）。

（三）综合读图练习（选作）景陵峪地质图

洪泉镇地质图图例说明：

O_1——下奥陶统灰色细砂岩；

O_2——中奥陶统灰绿色粗砂岩；

O_3——上奥陶统灰色灰岩夹泥板岩；

D_2——中泥盆统灰色砂岩及砾岩；

D_3——上泥盆统灰色灰岩夹页岩；

P_1^1——下二叠统紫色砂质页岩；

P_1^2——上二叠统紫色粉砂岩。

杨泉地区地质图图例说明：

1——第四系，砾石，砂，黏土；

2——上侏罗统的下部及上部，底部砾岩、砂岩及页岩；

3——中侏罗统的下部及上部，粉砂岩、页岩及薄层灰岩；

4——下侏罗统的下部及上部，底部砾岩、粗砂岩、页岩夹煤层；

5——二叠系，砂岩、页岩互层夹煤层；

6——上石炭统，粉砂岩、页岩互层夹煤层；

7——中石炭统，灰岩及页岩互层；

8——中奥陶统，厚层石灰岩；

9——下奥陶统，燧石灰岩及厚层灰岩互层；

10——上寒武统，竹叶状灰岩及薄层灰岩互层；

11——中寒武统，鲕状灰岩及中厚层灰岩互层；

12——下寒武统，灰岩及页岩互层；

13——上震旦统，灰岩及页岩互层；

14——中震旦统，厚层状灰岩夹页岩；

15——下震旦统，厚层及薄层石英岩夹页岩；

16——上、下太古界，花岗片麻岩、斜长角闪岩、大理岩等；

17——磁铁石英岩；

18——燕山期花岗岩；

19——海西期花岗岩；

20——燕山晚期玄武岩；

21——燕山期石英闪长玢岩；

22——角度及平行不整合；

23——糜棱岩化带；

24——岩层产状，片理及流面产状；

25——正断层、逆断层及其产状；

26——平移断层。

景陵峪地质图图例说明：

1——第四系砂、砾、黏土；

2——古新统页岩、砂岩、粉砂岩；

3——上白垩统灰岩、页岩；

4——下白垩统砂砾岩；

5——二叠系砂页岩夹煤层；

6——上石炭统砂岩、页岩、粉砂岩；

7——中下石炭统灰岩、白云岩；

8——上泥盆统砂岩；

9——中泥盆统砂岩、砾岩；

10——中志留统板岩；

11——下志留统千枚岩、大理岩；

12——玄武岩；

13——花岗岩；

14——正断层；

15——逆掩断层。

实习十六 应用地貌法判断活动断裂并做目视遥感解译图

一、目的要求

1. 应用地貌法判断新构造的活动断裂；

2. 学会目视遥感解译程序、方法；

3. 学会编写“新构造的活动”报告。

二、说明

(一)遥感法判断活动断裂

(1)同一地区、不同时间的相片对比反映出同一地点的位置变化。

(2)清晰醒目的线性标志。密集的台阶式陡坎、线形脊、闸门山、断塞塘、地震沟，干旱地区的一线绿洲、沼泽、沙丘等出现，它们往往指示活断层的存在。

(3)倒石堆、滑坡、冲洪积扇在断层一侧有规律地断续延伸很远。

(4)河床出现裂点(排除岩性因素)。

(5)两侧支流与主流汇合处呈有规律的偏转。

(6)沿河流走向的阶地发育程度不同。

(7)放射状支流(隆起)。

(8)向心状支流(凹陷)。

(9)岩浆活动标志：

①新火山喷发；

②新侵入岩体及岩脉。

（二）在"老地层"中认识活动断层的标志

（1）从已知新地层断裂特征，判断附近老地层中的新断裂，两者在时间上一致。

（2）老断裂、老褶皱等构造形迹，穿越或控制新地层的发育或形变。

（3）断层面新鲜、无风化，断层角砾岩、断层泥的胶结松散、新鲜，断层角砾岩中有新地层的物质成分加入。

（4）断层沿线有泉水，尤其是温泉分布。

（5）断层沿线水系呈有规律的分布。

（6）断层沿线有湖、沼、湿地、凹坑等。

（7）断层沿线有冲洪积扇。

（8）地下水位在断层及其附近地区有明显变化。

（9）新的岩浆活动、火山喷发。

（10）形变测量资料、地应力测量值。

（11）其他。

（三）新构造解译的主要途径

通过地质、地貌的分析、对比，找出影像的异常线、异常区，通过对异常线、区的影像分析，判断新构造的时间、空间活动点。当然，地震、物探及其他资料的利用在新构造综合分析上是不可缺少的。

三、实习内容

（1）读图分析阿尔金卫片的"阿尔金断裂造成的水系向同方向偏转现象"（附图18），应用地貌法判断新构造的活动断裂。

（2）学会"蒙绘法"制作目视遥感解译图。

（3）运用实习十一的方法，规范描述解译的活断层，编写"新构造的活动"报告。

附录Ⅲ 真、视倾角换算图

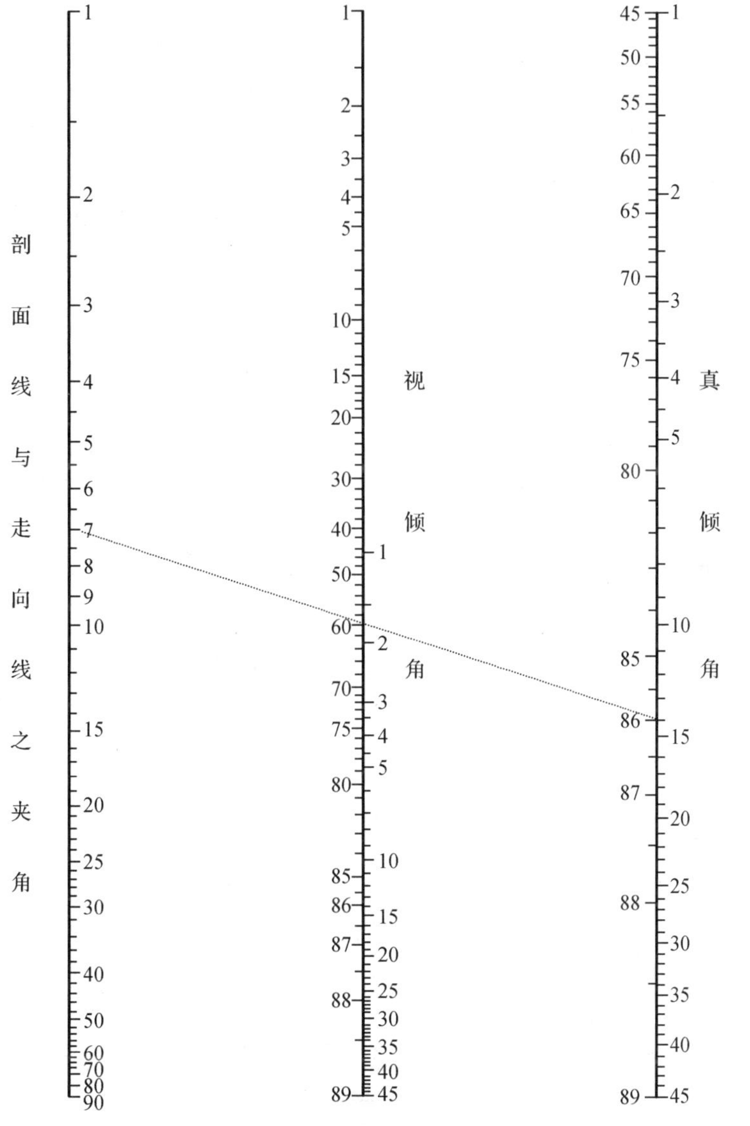

图法说明:根据剖面实测资料,在左尺和右尺上找到已划数值,用直尺相连直线过中尺处即为视倾角值。如图中一例,已知真倾角为86°,剖面与岩层走向夹角为7°,则该剖面方向之视倾角为60°。

附录Ⅳ 地层代号和色谱

界	系			统		代号	色谱
新生界 Kz	新四系	Q		Q_h	全新统	Q_4	淡黄色
				Q_p	上更新统	Q_3	
					中更新统	Q_2	
					下更新统	Q_1	
	第三系	R	上第三系	N	上新统	N_2	鲜黄色
					中新统	N_1	
			下第三系	E	渐新统	E_3	老黄色
					始新统	E_2	
					古新统	E_1	
中生界 Mz	白垩系		K	下统		K_2	鲜绿色
				上统		K_1	
	侏罗系		J	上统		J_3	鲜蓝色（天蓝色）
				中统		J_2	
				下统		J_1	
	三叠系		T	上统		T_3	绛紫色
				中统		T_2	
				下统		T_1	
古生界 Pz	二叠系		P	下统		P_2	淡棕色
				上统		P_1	
	石炭系		C	上统		C_3	灰色
				中统		C_2	
				下统		C_1	
	泥盆系		D	上统		D_3	咖啡色
				中统		D_2	
				下统		D_1	
	志留系		S	上统		S_3	果绿色
				中统		S_2	
				下统		S_1	
	奥陶系		O	上统		O_3	蓝绿色
				中统		O_2	
				下统		O_1	
	寒武系		Є	上统		$Є_3$	暗绿色
				中统		$Є_2$	
				下统		$Є_1$	

（续）

<table>
<tr><th colspan="2">界</th><th colspan="2">系</th><th>统</th><th>代号</th><th>色谱</th></tr>
<tr><td rowspan="5">元古宇 Pt</td><td rowspan="3">上元古界 Pt_3</td><td rowspan="2">震旦系</td><td rowspan="2">Z</td><td>下统</td><td>Z_b</td><td rowspan="2">绛棕色</td></tr>
<tr><td>上统</td><td>Z_a</td></tr>
<tr><td>青白口系</td><td>Qb</td><td></td><td></td><td>棕红色(浅)</td></tr>
<tr><td rowspan="2">中元古界 Pt_2</td><td>蓟县系</td><td>Jx</td><td></td><td></td><td rowspan="2">棕红色(中)</td></tr>
<tr><td>长城系</td><td>Chc</td><td></td><td></td></tr>
<tr><td colspan="2">下元古界 Pt_1</td><td></td><td></td><td></td><td>棕红色(深)</td></tr>
<tr><td colspan="2">太古宇 Ar</td><td></td><td></td><td></td><td></td><td>玫瑰红色</td></tr>
</table>

附录V　地质图件上常用的花纹图例

一、岩石花纹设计原则及组合方法

岩石花纹由各类主要岩石基本花纹和根据岩石命名原则所规定的岩石特征矿物、成分、结构、构造等附加花纹按一定规律组合而成。

（一）各类主要岩石基本花纹设计说明

（1）未成岩的松散堆积物花纹纵向表示；沉积岩的花纹横向表示；变质岩花纹横向波状表示（大理岩例外）。

（2）按松散堆积、沉积岩、岩浆岩、火山岩、变质岩等基本岩石类型分别设计各类主要岩石基本花纹。

（3）可由两个（或两个以上）基本花纹组成的岩石花纹（不设计专用花纹），按1:1的规律组合，如砂砾岩、花岗闪长岩、安山玄武岩等。

（4）沉积岩分类中其他沉积岩类——铝质岩、铁质岩、锰质岩、磷质岩、蒸发岩、铜质岩、沸石质岩、海绿石质岩等，按沉积矿层的形式表示，未专门设计基本花纹。

（5）岩浆岩进一步细分时，以组成岩石的主要矿物符号为基础有规律的组合，即组成其岩石花纹，如橄榄岩与纯橄榄岩、辉石岩与二辉岩等。

（6）变质岩按板理、片理、片麻理，混合岩根据混合岩化程度，规定不同类型的线条表示各类主要岩石基本花纹，如板岩，千枚岩，片麻岩，混合岩，内、外矽卡岩等（动力变质岩、围岩蚀变例外）。

（7）各类主要岩石基本花纹设计在通用的前提下，力求简单化、形象化，便于使用，便于绘制，并尽量沿用习惯用法。

（8）示范的岩石花纹——沉积岩以中层状、中粒结构表示，岩浆岩以中粒结构表示。

（二）岩石花纹组合的方法

（1）以特征结构参加命名的岩石，可按规定的花纹表示（附表V-1）。

（2）以特殊构造参加命名的岩石、构造附加花纹与基本花纹按1:1的比例组合（混合岩例外，依构造附加花纹与矿物附加花纹1:1绘制）。例如：

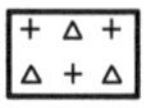 角砾状花岗岩　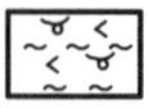 眼球状角闪质混合岩　 压碎闪长岩

（3）以特征碎屑成分、矿物成分参加命名的岩石。

①按其在岩石中的含有程度，附加花纹与基本花纹规定如下（变质岩中指矿物附加花纹之间的比例）。

含	附加花纹稀疏表示
×质	1:2
主要	1:1

例如：

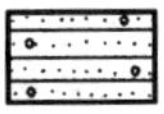 含砾砂岩　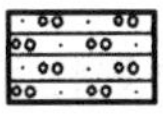 砂质砾岩　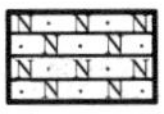 长石砂岩

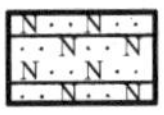 长石质砂岩　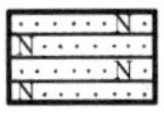 含长石砂岩　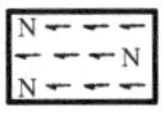 含长辉石岩

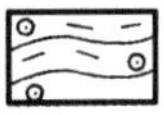 石榴石黑云片岩　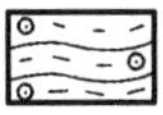 含石榴石黑云片岩　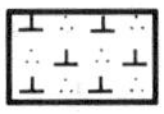 石英闪长岩

②两种以上碎屑成分或矿物成分的岩石花纹，以各碎屑或矿物花纹与两个基本花纹相间排列表示。

例如：

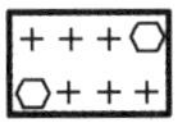 含绿柱石花岗岩　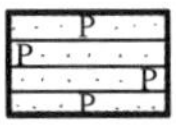 含磷砂岩

③两种以上碎屑成分或矿物成分的岩石花纹，以各碎屑或矿物花纹与两个基本花纹相间排列表示。

例如：

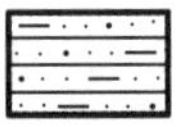 黏土砂质粉砂岩　 闪斜煌岩

④可由两个主要岩石基本花纹组成的岩石，两个基本花纹按 1∶1 相间表示。

例如：

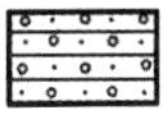 砂砾岩　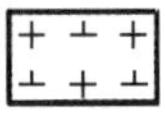 花岗闪长岩　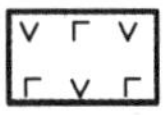 安山玄武岩

附表Ⅴ－1　岩石碎屑及有关粒级花纹规格表

花纹规格/mm	火山碎屑岩		正常沉积碎屑岩				矽卡岩		糜棱岩		岩浆岩		花纹规格/mm
	粒级	花纹	粒级	花纹	粒级	花纹	粒级	花纹	粒级	花纹	粒级	花纹	
4.0	粗集块	⬡											
2.0			巨角砾	△	巨砾	○							
1.6	细集块	⬠	粗角砾	△	粗砾	○	粗粒	⊙			巨粒	┼	6～8
	粗火山角砾	△									粗粒	＋	6
1.2			中角砾	△	中砾	○	中粒	⊙			中粒	＋	4
1.0	细火山角砾	△	细角砾	△	细砾	○	细粒	⊙			细粒	+	2
0.8	粗凝灰	•	·		细砂	•			粗	•	粗斑	$+^{0.8}$	6×3
0.6					中砂	·					中斑	$+^{0.6}$	4×2
0.4	细凝灰	·			细砂	·			细	·	细斑	$+^{0.4}$	2×1
0.25					粉砂	·							

注：1. 矽卡岩粒级花纹以石榴子石为例，岩浆岩粒级花纹以花岗岩为例；

2. 岩浆岩粒级花纹规格可根据岩石出露面积的大小做适当调整。

二、常用的松散沉积物、沉积岩和火山碎屑岩岩性花纹

（一）常用的松散沉积物岩性花纹

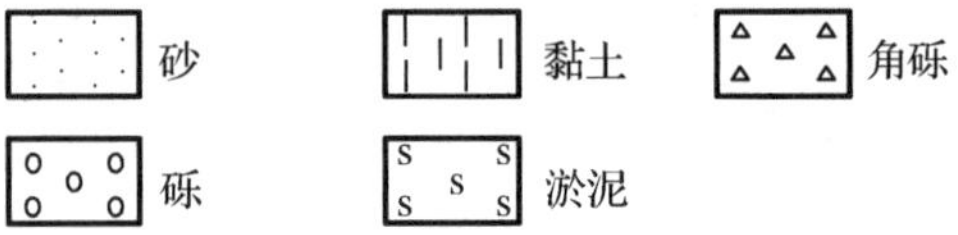

（二）常用的基本沉积岩岩性花纹

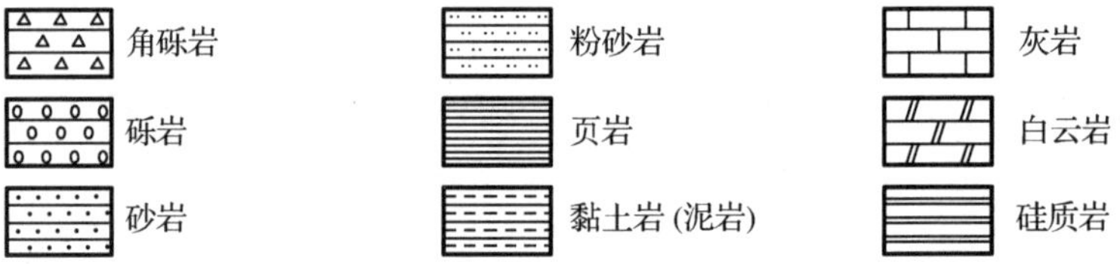

（三）常用的基本火山碎屑岩岩性花纹

三、常用的岩浆岩岩性花纹

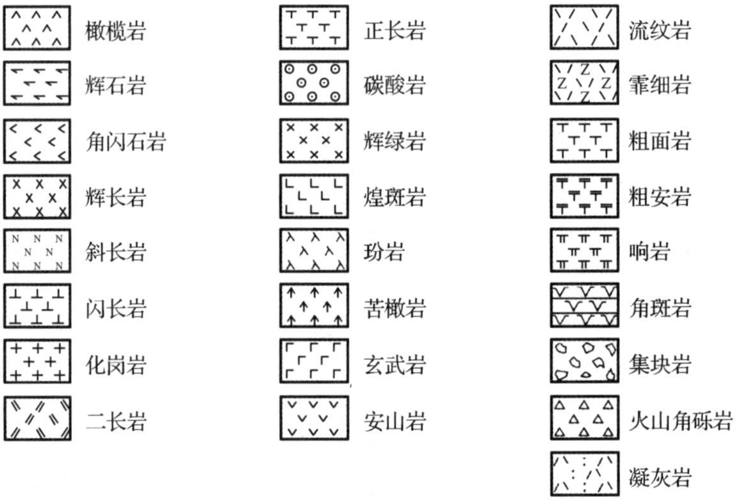

四、常用的变质岩岩性花纹

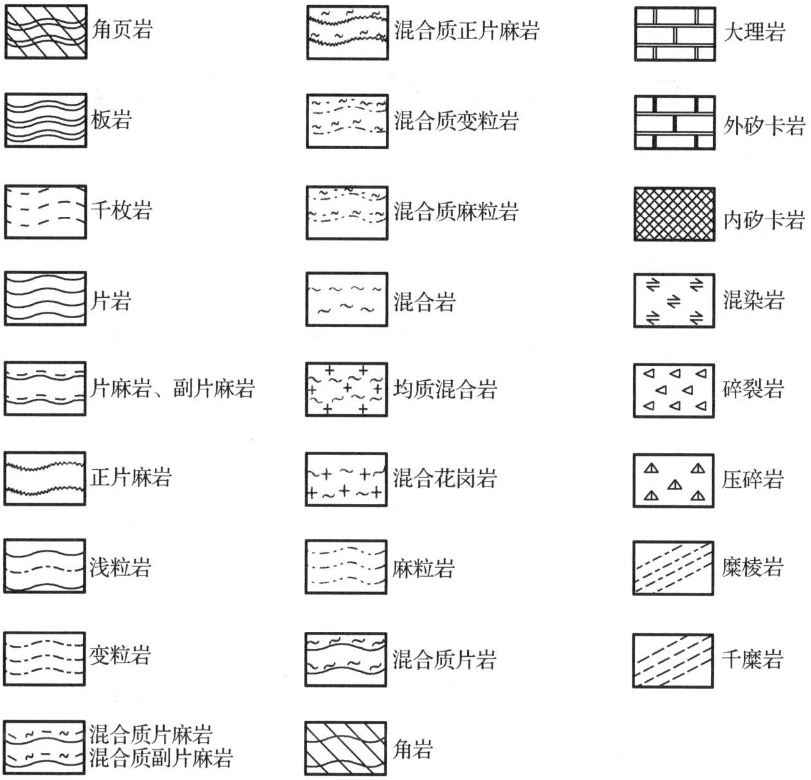

五、矿石、矿体(脉)花纹

(一)矿石花纹

块状矿石用方格花纹,并注明有用矿物或元素符号;浸染状、细脉浸染状矿石,在原岩花纹上加红色点或点与细脉,并注明有用矿物或元素符号。

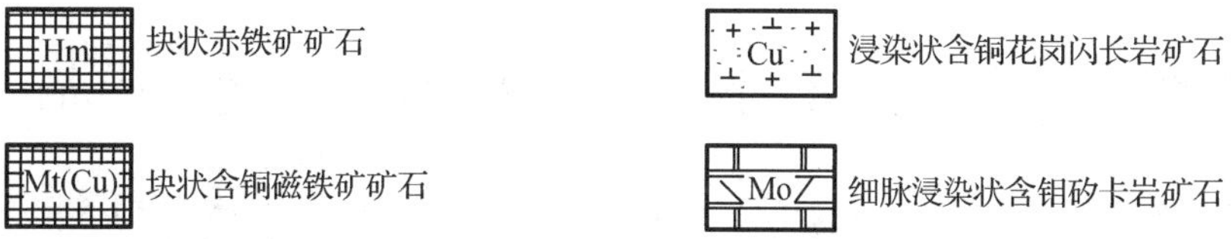

(二)矿体(脉)、脉石花纹

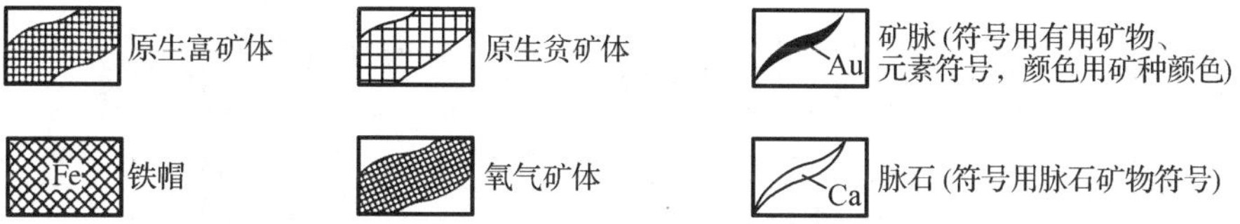

附录Ⅵ　地质图件上常用的符号

一、一般地质符号

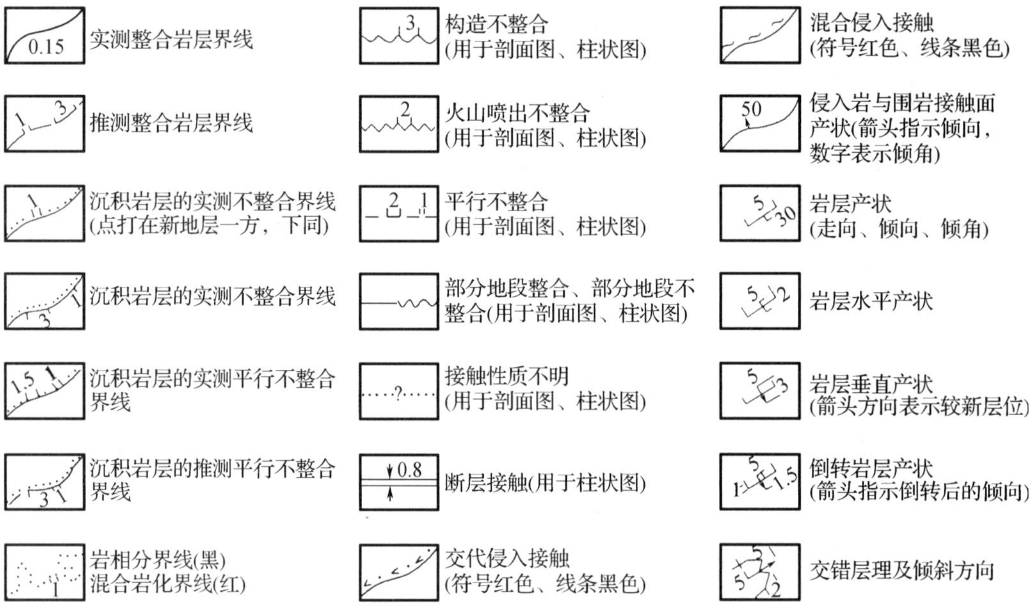

二、褶皱符号

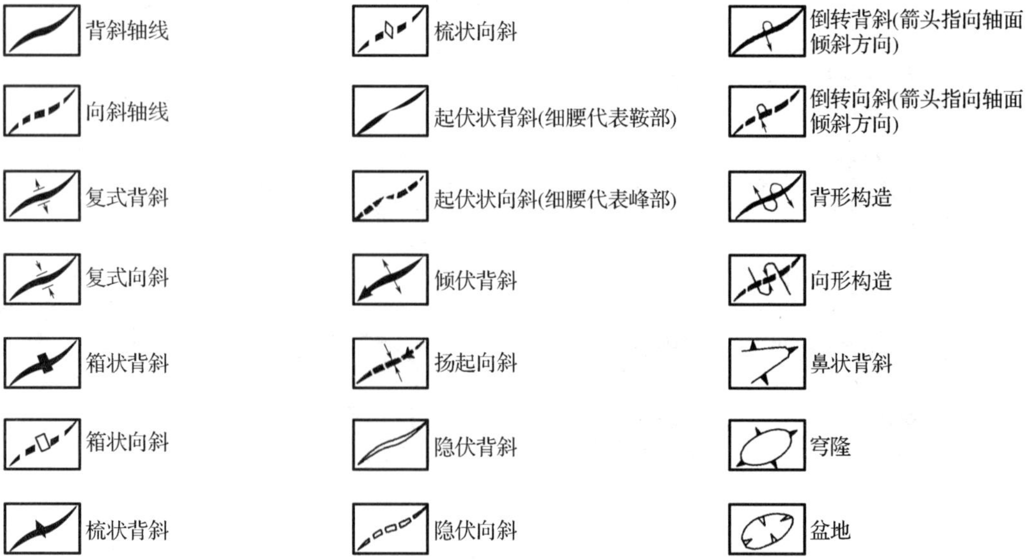

三、断层符号（红色）

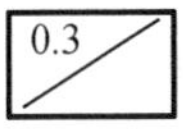

实测性质不明断层

推测性质不明断层

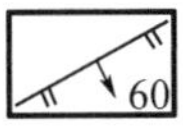

实测正断层（箭头指示断层面倾向，下同）

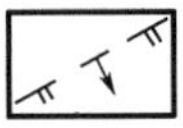
推测正断层（箭头指示断面可能的倾向，下同）

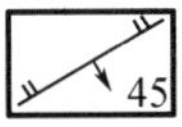

实测逆断层

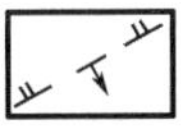
推测逆断层

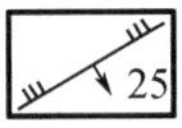

实测逆掩断层

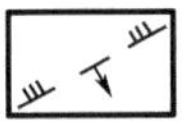
推测逆掩断层

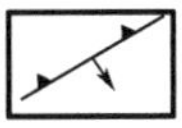
实测冲断层

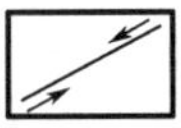
实测平推断层（箭头指示相对位移方向，下同）

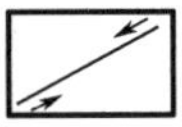
推测平推断层

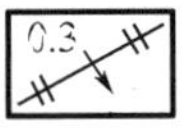

实测产状直立断层（箭头指向上升一盘）

区域性大断层

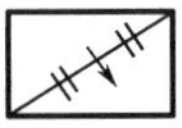
实测产状直立断层（箭头指向上升一盘）

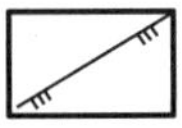
压性断裂或冲断裂（带齿盘为上冲盘）

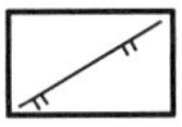
张性断裂（带齿盘为下落盘）

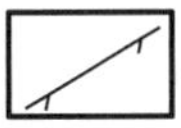
扭性断裂（齿与主断裂呈锐角指向，示齿所在盘相对扭动方向）

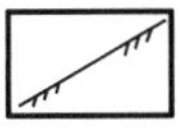
压扭性断裂（齿向示所在盘相对斜冲方向）

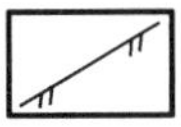
张扭性断裂（齿向示所在盘相对斜落方向）

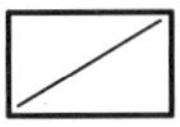
航、卫片解译断层

环形断裂

环形内部构造

四、变质相、混合岩化带符号

（一）接触变质相带（绿色）

高级变质相带

中级变质相带

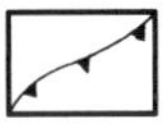
低级变质相带

（二）区域变质相带（紫色）

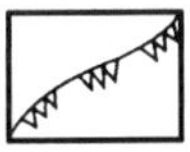
高级变质相带

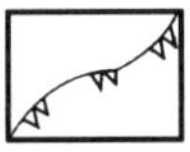
中级变质相带

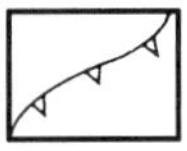
低级变质相带

（三）混合岩化带符号（红）

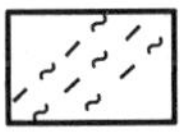
局部混合岩化带

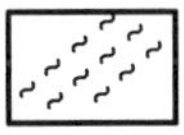
各种混合岩化带

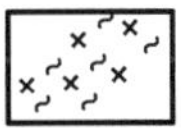
混合质花岗岩带

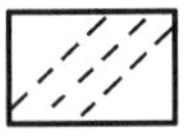
千糜岩、糜棱岩带

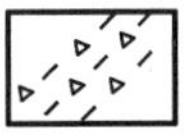
构造角砾岩、碎裂岩带

五、其他符号

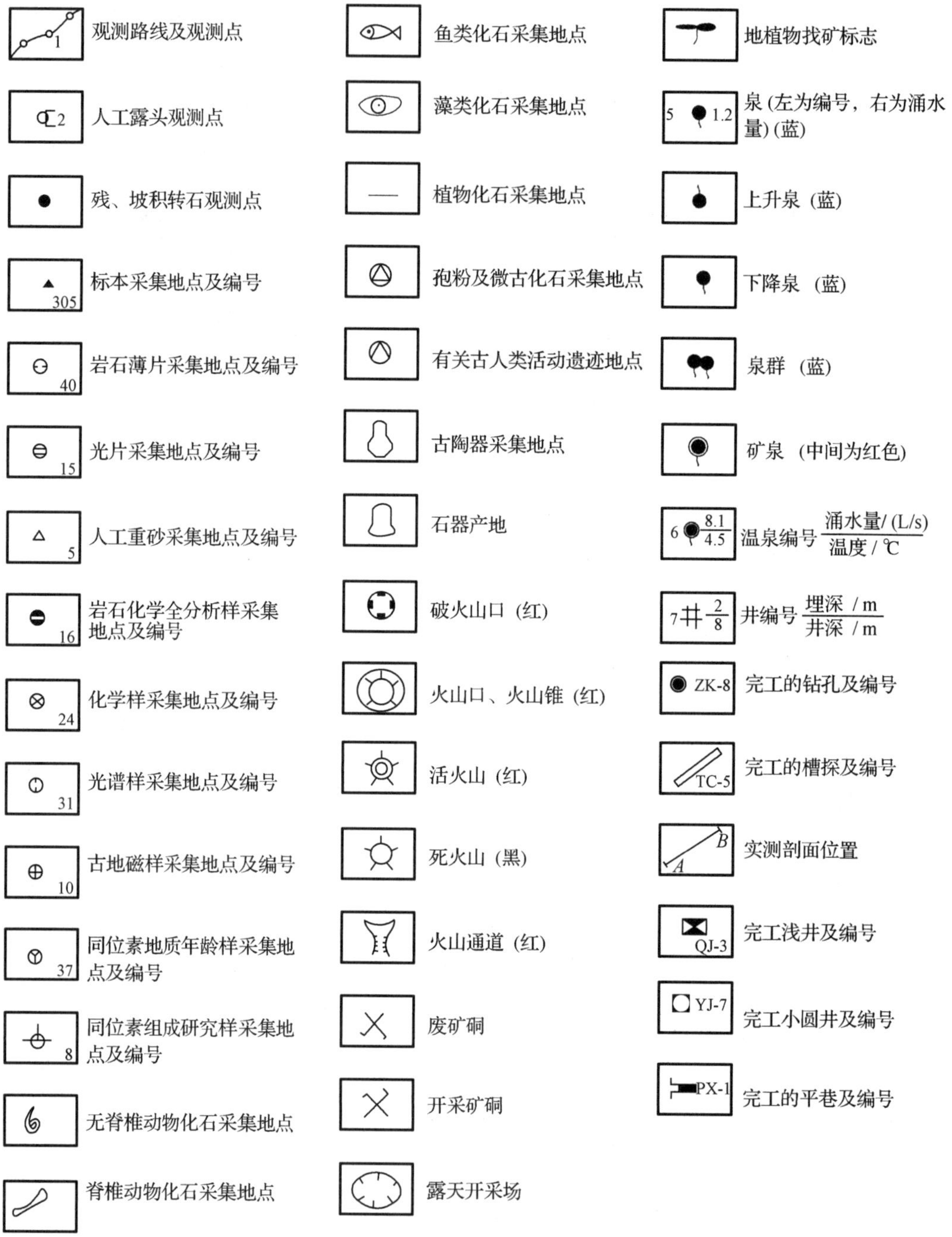

观测路线及观测点
人工露头观测点
残、坡积转石观测点
标本采集地点及编号
岩石薄片采集地点及编号
光片采集地点及编号
人工重砂采集地点及编号
岩石化学全分析样采集地点及编号
化学样采集地点及编号
光谱样采集地点及编号
古地磁样采集地点及编号
同位素地质年龄样采集地点及编号
同位素组成研究样采集地点及编号
无脊椎动物化石采集地点
脊椎动物化石采集地点
鱼类化石采集地点
藻类化石采集地点
植物化石采集地点
孢粉及微古化石采集地点
有关古人类活动遗迹地点
古陶器采集地点
石器产地
破火山口（红）
火山口、火山锥（红）
活火山（红）
死火山（黑）
火山通道（红）
废矿硐
开采矿硐
露天开采场
地植物找矿标志
泉(左为编号，右为涌水量)(蓝)
上升泉（蓝）
下降泉（蓝）
泉群（蓝）
矿泉（中间为红色）
温泉编号 涌水量/(L/s) / 温度/℃
井编号 埋深/m / 井深/m
ZK-8 完工的钻孔及编号
TC-5 完工的槽探及编号
A B 实测剖面位置
QJ-3 完工浅井及编号
YJ-7 完工小圆井及编号
PX-1 完工的平巷及编号

附录Ⅶ 数字地质调查系统

一、数字地质调查系统简介

数字地质调查系统(Digital Geological Survey System,DGSS)是贯穿整个地质矿产资源调查过程的软件,功能涵盖区域地质调查、固体矿产勘查、矿体模拟、品位估计、资源储量估算、矿山开采系统优化等内容。该系统基于数据“层”模型、数据流“池”技术、不同阶段数据模型继承技术、数据互操作技术和3S技术实现了整个地质调查过程的无缝数字化与一体化(图Ⅶ-1),并创新地开发了地质三维罗盘和野外数据采集为一体的野外数据采集器,不但为地质人员应用高新技术降低了门槛,而且极大地提高了研究精度和效率,丰富了成果表现形式和服务形式。

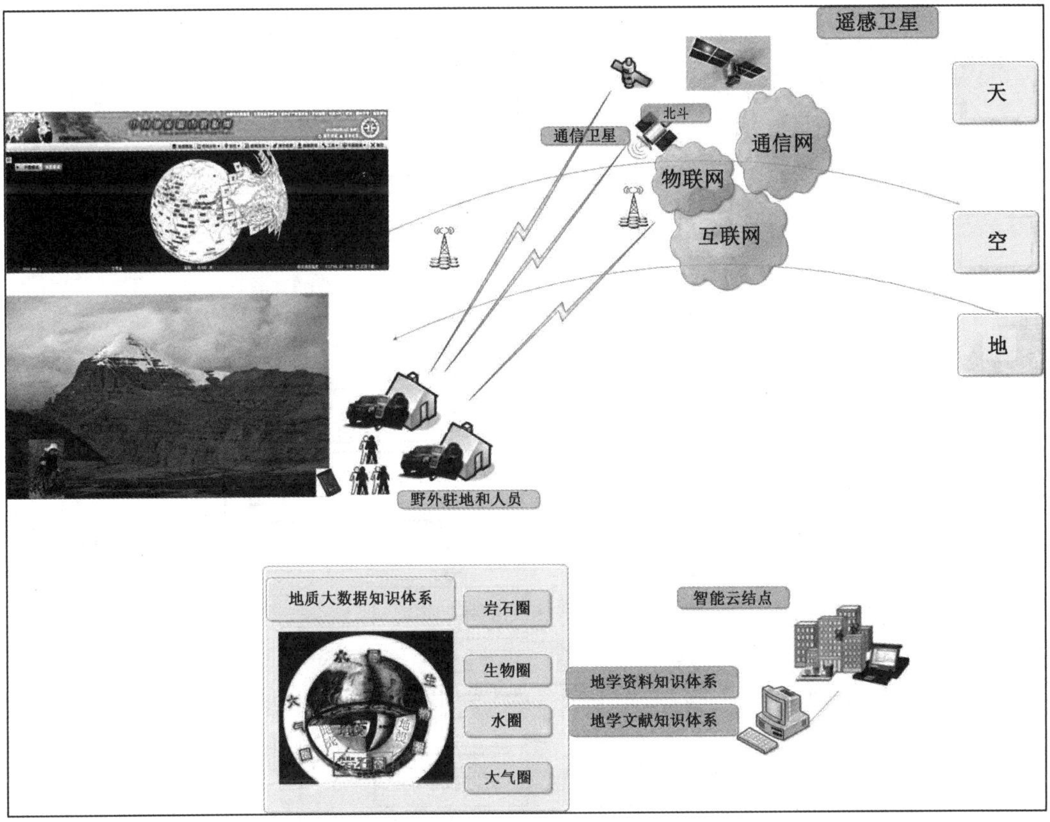

图Ⅶ-1 3S技术实现了整个地质调查过程的无缝数字化与一体化示意图

硬件组成:数据采集设备与数据库建设,如图Ⅶ-2所示。

功能模块与数据流程如图Ⅶ-3所示。

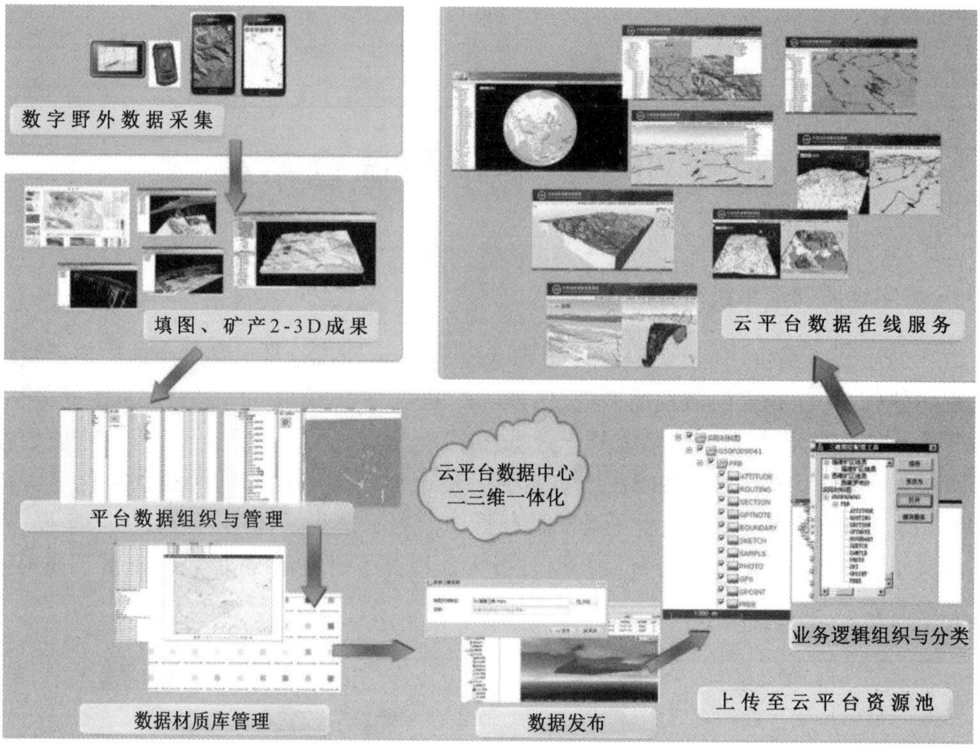

图Ⅶ-2　数据采集设备与数据库建设流程图

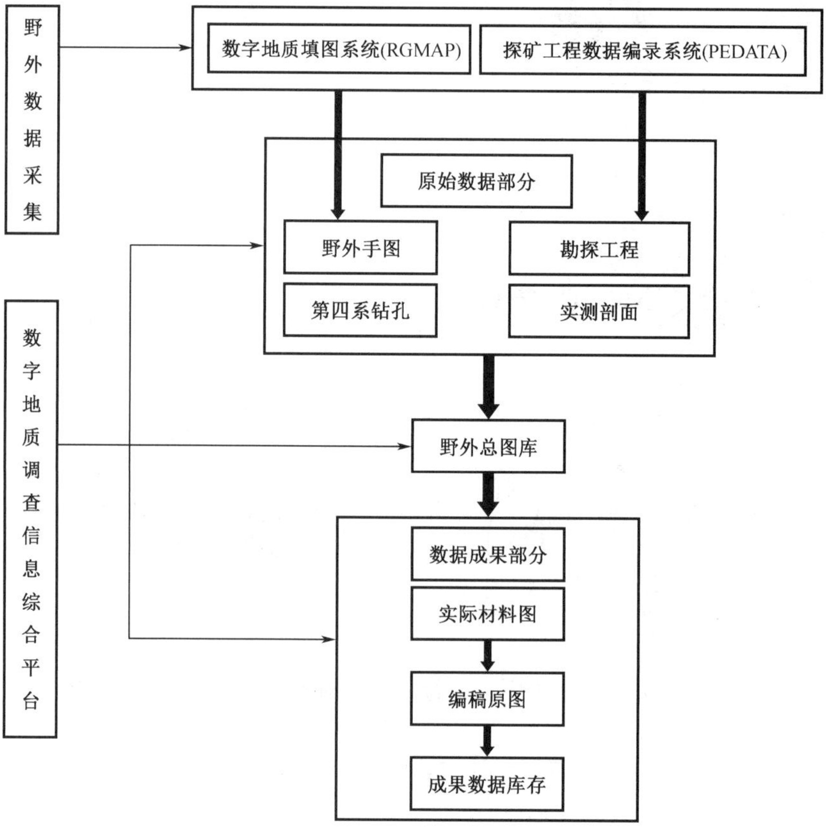

图Ⅶ-3　数字地质调查信息综合平台功能模块和数据流程图

二、数字地质调查系统组成

数字地质调查系统由四大子系统组成，包括数字地质填图系统（RGMAP）、探矿工程数据编录系统（PEDATA）、数字地质调查信息综合平台（DGSINFO）、资源储量估算与矿体三维建模信息系统（REINFO）。

1. 数字地质填图系统

数字地质填图系统具有整合显示地理、地质、遥感等多源地学数据，GPS导航与定位，电子罗盘测量，路线地质调查地质点、地质界线、点间分段路线地质（不定长的）数据描述，产状、素描、化石、照片、样品、地球化学数据、重砂、矿点检查等数据采集，路线信手剖面自动生成、实测地质剖面导线、分层、地质描述、素描、照片、采样、化石等野外数据采集功能（图Ⅶ－4）。

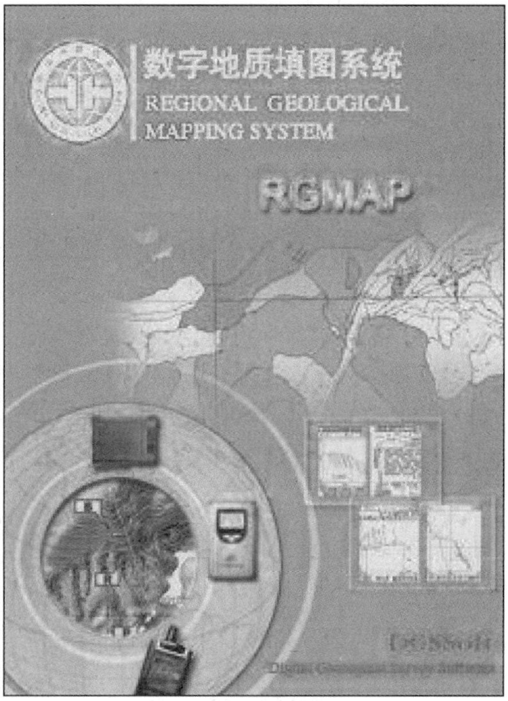

图Ⅶ－4　数字地质填图系统软件界面

2. 探矿工程数据编录系统

探矿工程数据编录系统可进行探槽、浅井、坑道、钻孔探矿工程野外数据采集与原始地质编录，并具有现场实时自动形成探槽、浅井、坑道、钻孔探矿工程图件等功能（图Ⅶ－5）。

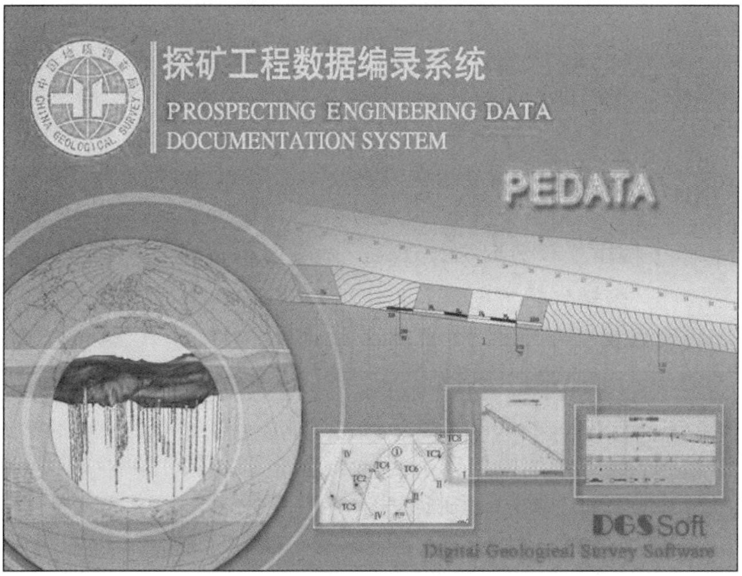

图Ⅶ－5　探矿工程数据编录系统软件界面

3. 数字地质调查信息综合平台

数字地质调查信息综合平台可提供全国大、中比例尺标准图幅接图表，野外 PRB 数据检查与编辑，PRB 数据入库，PRB 数据整理与处理（数据浏览、数据提取形成专题图层），剖面厚度自动计算，剖面图和柱状图自动绘制，等值线计算与制图，多元统计计算与成图，地球化学数据采集、处理与成图，第四系钻孔综合剖面图、地球物理数据处理与成图，PRB 空间数据定量评价，实际材料图编辑与属性继承操作，1∶10 万实际材料图投影到 1∶25 万图幅（或 1∶2.5 万到 1∶5 万），编稿地质图编辑与地质图空间数据库建立，异常查证结果数据库、矿点检查结果数据库以及综合地质构造图层、含矿地质建造图层、控矿构造图层、矿产地图层、矿化信息及找矿标志图层、蚀变带信息、物、化、遥等综合异常图层、矿产预测远景区图层、找矿靶区图层、地质工作部署建议图层等内容的成矿规律与矿产预测图数据库的建立等功能，满足完成野外手图、PRB 图幅库、实际材料图、编稿地质图及地质图空间数据库整个过程的要求，覆盖各种比例尺填图全过程（图Ⅶ－6）。

图Ⅶ－6　数字地质调查信息综合平台软件界面

另外，软件提供了探矿工程数据综合、处理、制图过程，包括探槽、浅井、坑道、钻孔探矿工程数据、勘探线数据、采样分析数据录入与组织管理，自动生成坑道、探槽、钻孔、浅井工程图件的基本内容投影在矿区平面图上，自动输出坑道、探槽、钻孔、浅井工程编入数据采集表、素描图、矿区平面图，多模式多用途钻孔综合柱状图应用等相关功能。

4. 资源储量估算与矿体三维建模信息系统

资源储量估算与矿体三维建模信息系统基于条件表达式的工业指标设置，勘探线剖面生成与编辑，单工程（单指标、多指标）矿体圈定与人机交互编辑，人机交互矿体连接（直线、曲线及提供连接规则），地质块段法储量计算，剖面法储量计算，采样平面图法，地质统计学储量计算（含距离加权反比法），煤矿储量计算、采空区动态储量管理、矿体三维显示与分析等功能，输出各种与储量计算有关的表格及图件（图Ⅶ－7）。

图Ⅶ-7 资源储量估算与矿体三维建模信息系统软件界面

数字地质调查系统软件开发与推广应用是地质调查主流程信息化建设的标志成果。

建成后的北斗卫星导航系统将具备快速定位、短报文通信、精密授时等三大功能。随着我国北斗定位技术和通信技术与数字地质调查系统的结合与应用，数字地质调查系统已经成为我国国内地质调查领域的主流软件和工具（图Ⅶ-8）。

图Ⅶ-8 北斗定位技术和通信技术与数字地质调查系统结合与应用一体化示意图

附录Ⅷ 地质类网站汇编

一、国家官方网站

1. 中国地质调查局 http://www.cgs.gov.cn/
2. 中国国土资源部 http://www.mlr.gov.cn/
3. 中国地质学会 http://www.geosociety.org.cn/
4. 中国地质科学院 http://www.cags.ac.cn/
5. 中国地质资料馆(可检索)http://www.ngac.cn/
6. 中国地质图书馆(可检索)http://www.cgl.org.cn/
7. 中国科学院国家科学图书馆(可检索)http://www.las.ac.cn/index.jsp
8. 新国家标准查询 - 工标网 http://www.csres.com/new/index.jsp
9. 中国地质博物馆 http://www.gmc.org.cn/index.asp
10. 中国地质科学数据网 http://www.geoscience.cn/
11. 国家自然科学基金委员会 http://www.nsfc.gov.cn/nsfc2009/index.htm

二、地学综合网站

1. 中国地学网 http://www.geonet.cn/
2. 全球矿权网 http://www.qqkqw.com/
3. 中国矿产资源网 http://www.chinamr.net/index.aspx
4. 中国有色网 http://www.cnmn.com.cn/
5. 中国物探信息网 http://www.wutan.cn/
6. 石油地质网 http://www.shiyou.org/
7. 煤炭网 http://www.coal.com.cn/

三、百科查询网站

1. 地学百科 http://baike.geonet.cn/
2. 石油百科 http://www.oilnews.com.cn/bk/
3. 地质学术语查询 http://www.gsdkj.net/pro/view.php? id=880
4. 全球矿权网——矿权百科 http://www.qqkqw.com/News/baike.aspx
5. 地质词典 http://isen.wordpress.com.cn/

附录Ⅸ　地质勘查规范汇编目录

我国的矿产资源勘查规范从1959年首次制定至今，有三次大的修改和重新制定颁布。现行的矿产资源勘查规范是以1999年发布的《固体矿产资源/储量分类》（国标）为主要依据编制的，包括了规范总则和17个分矿种规范。《矿业权评估指南》要求矿业权评估，特别是探矿权评估中的分析、判断、评述和测算时，选用作为依据的规范必须是评估基准日时现行的、有效的和最新版本的地矿行业标准规范。

现行的矿产资源勘查规范是1988—2020年发布实施的，具体包括：

1.《固体矿产地质勘查规范总则》（GB/T 13908—2002）

2.《区域地质图图例》（GB/T 958—2015）

3.《综合工程地质图图例及色标》（GB 12328—1990）

4.《区域地质调查中遥感技术规定（1∶50 000）》（DZ/T 0151—2015）

5.《1∶250 000区域地质调查技术要求（暂行）》（DD 2001－02）

6.《区域地质调查总则（1∶50 000）》（DZ/T 0001—1991）

7.《1∶250 000区域地质调查技术要求》（DZ/T 0246—2006）

8.《固体矿产勘查报告格式规定》（DZ/T 0131—1994）

9.《固体矿产勘查原始地质编录规程（试行）》（DD 2006－01）

10.《1∶250 000地质图地理地图编绘规范》（DZ/T 0191—1997）

11.《1∶200 000地质图地理底图编绘规范及图式》（DZ/T 0160—1995）

12.《1∶500 00地质图地理底图编绘规范》（DZ/T 0157—1995）

13.《地质图用色标准及用色原则（1∶50 000）》（DZ/T 0179—1997）

14.《区域地质及矿区地质图清绘规程》（DZ/T 0156—1995）

15.《区域地质调查总则（1∶50 000）》（DZ/T 0001—1991）

16.《1∶250 000区域地质调查技术要求》（DZ/T 0246—2006）

17.《区域地质调查中遥感技术规定（1∶50 000）》（DZ/T 0151—2015）

18.《地质矿产勘查测量规范》（GB/T 18341—2001）

19.《浅覆盖区区域地质调查工作细则（1∶50 000）》（DZ/T 0158—1995）

20.《煤田地质填图规程（1∶50 000　1∶25 000　1∶10 000　1∶5 000）》（DZ/T 0175—1997）

21.《地质行业地质科技档案工作条例》（1988年3月7日，地矿部、石油部、煤炭部、中国有色工业总公司、化工部、中科院、国家建材局、冶金工业部、核工业部　地发〔1988〕64号通知联合颁发）

22.《固体矿产资源储量分类》（GB/T 17766—2020）

23.《固体矿产勘查/矿山闭坑地质报告编写规范》（DZ/T 0033—2002D）

24.《铀矿地质勘查规范》(DZ/T 0199—2002)
25.《铁、锰、铬矿地质勘查规范》(DZ/T 0200—2002)
26.《矿产地质勘查规范 钨、锡、汞、锑》(DZ/T 0201—2020)
27.《铝土矿、冶镁菱镁矿地质勘查规范》(DZ/T 0202—2002)
28.《稀有金属矿产地质勘查规范》(DZ/T 0203—2002)
29.《稀土矿产地质勘查规范》(DZ/T 0204—2002)
30.《岩金矿地质勘查规范》(DZ/T 0205—2002)
31.《高岭土、膨润土、耐火粘土矿地质勘查规范》(DZ/T 0206—2002)
32.《玻璃硅质原料 饰面石材 石膏 温石棉 硅灰石 滑石 石墨矿产地质勘查规范》(DZ/T 0207—2002)
33.《砂矿(金属矿产)地质勘查规范》(DZ/T 0208—2002)
34.《磷矿地质勘查规范》(DZ/T 0209—2002)
35.《硫铁矿地质勘查规范》(DZ/T 0210—2002)
36.《重晶石、毒重石、萤石、硼矿地质勘查规范》(DZ/T 0211—2002)
37.《盐湖和盐类矿产地质勘查规范》(DZ/T 0212—2002)
38.《冶金、化工石灰岩及白云岩、水泥原料矿产地质勘查规范》(DZ/T 0213—2002)
39.《铜、铅、锌、银、镍、钼矿地质勘查规范》(DZ/T 0214—2002)
40.《煤、泥炭地质勘查规范》(DZ/T 0215—2002)
41.《煤层气资源/储量规范》(DZ/T 0216—2002)

附录X　中国国家地质公园网站首页介绍

公园博览

- **公园列表**
- 以地域和国家地质公园评审批次进行分类,地图下方为公园列表,点击公园名称进入本网站公园页面(正在设计中,暂时无效。初步分为以下栏目:公园简介、地质博物馆、景观遗迹、导游信息、精品路线、游记攻略、科普园地、人文历史、遗迹保护、公园官网),点击公园后边的“网站链接”,进入各公园官方网站。
- **遗迹保护**
- 与地质遗迹保护相关的基础知识、研究成果、经典案例、示范工程等(遗迹保护相关法规、规范等内容位于“标准指南”板块)。
- **地学旅游**
- 介绍旅游地学知识、实践案例、相关活动、当季比较适合的旅游地,推荐比较受欢迎的(或热点)路线及地质景观。

资讯动态

- **通知公告**
- 与地质公园相关的各类重要通知、公告,如会议通知、公园申报、验收与检查结果公告等。
- **新闻动态**
- 及时发布国家地质公园相关动态,如各公园建设方面的动态、举办的各类活动(科普、科研活动归至“科普科研”栏目的“科普活动”与“科研活动”二级栏目中)。
- **交流推广**
- 各国家地质公园的交流、推广活动,如国内姊妹公园间的交流活动、与国际地质公园的交流访问活动等。
- **相关新闻**
- 以关键词形式从与地质公园相关的网站上抓取相关新闻,以便浏览者及时了解更多与地质公园相关的新闻动态。

专题导览

- **会议专题**
- 国际地质公园大会、APGN 地质公园大会等重大会议专题介绍。
- **访谈专题**
- 针对共性问题,以专家领导访谈形式对问题进行剖析、总结。
- **赛事专题**
- 摄影比赛、视频征集大赛等赛事活动介绍。

网站介绍

- **关于我们**
- 介绍国家地质公园网络中心的职责与主要任务。

• **网站导航**

• 对本网站的结构及各栏目的主要内容进行解说(即此页内容)。

科普科研

• **地学知识**

• 与地质公园、地质遗迹相关的地学名词及地质地貌景观的解释。

• **科普活动**

• 与地质公园、地质遗迹相关的各类科普活动。

• **科研活动**

• 与地质公园、地质遗迹相关的各类科研活动。

• **科普读物**

• 与地质公园、地质遗迹相关的科普读物,如少儿卡通画册、科普书籍等(如有电子版则可供下载,如无电子版,网站介绍相关读物主要内容)。

• **科研成果**

• 与地质公园、地质遗迹相关的科研方面的成果,如公开发表的论文、公开出版的书籍等(如有电子版则可供下载,如无电子版,网站介绍相关成果主要内容)。

• **科普网站**

• 与地学相关的科普网站,如中国古动物馆网站、中国地质博物馆网站、地质公园之家网站、中国科普博览网等。

• **视频动画**

• 与地质公园、地质遗迹相关的视频、动画(完整视频可供浏览者在线观看,视频花絮提供简介)。

公园管理

• **标准指南**

• 地质公园申报、建设与管理的标准、指南、技术规范等文件,可供下载。

• **表格模板**

• 地质公园申报、检查等所需表格,报告模板。

• **CGN 通讯**

• 中国国家地质公园电子版通讯(季刊),选择各地质公园每季度重要事件、活动编辑成册。

联系我们

国家地质公园网络中心联系方式、地理位置、网站留言。

友情链接

• **友情链接**

凌河地形地质图

比例尺 1：20 000

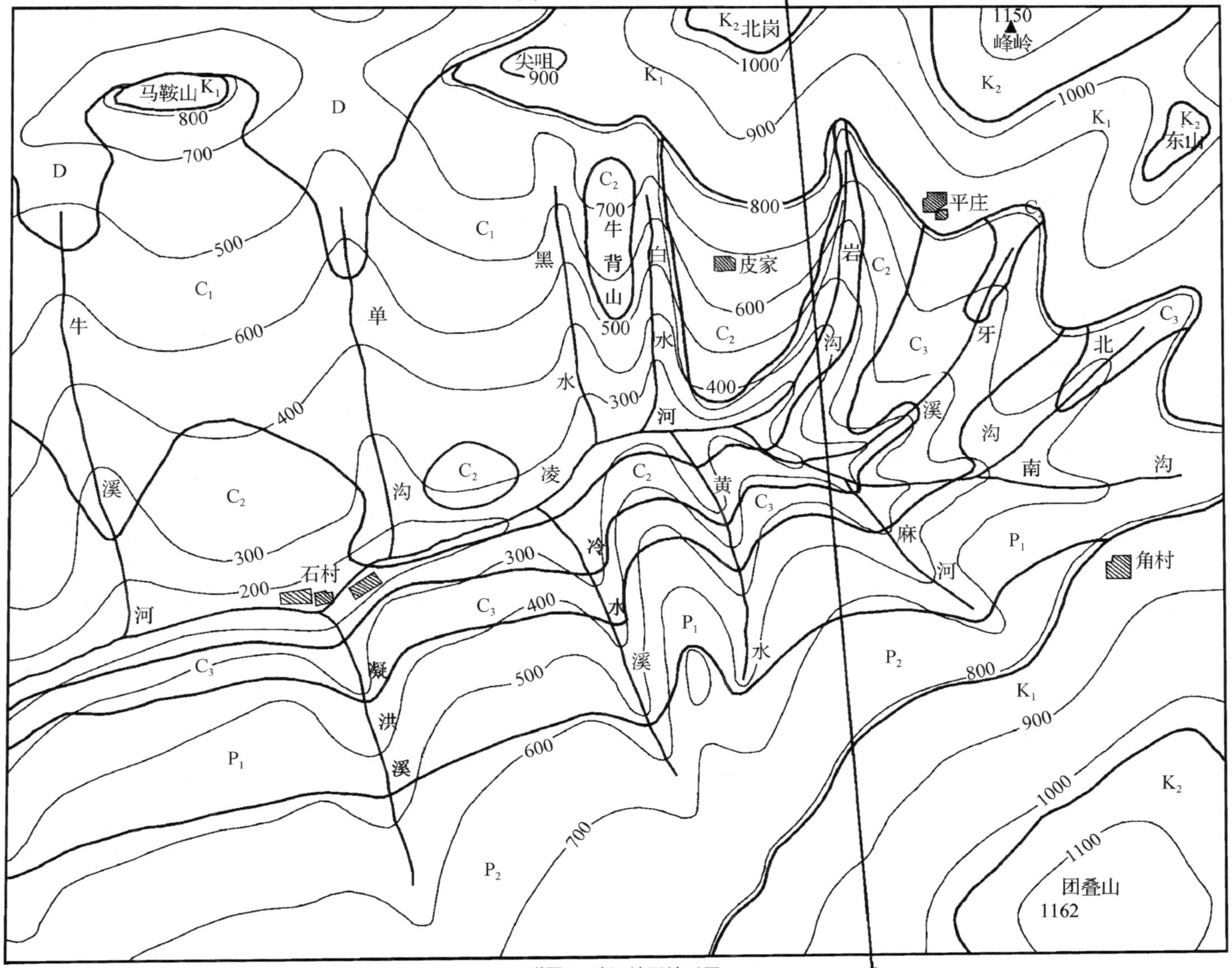

图　例

K_2	上白垩统砂岩
K_1	下白垩统砾岩
P_2	上二叠统页岩、砂岩
P_1	下二叠统泥灰岩
C_3	上石炭统薄层石灰岩
C_2	中石炭统页岩、砂岩
C_1	下石炭统页岩煤层
D	中泥盆统白云岩、砂岩
（图示线）	地质界限

附图2　凌河地形地质图

南涧镇地形地质图

比例尺 1：10 000

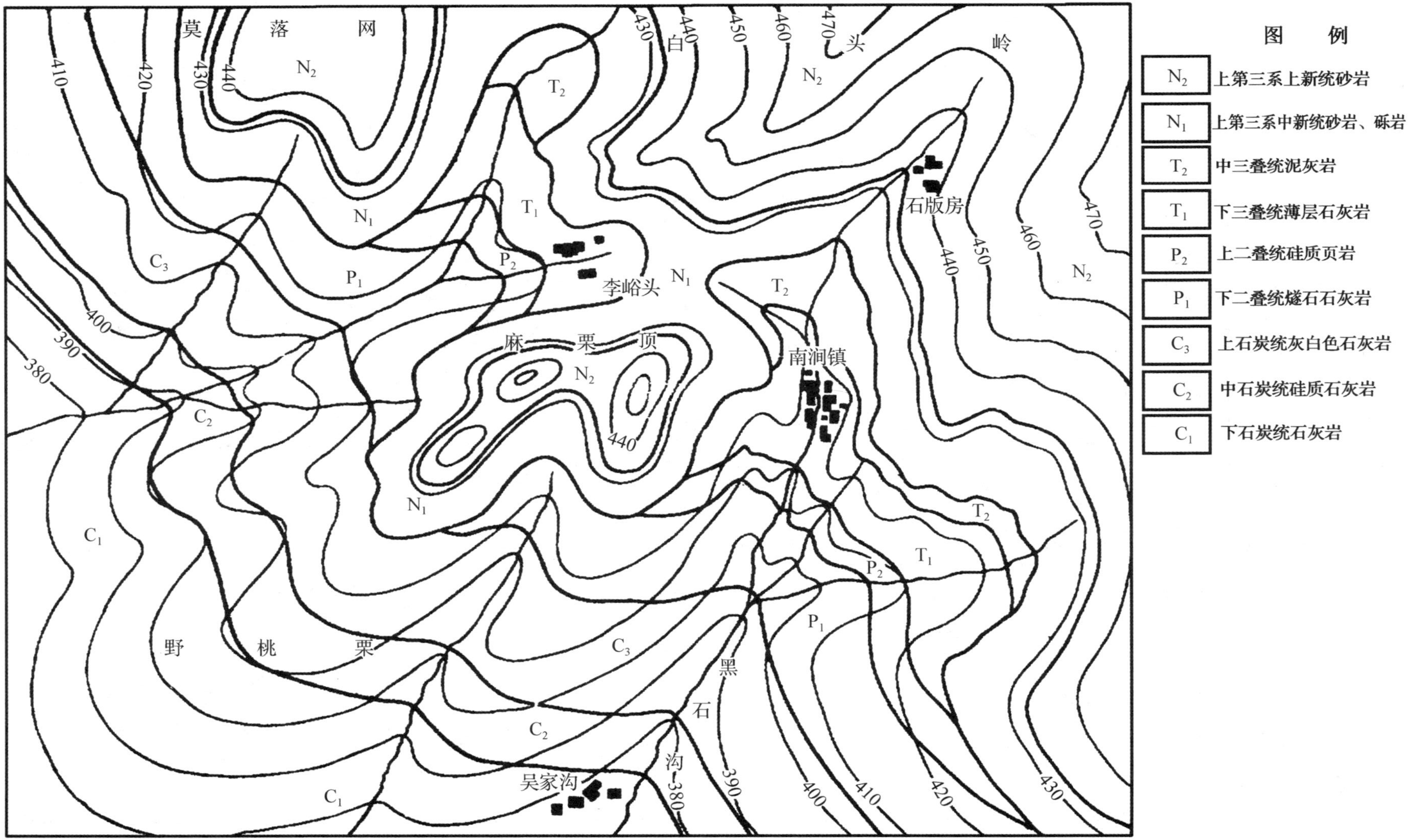

附图3　南涧镇地形地质图

嘉阳坡地形地质图

比例尺 1：10 000

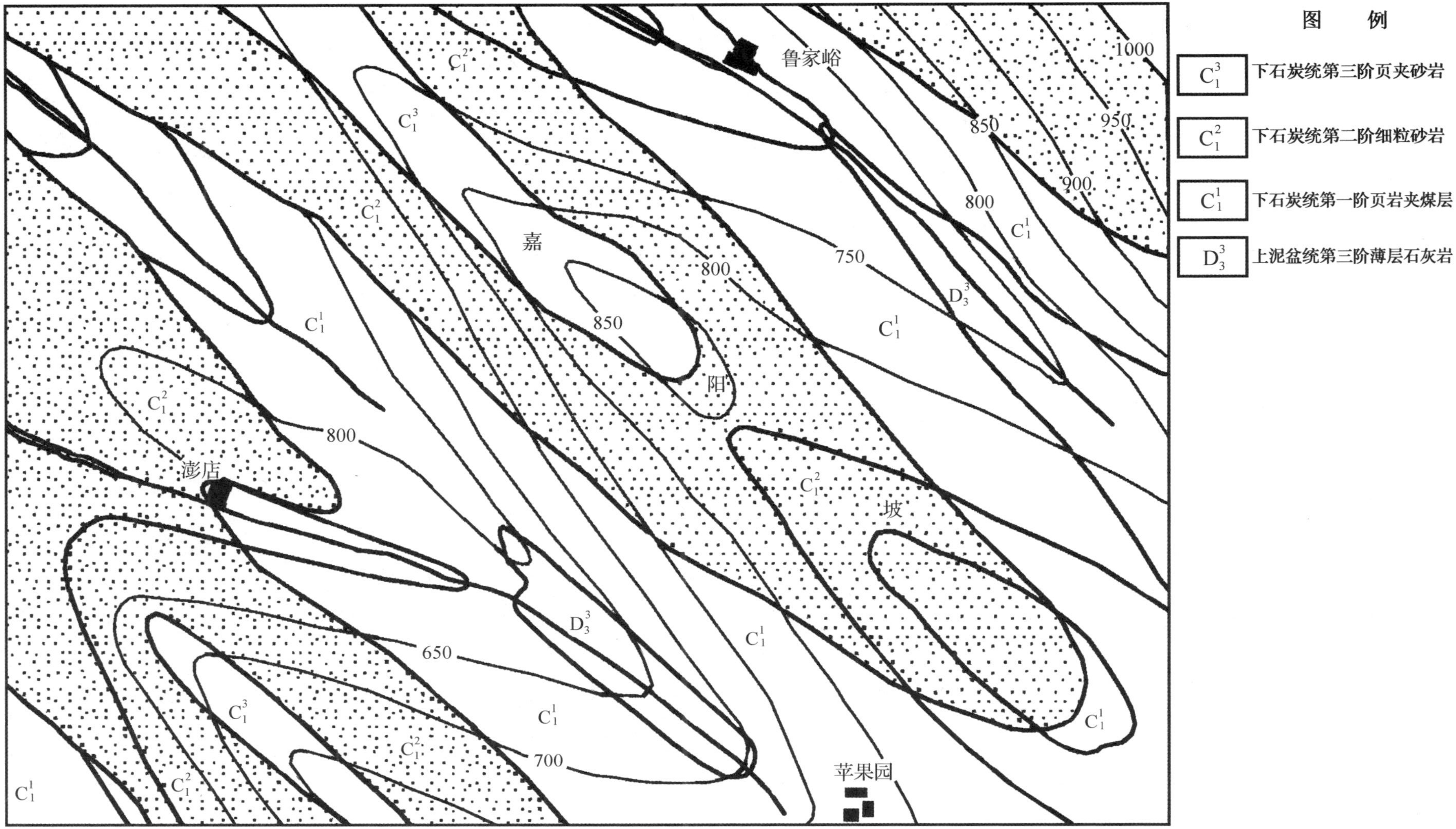

附图4　嘉阳坡地形地质图

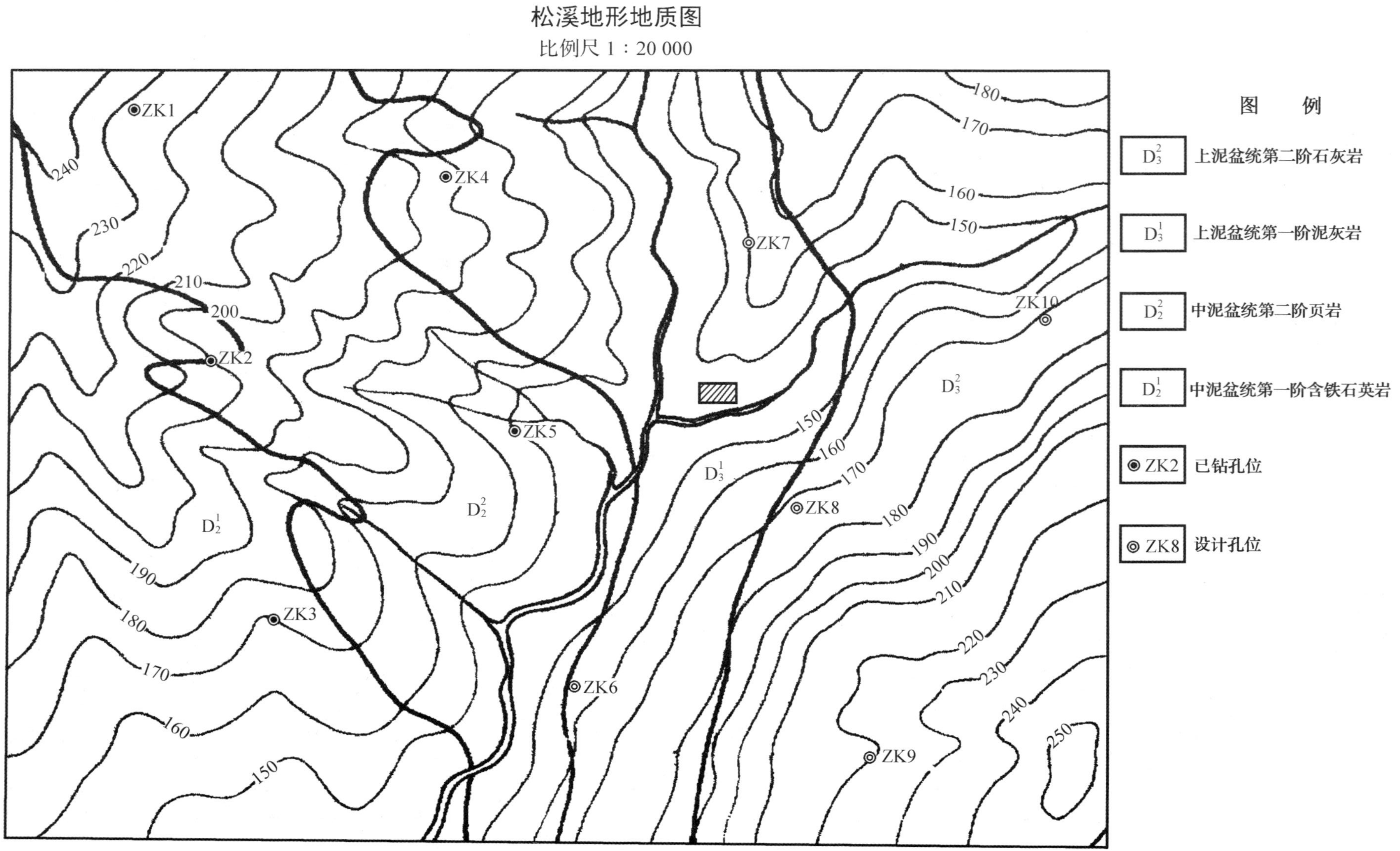

松溪地形地质图
比例尺 1：20 000
ZK1
ZK2
ZK3
ZK4
ZK5
ZK6
ZK7
ZK8
ZK9
ZK10
240
230
220
210
200
190
180
170
160
150
250
D_2^1
D_2^2
D_3^1
D_3^2
图　例
D_3^2 上泥盆统第二阶石灰岩
D_3^1 上泥盆统第一阶泥灰岩
D_2^2 中泥盆统第二阶页岩
D_2^1 中泥盆统第一阶含铁石英岩
ZK2 已钻孔位
ZK8 设计孔位

附图5　松溪地形地质图

鹰岩地形图

比例尺 1：5 000

附图6　鹰岩地形图

暮云岭地形地质图

比例尺 1∶250 000

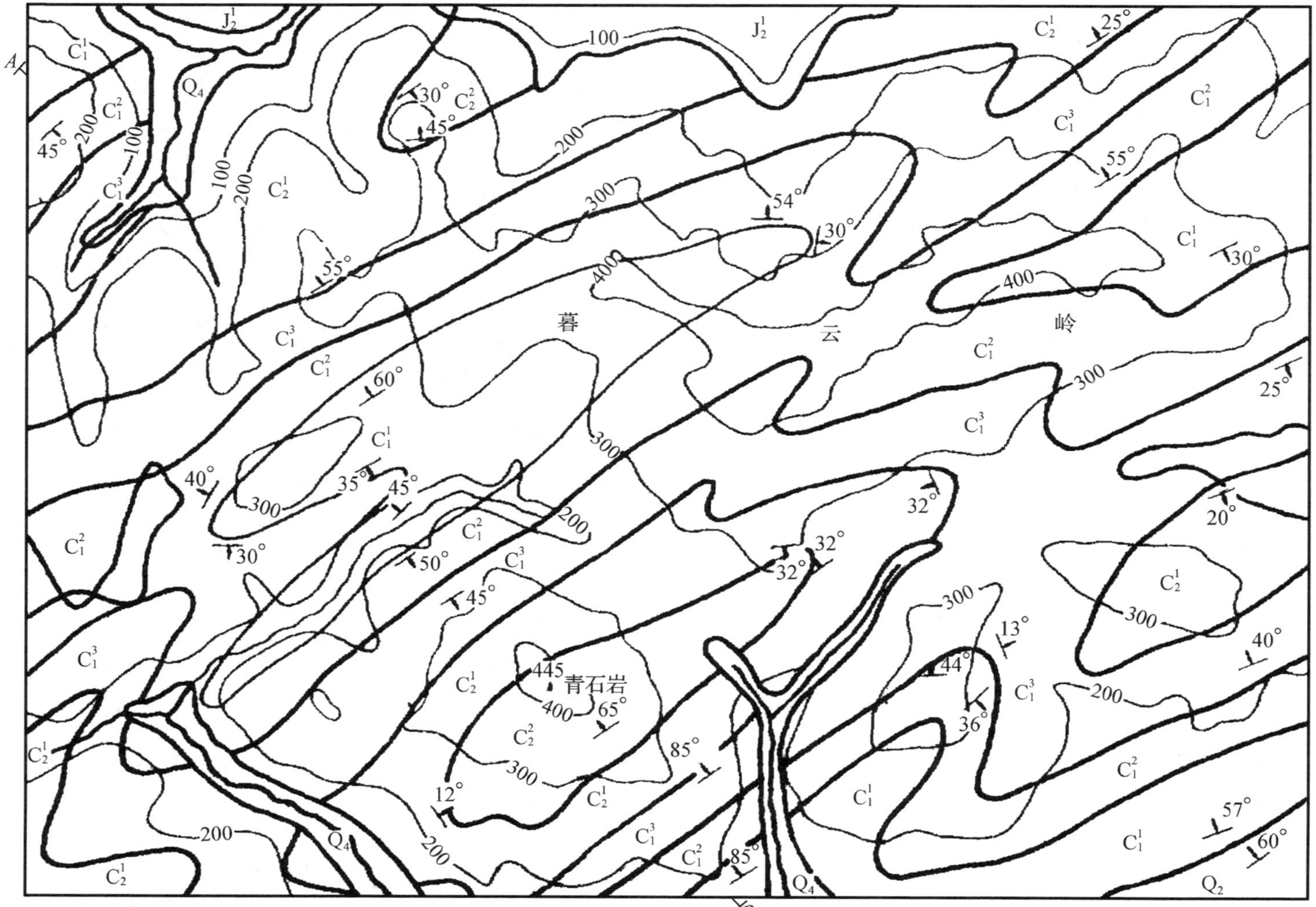

图　例

Q_4	泥、沙、砾石
J_2^1	粉砂质页岩，下部为砾岩
C_2^2	细粒泥质砂岩
C_2^1	黑色页岩夹砂岩
C_1^3	黑色页岩
C_1^2	钙质砂岩及灰岩夹层
C_1^1	粗中粒砂岩，底砾石
O_2	厚层石灰岩

附图7　暮云岭地形地质图

武华镇地质图

比例尺 1：200 000

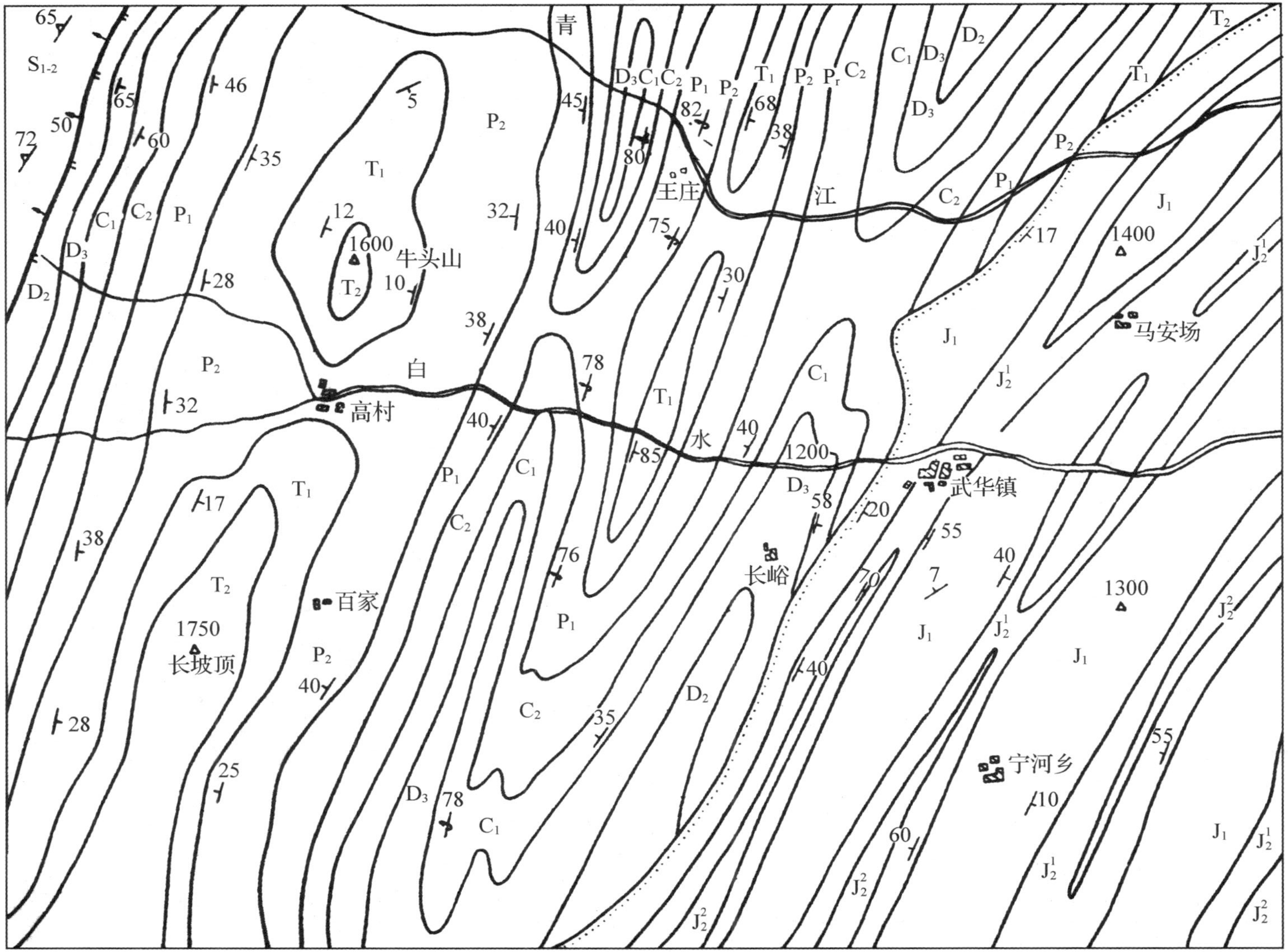

附图8　武华镇地质图

图　例

- J_2^2 中侏罗统上部
- J_2^1 中侏罗统下部
- J_1 下侏罗统
- T_2 中三叠统
- T_1 下三叠统
- P_2 上二叠统
- P_1 下二叠统
- C_2 中石炭统
- C_1 下石炭统
- D_3 上泥盆统
- D_2 中泥盆统
- S_{1-2} 中、下志留统
- 50 岩层产状
- 75 倒转岩层产状
- 65 片理产状
- 逆掩断层

凉风垭地区地形图

比例尺 1：10 000

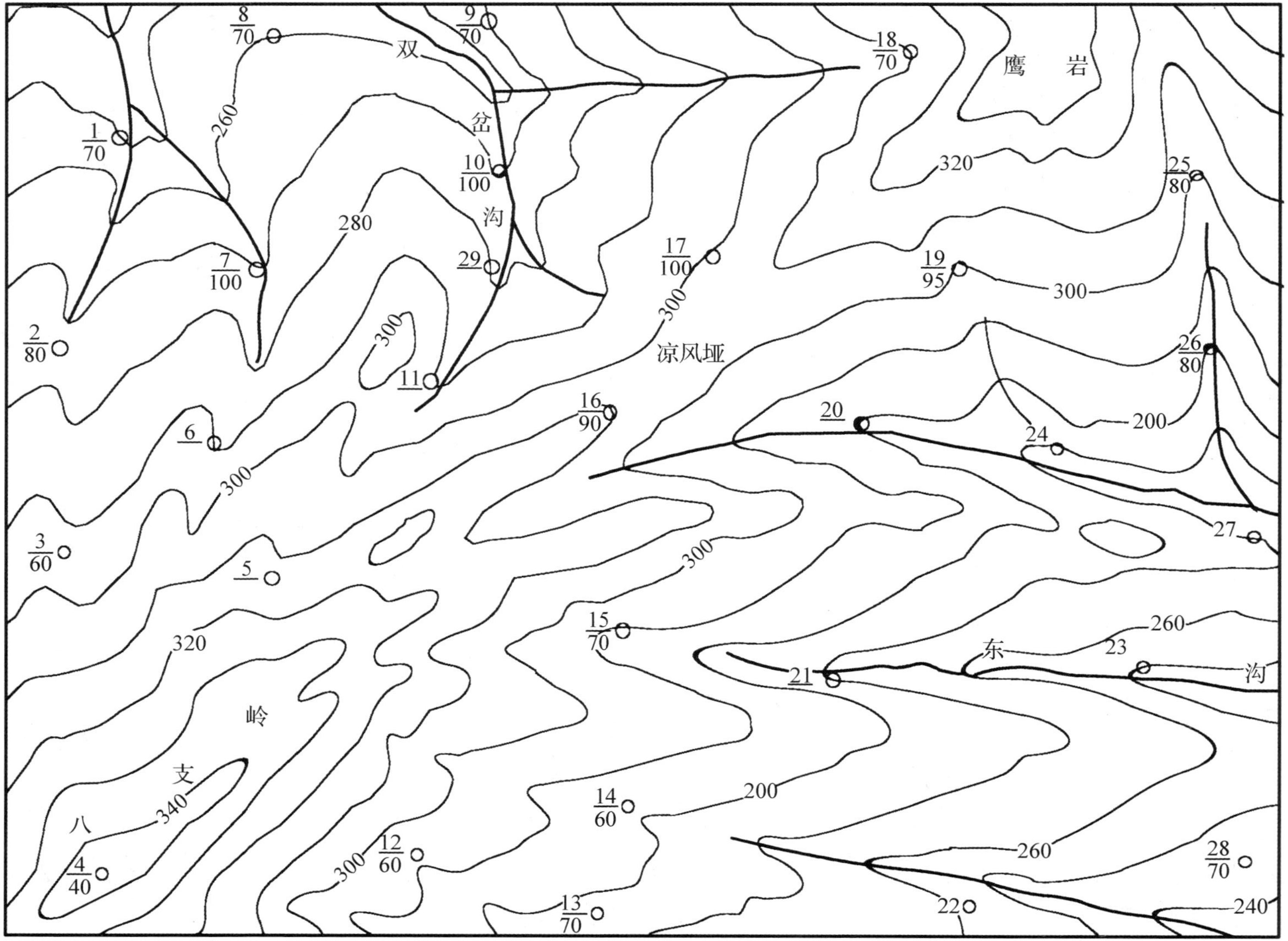

附图9 凉风垭地区地形图

金山镇地质图

比例尺 1∶100 000

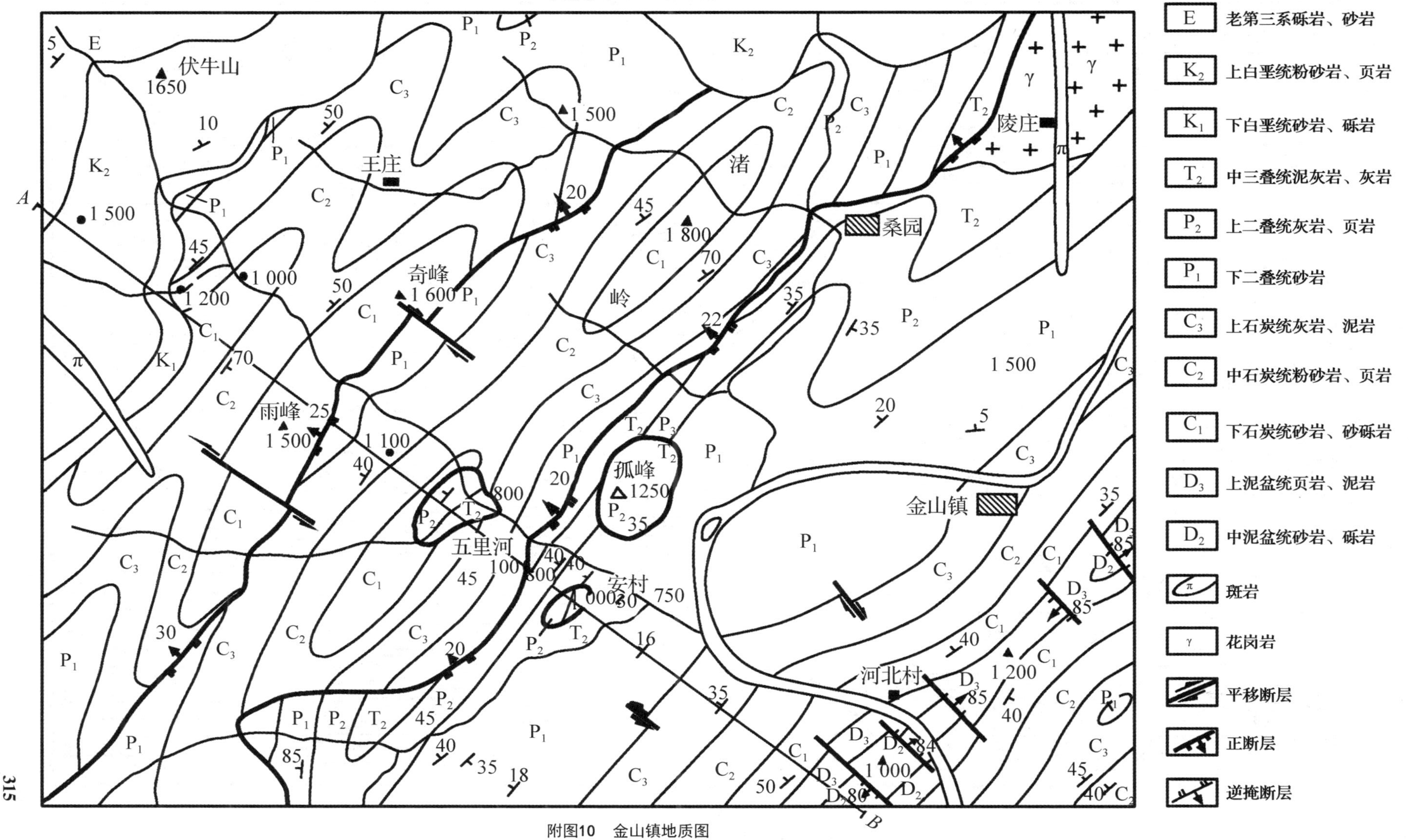

附图10　金山镇地质图

石道洞地区地形地质图

比例尺 1：10 000

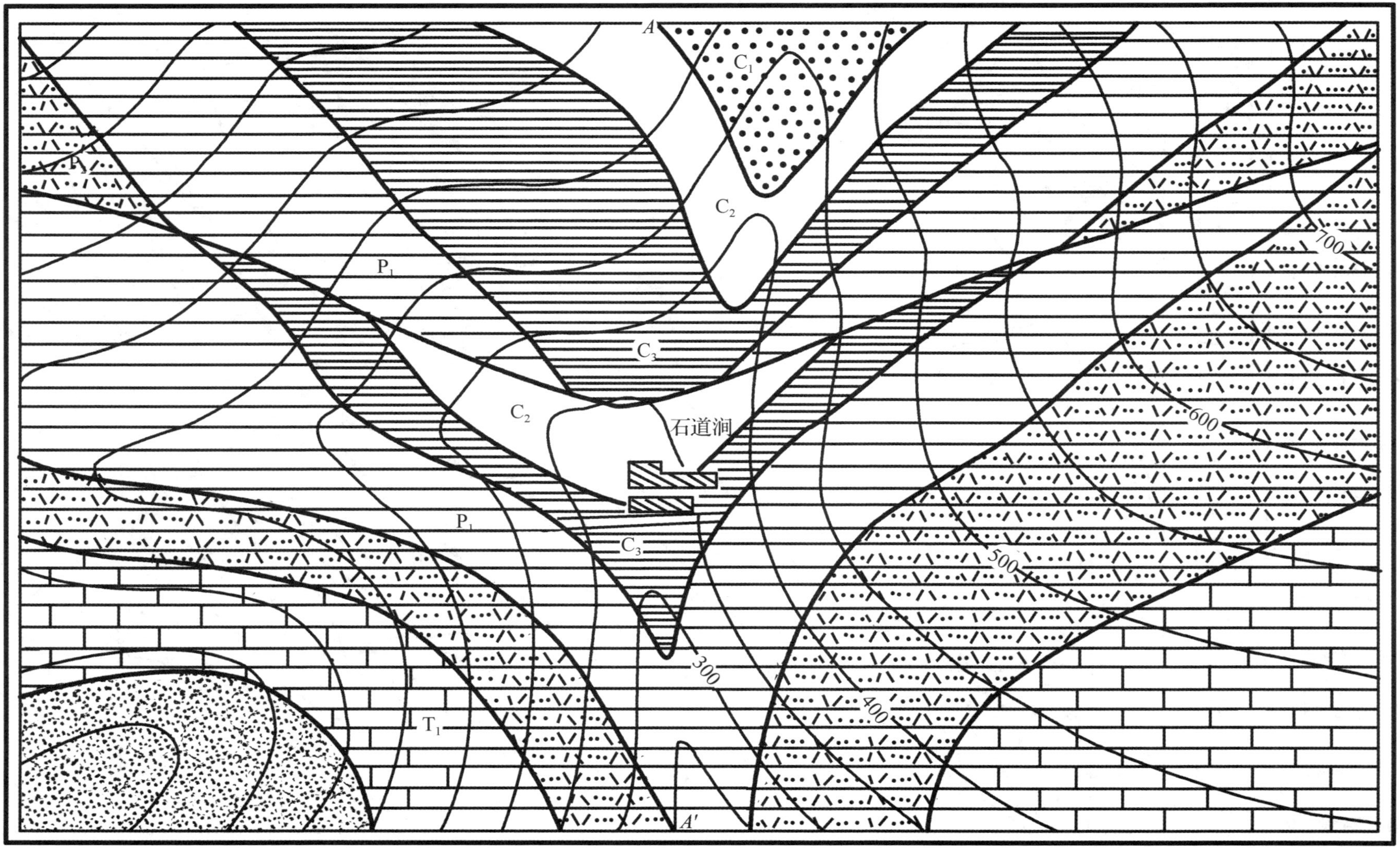

(图例说明见实习指导)

附图11　石道洞地区地形地质图

赵墅园地区地形地质图

比例尺 1：10 000

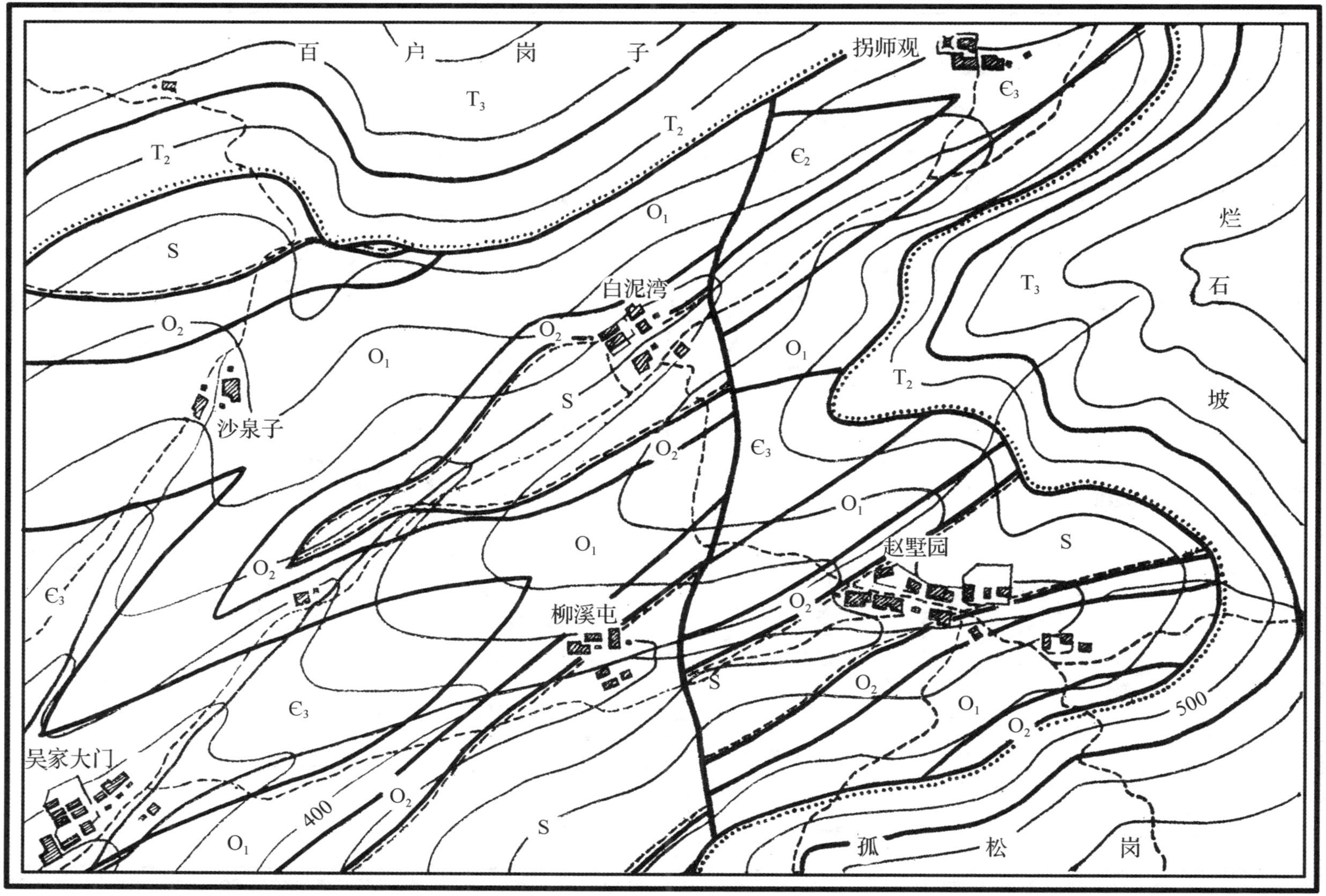

（图例说明见实习指导）

附图12 赵墅园地区地形地质图

红旗镇地区地形地质图

比例尺 1：10 000

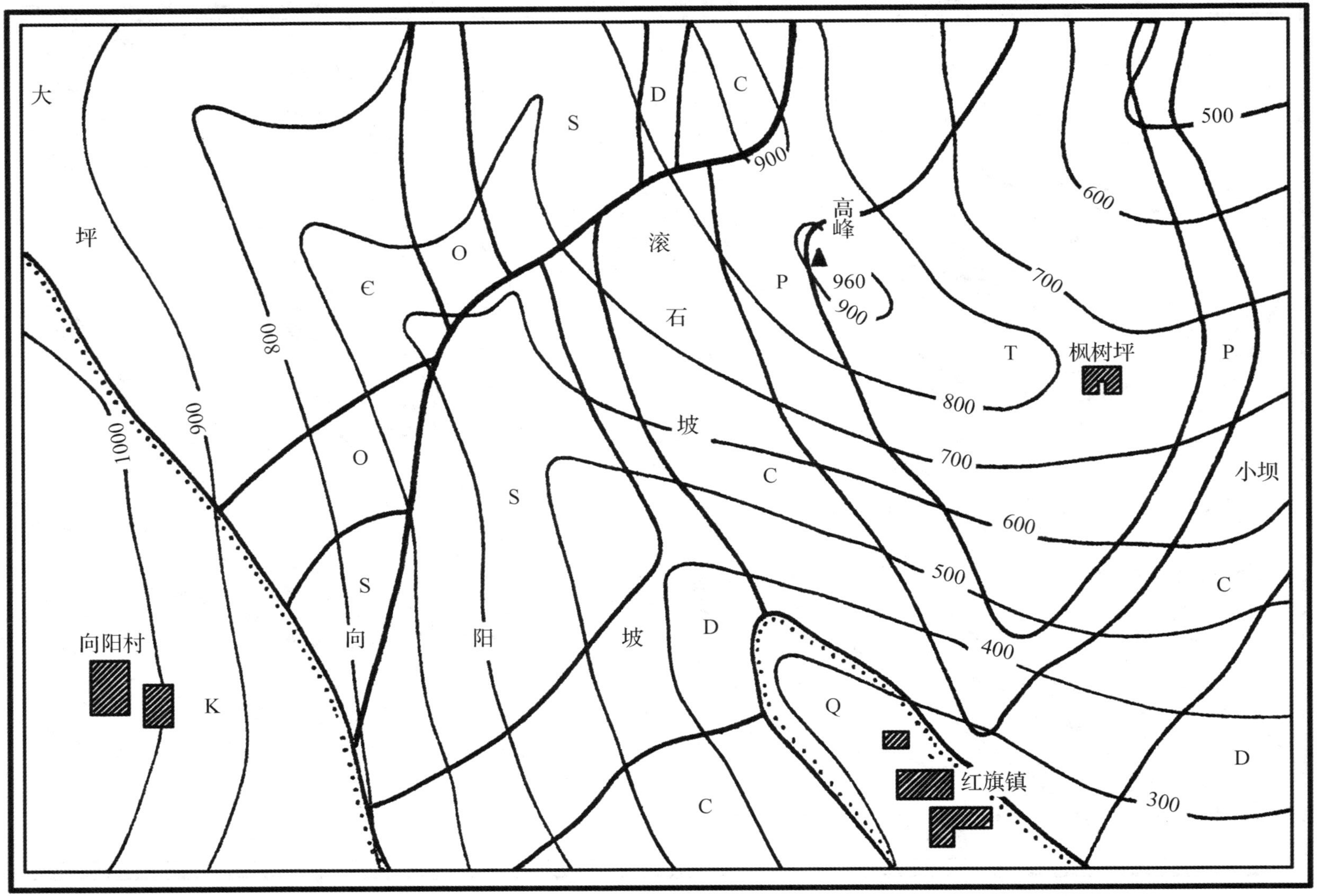

(图例说明见实习指导)

附图13　红旗镇地区地形地质图

彩云岭地质图

比例尺 1 : 10 000

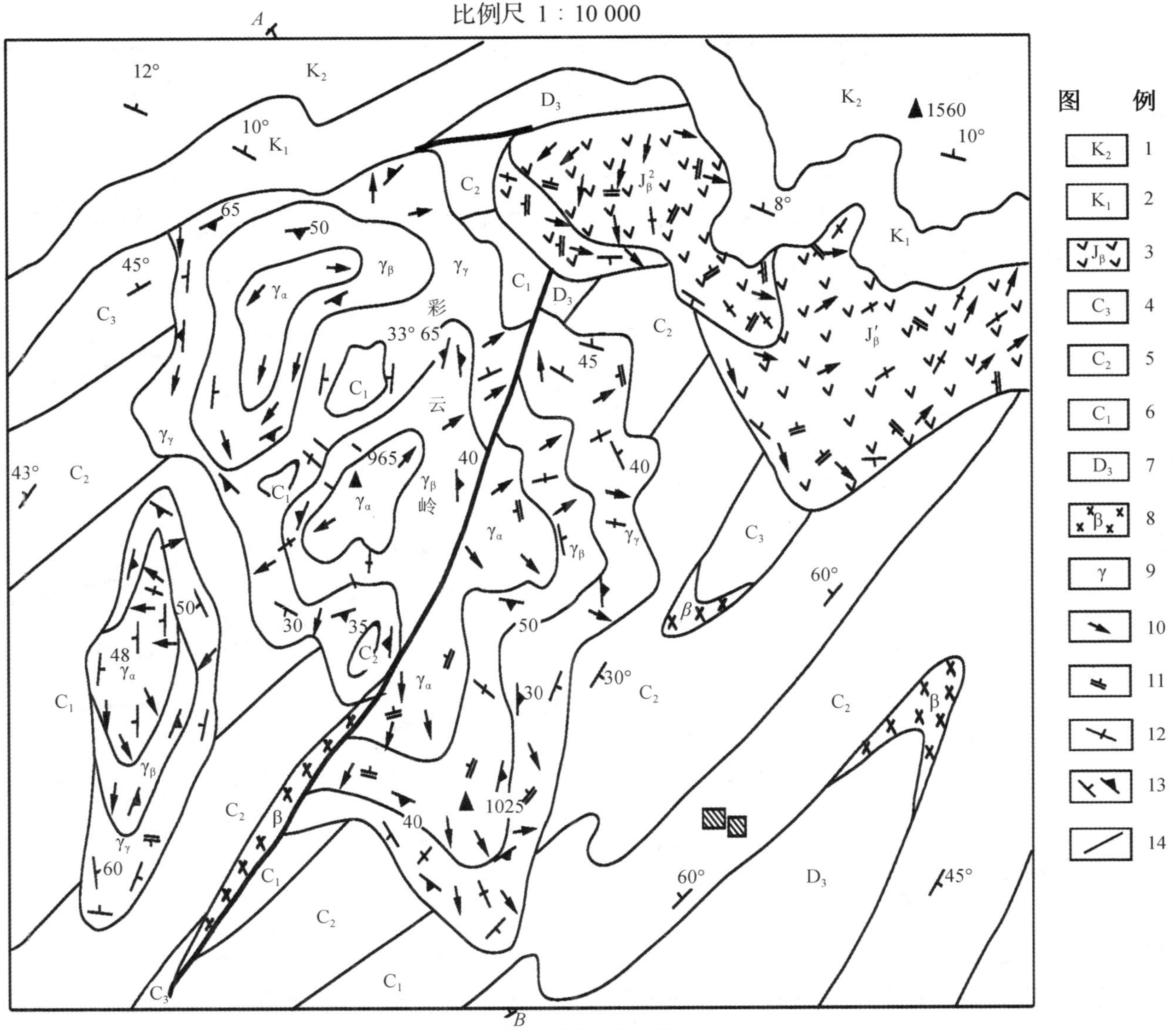

（图例说明见实习指导）

附图14　彩云岭地质图

洪泉镇地质图

比例尺 1：200 000

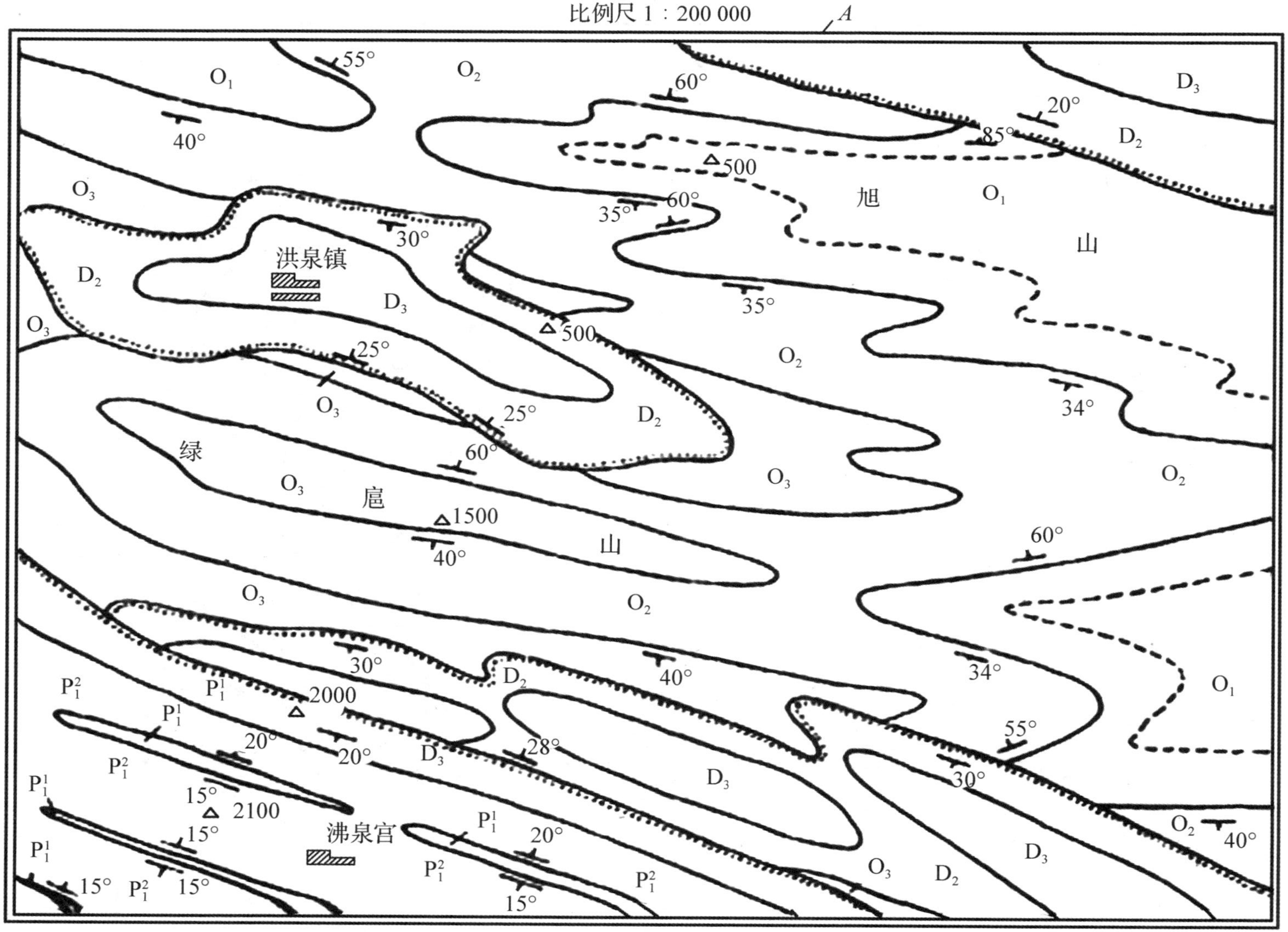

（图例说明见实习指导）

附图15　洪泉镇地质图

景陵峪地质图

比例尺 1：100 000

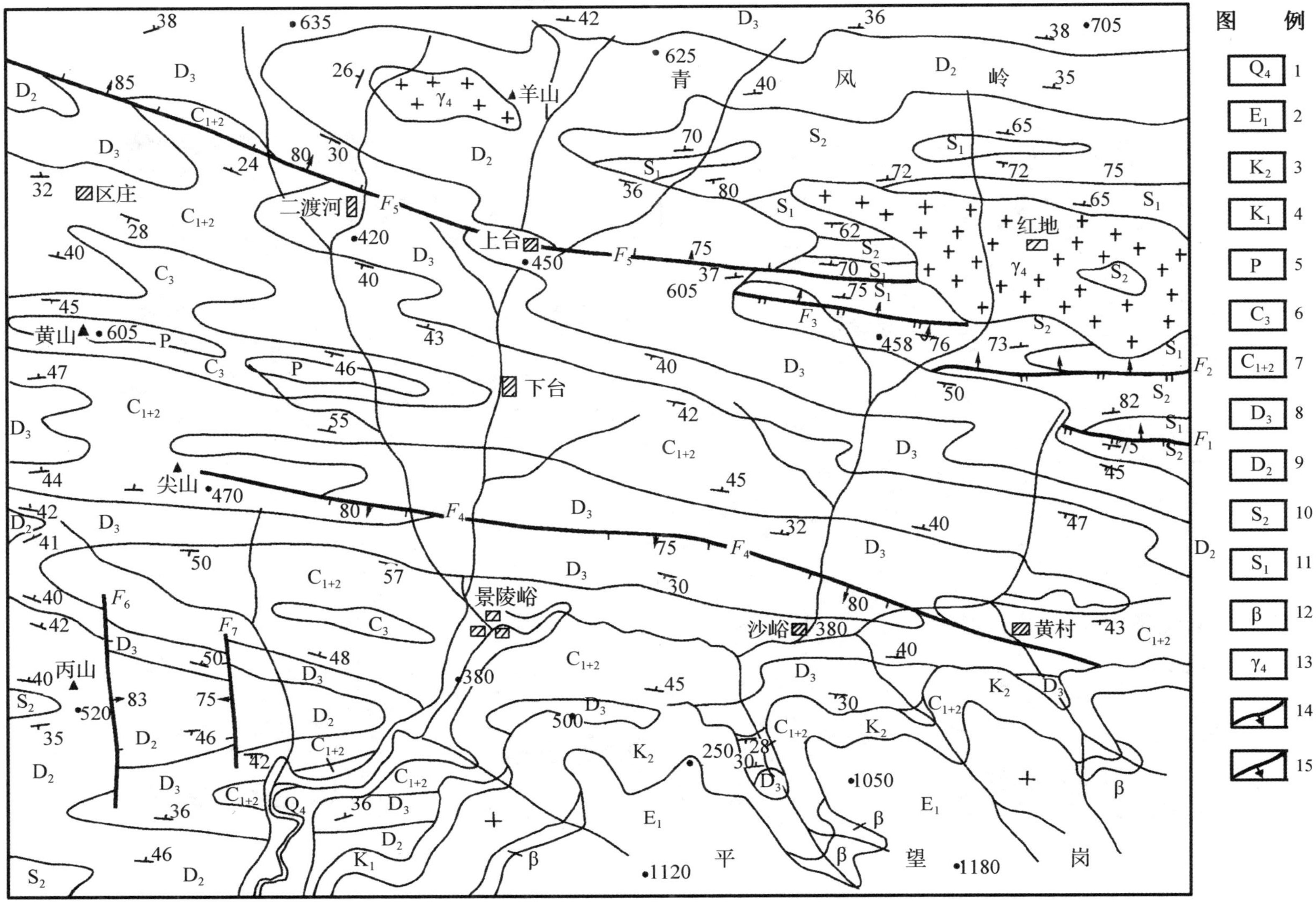

（图例说明见实习指导）

附图17 景陵峪地质图

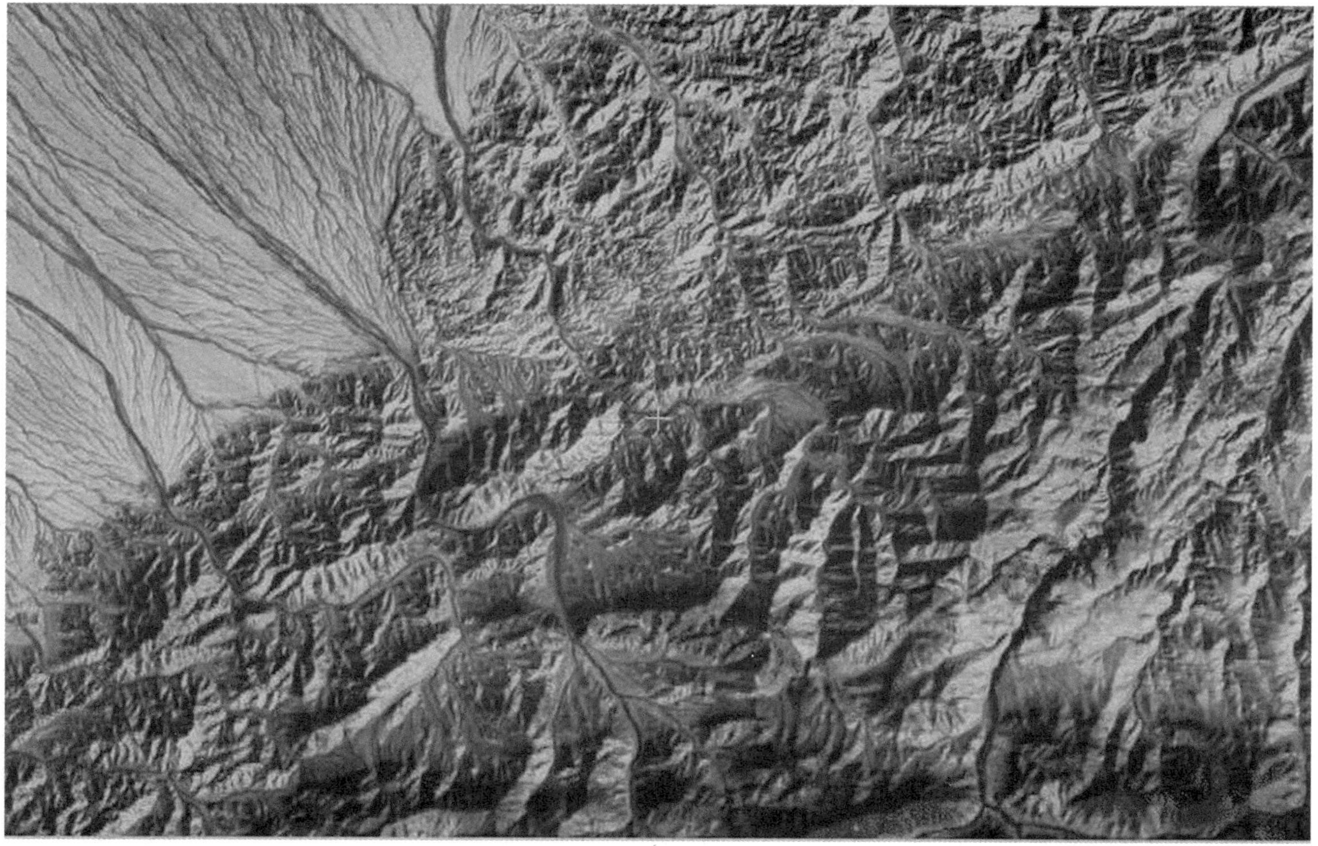

附图18　阿尔金断裂造成的水系向同方向偏转现象（卫星图片）

参 考 文 献

[1] 赵得思.区域地质野外调查实习指导书[M].哈尔滨:哈尔滨工程大学出版社,2009.
[2] 赵得思.宕昌县官鹅沟地质公园资源特色及其开发[J].甘肃地质,2013(3):88-93.
[3] 中国地质调查局.青藏高原区域地质调查:野外工作手册[M].武汉:中国地质大学出版社,2001.
[4] 周瑞华,刘传正.野外地质工作实用手册[M].长沙:中南大学出版社,2009.
[5] 李忠权,刘顺.构造地质学[M]. 3版.北京:地质出版社,2010.
[6] 孙超.构造地质学[M].2版.北京:地质出版社,1992.
[7] 徐开礼,朱志澄.构造地质学[M].2版.北京:地质出版社,1989.
[8] 苏生瑞.构造地质学[M].北京:地质出版社,2011.

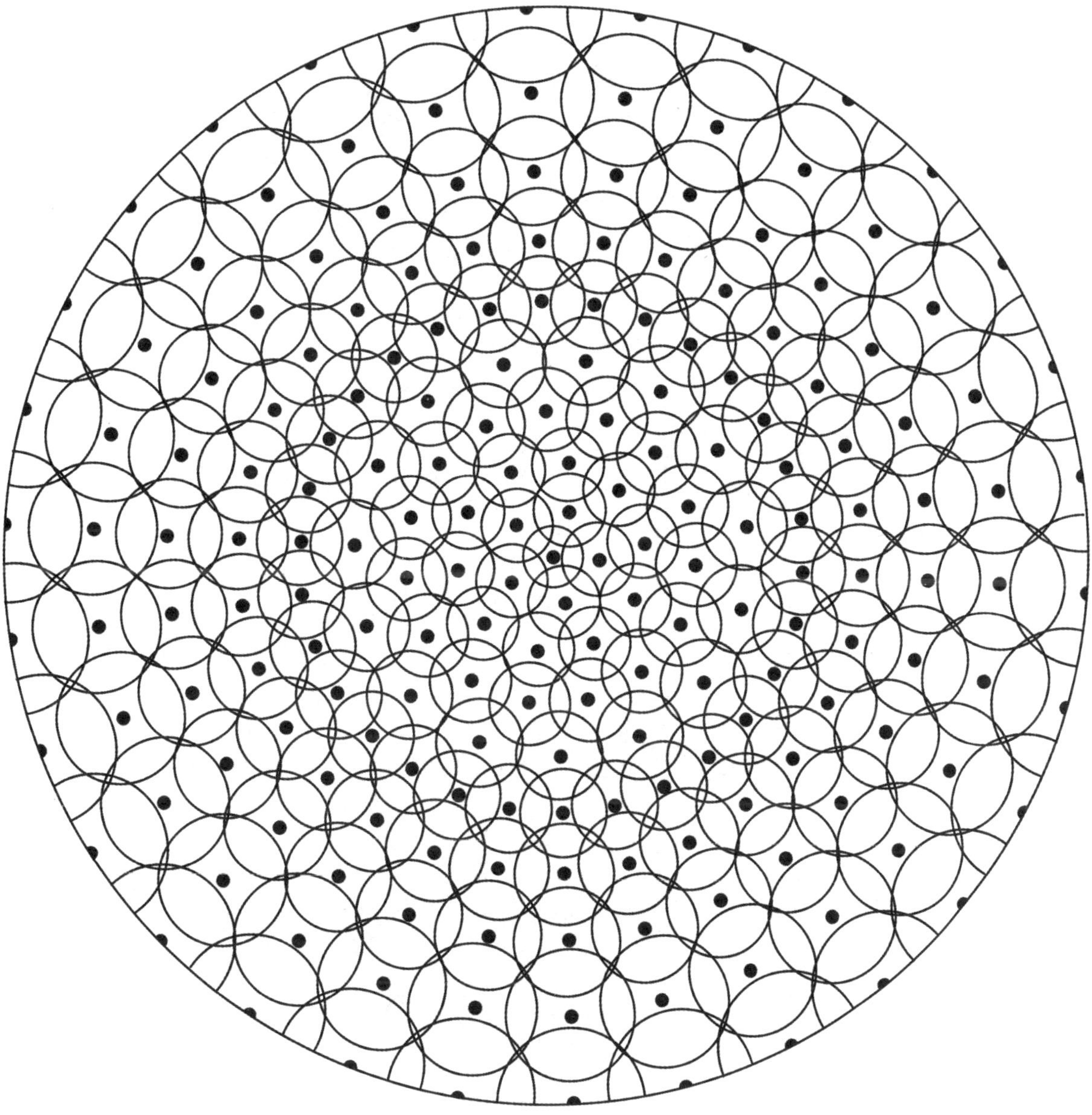

普洛宁网

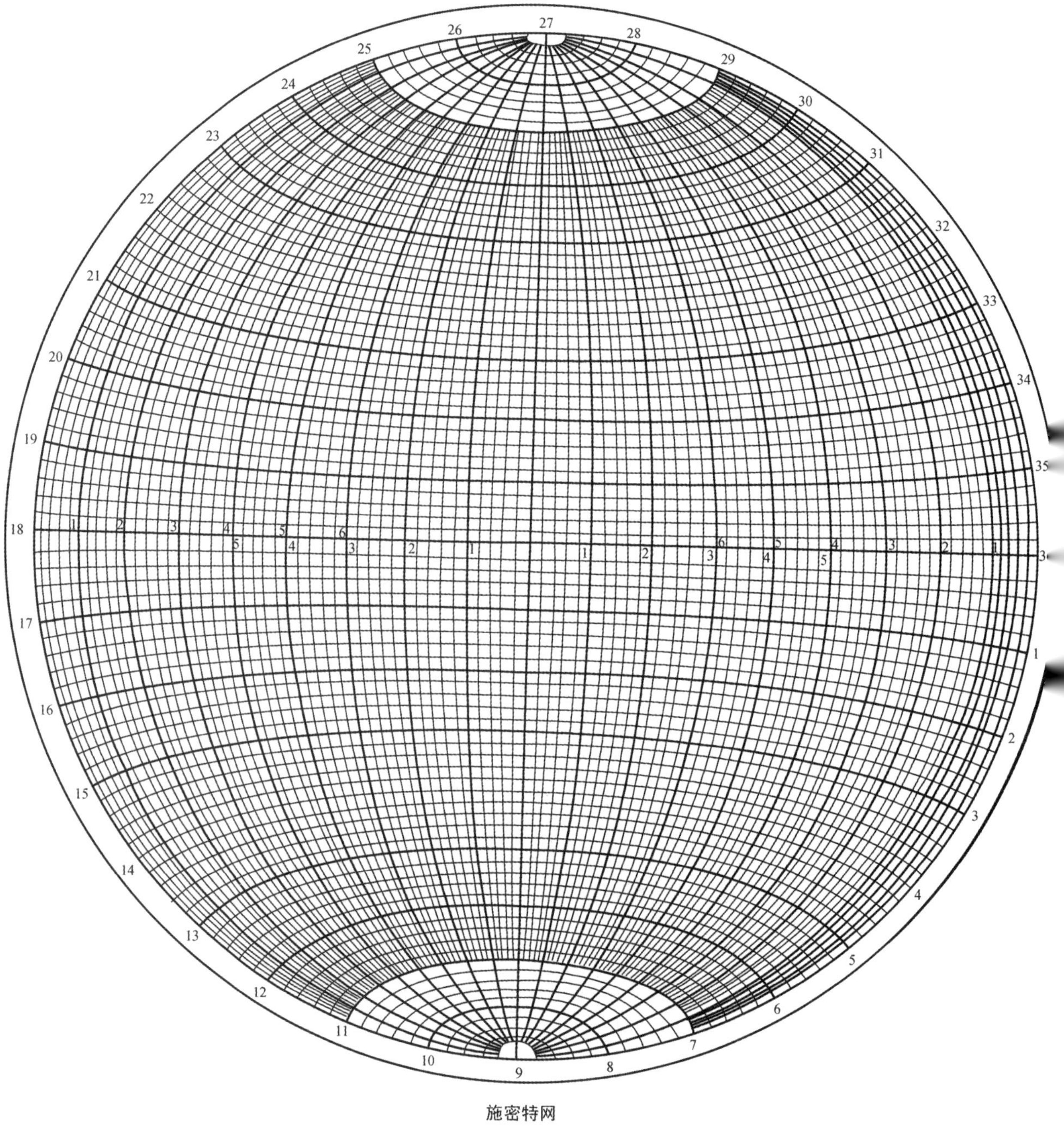

27
28
29
30
31
32
33
34
35
1
2
3
4
5
6
7
8
9
10
11
12
13
14
15
16
17
18
19
20
21
22
23
24
25
26

施密特网